Rüdiger Günttner

Angewandte Mathematik und Statistik für Biologen

QUADRATISCHE GLEICHUNGEN KANN ER NICHT!
RECHTECKIGE AUCH NICHT?

Rüdiger Günttner

Angewandte Mathematik und Statistik für Biologen

Grundkurs Mathematik im Studiengang Biowissenschaften.
Mit zahlreichen Beispielen und vollständig gelösten Aufgaben.

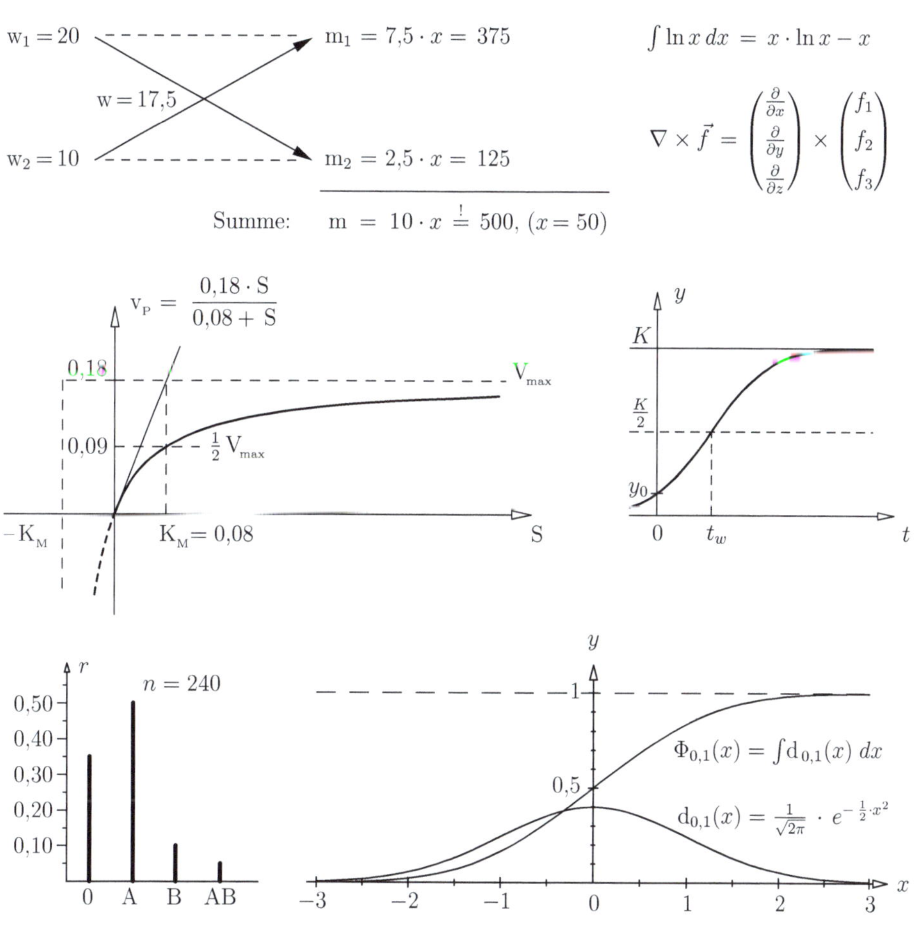

Auch für andere naturwissenschaftliche Studiengänge wie
Physik, Chemie, Pharmazie und zum Selbststudium geeignet.

Bibliografische Information der Deutschen Nationalbibliothek:
Die Deutsche Nationalbibliothek verzeichnet diese Publikation
in der Deutschen Nationalbibliografie; detaillierte bibliografische
Daten sind im Internet über http://dnb.dnb.de abrufbar.

© 2022 Rüdiger Günttner

Cartoon: Hannes Mercker

Herstellung und Verlag: BoD – Books on Demand, Norderstedt.

ISBN: 978-3-7568-6478-2

Ganz kurz auf ein Wort ...

Es ist nichts Neues, denn natürlich wissen Sie schon lange:

Mathematik ist die Sprache der Naturwissenschaften!

So gesehen handelt es sich bei diesem Buch nur um einen *Sprachführer*. Er soll keine Hürde sondern eine Hilfe sein und Ihnen das weitere Studium der Biologie hoffentlich erleichtern.

Die Stoffauswahl des Buches richtet sich zunächst einmal nach den Vorgaben der Biologen, genauer nach der Modulbeschreibung des Fachbereichs Biologie der Universität Osnabrück:

Prozentrechnung, Dreisatz, Mischungskreuz, Potenzrechnen, Logarithmisches Rechnen, Elementare Funktionen (Polynom-, Trigonometrie-, Exponential-, Logarithmus–Funktionen), Differenzial- und Integralrechnung, Vektorrechnung, Grundbegriffe der Kombinatorik, Grundbegriffe der Wahrscheinlichkeitsrechnung, Bedingte Wahrscheinlichkeiten, Grundbegriffe der beschreibenden Statistik, Wahrscheinlichkeitsverteilungen, Normalverteilung, Grundlagen der schließenden Statistik.

Für eine einsemestrige Veranstaltung ist das allerdings viel Stoff! Der Schwerpunkt dieser Darstellung liegt daher weniger auf den mathematischen Grundlagen, sondern vielmehr auf den geforderten praktischen Anwendungen!

Weitere Themen, die häufig in mathematischen Vorlesungen behandelt werden, finden Sie im Anhang und mit Hilfe des ausführlichen Inhaltsverzeichnisses als Ergänzungen im regulären Text.

Dadurch ist das Buch auch für Vorlesungen mit anderer Stoffauswahl oder insgesamt für einen zweisemestrigen Grundkurs geeignet.

Mathematisch Interessierte finden alle fehlenden Beweise der Kapitel 1 – 5 im Lehrbuch, wie auf Seite 238 angegeben, und noch weitere Übungsaufgaben in den beiden Übungsbüchern. Angegeben ist auch weiterführende Literatur zum Kapitel 6 Wahrscheinlichkeitsrechnung und Statistik.

Aber fangen Sie erst einmal in Ruhe ganz von vorne an. Und gönnen Sie sich genügend Zeit! Die Übungsaufgaben mit Lösungen werden das Gelernte noch weiter festigen und ergänzen.

Nebenbei kann Mathematik auch unterhaltsam sein! Hierzu empfehle ich meinen Buchtitel:

Damit muss man rechnen! Vergnügliches und Erstaunliches - ohne viel rechnen.

ISBN: 978-3-7557-5761-0, Hardcover, oder auch als E-Book, Verlag BoD.

Viel Erfolg beim Studium wünscht Ihnen ganz herzlich
Rüdiger Günttner, Osnabrück 2022.

Inhaltsverzeichnis

Kapitel 1: Proportionale Beziehungen

Kapitel 2: Lösen von Gleichungen

Kapitel 3: Potenzieren, Exponieren und Logarithmieren

Kapitel 4: Differenzial- und Integralrechnung

Kapitel 5: Vektor– und Matrizenrechnung

Kapitel 6: Wahrscheinlichkeitsrechnung und Statistik

Übungsaufgaben mit Lösungen

Anhang

Index ....

1.1 Rechnen mit proportionalen Beziehungen

Die Gerade $y = a \cdot x$: Was es auch gewesen sein mag, Sie bezahlten **4,50 €** für **1,80** kg!
Die Hälfte hätte nur die Hälfte gekostet, oder das Doppelte entsprechend das Doppelte, usw.

Konstant bleibt aber der Quotient $\frac{\text{Preis}}{\text{Menge}}$. Das bedeutet: Ändert man **P** um einen Faktor c,
ändert sich auch **M** um den Faktor c. Der Quotient bleibt dadurch konstant: $\frac{P}{M} = \frac{c \cdot P}{c \cdot M} = a$.
Das nutzt man bei der wohlvertrauten Lösungmethode im Schulunterricht! Vergleichen Sie:

	Preis (€)	Menge (kg)	Faktor c
Beispiel 1 Für $P_0 = 4{,}50$ € erhält man $M_0 = 1{,}80$ kg:	4,50	1,80	$\mid \cdot \frac{1}{1{,}80} \Rightarrow$
welcher Preis P gilt für M = 1 kg:	2,50	1,00	$\mid \cdot 3 \Rightarrow$
welcher Preis P gilt für M = 3 kg:	7,50	3,00	Ergebnis

Der erste Schritt ist das charakteristische 'Umrechnen auf 1', hier mit dem Faktor $\frac{1}{1{,}80}$
(Division durch 1,80). Diese Schulmethode vermeidet den formalen Umgang mit *Gleichungen*,
sodass der Dreisatz schon auf unterer Klassenstufe behandelt werden kann! Die Frage hieß:
1,80 kg kosten 4,50 €, wie viel kosten 3 kg? Da Quotient aus Preis und Menge konstant, gilt

$$\frac{P}{M} = \frac{P_0}{M_0} \qquad \text{Konkret hier:} \qquad \frac{P}{3\text{ kg}} = \frac{4{,}50\text{ €}}{1{,}80\text{ kg}}$$

Sind '*drei*' dieser vier Werte P, M, P_0, M_0 '*gesetzt*' ('*Dreisatz*'), lässt sich nach dem letzten
der vier Werte auflösen. In unserem Beispiel folgt:

$$P = \frac{P_0}{M_0} \cdot M \qquad \underline{\text{Ergebnis:}} \quad P = \frac{4{,}50\text{ €}}{1{,}80\text{ kg}} \cdot 3\text{ kg} = 2{,}50\,\frac{\text{€}}{\text{kg}} \cdot 3\text{ kg} = 7{,}50\text{ €}$$

Sie erkennen $P = a \cdot M$, mit der Konstanten $a = \frac{P_0}{M_0}$ $\left(= 2{,}50\,\frac{\text{€}}{\text{kg}}\right)$. $\qquad\qquad \diamond$

Definition *Zwei Größen y und x heißen 'proportional', in Zeichen*

$$y \sim x, \qquad\qquad (auch:\ y \propto x),$$

wenn der Quotient $\frac{y}{x}$ konstant ist. Das heißt, es gibt eine Konstante $a \in \mathbb{R}$, so dass gilt:

$$\frac{y}{x} = a \qquad bzw. \qquad y = a \cdot x.$$

*Anschaulich: Wenn die zugehörigen Punkte im x, y – Koordinatensystem eine Gerade durch
den Nullpunkt bilden mit der Steigung a. Die Konstante a heißt 'Proportionalitätskonstante'.*

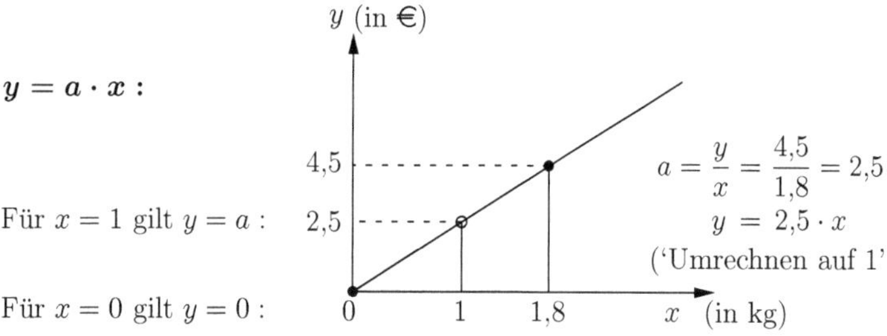

Auch in den Naturwissenschaften gehört der einfache Dreisatz zum Alltag:

Beispiel 2 Masse m und Volumen V einer Substanz sind proportional: Vervielfacht man die Masse, vervielfacht sich entsprechend das Volumen! Es genügt also die Angabe eines einzigen Wertepaares. Hieraus bestimmt sich die entsprechende Proportionalitätskonstante. Zum Beispiel ergab eine Messung bei hochprozentigem Alkohol:

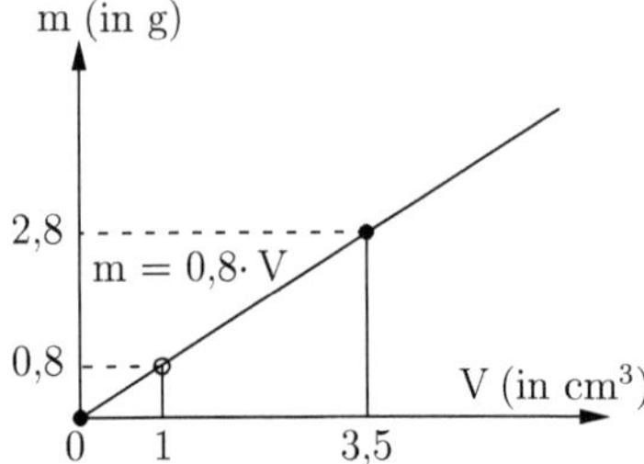

Masse m (in g)	Volumen V (in cm^3)
2,8	3,5

Dichte $\boxed{\; m \sim V, \;\; m = \rho \cdot V, \;\; \boldsymbol{\rho = \dfrac{m}{V}} \;}$

Diese Proportionalitätskonstante ρ heißt 'Dichte'.

Hier: $\rho = \dfrac{2{,}8 \text{ g}}{3{,}5 \text{ cm}^3} = 0{,}80 \; \dfrac{\text{g}}{\text{cm}^3}$ (Gramm pro cm^3).

Folglich haben zum Beispiel V = 5 cm^3 eine Masse von m = $\rho \cdot$ V = $0{,}80 \dfrac{\text{g}}{\text{cm}^3} \cdot 5$ cm^3 = 4,0 g.
$\diamond$

Beispiel 3 Masse m und Stoffmenge n (Anzahl der Mole) einer Substanz sind proportional. Verdoppeln wir die Stoffmenge bzw. die Anzahl der Mole eines Stoffes, so verdoppelt sich die Masse. Bei der halben Stoffmenge ist es nur die Hälfte, kurzum: Masse und Stoffmenge sind proportional. Für Wasser finden wir die Werte:

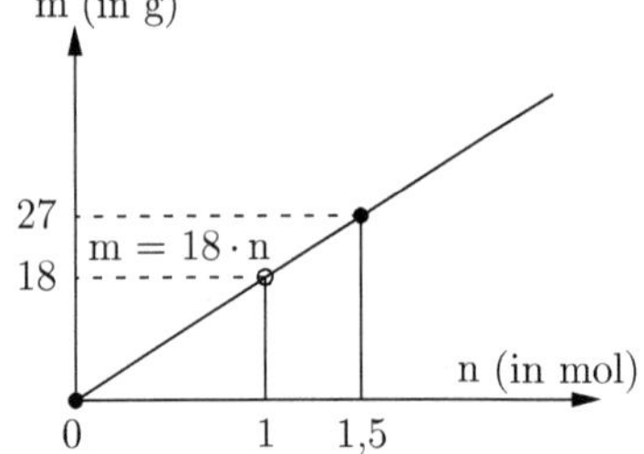

Masse m (in g)	Stoffmenge n (in mol)
27	1,5

Molmasse $\boxed{\; m \sim n, \;\; m = M \cdot n, \;\; \mathbf{M = \dfrac{m}{n}} \;}$

Die Proportionalitätskonstante M heißt 'Molmasse'.

Hier: M = $\dfrac{27 \text{ g}}{1{,}5 \text{ mol}} = 18 \; \dfrac{\text{g}}{\text{mol}}$ (Gramm pro Mol).

Folglich haben zum Beispiel n = 5 mol eine Masse von   m = M $\cdot$ n = $18 \frac{\text{g}}{\text{mol}} \cdot 5$ mol = 90 g.

Statt 'Molmasse' sagt man auch 'molare Masse', 'Masse eines Mols', oder 'Masse pro Mol'. Die Maßzahl dieser Proportionalitätskonstanten lässt sich natürlich wieder in der Skizze für n = 1 bzw. anhand der Geradensteigung ermitteln (die zugehörigen Einheiten an den Achsen).

Beispiele: Wasser: M(H$_2$O) = $18 \frac{\text{g}}{\text{mol}}$,   Methanal: M(CH$_2$O) = $30 \frac{\text{g}}{\text{mol}}$.

Hiernach gilt für die Masse m und Stoffmenge n von Wasser bzw. Methanal (Formaldehyd):

$$m(\text{H}_2\text{O}) = 18 \tfrac{\text{g}}{\text{mol}} \cdot n, \qquad\qquad m(\text{CH}_2\text{O}) = 30 \tfrac{\text{g}}{\text{mol}} \cdot n. \qquad \diamond$$

Bem.: *Die Molmasse M einer chemischen Substanz folgt auch aus den relativen Atommassen: 1 Mol atomarer Wasserstoff H hat eine Masse von 1 g, 1 Mol molekularer Wasserstoff H$_2$ von 2 g, 1 Mol atomarer Sauerstoff O hat eine Masse von 16 g, 1 Mol Wassermoleküle H$_2$O hat eine Masse von 18 g, bei 1 Mol Kohlenstoffatomen C sind es 12 g, ...*

Es handelt sich dabei immer um dieselbe Anzahl N von Teilchen der betreffenden Substanz, die sog. Avogadro – Zahl $N_A \approx 6{,}022 \cdot 10^{23}$ pro Mol! Deren Gesamtmasse ergibt die Molmasse.

Beispiel 4 'Aller Anfang ist schwer'! Seine Wahl ist in folgendem Fall von großer Bedeutung: Für das Volumen V eines idealen Gases gilt in Abhängigkeit von der Temperatur t in °C, aber bei konstant gehaltenem Druck, die etwas komplizierte Beziehung:

$$V = V_N \cdot \left(1 + \frac{t}{273}\right):$$

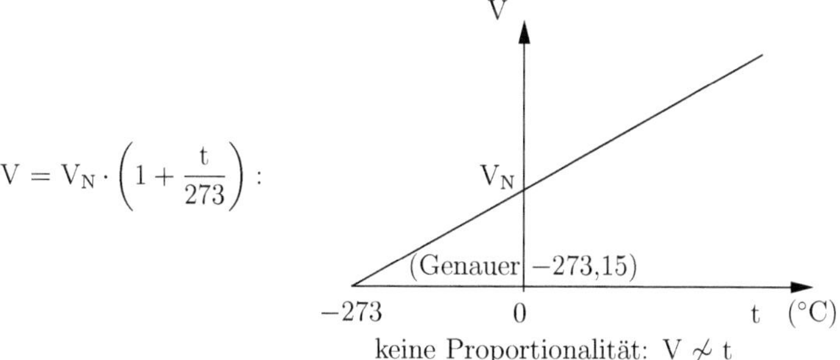

(hierbei bezeichnet V_N das entsprechende Volumen des idealen Gases bei Null Grad Celsius). Das ist ganz sicher *keine* Proportionalität $V \sim t$, denn dann müsste für $t = 0$ auch $V = 0$ sein!

Die folgende Umformung legt nahe, bei $t = -273$ einen neuen Bezugspunkt einzuführen:

$$V = V_N \cdot \left(1 + \frac{t}{273}\right) = V_N \cdot \left(\frac{273 + t}{273}\right) = \frac{V_N}{273} \cdot \underbrace{(273 + t)}_{T} = \frac{V_N}{273} \cdot T \quad \text{folglich} \quad V \sim T.$$

Kelvin Der neue Bezugspunkt heißt der „absolute Nullpunkt". Die ab diesem Punkt gemäß $T = 273 + t$ gemessene Temperatur T nennt man die „absolute Temperatur" in 'Kelvin'.

$$V = \frac{V_N}{\underbrace{273}_{\text{Konstante}}} \cdot T:$$

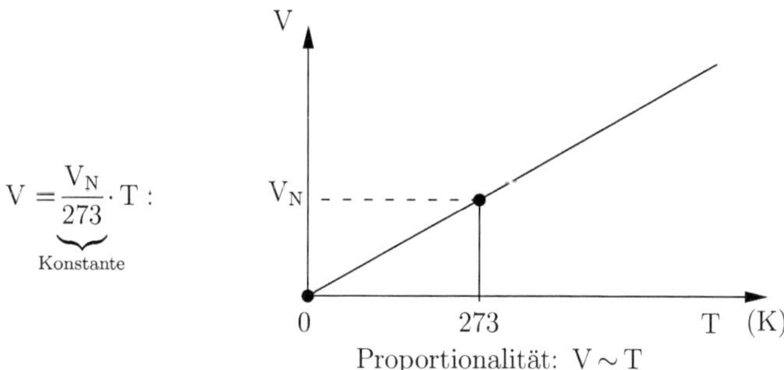

Die anfänglich komplizierte Volumenberechnung vereinfacht sich zu einer Proportionalität, bekannt als das *Gay–Lussac Gesetz*:

$$V = a \cdot T \quad \text{oder} \quad V \sim T, \qquad \text{(bei konstantem Druck)}.$$

In guter Näherung gilt diese Beziehung auch für reale Gase wie zum Beispiel Wasserstoff, Sauerstoff, Stickstoff und Mischungen wie Luft, usw. $\diamond$

Beispiel 5 Sie erwärmen im Labor $V_0 = 240$ cm³ Luft von $t_0 = 27°$ auf $t = 102°$ Celsius, also von $T_0 = 273 + 27 = 300$ Kelvin auf $T = 273 + 102 = 375$ Kelvin, (Druck konstant). Wie groß ist das neue Volumen? Wir nutzen einfach $V \sim T$. Folglich bleibt $\frac{V}{T}$ konstant:

$$\frac{V}{T} = \frac{V_0}{T_0} : \quad V = \frac{V_0}{T_0} \cdot T = \frac{240 \text{ cm}^3}{300 \text{ K}} \cdot 375 \text{ K} = 0{,}80 \tfrac{\text{cm}^3}{\text{K}} \cdot 375 \text{ K} = 300 \text{ cm}^3 \text{ (Ergebnis)} \quad \diamond$$

Rechenregeln für proportionale Beziehungen - Gasgesetz, Osmose:

Die Vertauschung der zwei Seiten ändert nichts an der Proportionalität $y \sim x$ zweier Größen.

$$\boxed{\text{Symmetrieregel:} \quad y \sim x \quad \Rightarrow \quad x \sim y}$$

Allerdings ändert sich die Proportionalitätskonstante! Beispiel Preis und Menge beim Einkauf:

$$P = 2{,}50 \, \tfrac{€}{\text{kg}} \cdot M \quad \Rightarrow \quad M = 0{,}40 \, \tfrac{\text{kg}}{€} \cdot P \quad (\text{also} \quad P \sim M \quad \Rightarrow \quad M \sim P).$$

Ist y proportional zu mehreren einzelnen Größen, so lässt sich das sehr einfach kombinieren!

$$\boxed{\text{Produktregel: } y \sim x_1 \text{ (wenn } x_2 \text{ konstant) und } y \sim x_2 \text{ (wenn } x_1 \text{ konstant)} \Rightarrow y \sim x_1 \cdot x_2}$$

Die Regel gilt analog auch für mehr als zwei Proportionalitäten. Als wichtige Anwendung:

Beispiel 6 Das Volumen V eines Gases ist proportional zur (absoluten) Temperatur T, wenn Menge und Druck konstant bleiben, und natürlich proportional zur (Stoff-) Menge n, solange die Temperatur T und Druck p konstant sind. Und V ist umgekehrt proportional zum Druck p, d. h. proportional zu $\frac{1}{p}$, wenn T und n konstant bleiben, (vgl. S. 167, Aufg. 3):

$$\mathbf{V} \sim \mathbf{n} \text{ (wenn } T, p \text{ konstant)}, \quad \mathbf{V} \sim \mathbf{T} \text{ (wenn } n, p \text{ konstant)}, \quad \mathbf{V} \sim \frac{1}{\mathbf{p}} \text{ (wenn } T, n \text{ konstant)}.$$

Mit der Produktregel folgt: $\mathbf{V} \sim \mathbf{n} \cdot \mathbf{T} \cdot \dfrac{1}{\mathbf{p}}$ beziehungsweise $\mathbf{V} \sim \dfrac{\mathbf{n} \cdot \mathbf{T}}{\mathbf{p}}$!

Bezeichne R die Proportionalitätskonstante. Mit dieser 'idealen Gaskonstanten' notieren wir:

$$\textbf{Ideales Gasgesetz:} \quad \boxed{\mathrm{V} = \mathrm{R} \cdot \frac{\mathrm{n} \cdot \mathrm{T}}{\mathrm{p}} \quad \text{bzw.} \quad \mathrm{p} \cdot \mathrm{V} = \mathrm{R} \cdot \mathrm{n} \cdot \mathrm{T} \quad \text{bzw.} \quad \mathbf{R} = \frac{\mathrm{p} \cdot \mathrm{V}}{\mathrm{n} \cdot \mathrm{T}}}$$

$\mathrm{R} = 8{,}31451 \, \mathrm{Pa} \cdot \mathrm{m}^3 \cdot \mathrm{mol}^{-1} \cdot \mathrm{K}^{-1}$, (Ideale Gaskonstante, Pascal Pa Einheit für Druck). $\diamond$

Beispiel 7 In einem Behälter mit 1 L Helium herrscht ein Druck von 763 kPa ($= 7{,}63 \, \mathrm{bar}$), Temperatur 37 °C. Wie groß sind Stoffmenge und Masse des darin enthaltenen Heliums ($\mathrm{M(He)} = 4{,}00 \, \tfrac{\mathrm{g}}{\mathrm{mol}}$)? Die Auflösung des Gasgesetzes nach der Stoffmenge n ergibt sofort:

$$n = \frac{\mathrm{p} \cdot \mathrm{V}}{\mathrm{R} \cdot \mathrm{T}} \, . \quad \text{Mit } \mathrm{p} = 763 \cdot 10^3 \, \mathrm{Pa}, \, \mathrm{V} = 10^{-3} \, \mathrm{m}^3, \, \mathrm{T} = (37 + 273) \, \mathrm{K} \text{ folgt: } n = 0{,}296 \, \mathrm{mol}.$$

Multipliziert mit $\mathrm{M(He)} = 4{,}00 \, \tfrac{\mathrm{g}}{\mathrm{mol}}$ folgt: $\mathrm{m(He)} = 4{,}00 \, \tfrac{\mathrm{g}}{\mathrm{mol}} \cdot 0{,}296 \, \mathrm{mol} = 1{,}18 \, \mathrm{g}.$ $\diamond$

Osmose – ein Druck, der sich versteckt

Der für Natur und Technik so wichtige Vorgang der Osmose ist vielleicht etwas schwierig zu verstehen, aber der rechnerische Zusammenhang mit dem idealen Gasgesetz ist so erstaunlich wie einfach zugleich.

Die meisten Membranen von pflanzlichen oder tierischen Zellen sind 'semipermeabel', oder zumindest selektiv permeabel. Eine semipermeable („halbdurchlässige") Membran zwischen zwei Lösungen lässt nur die winzigen Wassermoleküle hindurch, hält aber die viel größeren Moleküle ∴ der gelösten Stoffe zurück:

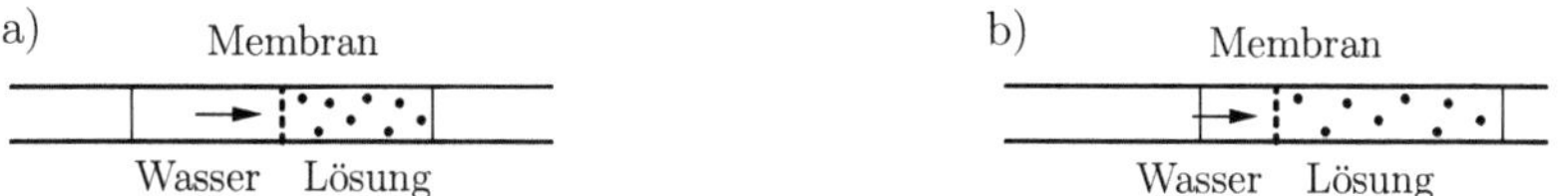

a) Durch die Poren der semipermeablen Membran stoßen Wassermoleküle (gr. *osme*, Stoß), und zwar *sowohl von links* (reines Wasser) *als auch von rechts* (Wasser + gelöster Stoff). Im Vergleich zur rechten Seite ist aber die Wasserkonzentration auf der linken Seite höher! Dadurch gelangen mehr Wassermoleküle von links nach rechts als umgekehrt! Es entsteht *insgesamt* eine Fließrate ⟶ vom Lösungsmittel links zur Lösung auf der rechten Seite.

b) **Folge** Die Lösung rechts nimmt immer mehr Wasser auf (und wird dabei verdünnt)!

Der Druckcharakter dieses Vorgangs wird deutlich, wenn man von rechts einen Gegendruck ausübt. Hierdurch werden vermehrt Wassermoleküle von rechts durch die Poren der Membran zur linken Seite gedrückt. Ist dieser Gegendruck nicht hoch genug, wird die Fließrate von links nach rechts nur vermindert. Erst bei genügend hohem Gegendruck herrscht *Gleichgewicht*. (Durch noch höheren Druck lässt sich z.B. aus Meerwasser wieder Trinkwasser gewinnen.)

Im Labor verwendet man zu Demonstrationszwecken gerne eine Anordnung mit einem U–Rohr:

Durch die Fließrate nach rechts wird allmählich eine Flüssigkeitssäule der Höhe h aufgebaut.
Der entstehende Gegendruck dieser Flüssigkeitssäule bringt den Vorgang schließlich zum Erliegen (Gleichgewicht)!
Man nennt diesen Druck den *osmotischen Druck* der Lösung (rechts) gegenüber dem Lösungsmittel (links).

Der osmotische Druck p_{osm} *hängt nur von der Anzahl der gelösten Teilchen ab, nicht von deren Art oder Größe!*

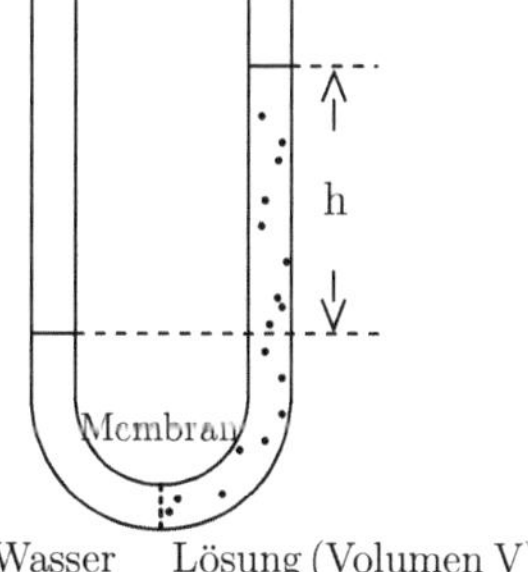

Es herrscht eine völlige Analogie zu Gasen: p_{osm} *ist gleich dem Gasdruck, der sich ergäbe, wenn man dieselbe Anzahl der gelösten Teilchen gasförmig im Volumen* V *einschließen würde:*

van't–Hoff–Gleichung: $\boxed{p_{osm} = \dfrac{n}{V} \cdot R \cdot T}$ $\left(\dfrac{n}{V} = c \text{ heißt 'Stoffmengenkonzentration'}\right)$

Sind mehrere Substanzen gelöst, sind die vorhandenen Stoffmengen zu addieren. Elektrolyte wie zum Beispiel NaCl (Natriumchlorid) dissoziieren in stark verdünnten Lösungen fast vollständig in Na^+ und Cl^-. Das vergrößert die Menge der osmotisch wirksamen Teilchen und muss mit einem Faktor > 1 entsprechend berücksichtigt werden. Die obige einfache Gleichung gilt auch nur für 'ideale' d.h. nicht zu hoch konzentrierte Lösungen. Und der Wert p_{osm} gilt im Vergleich zum reinen Lösungsmittel: Sind eine schwach konzentrierte und eine höher konzentrierte Lösung durch eine semipermeable Membran getrennt, wirkt nur der *Differenzdruck*, und die Fließrate kann den Konzentrationsunterschied allmählich ausgleichen.

Merke: *Ein osmotischer Druck existiert 'zwischen' zwei Lösungen! (Nicht 'in' einer Lösung.)*

Beispiele: Meerwasser löscht nicht den Durst, weil Wasser den Körperzellen entzogen statt zugeführt wird. Konservieren mit Salz oder Zucker erschwert Mikroorganismen das Leben. Umgekehrt platzen reife Kirschen bei Regen oder Würstchen beim Kochen. Pflanzen haben kein stützendes Gerüst. Ihre Festigkeit entsteht durch die bei Wasserzufuhr und Osmose sich prall füllenden Zellen. Wird ihre Zuckerkonzentration durch Photosynthese zu hoch, kann die Konzentration duch Stärkebildung verringert werden. Beim Baden quellen unsere Hautzellen, und Süßwasserfische nehmen durch Osmose viel Wasser auf, Wassertrinken wird überflüssig.

1.2 Anteile und Konzentrationen

Anteile

Zur Herstellung einer Zuckerlösung mit einem Massenanteil von 30 % Zucker lösen Sie bitte *nicht* 30 g Zucker in 100 g Wasser, sondern 30 g Zucker in 70 g Wasser! Im letzteren Fall bestehen 30 von 100 Gramm oder $\frac{30}{100} = 0{,}30 = 30\,\%$ aus Zucker. Oder Sie lösen 45 g Zucker in 105 g Wasser: Dann bestehen 45 von 150 Gramm oder $\frac{45}{150} = 0{,}30 = 30\,\%$ aus Zucker. Der Rest $\frac{105}{150} = 0{,}70 = 70\,\%$ ist Wasser. Sie kennen solche Rechenexempel aus dem Alltag:

Beispiel 8 Rezept für einen Kuchenteig, Angaben in Gramm:

Mehl	Butter	Zucker	Gesamt
400	300	100	800

$$\text{Massenanteile:} \quad w\,(\text{Mehl}) = \frac{400\,\text{g}}{800\,\text{g}} = \frac{1}{2} = 0{,}500 = 50{,}0 \cdot \frac{1}{100} = 50{,}0\,\%$$

$$w\,(\text{Butter}) = \frac{300\,\text{g}}{800\,\text{g}} = \frac{3}{8} = 0{,}375 = 37{,}5 \cdot \frac{1}{100} = 37{,}5\,\%$$

$$w\,(\text{Zucker}) = \frac{100\,\text{g}}{800\,\text{g}} = \frac{1}{8} = 0{,}125 = 12{,}5 \cdot \frac{1}{100} = 12{,}5\,\% \quad \diamond$$

Beispiel 9 'Rezept' zur Herstellung von Wasser H_2O, Angaben in Gramm:

H	O	Gesamt
2	16	18

$$\text{Massenanteile:} \quad w(H) = \frac{2\,\text{g}}{18\,\text{g}} = \frac{1}{9} = 0{,}111 = 11{,}1\,\%$$

$$w(O) = \frac{16\,\text{g}}{18\,\text{g}} = \frac{8}{9} = 0{,}889 = 88{,}9\,\% \quad \diamond$$

Definition *Bezeichnen wir mit* m *die Gesamtsumme der Einzelmassen mehrerer Substanzen, und mit* m(S) *die (Einzel-) Masse einer Substanz* S. *Dann heißt*

$$w(S) = \frac{m(S)}{m}$$

der 'Massenanteil von S'. *In der Praxis auftretende Umformungen sind:*

$$\boxed{\; w(S) = \frac{m(S)}{m} \quad \Leftrightarrow \quad m(S) = w(S) \cdot m \quad \Leftrightarrow \quad m = \frac{m(S)}{w(S)} \;}$$

Ersetzt man die Masse m *durch das Volumen* V *bzw. durch die Stoffmenge* n, *erhält man den 'Volumenanteil von* S' $\varphi(S) = \dfrac{V(S)}{V}$ *bzw. den 'Stoffmengenanteil von* S' $\chi(S) = \dfrac{n(S)}{n}$.

Beispiel 10 Durch Elektrolyse lässt sich Wasser H_2O wieder in seine Bestandteile zerlegen. Da $w(H) = 11{,}1\,\%$ seiner Masse aus Wasserstoff besteht, liefern 1 kg = 1000 g Wasser hierbei

$$m(H) = w(H) \cdot m = 11{,}1\,\% \cdot 1000\,\text{g} = 11{,}1 \cdot \tfrac{1}{100} \cdot 1000\,\text{g} = 0{,}111 \cdot 1000\,\text{g} = 111\,\text{g Wasserstoff.} \; \diamond$$

Beispiel 11 Wie viel Salz enthält 1 Liter Meerwasser bei einem Salzgehalt von $w(S) = 3{,}50\,\%$? Für eine *exakte* Rechnung benötigen Sie noch: 1 L Meerwasser hat eine Masse von 1,025 kg.

$$m(S) = w(S) \cdot m = 3{,}50\,\% \cdot 1025\,\text{g} = 3{,}50 \cdot \tfrac{1}{100} \cdot 1025\,\text{g} = 0{,}035 \cdot 1025\,\text{g} = 35{,}9\,\text{g Meersalz.} \; \diamond$$

Beispiel 12 40,9 g Ethanol (kurz: E), umgerechnet 0,89 mol bzw. 51,8 mL, gemischt mit 51,8 g Wasser (kurz: W), umgerechnet 2,88 mol bzw. 51,8 mL, ergeben:

$$\mathrm{w(E)} = \frac{40{,}9\,\mathrm{g}}{40{,}9\,\mathrm{g} + 51{,}8\,\mathrm{g}} = 44{,}1\,\%, \qquad \mathrm{w(W)} = \frac{51{,}8\,\mathrm{g}}{40{,}9\,\mathrm{g} + 51{,}8\,\mathrm{g}} = 55{,}9\,\%,$$

$$\chi(\mathrm{E}) = \frac{0{,}89\,\mathrm{mol}}{0{,}89\,\mathrm{mol} + 2{,}88\,\mathrm{mol}} = 23{,}6\,\%, \qquad \chi(\mathrm{W}) = \frac{2{,}88\,\mathrm{mol}}{0{,}89\,\mathrm{mol} + 2{,}88\,\mathrm{mol}} = 76{,}4\,\%,$$

$$\varphi(\mathrm{E}) = \frac{51{,}8\,\mathrm{mL}}{51{,}8\,\mathrm{mL} + 51{,}8\,\mathrm{mL}} = 50{,}0\,\%, \qquad \varphi(\mathrm{W}) = \frac{51{,}8\,\mathrm{mL}}{51{,}8\,\mathrm{mL} + 51{,}8\,\mathrm{mL}} = 50{,}0\,\%.$$

$\diamond$

(Das Volumen $V_{L\ddot{o}s}$ dieser <u>Mischung</u> beträgt übrigens nur 100 mL, sog. Volumenkontraktion).

Anmerkungen:

Für die praktische Anwendung sind Volumenanteile φ von Flüssigkeiten kaum von Bedeutung! Das gilt auch für Stoffmengenanteile χ. Wir werden uns daher bei weiteren Beispielen für *Flüssigkeiten* auf Massenanteile w beschränken!

Für (ideale) Gase gilt Volumenanteil = Stoffmengenanteil. Dies folgt aus der Proportionalität von Volumen V und Stoffmenge n. Der Proportionalitätsfaktor ist für alle Gase gleich und lässt sich daher in Zähler und Nenner wegkürzen.

Stoffmengenanteile lassen sich wegen $\mathrm{m} = \mathrm{M} \cdot \mathrm{n}$ mit den Molmassen M leicht wieder in Massenanteile umrechnen (und umgekehrt).

Kleine Anteile:

$$1\ \text{Prozent} = 1\,\% = \frac{1}{100} = 0{,}01 = 10^{-2}$$

$$1\ \text{Promille} = 1\,\text{\textperthousand} = \frac{1}{1\,000} = 0{,}001 = 10^{-3}$$

$$1\ \text{part per million} = 1\ \text{ppm} = \frac{1}{1\,000\,000} = 0{,}000\,001 = 10^{-6}$$

$$1\ \text{part per billion} = 1\ \text{ppb} = \frac{1}{1\,000\,000\,000} = 0{,}000\,000\,001 = 10^{-9}\ (1\,\text{billion} = 1\,\text{Milliarde})$$

Beispiel 13 Wir formulieren einen im Jahr 2020 gemessenen Volumenanteil am Klimagas Kohlendioxid CO_2 in der Luft von 0,0415 Prozent in Promille und in ppm:

$$0{,}0415\,\% = 0{,}0415 \cdot \frac{1}{100} = \frac{0{,}0415}{100} = \frac{0{,}0415 \cdot 10}{100 \cdot 10} = \frac{0{,}415}{1\,000} = 0{,}415 \cdot \frac{1}{1\,000} = 0{,}415\,\text{\textperthousand}$$

$$0{,}415\,\text{\textperthousand} = \frac{0{,}415}{1\,000} = \frac{0{,}415 \cdot 1\,000}{1\,000 \cdot 1\,000} = \frac{415}{1\,000\,000} = 415 \cdot \frac{1}{1\,000\,000} = 415\ \text{ppm}$$

z. B. enthält 1 Liter Luft: $0{,}415\,\text{\textperthousand} \cdot 1\,000\ \text{mL} = 0{,}415 \cdot \frac{1}{1\,000} \cdot 1\,000\ \text{mL} = 0{,}415\ \text{mL}\ CO_2$. $\diamond$

Anmerkung: Das wichtigste Klimagas ist H_2O in Form der Luftfeuchtigkeit (Wasserdampf)! Sein Gehalt in der Atmosphäre ist auch abhängig von der Meerestemperatur. Zusätzlich wird das Klima durch die Bildung von Wolken in unterschiedlichen Höhen sowie durch entstehende oder schmelzende Schnee– und Eisflächen beeinflusst. (Das noch wirksamere Klimagas Methan CH_4 oxidiert unter Einfluss der Sonnenstrahlung zu CO_2 und H_2O).

Mischungsgleichung und Mischungskreuz

Mischungsgleichung Angenommen $m_1 = 40$ g Schokolade, Kakaoanteil $w_1(K) = 80\,\%$, sowie $m_2 = 60$ g Schokolade, Kakaoanteil $w_2(K) = 30\,\%$, werden zusammengeschmolzen. Sie erhalten $m = 100$ g Schokolade.

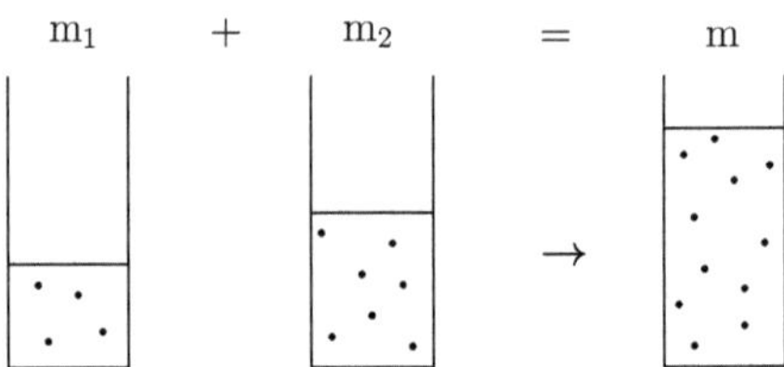

Der unbekannte Kakaoanteil $w(K)$ lässt sich leicht ausrechnen: Die enthaltenen Kakaomengen $w_1(K) \cdot m_1$ und $w_2(K) \cdot m_2$ ergeben die Kakaomenge $w(K) \cdot m$ in der Mischung:

Stoffbilanz: $\qquad w_1(K) \cdot m_1 \;+\; w_2(K) \cdot m_2 \;=\; w(K) \cdot m$ (Mischungsgleichung)

Für das vorige Beispiel erhalten wir für die enthaltenen Kakaomengen konkret:

$$
\begin{aligned}
80\,\% \cdot 40\,\text{g} \;+\; 30\,\% \cdot 60\,\text{g} \;&=\; w(K) \cdot 100\,\text{g} \\
32\,\text{g} \;+\; 18\,\text{g} \;&=\; w(K) \cdot 100\,\text{g} \\
50\,\text{g} \;&=\; w(K) \cdot 100\,\text{g} \\
0{,}50 \;&=\; w(K)
\end{aligned}
$$

Ergebnis: $w(K) = 50\,\%$

Die Aufgabe In der Praxis sind aber selten die zu mischenden Mengen m_1 und m_2 vorgegeben und der neue Anteil $w(K)$ der Mischung wird gesucht! Meistens ist es umgekehrt: *Zum Beispiel wird $w(K) = 50\,\%$ als Ziel vorgegeben sein, sowie die Anteile $w_1(K) = 80\,\%$ und $w_2(K) = 30\,\%$. Gesucht sind nun die zu mischenden Mengen m_1 und m_2!*
Wir kennen hier bereits eine Lösung, nämlich $m_1 = 40$ g und $m_2 = 60$ g. Dann ist aber auch das Doppelte dieser beiden Mengen eine Lösung, oder die Hälfte, kurz: Kennen wir nur *eine* (Basis-) Lösung der Aufgabe, dann ist auch ein beliebiges Vielfaches davon eine Lösung!
Um eine *Basislösung* zu finden, müssen wir die Mischungsgleichung nur ein wenig umformen.

$$
\begin{aligned}
w_1(K) \cdot m_1 + w_2(K) \cdot m_2 \;&=\; w(K) \cdot m. \quad \text{Wegen } m = m_1 + m_2 \text{ folgt nun:} \\
w_1(K) \cdot m_1 + w_2(K) \cdot m_2 \;&=\; w(K) \cdot (m_1 + m_2) \\
w_1(K) \cdot m_1 + w_2(K) \cdot m_2 \;&=\; w(K) \cdot m_1 + w(K) \cdot m_2 \\
w_1(K) \cdot m_1 \;&=\; w(K) \cdot m_1 + w(K) \cdot m_2 - w_2(K) \cdot m_2 \\
w_1(K) \cdot m_1 - w(K) \cdot m_1 \;&=\; w(K) \cdot m_2 - w_2(K) \cdot m_2 \\
(w_1(K) - w(K)) \cdot m_1 \;&=\; (w(K) - w_2(K)) \cdot m_2 \\
w_1(K) - w(K) \;&=\; (w(K) - w_2(K)) \cdot \frac{m_2}{m_1}
\end{aligned}
$$

Ergebnis: $\qquad \dfrac{w_1(K) - w(K)}{w(K) - w_2(K)} = \dfrac{m_2}{m_1}$

Tatsächlich lässt sich hieran sofort eine Lösung ablesen! Formulieren wir noch einmal die

Aufgabe: Zwei Schokoladensorten mit einem Kakaogehalt $w_1(K) = 80\,\%$ und $w_2(K) = 30\,\%$ sollen zu $m = 100\,\text{g}$ Schokolade mit einem Gehalt von $w(K) = 50\,\%$ zusammengeschmolzen werden. Bestimmen Sie die erforderlichen Mengen m_1 und m_2.

Wir benutzen das soeben hergeleitete Ergebnis, setzen die Werte ein, und erkennen am Ende:

$$\frac{w_1(K) - w(K)}{w(K) - w_2(K)} = \frac{80\,\% - 50\,\%}{50\,\% - 30\,\%} = \frac{80 - 50}{50 - 30} = \frac{30}{20} = \frac{m_2}{m_1}$$

Eine (Basis–) Lösung der Gleichung wäre $m_2 = 30\,\text{g}$, $m_1 = 20\,\text{g}$! Gesamtmenge $m = 50\,\text{g}$. Auch das Doppelte $m_2 = 60\,\text{g}$, $m_1 = 40\,\text{g}$ wäre eine Lösung – oder ein anderes Vielfaches. Möchten wir eine Gesamtmenge von $100\,\text{g}$, müssen wir wegen $50\,\text{g} \cdot 2 = 100\,\text{g}$ nur die errechneten (Basis–) Mengen mit dem Faktor $x = 2$ muliplizieren! Und das ergibt genau die Mengen $m_1 = 20\,\text{g} \cdot x = \mathbf{40\ g}$ und $m_2 = 30\,\text{g} \cdot x = \mathbf{60\ g}$, wie wir sie bereits kannten.

Der Praktiker erhält diese Werte leichter und schneller mit einem Schema, dem sogenannten

Mischungskreuz:

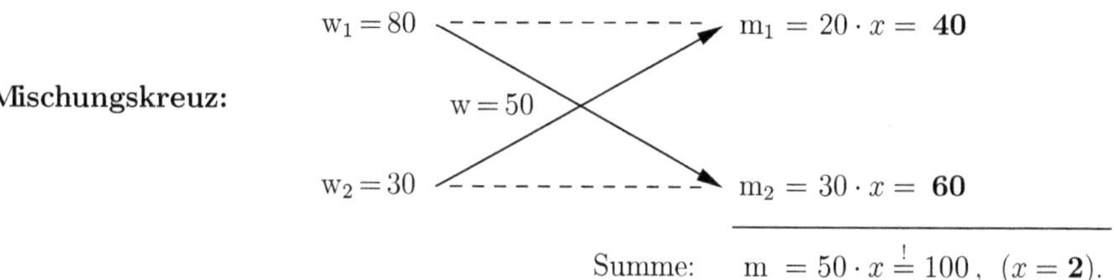

Nebenrechnungen: $80 - 50 = 30$, $50 - 30 = 20$. Summe der beiden Differenzen $= 50$. *Beachten Sie einfach die 'Richtung der Differenzbildung', und die Ermittlung des Faktors x.*

Folgende Punkte sind wichtig:

1. Durch das 'Überkreuzen' stimmen die Indizes zeilenweise wieder überein.
2. Beachten Sie genau, welche Differenzen in welcher Richtung zu bilden sind.
3. Notieren Sie den größeren der beiden Werte, hier $80\,\%$, in die obere Zeile als w_1, den kleineren Wert in die untere Zeile als w_2. Das vermeidet unnötige negative Differenzen!
4. Als Kontrolldifferenz zu empfehlen: $w_1 - w_2 = m$.
5. Prozent und Einheiten wie Gramm wurden gekürzt und lassen sich auch wieder hinzufügen.

Beispiel 14 Gegeben seien zwei Salzlösungen mit den Massenanteilen $w_1(S) = 50\,\%$ und $w_2(S) = 10\,\%$. Welche Mengen m_1 und m_2 müssen Sie hiervon mischen, um $m = 100\,\text{g}$ mit $w(S) = 16\,\%$ zu erhalten?

Mischungskreuz:

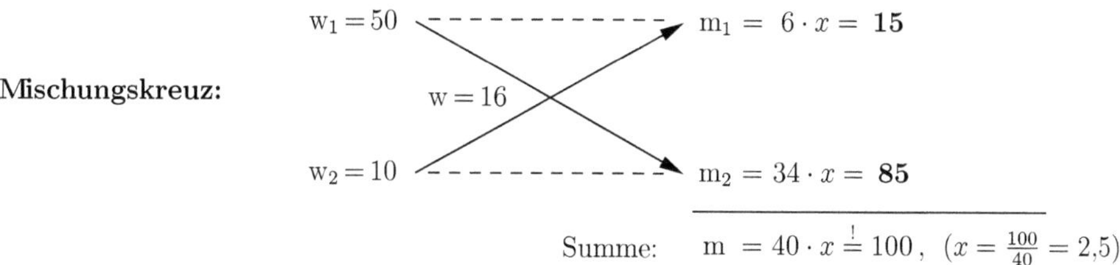

Ergebnis: $m_1 = 15\,\text{g}$ Salzlösung mit einem Massenanteil $w_1(S) = 50\,\%$ und $m_2 = 85\,\text{g}$ mit $w_2(S) = 10\,\%$ ergeben $m = 100\,\text{g}$ Mischung mit einem Massenanteil von $w(S) = 16\,\%$. ◇

Beispiel 15 Verdünnen (= Zugabe von Lösungsmittel):
In diesem Fall mischt man mit dem Lösungsmittel, und für dieses gilt natürlich $w_2(S) = 0$.

Aus einem Restbestand einer alten Salzlösung von $m_1 = 60$ g und $w_1(S) = 50\,\%$ wollen Sie durch Verdünnen mit dem Lösungsmittel eine Lösung mit dem Massenanteil $w(S) = 30\,\%$ herstellen. Welche Gesamtmenge m erhalten Sie?

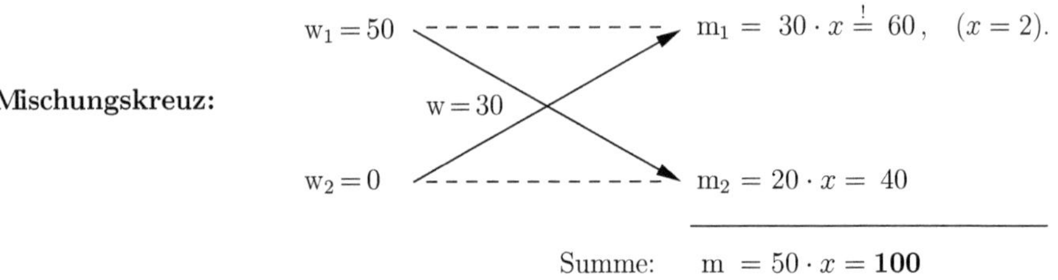

$$\text{Summe:} \quad m = 50 \cdot x = \mathbf{100}$$

Ergebnis: Sie erhalten m = 100 g Lösung mit einem Massenanteil von $w(S) = 30\,\%$. $\diamond$

Beispiel 16 Konzentrieren (= Entzug von Lösungsmittel):
Auch hier gilt wieder $w_2(S) = 0$, aber m_2 wird in diesem Falle natürlich negativ.

Der Anteil der Trockensubstanz S bei Tomaten betrage $w_1(S) = 5\,\%$. Dieser soll durch Wasserentzug auf $w(S) = 40\,\%$ erhöht werden (Tomatenmark)! Welche Tomatenmenge m_1 ist für eine 200 g – Tube Tomatenmark erforderlich?

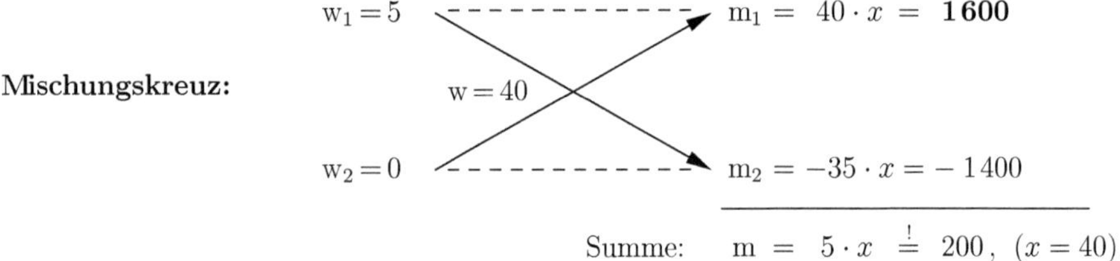

$$\text{Summe:} \quad m = 5 \cdot x \overset{!}{=} 200, \quad (x = 40).$$

Ergebnis: Die Herstellung erfordert $m_1 = 1600$ g Tomaten. Der Wasserentzug beträgt 1400 g. $\diamond$

Mischungsgleichung und Mischungskreuz gelten analog für Stoffmengen- und Volumenanteile:

Beispiel 17 Eine Erdmischung bestehe zu gleichen (Volumen-) Teilen aus grobem Sand und wasserspeichernden Substanzen. Zur Pflanzung einiger Sukkulenten benötigen Sie 100 L Erde, allerdings mit einem Sandanteil $\varphi(S) = 70\,\%$! Wie viel der vorhandenen Erdmischung und zusätzlich an reinem Sand (d.h. $\varphi_1(S) = 100\,\%$) benötigen Sie?

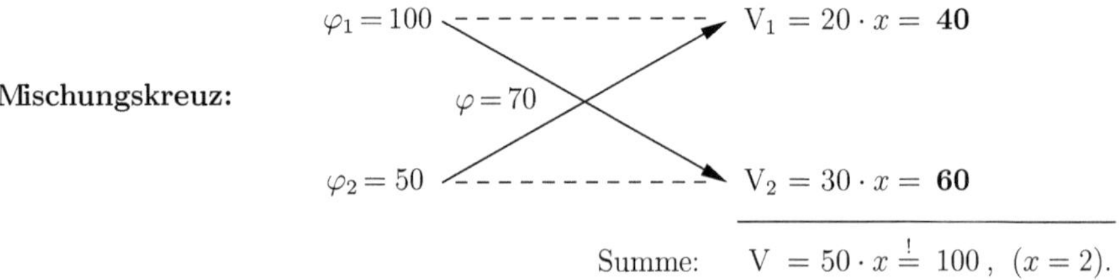

$$\text{Summe:} \quad V = 50 \cdot x \overset{!}{=} 100, \quad (x = 2).$$

Ergebnis: Erforderlich sind 60 L Erdmischung und zusätzlich 40 L Sand. $\diamond$

Konzentrationen

Rühren und Auffüllen Die Herstellung von Lösungen einer vorgegebenen Konzentration ist recht tückisch: Schon eine Temperaturerhöhung führt meistens zu einer Vergrößerung des Volumens und dadurch zu einer Verringerung der Konzentration. Bei exaktem Vorgehen müsste also auch die Herstellungstemperatur notiert werden. Die Herstellungstemperatur entspricht jedoch in der Regel auch der Anwendungstemperatur.

Wie stellen Sie eine Zuckerlösung her mit einer Konzentration von $30\,g/100\,mL = 300\,g/L$? Schütten Sie 300 g Zucker in ein Gefäß mit einem Liter Wasser, so steigt dadurch der Pegel! Hat sich der Zucker vollständig aufgelöst, dann ist der Wasserstand wieder etwas gesunken aber immer noch mehr als 1 Liter. Die Zuckerkonzentration ist also geringer als $300\,g$ pro L.

Bleiben wir bei den 300 g Zucker pro Liter: Wie viel Wasser muss man nun wirklich zugeben? Das könnte man anhand von Dichtetabellen ausrechnen. Doch diese Mühe erspart man sich lieber im Labor - man gibt *unter ständigem Umrühren* so viel Lösungsmittel hinzu, bis nach Auflösung der 300g die gewünschte Menge von 1 Liter erreicht ist!

Diese Vorgehensweise empfiehlt sich auch bei Flüssigkeiten. Möchten Sie eine Lösung von 394,6 g Alkohol (Ethanol C_2H_5OH) pro Liter herstellen, so hat der reine Alkohol bereits ein Volumen von 500 mL. Geben Sie jetzt noch 500 mL Wasser hinzu, erhalten Sie insgesamt ein Volumen von nur 965,3 mL ('Volumenkontraktion')! Darauf müssen Sie aber nicht achten, wenn Sie einfach bis zu 1000 mL auffüllen: Falls Sie mit 394,6 g Alkohol als 'Einwaage' beginnen, erhalten Sie zum Schluss nach Auffüllen auch eine Konzentration von $394,6\,g/L$. Der Bedarf an Lösungsmittel lässt sich ohne weitere Kenntnisse nicht exakt voraussagen.

Definition *Bezeichne* $V_{Lös}$ *das Volumen einer Lösung, und* $m(S)$ *die Masse ('Einwaage') einer darin gelösten Substanz S. Dann heißt*

$$\beta(S) = \frac{m(S)}{V_{Lös}}$$

die '(Massen-) Konzentration von S'. Nützliche Umformungen hierfür sind:

$$\boxed{\beta(S) = \frac{m(S)}{V_{Lös}} \quad \Leftrightarrow \quad m(S) = \beta(S) \cdot V_{Lös} \quad \Leftrightarrow \quad V_{Lös} = \frac{m(S)}{\beta(S)}}$$

Ersetzt man die Masse m durch die Stoffmenge n bzw. durch das Volumen V, erhält man die 'Stoffmengenkonzentration' $c(S) = \dfrac{n(S)}{V_{Lös}}$ *bzw. die 'Volumenkonzentration'* $\sigma(S) = \dfrac{V(S)}{V_{Lös}}$.

Wir kennen die Stoffmengenkonzentration bereits von der van't-Hoff-Gleichung auf Seite 5. Sie wird auch *molare Konzentration* oder *Molarität* genannt. Für beispielsweise $c(S) = 2\,mol/L$ ist auch die Bezeichnung 2–molar üblich, abgekürzt als $2\,M$, und anstelle von $c(S)$ auch $[S]$.

Beispiel 18 Die Konzentration einer Lösung von Glucose $C_6H_{12}O_6$ betrage $\beta(G) = 270\,g/L$. Wie groß ist die Stoffmengenkonzentration $c(G)$ dieser Lösung?

Die Molmasse von Glucose errechnet sich mit den relativen Atommassen $C = 12$, $H = 1$, $O = 16$ zu $M(C_6H_{12}O_6) = 180\,g/mol$ (vgl. Seite 2). Aus $m = M \cdot n$ folgt $270\,g = 180\,\frac{g}{mol} \cdot n$ und somit als Stoffmenge $n(C_6H_{12}O_6) = 1{,}5\,mol$. Kurz: 270 g Glucose sind umgerechnet 1,5 mol.

Ergebnis: $\beta(G) = 270\,g/L$ entsprechen $c(G) = 1{,}5\,mol/L$. $\qquad\qquad\diamond$

Beispiel 19 40,9 g oder umgerechnet 0,89 mol bzw. 51,8 mL Ethanol C_2H_5OH werden mit Wasser zu 100 mL aufgefüllt (vgl. Bsp. 12, Seite 7). Die entsprechenden Konzentrationen sind:

$$\beta(E) = \frac{40,9\,g}{100\,mL} = 0{,}409 \text{ g/mL} = 409 \text{ g/L}$$

$$c(E) = \frac{0,89\,mol}{100\,mL} = 0{,}0089 \text{ mol/mL} = 8{,}9 \text{ mol/L}$$

$$\sigma(E) = \frac{51,8\,mL}{100\,mL} = 0{,}518 \text{ mL/mL} = 518 \text{ mL/L}. \text{ Man beachte für die Praxis:}$$

Volumenkonzentrationen werden nicht mit Einheiten angegeben, sondern in Prozent. Man kürzt die Volumeneinheiten, als ob es sich um Anteile handelt! In vorigem Beispiel:

$$\sigma(E) = 0{,}518 = 51{,}8 \ \% \hspace{4cm} \text{(auch 51,8 Vol. \%)}.$$

Das ist mathematisch zwar nicht korrekt, führt aber praktisch zum richtigen Ergebnis:

Tatsächlich enthalten die 100 mL Lösung exakt 51,8 % oder 51,8 mL reinen Alkohol (Ethanol). Man darf nur *nicht* weiter folgern, dass die 'restlichen 48,2 %' oder 48,2 mL aus Wasser sind. Wie wir von Beispiel 12 auf Seite 7 wissen, sind in Wirklichkeit 51,8 mL Wasser enthalten! ◇

Beispiel 20 Sie benötigen 75 mL Glykollösung mit einer (Volumen-) Konzentration von 40 %. (Ohne weitere Angaben ist natürlich Wasser als Lösungmittel gemeint.)

Wegen $\ \sigma(G) = \dfrac{V(G)}{V_{L\ddot{o}s}}\ $ folgt für die Einwaage an Glykol: $V(G) = 0{,}40 \cdot 75\,mL = 30$ mL.

Diese 30 mL Glykol werden unter Umrühren mit Wasser zu 75 mL Lösung aufgefüllt. (Gehen Sie aber nicht davon aus, dass genau 45 mL bzw. 60 % Wasser benötigt werden.) ◇

Eine Verwechslung dieser 'Volumenprozente' mit 'Volumenanteile in Prozent' ist wohl selten, da letztere bei Flüssigkeiten in der Praxis so gut wie keine Rolle spielen. Prozentangaben bei Massenkonzentrationen sind allerdings verwirrend:

Anstelle von 9 g NaCl in 1 L Lösung oder kurz 9 g NaCl/L darf man auch 0,9 g NaCl/100 mL schreiben. Die Notation 0,9 % NaCl (m/V) gemäß DAB (Deutsches Arzneibuch, 10. Aufl.) ist jedoch mathematischer Unfug, da Prozentangaben bei verschiedenen Einheiten keinen Sinn ergeben. Eine Konzentration $\beta(NaJ){=}114$ g/100 mL wären gemäß DAB <u>114 %</u> NaJ (m/V)!

Hydrate Manche Salze kristallieren aus wässriger Lösung als 'Hydrate' mit 'Kristallwasser':

Beispiel 21 Sie wollen 1 L einer 1–molaren Natriumkarbonat(Na_2CO_3)–Lösung herstellen. Wie hoch ist die Einwaage bei Verwendung von sogenannter 'Kristallsoda' $Na_2CO_3 \cdot 10\ H_2O$?

In diesem Falle gilt nur der wasserfreie Stoff Na_2CO_3 für die Lösung als gelöster reiner Stoff. Das Kristallwasser ist hier dem Lösemittel Wasser zuzuschlagen. Wir errechnen:

$$M(\underbrace{Na_2CO_3}_{2\cdot 23 + 12 + 3\cdot 16}) = 106 \text{ g/mol} \quad \text{und} \quad M(\underbrace{Na_2CO_3 \cdot 10\ H_2O}_{106 + 10\cdot 18}) = 286 \text{ g/mol}.$$

Folglich sind als Einwaage 286 g Kristallsoda mit Wasser zu 1 L Lösung aufzufüllen, um 106 g bzw. 1 mol Na_2CO_3 in Lösung zu bringen. $\hspace{3cm}$ ◇

Verdünnen und Mischen von Konzentrationen

Angenommen Sie erhöhen das Volumen V_1 einer Lösung mit der Einwaage $m_1 = \beta_1(S) \cdot V_1$ durch weitere Hinzugabe einer Menge an Lösungsmittel: Bezeichnen wir nun das *gemessene* Volumen der Lösung mit V, die durch das Verdünnen *verringerte* Konzentration mit $\beta(S)$. Die enthaltene Einwaage bleibt beim Verdünnen konstant! Deshalb gilt: $\beta(S) \cdot V = \beta_1(S) \cdot V_1$.

Beispiel 22 Zur Verfügung steht eine alkoholische Stammlösung (Ethanol C_2H_5OH) mit der Konzentration $\beta_1(A) = \frac{750\,g}{L}$. Sie benötigen V = 1,0 L mit der Konzentration $\beta(A) = \frac{240\,g}{L}$. Wie viel Stammlösung V_1 ist hierfür erforderlich? Wegen $\beta(S) \cdot V = \beta_1(S) \cdot V_1$ gilt:

$$\frac{240\,g}{L} \cdot 1{,}0\,L = \frac{750\,g}{L} \cdot V_1 \;\Rightarrow\; V_1 = \frac{240 \cdot 1{,}0\,L}{750} = 0{,}32\,L = \mathbf{320\ mL}$$

Durch Zugabe von Lösungsmittel wird die Menge von $V_1 = 320$ mL auf V = 1,0 L aufgefüllt!

Auch das Mischungskreuz ist hierfür anwendbar, natürlich mit der entsprechenden Sorgfalt: *Beim Mischen verschiedener Flüssigkeiten wird das Volumen V der Mischung oft kleiner als die Summe $V_1 + V_2$ der Mischungspartner, kurz: $V < V_1 + V_2$. (sog. Volumenkontraktion).* Geben Sie dann einfach zu V noch so viel Lösungsmittel hinzu, bis $V = V_1 + V_2$ erreicht ist:

Mischungskreuz:

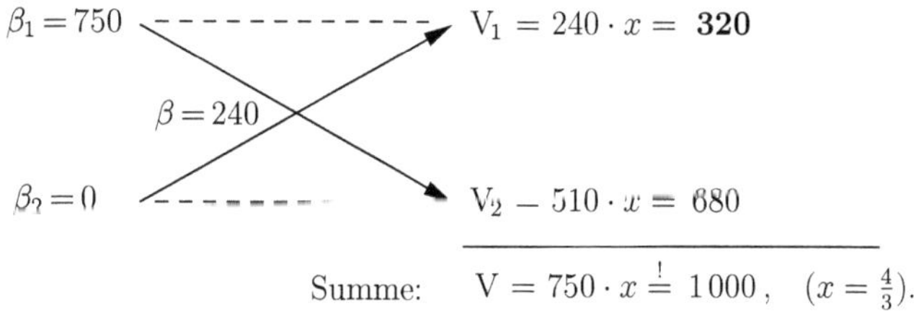

$$\beta_1 = 750 \qquad \beta = 240 \qquad \beta_2 = 0$$
$$V_1 = 240 \cdot x = \mathbf{320}$$
$$V_2 - 510 \cdot x = 680$$

$$\text{Summe:} \quad V = 750 \cdot x \overset{!}{=} 1\,000, \quad (x = \tfrac{4}{3}).$$

Falls Sie V_1 bis zu 1 000 mL auffüllen, müssen Sie das Ergebnis für V_2 gar nicht beachten! Falls Sie $V_1 = 320$ mL mit $V_2 = 680$ mL Wasser mischen, muss wegen der Volumenkontraktion noch etwas Wasser zugegeben werden, bis exakt V = 1 000 mL erreicht sind! $\diamond$

Analog geht man vor beim Mischen von Stoffmengen- und Volumenkonzentrationen:

Beispiel 23 Ausgehend von verdünnter Schwefelsäure mit den Stoffmengenkonzentrationen

$$c_1(H_2SO_4) = 1{,}80\ \tfrac{mol}{L} \quad \text{und} \quad c_2(H_2SO_4) = 1{,}00\ \tfrac{mol}{L}$$

wollen Sie V = 100 mL der Stoffmengenkonzentration $c(H_2SO_4) = 1{,}30\ \tfrac{mol}{L}$ herstellen:

Mischungskreuz:

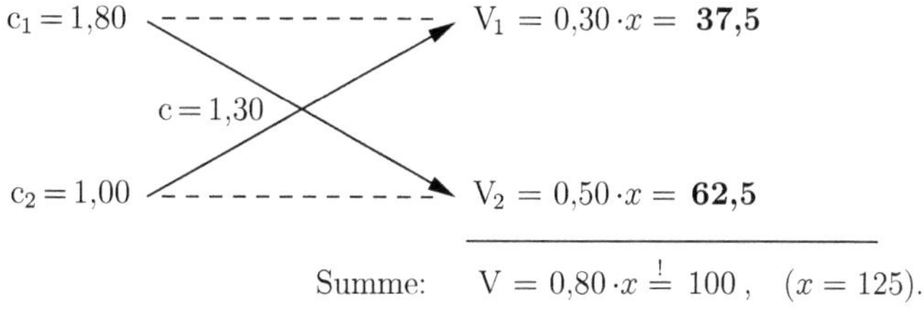

$$c_1 = 1{,}80 \qquad c = 1{,}30 \qquad c_2 = 1{,}00$$
$$V_1 = 0{,}30 \cdot x = \mathbf{37{,}5}$$
$$V_2 = 0{,}50 \cdot x = \mathbf{62{,}5}$$

$$\text{Summe:} \quad V = 0{,}80 \cdot x \overset{!}{=} 100, \quad (x = 125).$$

Wenn Sie $V_1 = 37{,}5$ mL mit $V_2 = 62{,}5$ mL mischen, erhalten Sie insgesamt V = 100 mL. Eine Volumenänderung ist also nicht messbar. Diese Mischung hat bereits die gewünschte Konzentration von $c(H_2SO_4) = 1{,}30\ \tfrac{mol}{L}$. (Ansonsten mit Wasser auf V = 100 mL auffüllen). $\diamond$

1.3 Winkelmessung und Winkelfunktionen

Radiant und Grad

Die Bogenlänge L und der Kreisradius R sind *proportional:* $L \sim R$. Halbieren oder verdoppeln wir den Radius, halbiert bzw. verdoppelt sich auch die Bogenlänge. Der Quotient $\alpha = \frac{L}{R}$ bleibt also konstant:

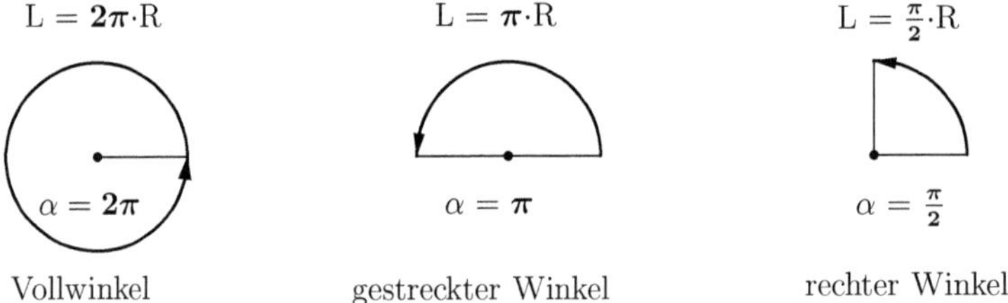

$$L = \alpha \cdot R \quad \Leftrightarrow \quad \alpha = \frac{L}{R}$$

Definition *Als Winkel bezeichnet man den Zahlenfaktor α, der erforderlich ist, um die zugehörige Bogenlänge $L = \alpha \cdot R$ zu bestimmen.*

(Der entsprechende Winkel in Gegenrichtung erhält negatives Vorzeichen).

Sicherlich wissen Sie noch, dass der Umfang eines Kreises mit Radius R genau $2\pi \cdot R$ beträgt. Egal wie klein oder groß der Radius, der Faktor α ist immer 2π. Dieser Kreisumfang ist die Länge L des Bogens für eine *volle* Umrundung. Der *Vollwinkel* beträgt also 2π, Skizze links:

$$L = 2\pi \cdot R \qquad\qquad L = \pi \cdot R \qquad\qquad L = \tfrac{\pi}{2} \cdot R$$

$$\alpha = 2\pi \qquad\qquad\qquad \alpha = \pi \qquad\qquad\qquad \alpha = \tfrac{\pi}{2}$$

Vollwinkel   gestreckter Winkel   rechter Winkel

Demzufolge beträgt der *gestreckte Winkel* $\pi = 3{,}14\ldots$, der *rechte Winkel* $\frac{\pi}{2} = 1{,}57\ldots$ usf. Um eine Zahl als Winkel zu kennzeichnen, darf man als (leere) Einheit 'rad' als Abkürzung für 'Radiant' hinzufügen. Weitere Winkel im Halbkreis zeigt der folgende Winkelmesser. Achten Sie zunächst nur auf den *inneren Kreis*. Kontrollieren Sie etwa den rechten Winkel!

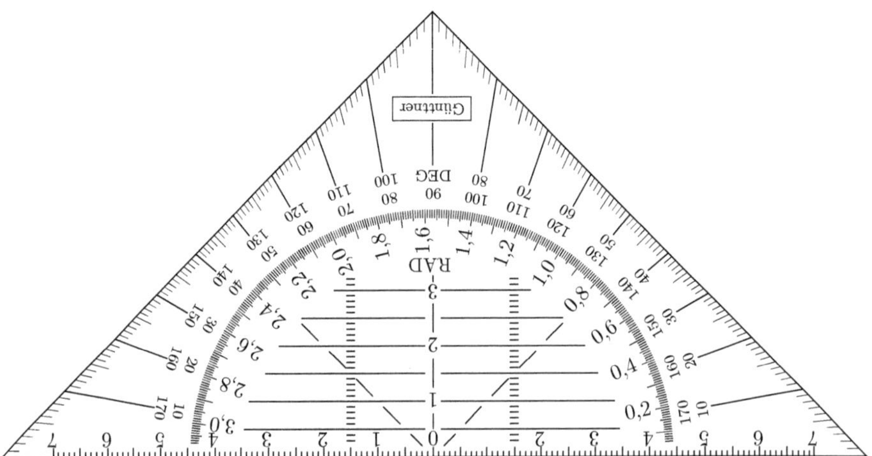

Bereits die alten Babylonier unterteilten den Vollwinkel in 360 Teile, '(Alt-) Grad' genannt. Für den gestreckten Winkel ergibt das $\pi = 180°$ und für den rechten Winkel also $\frac{\pi}{2} = 90°$. (Nach der fanzösischen Revolution wurde der rechte Winkel zu 100 'Neugrad', also $\frac{\pi}{2} = 100^g$, 'g' auch 'grade' oder 'gon' genannt. Man benutzt es noch heute in der Vermessungstechnik.) Bleiben wir bei $\pi = 180°$. Ausführlich: π rad $= 3{,}1415\ldots$ rad $= 180°$. Das ergibt speziell:

$$180° = \pi \text{ rad} \qquad 1° = \tfrac{\pi}{180}\text{ rad} = 0{,}017453\ldots\text{ rad} \qquad 1\text{ rad} = \tfrac{180°}{\pi} = 57{,}295\ldots°$$

Beispiel 24 $\qquad 51° = \tfrac{\pi}{180}\text{ rad}\cdot 51 = 0{,}89\text{ rad} \qquad 0{,}89\text{ rad} = \tfrac{180°}{\pi}\cdot 0{,}89 = 51°$
Überprüfen Sie die Umrechnung mit dem Winkelmesser auf der vorigen Seite. $\qquad\qquad \diamond$

Gleichförmige Kreisbewegungen

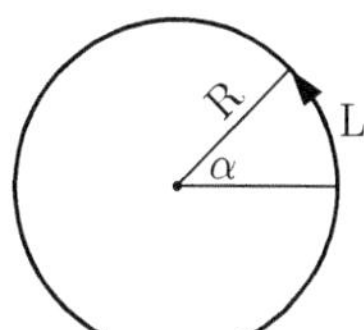

Allgemein definiert man als Geschwindigkeit: $\quad v = \dfrac{\text{Streckenlänge L}}{\text{benötigte Zeit } t}$

Wegen $L = \alpha \cdot R$ folgt also: $\quad v = \tfrac{L}{t} = \tfrac{\alpha \cdot R}{t} = \tfrac{\alpha}{t}\cdot R = \omega \cdot R$

mit $\omega = \tfrac{\alpha}{t}$ die sogenannte 'Winkelgeschwindigkeit'. Halten wir fest:

$$\omega = \frac{\alpha}{t} \quad \text{und} \quad v = \omega \cdot R \qquad\qquad \text{(Winkelgeschwindikeit } \omega).$$

Als Umlaufszeit T bezeichnet man die Zeit für einen Umlauf $\alpha = 2\pi$. Speziell gilt also auch:

$$\omega = \frac{2\pi}{T} \qquad\qquad \text{(Umlaufszeit T).}$$

Beispiel 25 Wie groß ist die Winkelgeschwindigkeit ω sowie die Geschwindigkeit v des Sekundenzeigers auf einem Kreis mit Radius R $= 19$ mm?
Lösung: $\quad \omega = \dfrac{2\pi}{T} = \dfrac{2\pi}{60\,\text{s}} = \dfrac{0{,}105}{\text{s}} \quad \text{und} \quad v = \omega \cdot R = \dfrac{0{,}105}{\text{s}}\cdot 19\,\text{mm} - 2{,}0\,\dfrac{\text{mm}}{s}\,. \qquad \diamond$

Als Frequenz f definiert man $\quad \text{f} = \dfrac{\text{Anzahl der Umdrehungen}}{\text{benötigte Zeit}}$.
Beispiel: Frequenz f $= 6000$ Umdrehungen pro Minute $= 100$ Umdrehungen pro Sekunde.

Die Zeit für 1 Umdrehung ist T, woraus $\text{f} = \tfrac{1}{T}$ folgt, und weiter $\omega = \tfrac{2\pi}{T} = 2\pi\cdot\tfrac{1}{T} = 2\pi\cdot\text{f}$. Notieren wir also auch noch:

$$\text{f} = \frac{1}{T} \quad \text{und} \quad \omega = 2\pi\cdot\text{f} \qquad\qquad \text{(Frequenz f).}$$

Beispiel 26 Die Frequenz einer Zentrifuge betrage f $= 6000$ rpm (Rotationen pro Minute) und der Radius R $= 7{,}5$ cm. Die Zentrifugalbeschleunigung errechnet sich gemäß $b = \omega^2 \cdot R$. Wir vergleichen das Ergebnis für b mit der Erdbeschleunigung g$= 9{,}8\,\tfrac{\text{m}}{s^2}$:
$\omega = 2\pi\cdot\text{f} = 2\pi\cdot\tfrac{6000}{60\,\text{s}} = 2\pi\cdot\tfrac{100}{\text{s}} = 628\cdot\text{s}^{-1}, \quad \text{b} = \omega^2\cdot R = 628^2\cdot\text{s}^{-2}\cdot 0{,}075\,\text{m} = 29\,579\,\tfrac{\text{m}}{s^2}\,.$
Vergleichen wir: $b/g = \tfrac{29\,579\,\text{m}/s^2}{9{,}8\,\text{m}/s^2} = 3\,018$, folglich gilt für diese Zentrifuge: b $= 3\,018\cdot$g!

Folglich ist die Zentrifugalbeschleunigung dreitausend Mal größer als die Erdbeschleunigung: Ein Senkungsvorgang, der 2 Tage erfordert, benötigt beim Zentrifugieren nur 1 Minute! $\diamond$

Winkelfunktionen

Katheten und Hypotenuse gibt es nur bei rechtwinkligen Dreiecken. Man bezeichnet die dem Winkel α gegenüberliegende Seite a als Gegenkathete und die anliegende Seite b als Ankathete von α. Entsprechend ist a die Ankathete von β und b die Gegenkathete von β:

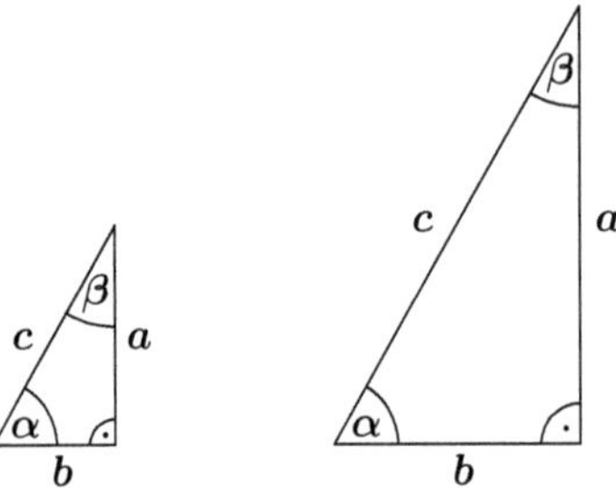

Die beiden obigen Dreiecke unterscheiden sich nur im Maßstab, denn rechts sind die Seiten doppelt so lang. Auf das *Seitenverhältnis* hat das keinen Einfluss, denn dieser Maßstabsfaktor kürzt sich weg. Deshalb hat zum Beispiel der Quotient $\frac{a}{b}$ für beide Dreiecke denselben Wert! Dieser Wert hängt nicht ab von der Größe des Dreiecks, sondern von der Größe des Winkels α! Man nennt diesen Wert auch den *Tangens von* α: $\tan\alpha = \frac{a}{b}$. Entsprechend gilt $\tan\beta = \frac{b}{a}$.

Bleiben wir beim Winkel α, so sind nur sechs Seitenverhältnisse möglich. Am wichtigsten davon sind *Sinus, Cosinus, Tangens* und *Cotangens:*

$$\sin\alpha = \frac{\text{Gegenkathete}}{\text{Hypotenuse}} = \frac{a}{c} \qquad \cos\alpha = \frac{\text{Ankathete}}{\text{Hypotenuse}} = \frac{b}{c}$$

$$\tan\alpha = \frac{\text{Gegenkathete}}{\text{Ankathete}} = \frac{a}{b} \qquad \cot\alpha = \frac{\text{Ankathete}}{\text{Gegenkathete}} = \frac{b}{a}$$

Der Cotangens lässt sich als Kehrwert des Tangens bestimmen! Deshalb ist er auf der Tastatur des Taschenrechners nicht immer explizit zu finden. Das gilt auch für die Kehrwerte von Sinus und Cosinus, kurz *Cosecans* und *Secans:*

$$\csc\alpha = \frac{\text{Hypotenuse}}{\text{Gegenkathete}} = \frac{c}{a} \qquad \sec\alpha = \frac{\text{Hypotenuse}}{\text{Ankathete}} = \frac{c}{b}$$

Beispiel 27 Wir bestimmen den Sinus, Cosinus, Tangens und Cotangens von $\alpha = 60°$ mit Hilfe eines *gleichseitigen* Dreiecks! Die Seitenlänge sei mit s bezeichnet. Jeder Winkel beträgt $60°$, also auch $\alpha = 60°$. Und für die Höhe h erhalten wir mit dem Satz des Pythagoras:

$$h^2 + (s/2)^2 = s^2, \quad h^2 = s^2 - s^2/4 = \frac{3}{4} \cdot s^2, \quad h = \frac{\sqrt{3}}{2} \cdot s \quad \Rightarrow$$

$$\sin 60° = \frac{h}{s} = \frac{\sqrt{3}}{2} = 0{,}866; \qquad \cos 60° = \frac{s/2}{s} = \frac{1}{2} = 0{,}500;$$

$$\tan 60° = \frac{h}{s/2} = \sqrt{3} = 1{,}732; \qquad \cot 60° = \frac{s/2}{h} = \frac{1}{\sqrt{3}} = 0{,}577. \diamond$$

Beispiel 28 Es gilt die wichtige Beziehung: $\dfrac{\sin\alpha}{\cos\alpha} = \dfrac{\frac{a}{c}}{\frac{b}{c}} = \dfrac{a}{c} \cdot \dfrac{c}{b} = \dfrac{a}{b} = \tan\alpha.$ $\qquad \diamond$

Die hier am *Dreieck* (lat.: trigon) definierten *trigonometrischen Funktionen* sind nur für $0 \leq \alpha \leq 90°$ definiert. Durch die 'Definition am Kreis' wird der Bereich auf ganz $\mathbb{R}$ erweitert.

Der Ursprung O eines rechtwinkligen Koordinatensystems sei der Mittelpunkt des Kreises mit Radius $R = 1$ Längeneinheit (Einheitskreis). Der Schnittpunkt des freien Schenkels von α mit dem Einheitskreis sei mit P bezeichnet, der Fußpunkt des Lotes von P auf die x–Achse mit F:

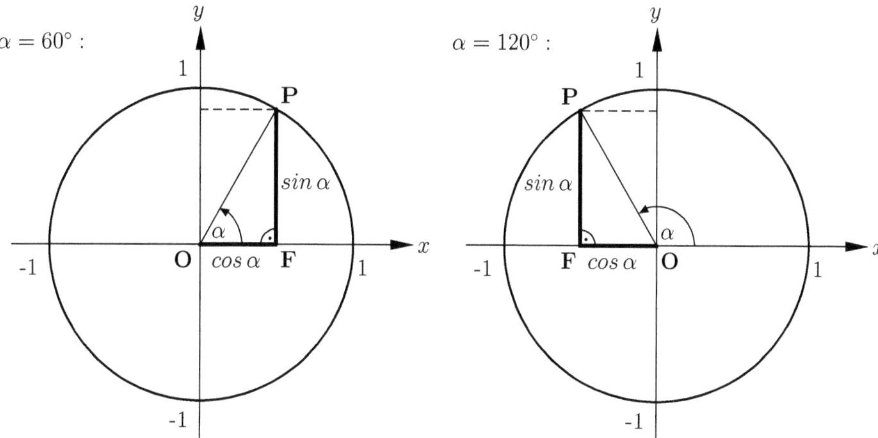

Für die x,y–Koordinaten des Schnittpunktes P gilt nun in der linken Skizze:

$$\sin\alpha = \frac{\overline{FP}}{\overline{OP}} = \frac{\overline{FP}}{1} = \overline{FP} = y \qquad \cos\alpha = \frac{\overline{OF}}{\overline{OP}} = \frac{\overline{OF}}{1} = \overline{OF} = x$$

Ausgehend vom Schnittpunkt P des freien Schenkels von α mit dem Einheitskreis definieren wir daher nun ganz allgemein *für jeden beliebigen Winkel* $\alpha \in \mathbb{R}$, vgl. Skizze links *und* rechts:

$$\boxed{\sin\alpha \text{ ist gleich dem Wert der Ordinate } y \text{ von P}, \quad \cos\alpha \text{ ist der Abszissenwert } x \text{ von P.}}$$

('Eselsbrücke': Der $\underline{S}$inus $\underline{s}$teht). Für negative Werte von α trägt man diesen Winkel in umgekehrter (negativer) Richtung an. Und für den Tangens nutzen wir die bekannte Beziehung:

$$\boxed{\tan\alpha = \frac{\sin\alpha}{\cos\alpha}} \qquad\qquad (\cos\alpha \neq 0).$$

Die drei übrigen Funktionen sind die Kehrwerte: $\cot\alpha = \frac{\cos\alpha}{\sin\alpha}$, $\csc\alpha = \frac{1}{\sin\alpha}$, $\sec\alpha = \frac{1}{\cos\alpha}$. Wegen der erweiterten Definition am Kreis bezeichnet man die trigonometrischen Funktionen nun allgemein auch als *Kreisfunktionen*! Fassen wir noch einmal zusammen:

Die Werte der Winkelfunktionen ändern sich nicht für den bisherigen Bereich $\alpha \in [0; 90°]$. *Der Definitionsbereich dieser Funktionen wurde auf beliebige Werte des Winkels erweitert!*

Woran Sie sich vielleicht gewöhnen müssen: Es treten nun auch *negative* Funktionswerte auf, denn die Koordinaten von P sind je nach Winkelbereich auch negativ. Vergleichen Sie die linke Skizze mit $\alpha = 60°$ und rechts mit $\alpha = 120°$. Man kann ja nun einfach nachmessen!

$\cos 60° = 0,5$; $\sin 60° = 0,87$; $\cos 120° = \mathbf{-0,5}$; $\sin 120° = 0,87$; (Beachte: $\overline{OP} = 1$).

Manche Koordinatenwerte sind so einfach, dass sie schon wieder Schwierigkeiten bereiten:

$\cos 0° = 1$; $\sin 0° = 0$; $\cos 90° = 0$; $\sin 90° = 1$, $\cos(-90)° = 0$; $\sin(-90)° = -1$.

Insgesamt erhält man für die Funktionswerte von Sinus und Cosinus folgenden Kurvenverlauf:

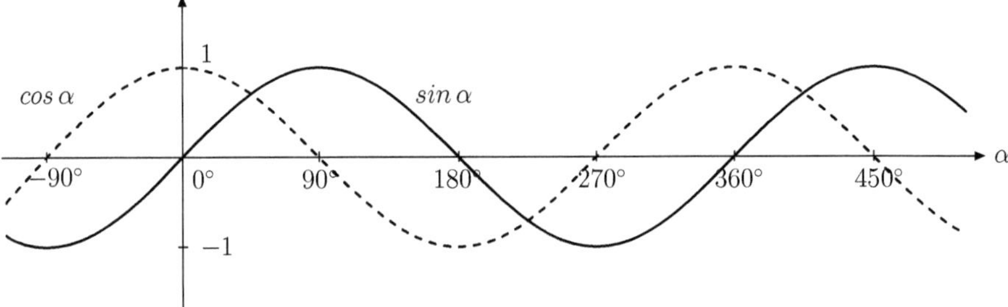

Gelegentlich nützlich ist das Additionstheorem für die Summe bzw. Differenz von Winkeln:

Additionstheorem
$$sin\,(\alpha \pm \beta) \;=\; sin\,\alpha \cdot cos\,\beta \pm cos\,\alpha \cdot sin\,\beta$$
$$cos\,(\alpha \pm \beta) \;=\; cos\,\alpha \cdot cos\,\beta \mp sin\,\alpha \cdot sin\,\beta$$

Für das obere Vorzeichen auf der linken Seite gilt das obere Vorzeichen auf der rechten Seite der Gleichung. Analog ist diese abkürzende Schreibweise für das untere Vorzeichen zu lesen.

Beispiel 29 $sin\,(\alpha+90°) \;=\; sin\,\alpha \cdot \underbrace{cos\,90°}_{=0} + cos\,\alpha \cdot \underbrace{sin\,90°}_{=1} = cos\,\alpha$. Die Konsequenz daraus:
Nur mit Kenntnis der Sinuswerte könnte man alle weiteren Kreisfunktionen berechnen! $\diamond$

Berechnungen am Dreieck

Zeichnen Sie *irgendein* Dreieck, also nicht unbedingt ein rechtwinkliges!

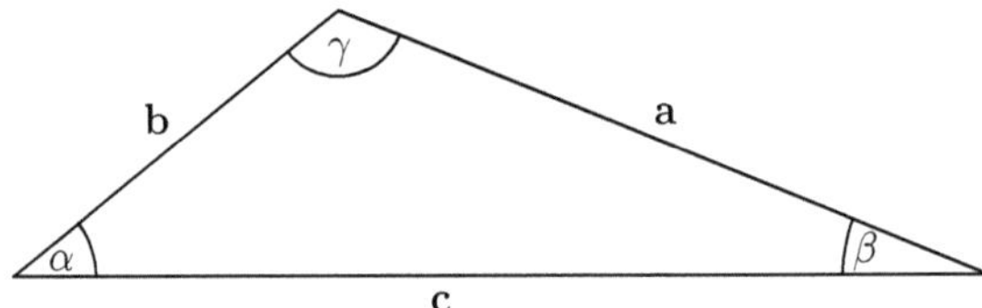

Zur Berechnung von Seiten und Winkeln eines Dreiecks sind folgende Beziehungen nützlich:

> **Cosinussatz:** $\mathbf{a^2 + b^2 - 2\,a \cdot b \cdot cos\,\gamma \;=\; c^2}$,
> (γ der Winkel zwischen **a** und **b**).
>
> **Sinussatz:** $\dfrac{\mathbf{a}}{sin\,\alpha} \;=\; \dfrac{\mathbf{b}}{sin\,\beta} \;=\; \dfrac{\mathbf{c}}{sin\,\gamma}$,
> (Seite durch Sinus des gegenüberliegenden Winkels).

Beispiel 30 Sei $\mathbf{c} = 7\,\mathrm{LE}$, $\alpha = 38,21°$, $\beta = 21,79°$. Wegen $\alpha + \beta + \gamma = 180°$ folgt $\gamma = 120°$:
$\dfrac{\mathbf{a}}{sin\,\alpha} = \dfrac{\mathbf{c}}{sin\,\gamma}$ ergibt nach Umformung: $\mathbf{a} = sin\,\alpha \cdot \dfrac{\mathbf{c}}{sin\,\gamma} = sin\,38,21° \cdot \dfrac{7\,\mathrm{LE}}{sin\,120°} = 5,0\,\mathrm{LE}$.

Anfänger sollten den anscheinend einfacheren Sinussatz nur für diesen Aufgabentyp benutzen (Winkel bekannt), insbesondere hiermit keine Winkel bestimmen, (s. nächster Abschnitt)! $\diamond$

2.1 Funktion und Umkehrfunktion

Der Funktionsbegriff

Das wohlvertraute 'Auflösen einer Gleichung nach x' führt zum Begriff der Umkehrfunktion!
Doch was versteht man eigentlich genau unter einer Funktion oder allgemein einer Abbildung?

Eine Abbildung $f : A \to B$ ordnet jedem $x \in A$ genau ein $y \in B$ zu.

Ist der Wertebereich B speziell eine Menge von reellen Zahlen wie zum Beispiel ein Intervall,
so spricht man von einer 'Funktion'. Oft ist dann auch der Definitionsbereich A ein Intervall,
etwa $[a; b]$ oder die reelle Achse $\mathbb{R}$. Wir wollen hier vor allem solche Funktionen diskutieren!

Vergleichen Sie mit 'Funktionen' beim Taschenrechner! Zu jeder Eingabe <u>genau eine</u> Ausgabe:

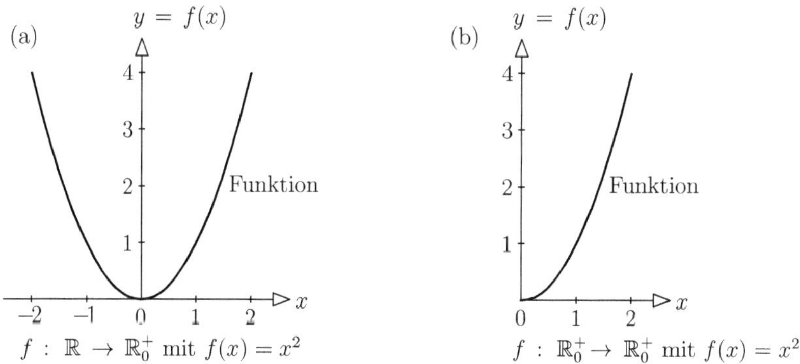

Bei den beiden unteren Fällen besteht zur Eingabe von x keine eindeutige Zuordnung von y.
Es handelt sich daher nicht um Abbildungen bzw. um Funktionen:

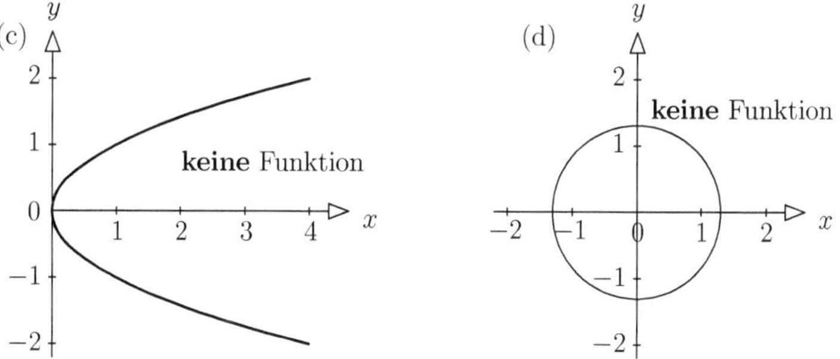

Bei den Beispielen (a) $f : \mathbb{R} \to \mathbb{R}_0^+$ mit $f(x) = x^2$ und (b) $f : \mathbb{R}_0^+ \to \mathbb{R}_0^+$ mit $f(x) = x^2$
handelt es sich um zwei verschiedene Funktionen, denn die zugehörigen Definitionsbereiche
sind verschieden! Offensichtlich sind ja auch die Graphen verschieden! In der Praxis nimmt
man das oft nicht so genau und achtet einfach nur auf die Zuordnungsvorschrift. Eine genaue
Unterscheidung ist aber wichtig, sobald es um die Umkehrung einer Funktion und das Lösen
von Gleichungen geht. Genauer gesagt, um das Auflösen einer Gleichung $f(x) = y$ nach x.

Umkehrung von Funktionen

Einfache Grundidee: *Vertausche die Rolle von x und y, d.h. vertausche Ein– und Ausgabe!*

Beispiel 1 Sei $x \in \mathbb{R}$ die Temperaturangabe in Celsius und $y \in \mathbb{R}$ die Ausgabe in Fahrenheit:

$$y = \tfrac{9}{5} \cdot x + 32, \qquad\qquad (\underbrace{x}_{x \in A} \,°C \;\rightarrow\; \underbrace{y}_{f(x) \in B} \,°F). \; \diamond$$

Links finden Sie eine kurze Wertetabelle für $f(x)$, erste Zeile die Eingabe, zweite Zeile Ausgabe!
Die anschließende *Vertauschung* von Eingabe und Ausgabe wurde rechts mit $f^{-1}(y)$ bezeichnet.
Bei einer Temperaturangabe in Fahrenheit y möchten Sie auch die Umrechnung in Celsius x!

Eingabe		$f:$	x (°C)	0	40	100
Ausgabe			y (°F)	32	104	212

Eingabe		$f^{-1}:$	y (°F)	32	104	212
Ausgabe			x (°C)	0	40	100

Links eine vollständige Skizze von $y = f(x)$. Rechts nun die sog. *Umkehrfunktion* $x = f^{-1}(y)$.

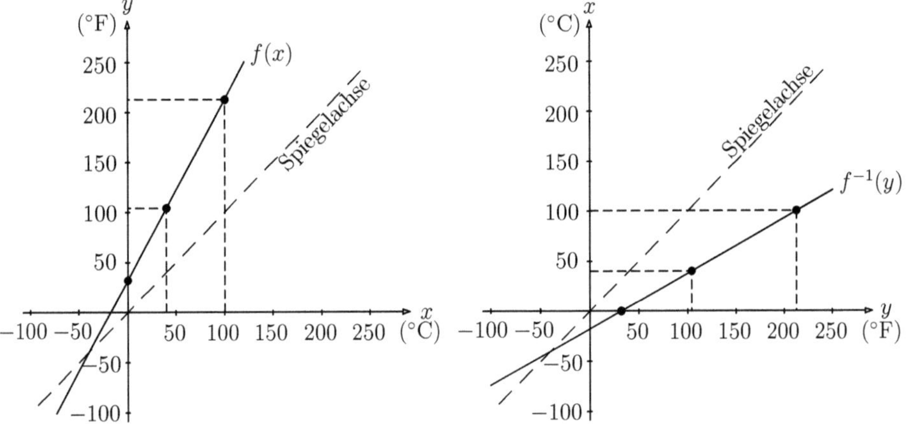

Sie erkennen: Die Vertauschung geschieht anschaulich durch Spiegeln an der 45 Grad – Achse,
(Winkelhalbierende). Das vertauscht die Achsen zusammen mit den Koordinaten der Punkte!

<u>Ergebnis</u> Wir erhalten die Temperatur x in °C als (neue) Funktion der Temperatur y in F.
Rechnerisch löst man hierfür die Gleichung $y = f(x)$ nach x auf:

$$y = \underbrace{\tfrac{9}{5} \cdot x + 32}_{f(x)\,\in\,B} \quad\Leftrightarrow\quad \tfrac{9}{5} \cdot x = y - 32 \quad\Leftrightarrow\quad x = \underbrace{\tfrac{5}{9} \cdot (y - 32)}_{f^{-1}(y)\,\in\,A}$$

Zum Beispiel erhält man für $y = 68$ (F) als Lösung $x = \tfrac{5}{9} \cdot (68 - 32) = 20$ (°C). Und allgemein:

> Die Gleichung $f(x) = y$ hat für jedes $y \in B$ genau eine Lösung $x \in A$, nämlich $x = f^{-1}(y)$.

Doch nicht jede Funktion ist uneingeschränkt umkehrbar ('bijektiv'):

Satz *Eine Funktion $f : A \rightarrow B$ ist genau dann umkehrbar, wenn jedes $y \in B$ <u>genau einmal</u> als Funktionswert eines $x \in A$ vorkommt. In diesem Falle ist auch die Umkehrfunktion $f^{-1} : B \rightarrow A$ umkehrbar. Die Umkehrung von f^{-1} ergibt wieder f, kurz: $(f^{-1})^{-1} = f$.*

(Dass die Umkehrung von f^{-1} umkehrbar ist und wieder f ergibt, ist anschaulich sofort klar: Spiegeln von f liefert zunächst die Umkehrung f^{-1}, und nochmaliges Spiegeln wieder f.)

In der Regel lässt sich der Definitionsbereich einer nicht umkehrbaren Funktion f in Teilbereiche zerlegen, auf denen f umkehrbar ist und somit $f(x) = y$ genau eine Lösung besitzt. Zusammenfassend ergeben diese Teillösungen dann die Gesamtheit aller Lösungen:

Beispiel 2 Die Unterteilung bzw. Einschränkung der Quadratfunktion $f(x) = x^2$:

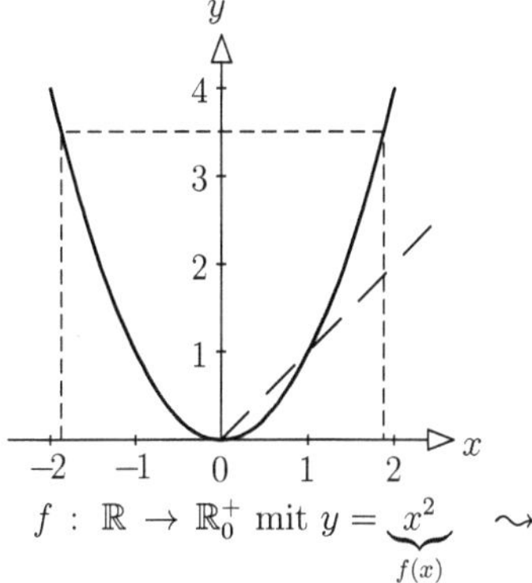

$$f : \mathbb{R} \to \mathbb{R}_0^+ \text{ mit } y = \underbrace{x^2}_{f(x)} \rightsquigarrow$$

Beschränken wir uns z.B. auf die rechte Hälfte der Parabel: ↓

Jeder Wert $y > 0$ kommt zweimal als Funktionswert vor! Das Kriterium der Umkehrbarkeit ist somit nicht erfüllt. Offensichtlich liefert die Spiegelung auch *keine* Funktion:

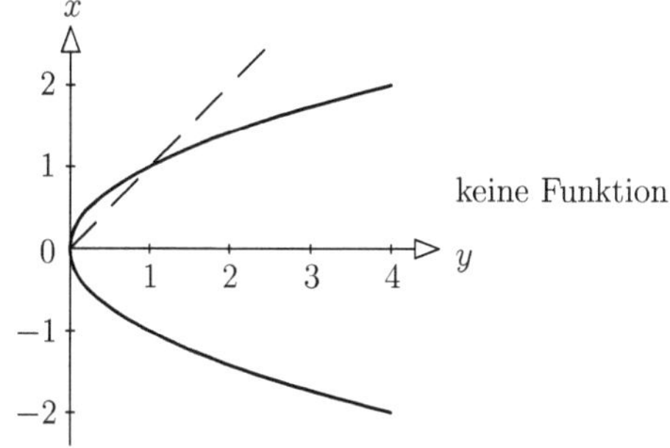

keine Funktion

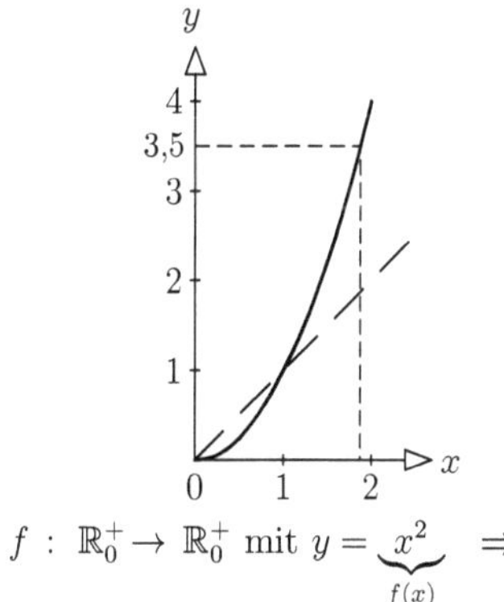

$$f : \mathbb{R}_0^+ \to \mathbb{R}_0^+ \text{ mit } y = \underbrace{x^2}_{f(x)} \Rightarrow$$

Die rechte Hälfte der Parabel erfüllt nun das Kriterium der Umkehrbarkeit! Das resultierende Ergebnis der Umkehrung von $y = x^2$ ist allseits bekannt als Wurzelfunktion $x = \sqrt{y}$:

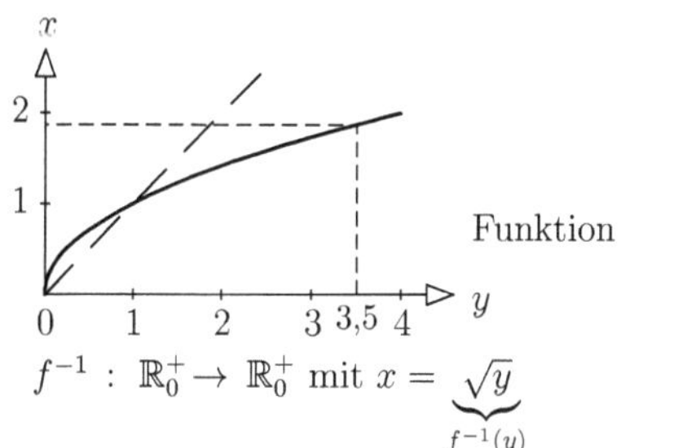

Funktion

$$f^{-1} : \mathbb{R}_0^+ \to \mathbb{R}_0^+ \text{ mit } x = \underbrace{\sqrt{y}}_{f^{-1}(y)}$$

$\Diamond$

Als Lösung von $x^2 = y$ mit dem *Taschenrechner* erhalten Sie immer nur *einen* Wert $x \geq 0$, zum Beispiel im Falle der Gleichung $x^2 = 3{,}5$ standardmäßig in der Anzeige $x = 1{,}87\ldots$

Nun könnte man auch die Parabel für den Bereich $x \leq 0$ umkehren, um analog dort nach Lösungen zu 'suchen'. Aber ein einziger Blick auf den Kurvenverlauf der Parabel reicht aus, um zu erkennen, dass $x = -1{,}87\ldots$ die Lösung der Gleichung für den negativen Bereich ist!

Aus diesem Grund genügt für den Taschenrechner die *standardmäßige* Umkehrung der Quadratfunktion auf dem Bereich $\mathbb{R}_0^+$, also einem Teilbereich des Definitionsbereiches $\mathbb{R}$. Diese Vorgehensweise ist bei diesem Beispiel so vertraut, dass man gar nicht mehr darüber nachdenken muss. Bei anderen Funktionen kann das allerdings schon mehr Mühe bereiten!

Auf dem Taschenrechner finden Sie auch die Taste cos^{-1}. Ahnen Sie, worum es sich handelt? Die Umkehrung der Cosinusfunktion muss der Naturwissenschaftler kennen, leiten wir sie her!

Beispiel 3 Die Einschränkung des Cosinus $f : \mathbb{R} \to [-1; 1]$ mit $f(\alpha) = \cos \alpha$:

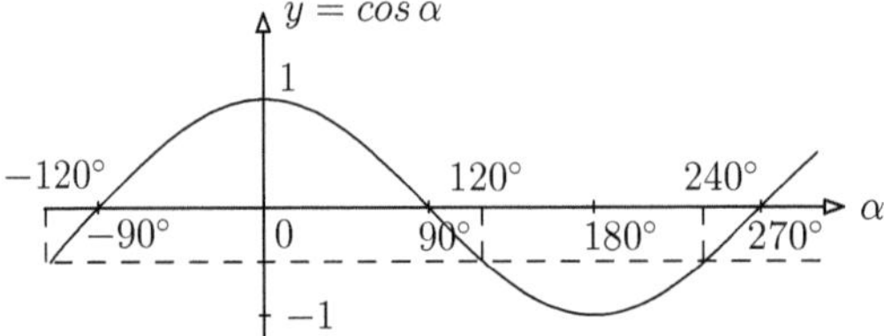

Horizontale Schnitte - - - zeigen: Alle y-Werte treten *mehrfach* auf. Zum Beispiel der Wert $y = -0{,}500$. Die Funktion ist nicht umkehrbar!

Einschränkung auf $A = [\,0\,;180°]$ ergibt den unten skizzierten umkehrbaren Teil. Spiegeln die zugehörige Umkehrfunktion:

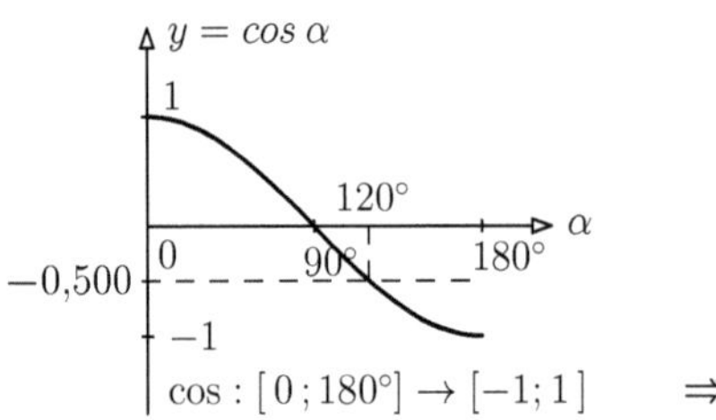

$$\cos : [\,0\,;180°] \to [-1; 1]$$

$$\Rightarrow$$

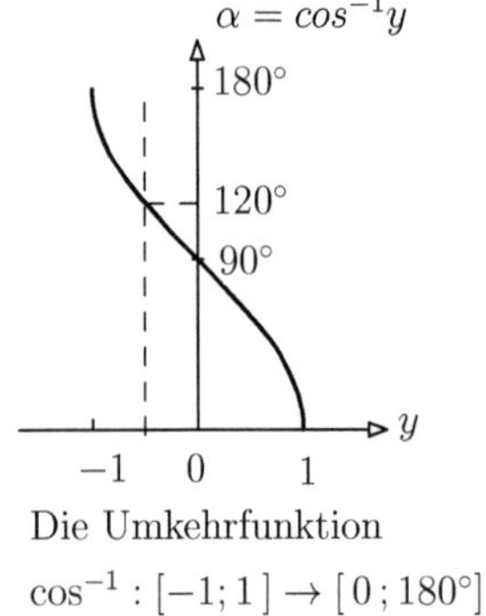

Die Umkehrfunktion

$$\cos^{-1} : [-1; 1] \to [\,0\,;180°]$$

Bei der Wahl des Teilbereichs $[\,0; 180°]$ spricht man von den *Hauptwerten* des Cosinus, links. Die entsprechende Umkehrung ergibt die auf Taschenrechnern übliche Funktion $\cos^{-1}$, rechts.

Diskutieren wir nun beispielsweise die Lösung(en) folgender Gleichung mit Taschenrechner,

vgl. Skizze: $\cos \alpha = -\mathbf{0{,}500}$,   (Einstellung Taschenrechner für Grad: D oder DEG)!

Gemäß S. 20 hat diese Gleichung *genau eine* Lösung $\alpha \in [0; 180°]$, nämlich $\alpha = \cos^{-1}(-0{,}500)$. Im Falle einer Dreiecksaufgabe ist das exakt der passende Bereich, denn ein Dreieckswinkel liegt immer zwischen 0 und 180°: Der Rechner liefert für $\alpha = \cos^{-1}\left(-\frac{1}{2}\right)$ korrekt $\alpha = 120°$. $\diamond$

Beispiel 4 Eine Bestimmung von $\sin \alpha$ (z.B. mit dem Sinussatz) ergibt für *denselben* Winkel die Gleichung: $\sin \alpha = \mathbf{0{,}866}$. Wir benutzen wieder unseren Rechner:

Die Auflösung gemäß $\alpha = \sin^{-1} 0{,}866$ liefert $\alpha = 60°$, der *gesuchte* Winkel ist aber $\alpha = 120°$!?

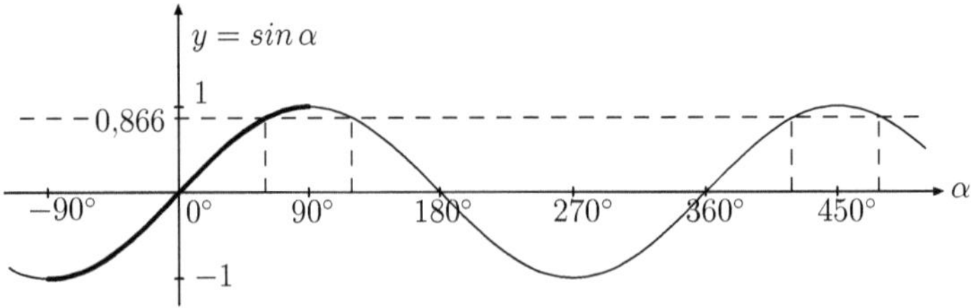

Das Problem: Tatsächlich gilt $\sin 60° = \sin 120° = \sin 420° = \sin 480° = \ldots = 0{,}866$.

Beim Taschenrechner wählte man zur Umkehrung standardmäßig den Teilbereich $[-90°; 90°]$. Wir erhalten von den unendlich vielen Lösungen den Winkel $60°$ aus diesem *Standardbereich*!

Auf Grund der Periodizität der Kreisfunktionen ist es nicht schwierig, die Gesamtheit aller Lösungen einer Gleichung anzugeben. Auch bessere Taschenrechner sind hierzu in der Lage.

Im Falle der Gleichung $\sin\alpha = 0{,}866$ erhalten Sie dann als mögliche *Dreieckswinkel* sowohl $\alpha = 60°$ als auch $\alpha = 120°$, also ohne weitere Hinweise keine eindeutige Lösung der Aufgabe! Daher ist in der Regel bei Winkelbestimmungen der Cosinussatz dem Sinussatz vorzuziehen. $\diamond$

Der Standardbereich Anstelle von $\cos^{-1}y$ oder $\sqrt{y}$ schreiben wir je nach Anwendung auch $\cos^{-1}u$ oder $\sqrt{z}$, oder einfach auch wieder, wie gewohnt, $\cos^{-1}x$ bzw. $\sqrt{x}$, etc.

Ist eine Funktion nicht auf dem gesamten Definitionsbereich umkehrbar, dann lässt sich dieser zumeist so in Teilbereiche zerlegen, dass die Funktion auf diesen Teilbereichen umkehrbar ist.

Die vorigen Beispiele zeigen, dass man den (Teil-) Bereich der Umkehrung einer Funktion kennen muss, um die Ergebnisse des Taschenrechners richtig zu interpretieren. Dieser Bereich ist gleichzeitig auch der Wertebereich der zugehörigen Umkehrfunktion.

Für die Umkehrfunktion des *Taschenrechners* wird in der Regel nur derjenige Teilbereich gewählt, der in der Praxis am wichtigsten ist! Für die Parabel $f(x) = x^2$ ist das $x \in \mathbb{R}_0^+$, für $f(x) = \cos x$ ist es $x \in [0; 180°] = [0; \pi]$, für $f(x) = \sin x$ aber $x \in [-90°; 90°] = [-\frac{\pi}{2}; \frac{\pi}{2}]$.

Wir nennen diesen Bereich für die Umkehrung auf dem Taschenrechner den *Standardbereich* dieser Funktion. Die eindeutig bestimmte Lösung in diesem Bereich sei die *Standardlösung*.

Zur Überprüfung der folgenden Tabelle skizziere man den Kurvenverlauf dieser Funktionen.

Funktion	Definitionsbereich	*Standardbereich*	Wertebereich	Umkehrfunktion
$f(x) = x^2$	$\mathbb{R}$	$\mathbb{R}_0^+$	$\mathbb{R}_0^+$	$f^{-1}(x) = \sqrt{x}$
$f(x) = \sqrt{x}$	$\mathbb{R}_0^+$	$\mathbb{R}_0^+$	$\mathbb{R}_0^+$	$f^{-1}(x) = x^2$
$f(x) = x^3$	$\mathbb{R}$	$\mathbb{R}$	$\mathbb{R}$	$f^{-1}(x) = \sqrt[3]{x}$
$f(x) = \sqrt[3]{x}$	$\mathbb{R}$	$\mathbb{R}$	$\mathbb{R}$	$f^{-1}(x) = x^3$
$f(x) = e^x$	$\mathbb{R}$	$\mathbb{R}$	$\mathbb{R}^+$	$f^{-1}(x) = \ln x$
$f(x) = \ln x$	$\mathbb{R}^+$	$\mathbb{R}^+$	$\mathbb{R}$	$f^{-1}(x) = e^x$
$f(x) = \cos x$	$\mathbb{R}$	$[0; \pi]$	$[-1; 1]$	$f^{-1}(x) = \cos^{-1}x = \arccos x$
$f(x) = \cos^{-1}x$	$[-1; 1]$	$[-1; 1]$	$[0; \pi]$	$f^{-1}(x) = \cos x$
$f(x) = \sin x$	$\mathbb{R}$	$[-\frac{\pi}{2}; \frac{\pi}{2}]$	$[-1; 1]$	$f^{-1}(x) = \sin^{-1}x = \arcsin x$
$f(x) = \sin^{-1}x$	$[-1; 1]$	$[-1; 1]$	$[-\frac{\pi}{2}; \frac{\pi}{2}]$	$f^{-1}(x) = \sin x$
$f(x) = \tan^{-1}x$	$\mathbb{R}$	$\mathbb{R}$	$]-\frac{\pi}{2}; \frac{\pi}{2}[$	$f^{-1}(x) = \tan x$
$f(x) = \cot^{-1}x$	$\mathbb{R}$	$\mathbb{R}$	$]0; \pi[$	$f^{-1}(x) = \cot x$

$f(x) = \tan x$	Definitionsbereich $\mathbb{R}$ mit Ausnahme der Nullstellen von $\cos x$, *Standardbereich* $]-90°; 90°[=]-\frac{\pi}{2}; \frac{\pi}{2}[$, Wertebereich $\mathbb{R}$, Umkehrfunktion $f^{-1}(x) = \tan^{-1}x = \arctan x$, ('Arcus'–Tangens ist eine ältere Bezeichnung).
$f(x) = \cot x$	Definitionsbereich $\mathbb{R}$ mit Ausnahme der Nullstellen von $\sin x$, *Standardbereich* $]0; 180°[=]0; \pi[$, Wertebereich $\mathbb{R}$, Umkehrfunktion $f^{-1}(x) = \cot^{-1}x = \frac{\pi}{2} - \tan^{-1}x = \operatorname{arccot} x$, (ältere Bezeichnung).

2.2 Verkettung von Funktionen

Verkettung von Funktionen

Sie kennen diese Bezeichnung vermutlich von der 'Kettenregel' der Differenzialrechnung, denn hierbei handelt es sich um das Differenzieren von verketteten Funktionen.

Bei der Eingabe eines Funktionsausdrucks wie $\sin(\sqrt{x}\,)$ für alle $x \geq 0$ betätigen Sie auf dem Taschenrechner direkt *hintereinander* die zwei Funktionstasten 'sin' und '$\sqrt{}$'. Man spricht von der *Hintereinanderausführung, Verknüpfung* oder *Verkettung* dieser beiden Funktionen! Das Verketten funktioniert hier natürlich nur, weil die Funktionswerte der Wurzelfunktion stets zum Definitionsbereich der Sinusfunktion gehören. Umgekehrt gäbe es bei $\sqrt{\sin x}$ für $x \geq 0$ Schwierigkeiten ('ERROR'), denn die Sinusfunktion nimmt auch negative Werte an!

Definition   *Gegeben seien die Funktionen $f : A \to B$ mit der Menge B als Wertebereich sowie die Funktion $g : B \to C$ mit B als Definitionsbereich. Dann nennt man die Funktion*

$$h : A \to C \quad mit \quad h(x) = g(f(x))$$

die Verkettung, Verknüpfung oder Hintereinanderausführung von g mit f.

Die verschiedenen Bezeichnungen A, B und C besagen nur, dass die betreffenden Mengen verschieden sein können, aber nicht verschieden sein müssen. Häufig gilt sogar $A = B = C$, wie in folgendem

Beispiel 5   Sei $f : \mathbb{R} \to \mathbb{R}$ mit $f(x) = \sin x$ und $g : \mathbb{R} \to \mathbb{R}$ mit $g(x) = x^3$. Wir verketten

$$\text{(i)} \quad g \text{ mit } f, \qquad \text{(ii)} \quad f \text{ mit } g.$$

Die Funktionsausdücke kann man *von außen nach innen* oder *von innen nach außen* einsetzen:

(i) $g(f(x)) = (f(x))^3 = (\sin x)^3$ oder $g(f(x)) = g(\sin x) = (\sin x)^3$,

(ii) $f(g(x)) = \sin(g(x)) = \sin(x^3)$ oder $f(g(x)) = f(x^3) = \sin(x^3)$. $\diamond$

Verkettung von Funktion und Umkehrfunktion

Problemlos verketten lassen sich stets Funktion $f : A \to B$ und zugehörige Umkehrfunktion $f^{-1} : B \to A$. Hier passen nämlich Definitionbereich und Wertebereich stets zusammen, sowohl bei $f(f^{-1}(x))$ als auch bei $f^{-1}(f(x))$. Beachten Sie außerdem das einfache Ergebnis:

Beispiel 6 Gegeben $\cos: [\,0\,;180°\,] \to [-1;1\,]$ und $\cos^{-1}: [-1;1\,] \to [\,0\,;180°\,]$. Wir verketten

$$\text{(i)} \quad \cos^{-1} \text{ mit } \cos, \qquad \text{(ii)} \quad \cos \text{ mit } \cos^{-1}. \qquad\qquad \diamond$$

Überprüfen Sie mit dem Taschenrechner:

(i) $\cos^{-1}(\cos \alpha) = \alpha$ für jedes $\alpha \in [\,0;180°\,]$,   (ii) $\cos(\cos^{-1} x) = x$ für jedes $x \in [-1;1\,]$.

Wählen wir zum besseren Verständnis für (i) $\cos^{-1}(\cos \alpha)$ ein Zahlenbeispiel (Einstellung D): Für $\alpha = 120°$ wird intern zunächst $\cos 120° = -\frac{1}{2}$ ausgerechnet. Das macht anschließend die Umkehrfunktion wieder rückgängig und liefert umgekehrt $\cos^{-1}(-\frac{1}{2}) = 120°$, Ergebnis 120. Allgemein: Zuerst wird x durch f auf y abgebildet, und anschließend y durch f^{-1} wieder auf x. Ganz analog *neutralisieren* sich im zweiten Fall die Funktion f^{-1} und deren Umkehrung f!

Das einfache aber zentrale Ergebnis dieses Abschnitts lautet also allgemein:

Satz *Für jede umkehrbare Funktion $f : A \to B$ und ihre Umkehrung $f^{-1} : B \to A$ gilt:*

$$\boxed{(i)\ \ f^{-1}(f(a)) = a \ \ \textit{für jedes } a \in A\,, \quad (ii)\ \ f(f^{-1}(b)) = b \ \ \textit{für jedes } b \in B.}$$

Diese anscheinende Spielerei nutzt man zum fast 'rezeptartigen' Lösen von Gleichungen:

Aufgabe:	$f(a) = b$	$a \in A$ gesucht, $b \in B$ gegeben:
$\Longleftrightarrow$	$\boldsymbol{f^{-1}}(f(a)) = \boldsymbol{f^{-1}}(b)$	Wegen $\boldsymbol{f^{-1}}(f(a)) = a$ folgt die
Lösung:	$a = f^{-1}(b)$	
Aufgabe:	$f^{-1}(b) = a$	$b \in B$ gesucht, $a \in A$ gegeben:
$\Longleftrightarrow$	$\boldsymbol{f}(f^{-1}(b)) = \boldsymbol{f}(a)$	Wegen $\boldsymbol{f}(f^{-1}(b)) = b$ folgt die
Lösung:	$b = f(a)$	

Beispiel 7 Gesucht sei z aus dem Standardbereich $[\,0\,;\pi\,] = [\,0\,;180°\,]$ des Cosinus:

$$\cos z \;=\; -\tfrac{1}{2}$$
$$\boldsymbol{\cos^{-1}}(\cos z) \;=\; \boldsymbol{\cos^{-1}}(-\tfrac{1}{2})$$

Standardlösung:
$$z \;=\; 120° \qquad \text{(bei Einstellung DEG)},$$
$$z \;=\; 2{,}094 \qquad \text{(bei Einstellung RAD)}. \qquad \diamond$$

Man nutzt also allgemein zum Vereinfachen und Lösen einer Gleichung die

Verkettung von $f : A \to B$ mit der Umkehrung $f^{-1} : B \to A$:

$\ln(e^z) = z$	für $z \in \mathbb{R}$	$e^{\ln z} = z$	für $z \in \mathbb{R}^+$
$\lg(10^z) = z$	für $z \in \mathbb{R}$	$10^{\lg z} = z$	für $z \in \mathbb{R}^+$
$\sin^{-1}(\sin z) = z$	für $z \in [-\tfrac{\pi}{2};\tfrac{\pi}{2}]$	$\sin(\sin^{-1} z) = z$	für $z \in [-1;1]$
$\tan^{-1}(\tan z) = z$	für $z \in\,]-\tfrac{\pi}{2};\tfrac{\pi}{2}[$	$\tan(\tan^{-1} z) = z$	für $z \in \mathbb{R}$
$\cos^{-1}(\cos z) = z$	für $z \in [\,0\,;\pi]$	$\cos(\cos^{-1} z) = z$	für $z \in [-1;1]$
$\cot^{-1}(\cot z) = z$	für $z \in\,]0\,;\pi[$	$\cot(\cot^{-1} z) = z$	für $z \in \mathbb{R}$
$\sqrt[3]{z^3} = z$	für $z \in \mathbb{R}$	$(\sqrt[3]{z})^3 = z$	für $z \in \mathbb{R}$
$\sqrt{z^2} = z$	für $z \in \mathbb{R}_0^+,\ (z \geq 0)$	$(\sqrt{z})^2 = z$	für $z \in \mathbb{R}_0^+$
$\sqrt{z^2} = -z$	für $z \in \mathbb{R}_0^-,\ (z \leq 0)$		

Beachten Sie im unteren linken Teil der Tabelle speziell die beiden letzten Fälle:

$$\sqrt{z^2} = \begin{cases} = z & \text{für alle } z \geq 0, \quad \text{Beispiel } z = 3: \quad \sqrt{3^2} = 3\,; \\ = -z & \text{für alle } z \leq 0, \quad \text{Beispiel } z = -3: \sqrt{(\underbrace{-3}_{z})^2} = -(\underbrace{-3}_{z}) = 3\,. \end{cases}$$

Die Betragsfunktion

Sie kennen sicher noch den *Betrag* $|z|$ einer Zahl $z \in \mathbb{R}$. Zum Beispiel gilt $|-3| = |3| = 3$. Man bezeichnet $|\cdot|$ als *Betragsstriche*. Die formale Definition lautet:

$$|z| = \begin{cases} z & \text{für } z \geq 0 \\ -z & \text{für } z \leq 0 \end{cases}$$

Überprüfen Sie diese Definition noch einmal für $z = 3$ und für $z = -3$.

Für den Graphen der Funktion $y = |z|$ erhält man folgendes Bild:

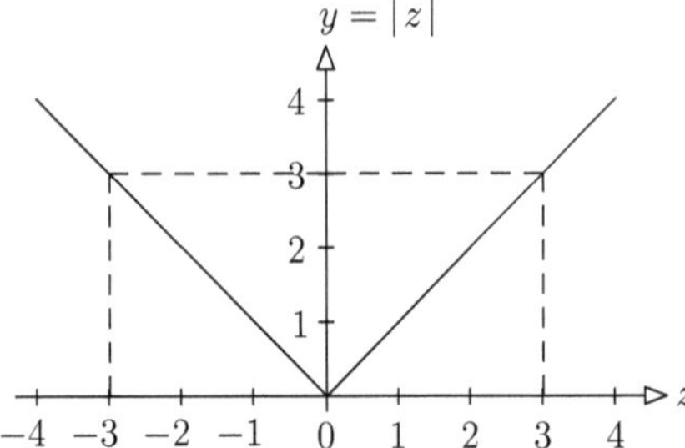

Wir erhalten für $\sqrt{z^2}$ das folgende zusammenfassende Ergebnis:

Für alle $z \in \mathbb{R}$ gilt:
$$\boxed{\sqrt{z^2} = |z|}$$

Man beachte, dass z nicht nur eine Zahl sondern allgemein ein Zahlenausdruck sein kann. Beispielsweise gilt $\sqrt{(x+1)^2} = |x+1|$.

Die quadratische Gleichung $x^2 + p \cdot x + q = 0$

Hierbei sind $p, q \in \mathbb{R}$ beliebig aber fest gewählte Konstante. Gesucht sind alle Werte $x \in \mathbb{R}$, die diese Gleichung erfüllen.

Mit Hilfe der Binomischen Formel $(a + b)^2 = a^2 + 2ab + b^2$ erkennt man zunächst:

$x^2 + p \cdot x + q = (x + \frac{p}{2})^2 - (\frac{p^2}{4} - q)$. Hiernach dürfen wir folgern:

$$\begin{aligned}
x^2 + p \cdot x + q &= 0 &&\Leftrightarrow \\
(x + \tfrac{p}{2})^2 - (\tfrac{p^2}{4} - q) &= 0 &&\Leftrightarrow \\
(x + \tfrac{p}{2})^2 &= \tfrac{p^2}{4} - q
\end{aligned}$$

Da $(x + \frac{p}{2})^2 \geq 0$ für alle $x \in \mathbb{R}$, existiert im Falle $\frac{p^2}{4} - q < 0$ keine Lösung! Andernfalls gilt:

$$\begin{aligned}
\sqrt{(x + \tfrac{p}{2})^2} &= \sqrt{\tfrac{p^2}{4} - q} &&\Leftrightarrow \\
|x + \tfrac{p}{2}| &= \sqrt{\tfrac{p^2}{4} - q}
\end{aligned}$$

Letztere Gleichung lässt sich nun leicht durch Fallunterscheidung lösen: Betrachten wir die Gleichung zunächst für alle $x \geq -\frac{p}{2}$ bzw. für $x + \frac{p}{2} \geq 0$. In diesem Fall gilt $|x + \frac{p}{2}| = x + \frac{p}{2}$:

$$x + \tfrac{p}{2} = \sqrt{\tfrac{p^2}{4} - q} \quad \Leftrightarrow \quad x = -\tfrac{p}{2} + \sqrt{\tfrac{p^2}{4} - q}$$

Bleibt noch der Fall $x < -\frac{p}{2}$ bzw. $x + \frac{p}{2} < 0$. In diesem Fall gilt $|x + \frac{p}{2}| = -(x + \frac{p}{2})$, also

$$-(x + \tfrac{p}{2}) = \sqrt{\tfrac{p^2}{4} - q} \quad \Leftrightarrow \quad x = -\tfrac{p}{2} - \sqrt{\tfrac{p^2}{4} - q}$$

> *Die Lösungen von $x^2 + p \cdot x + q = 0$ mit Konstanten $p, q \in \mathbb{R}$ lauten*
> $$x_1 = -\tfrac{p}{2} + \sqrt{(\tfrac{p}{2})^2 - q} \quad \text{und} \quad x_2 = -\tfrac{p}{2} - \sqrt{(\tfrac{p}{2})^2 - q}\,.$$
> *Im Falle $(\tfrac{p}{2})^2 - q < 0$ hat die Gleichung keine reellen Lösungen.*

3.1 Polynome und rationale Funktionen

Potenzen Die *dritte Potenz* x^3 ist bekanntlich nur eine abkürzende Schreibweise für $x \cdot x \cdot x$, und x^{-3} für $\frac{1}{x^3}$. Definitionsgemäß ist $x^0 = 1$. Auf diese Weise gelten folgende Regeln für alle $x, y \in \mathbb{R}$ und $m, n \in \mathbb{Z}$:

$$\begin{array}{lll}
\text{(i)} \quad x^m \cdot x^n = x^{m+n} & \text{(ii)} \quad (x \cdot y)^m = x^m \cdot y^m & \text{(iii)} \quad (x^m)^n = x^{m \cdot n} \\[2ex]
\text{(iv)} \quad \left(\dfrac{x}{y}\right)^m = \dfrac{x^m}{y^m} & \text{(v)} \quad \dfrac{x^m}{x^n} = x^{m-n} & \text{(vi)} \quad x^{-m} = \dfrac{1}{x^m} \\[2ex]
\text{(vii)} \quad x^1 = x & \text{(viii)} \quad x^0 = 1 & \text{(ix)} \quad x^m = \left(\dfrac{1}{x}\right)^{-m}
\end{array}$$

Polynome (ganzrationale Funktionen)

Definition *Unter einem reellen 'Polynom p vom Grad n' in der Variablen x verstehen wir eine Summe von Potenzen von x in der Form*

$$p(x) = a_n \cdot x^n + a_{n-1} \cdot x^{n-1} + \ldots + a_2 \cdot x^2 + a_1 \cdot x + a_0 , \qquad (x \in \mathbb{R},\ n \in \mathbb{N}_0),$$

mit Zahlenwerten $a_n, a_{n-1}, \ldots, a_1, a_0 \in \mathbb{R}$, auch Koeffizienten genannt. Gilt $a_n \neq 0$, so hat das Polynom p den echten Grad n, kurz: $\operatorname{grad} p = n$.

Beispiel 1 $\quad r(x) = 1{,}5 \ (\operatorname{grad} r = 0), \qquad s(x) = -x + 2 \ (\operatorname{grad} s = 1),$
$\qquad\qquad\quad p(x) = x^2 - 2x \ (\operatorname{grad} p = 2), \quad q(x) = 4x^3 + \sqrt{2} \ (\operatorname{grad} q = 3).$

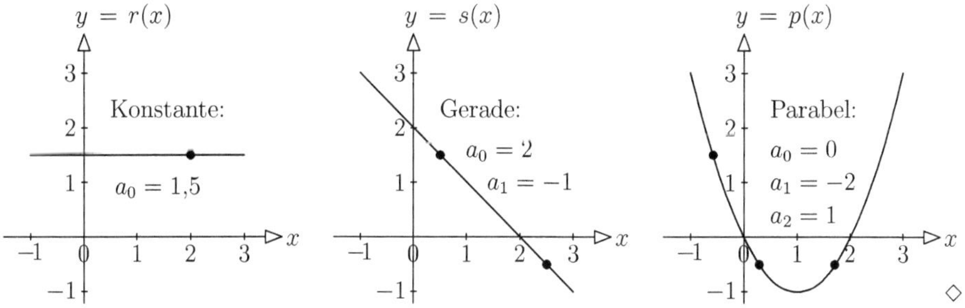

Durch Vorgabe eines einzigen Punktes ist eine konstante Funktion wie zum Beispiel r mit $\operatorname{grad} r = 0$ bereits festgelegt. Im Falle einer Geraden wie s, also mit $\operatorname{grad} s = 1$, genügen bekanntlich 2 Punkte. Und im Falle einer Parabel beziehungsweise eines Polynoms p mit $\operatorname{grad} p = 2$ sind es 3 Punkte. Und für Beispiel q wären es 4 Punkte. Allgemein gilt:

Satz *Die $n+1$ Werte $x_0, x_1, x_2, \ldots, x_n$ seien alle verschieden und die Werte $y_0, y_1, y_2, \ldots, y_n$ beliebig aber fest vorgegeben. Dann gibt es genau ein Polynom p vom Grad n, so dass*

$$p(x_k) = y_k , \quad k = 0, 1, 2, \ldots, n, \qquad (\text{'Interpolationspolynom'}).$$

Beispiel 2 Die Gleichung einer Geraden notiert man üblicherweise in der Form:

$$\underbrace{a \cdot x + b}_{p(x)} = y$$

Einsetzen von x_0 und x_1 liefert nun zwei Gleichungen für die beiden Unbekannten a und b:

$$\text{I.} \quad a \cdot x_0 + b = y_0$$
$$\text{II.} \quad a \cdot x_1 + b = y_1$$

Auflösen der Gleichung I gemäß $b = y_0 - a \cdot x_0$ und Einsetzen in die zweite Gleichung ergibt

$$a \cdot x_1 + \underbrace{y_0 - a \cdot x_0}_{b} = y_1 \quad \Leftrightarrow \quad a \cdot (x_1 - x_0) = y_1 - y_0 \quad \Leftrightarrow \quad a = \frac{y_1 - y_0}{x_1 - x_0} \qquad \diamond$$

Satz *Für die Gerade $y = ax + b$ durch zwei vorgegebene Punkte $P_0(x_0|y_0)$ und $P_1(x_1|y_1)$ gilt:*

$$\boxed{\begin{aligned} a &= \frac{y_1 - y_0}{x_1 - x_0} \\[2mm] b &= y_0 - a \cdot x_0 \end{aligned}} \qquad\qquad \textit{alternativ:} \quad a = \frac{y_0 - y_1}{x_0 - x_1}$$
$$\textit{alternativ:} \quad b = y_1 - a \cdot x_1$$

Zusatz: Ist a bereits bekannt, so lässt sich b sofort mit der unteren Gleichung bestimmen.

Allgemein liefert $p(x_k) = y_k$, $(k = 0, 1, \ldots, n)$, insgesamt $n + 1$ Gleichungen für die $n + 1$ unbekannten Koeffizienten $a_0, a_1, \ldots, a_n$. Vergleichen Sie hierzu auch Beispiel 17 auf S. 108.

Nullstellen Was erhält man für $p(x) \cdot q(x)$ mit $p(x) = x^2 + 2x + 1$ und $q(x) = -4x^3 + 7$? Wegen des auftretenden Produkts $x^2 \cdot (-4)x^3 = -4x^5$ folgt ein Polynom vom (echten) Grad 5. Die Gradzahlen addieren sich offensichtlich:

$$\operatorname{grad} p \cdot q = \operatorname{grad} p + \operatorname{grad} q$$

Praktisch wichtig ist es natürlich, ein Polynom in möglichst *einfache Faktoren* zu zerlegen. Hierzu besagt der sogenannte Hauptsatz der Algebra:

Satz *Jedes Polynom $p(x) = x^n + a_{n-1} \cdot x^{n-1} + \ldots + a_1 \cdot x + a_0$ lässt sich, abgesehen von der Reihenfolge, eindeutig in Faktoren vom (echten) Grad 1 und Faktoren vom (echten) Grad 2 zerlegen, wobei die Faktoren vom Grad 2 keine reellen Nullstellen besitzen.*

Beispiel 3

$$\begin{aligned} (a) \qquad && x^2 - 4 &= (x - 2) \cdot (x + 2) \\ (b) \quad && x^4 - 8x^3 + 21x^2 - 18x &= x \cdot (x - 2) \cdot (x - 3)^2 \\ (c) \qquad && x^4 - 1 &= (x - 1) \cdot (x + 1) \cdot (x^2 + 1) \\ (d) \qquad && x^4 + 1 &= (x^2 - \sqrt{2} \cdot x + 1) \cdot (x^2 + \sqrt{2} \cdot x + 1) \qquad \diamond \end{aligned}$$

Ein Produkt ist gleich Null. wenn mindestens ein Faktor gleich Null ist. Deshalb lassen sich mit der Faktorisierung sofort alle reellen *Nullstellen* ablesen, wie etwa bei $(a) : x_0 = \pm 2$.

Im Fall (b) sind es die Werte $x_0 = 0, 2, 3$, wobei $x_0 = 3$ 'doppelte' Nullstelle genannt wird. Bei (c) gibt es nur die Nullstellen $x_0 = \pm 1$, quadratische Faktoren liefern keine Nullstellen.

Die Faktoren vom Grad 1 nennt man auch 'Linearfaktoren'. Kennt man die rellen Nullstellen, kennt man die Linearfaktoren, und umgekehrt. Da insgesamt wegen der Gradzahl nicht mehr als n Linearfaktoren möglich sind, ist auch klar:

Ein Polynom p vom Grad n besitzt höchstens n Nullstellen.

Verhalten für $x \to \pm\infty$ Um das Verhalten eines Polynoms für betragsmäßig große x–Werte zu erkennen, klammere man den Term mit dem höchsten Exponenten aus, Beispiel: $p(x) = -2x^5 + 2x^4 - 6x^2 + 2x + 4 = -2x^5 \cdot (1 - \frac{1}{x} + \frac{3}{x^3} - \frac{1}{x^4} - \frac{2}{x^5})$. Da der Klammerausdruck für $x \to \infty$ gegen 1 strebt, verhält sich das Polynom wie der Term mit der höchsten Potenz. In diesem Beispiel strebt $-2x^5$ für $x \to \infty$ gegen $-\infty$, andererseits für $x \to -\infty$ gegen $+\infty$.

Rationale Funktionen

Definition *Jeden Ausdruck der Form* $f(x) = \dfrac{p(x)}{q(x)}$ *mit zwei Polynomen p und q bezeichnet man als eine 'rationale Funktion'. Die Funktion f ist für alle $x \in \mathbb{R}$ definiert, für die $q(x) \neq 0$.*

Beispiel 4 (a) $\dfrac{x+2}{3}$, (b) $\dfrac{3}{x+2}$, (c) $\dfrac{2x^4 - 3x^3 - 3x^2 + 5x - 4}{x^2 - 2x}$. Ist der Nenner $q(x)$ eine Konstante (grad $q = 0$), erhält man in diesem Falle speziell wieder ein Polynom bzw. eine 'ganzrationale' Funktion. Ein einfaches Beispiel hierfür ist (a) mit $f(x) = \dfrac{1}{3} \cdot x + \dfrac{2}{3}$. Die ganzrationalen Funktionen bilden eine wichtige Teilmenge aller rationalen Funktionen! $\diamond$

Im Falle (c) mit $\underbrace{\operatorname{grad} p}_{=4} \geq \underbrace{\operatorname{grad} q}_{=2} > 0$ lässt sich der Quotient $\frac{p}{q}$ noch vereinfachen:

Polynomdivision Es ist ganz analog zu rationalen Zahlen! $\frac{4}{5}$ lässt sich nicht vereinfachen, aber für $\frac{19}{5}$ gibt es eine Zerlegung der Form $\frac{19}{5} = 3 + \frac{4}{5}$. Die ausführliche Rechnung hierzu ist:

$$19 = 3 \cdot 5 + 4 \quad \text{bzw.} \quad \frac{19}{5} = 3 + \frac{4}{5} \quad \text{und} \quad 4 < 5.$$

Im Falle zweier Polynome mit $\operatorname{grad} p \geq \operatorname{grad} q > 0$ gibt es genau ein Polynom s, sodass gilt:

$$p = s \cdot q + r \quad \text{bzw.} \quad \frac{p}{q} = s + \frac{r}{q} \quad \text{und} \quad \operatorname{grad} r < \operatorname{grad} q.$$

Da $\operatorname{grad} p = \operatorname{grad} s + \operatorname{grad} q$, folgt: $\operatorname{grad} s = \operatorname{grad} p - \operatorname{grad} q$. Für Bsp. (c) gilt: $\operatorname{grad} s = 2$.

Wegen $\operatorname{grad} r < \operatorname{grad} q = 2$ ist $\operatorname{grad} r$ maximal gleich 1. Die Bestimmung von s und r ist auf verschiedene Weisen möglich. Wir bestimmen hier für Beispiel 4 (c) die Koeffizienten von $s(x) = a \cdot x^2 + b \cdot x + c$ und $r(x) = d \cdot x + e$ durch *Koeffizientenvergleich*:

$$\underbrace{2x^4 - 3x^3 - 3x^2 + 5x - 4}_{p} = \underbrace{(a \cdot x^2 + b \cdot x + c)}_{s} \cdot \underbrace{(x^2 - 2x)}_{q} + \underbrace{(d \cdot x + e)}_{r} \quad \Leftrightarrow$$

$$2x^4 - 3x^3 - 3x^2 + 5x - 4 = (a \cdot x^4 + b \cdot x^3 + c \cdot x^2 - 2a \cdot x^3 - 2b \cdot x^2 - 2c \cdot x) + (d \cdot x + e)$$

Nach dem Ausmultiplzieren ordnen wir rechts noch nach Potenzen:

$$2x^4 - 3x^3 - 3x^2 + 5x - 4 = a \cdot x^4 + (b - 2a) \cdot x^3 + (c - 2b) \cdot x^2 + (-2c + d) \cdot x + e$$

Vergleichen wir nun links und rechts die Koeffizienten der Potenzen von x^4, von x^3, usw.:

$$\boxed{2 = a}, \; -3 = b - 2a \Rightarrow \boxed{b = 1}, \; -3 = c - 2b \Rightarrow \boxed{c = -1}, \; 5 = -2c + d \Rightarrow \boxed{d = 3}, \; \boxed{e = -4}.$$

Hiermit kennen wir alle Koeffizienten von s und r und erhalten somit das

Ergebnis: $$\frac{2x^4 - 3x^3 - 3x^2 + 5x - 4}{x^2 - 2x} = 2x^2 + x - 1 + \frac{3x - 4}{x^2 - 2x}$$

Eine solche Zerlegung der rationalen Funktion $\frac{p}{q}$ in eine ganzrationale und eine gebrochen rationale Funktion ist für viele Zwecke nützlich. Möchte man zum Beispiel von $\frac{p}{q}$ eine Stammfunktion bestimmen, benötigt man nur eine Stammfunktion des Polynoms s, sowie eine Stammfunktion der viel einfacheren rationalen Funktion $\frac{r}{q}$.

Mit dem Ergebnis für Beispiel 4 (c) benötigten wir also eine Stammfunktion von $\dfrac{3x - 4}{x^2 - 2x}$

Doch selbst dieser Ausdruck lässt sich noch vereinfachen.

Partialbruchzerlegung Gegeben sei eine rationale Funktion $\frac{r}{q}$, wobei wir aber jetzt grad r < grad q voraussetzen wollen. Das lässt sich gegebenenfalls durch eine vorherige Polynomdivision stets erreichen.

Beispiel 5 Der Ansatz für eine Partialbruchzerlegung ist besonders einfach, wenn sich das Nennerpolynom vollständig in Linearfaktoren zerlegen lässt. Allerdings sollte der höchste Koeffizient von q gleich Eins sein, was sich durch einfache Umformung stets erreichen lässt:

$$\frac{r(x)}{q(x)} = \frac{6x-8}{2x^2-4x} = \frac{6x-8}{2\cdot(x^2-2x)} = \frac{3x-4}{x^2-2x} = \frac{3x-4}{x\cdot(x-2)}$$

Nach einem allgemeinen Satz lässt sich ein solcher Ausdruck in folgende 'Teilbrüche' zerlegen:

Ansatz:　　$\dfrac{3x-4}{x\cdot(x-2)} = \dfrac{a}{x} + \dfrac{b}{x-2}$　　　　　　　　(mit Konstanten $a, b \in \mathbb{R}$).

Multiplikation beider Seiten mit dem Nennerpolynom $q(x) = x\cdot(x-2)$ ergibt

$$3x-4 = a\cdot(x-2) + b\cdot x \text{ und nach Ausmultiplizieren}$$
$$3x-4 = a\cdot x - 2a + b\cdot x \text{ und Sortieren nach Potenzen:}$$
$$3x-4 = (a+b)\cdot x - 2a$$

Koeffizientenvergleich liefert wieder zwei Gleichungen für die zwei Unbekannten a und b:

$$-4 = -2a \Rightarrow \boxed{a = 2}, \quad 3 = a+b \Rightarrow \boxed{b = 1}.$$

Ergebnis:　　$\dfrac{3x-4}{x\cdot(x-2)} = \dfrac{2}{x} + \dfrac{1}{x-2}$　　　　　　　　　　　　　　$\diamond$

(Treten im Nenner nur einfache Linearfaktoren auf wie bei Beispiel 5 oder bei Beispiel 6 (i), so lässt sich in diesem speziellen Fall auch die noch einfachere 'Grenzwertmethode' benutzen! Näheres hierzu finden Sie im Übungsbuch Teil I, Seite 212.)

Noch einige selbsterklärende Beispiele für den Ansatz, insbesondere falls Linearfaktoren mit höheren Exponenten wie bei 6 (ii) oder Faktoren mit grad 2 wie bei 6 (iii) im Nenner auftreten:

Beispiel 6 $r(x)$ im Zähler sei irgendein Polynom mit grad r < grad q (Nennerpolynom).

(i)　　　$\dfrac{r(x)}{(x-2)\cdot(x+2)\cdot(x+3)} = \dfrac{a}{x-2} + \dfrac{b}{x+2} + \dfrac{c}{x+3}$

(ii)　　　$\dfrac{r(x)}{(x-2)^2\cdot x^3} = \dfrac{a}{x-2} + \dfrac{b}{(x-2)^2} + \dfrac{c}{x} + \dfrac{d}{x^2} + \dfrac{e}{x^3}$

(iii)　　$\dfrac{r(x)}{(x+1)(x^2-3x+3)(x^2+2)^2} = \dfrac{a}{x+1} + \dfrac{bx+c}{x^2-3x+3} + \dfrac{dx+e}{x^2+2} + \dfrac{fx+g}{(x^2+2)^2}$　　$\diamond$

Nach Multiplikation mit dem Nenner $q(x)$ kann wieder ein Koeffizientenvergleich erfolgen.

3.2 Prozentrechnung

Prozentuale Aufteilungen

Das Aufteilen einer Gesamtheit in verschiedene Anteile kennen wir bereits von Abschnitt 1.2. Zur Wiederholung noch einmal das

Beispiel 7 Die chemische Zusammensetzung von Traubenzucker (= Glucose) $C_6 H_{12} O_6$ zeigt folgende Tabelle in Gramm. Mit Hilfe der relativen Atommassen $C = 12$, $H = 1$, $O = 16$ erhält man die Ausgangszeile. Die beiden folgenden Zeilen sind hiervon nur Vielfache:

Nebenrechnung	C	H	O	Summe	Faktor
$6 \cdot 12 = 72, \quad 12 \cdot 1 = 12, \quad 6 \cdot 16 = 96:$	72	12	96	**180**	$\cdot \frac{1}{180}$
	0,400	0,067	0,533	1	$\cdot 100$
	40,0	6,7	53,3	**100**	

Aus der dritten Zeile liest man sofort ab:

40 von Hundert Gramm Zucker bzw. 40 Hundertstel der Gesamtmasse sind Kohlenstoff, 6,7 Hundertstel bestehen aus Wasserstoff und 53,3 Hunderstel sind Sauerstoff. Anstelle von 'Hundertstel' oder 'pro Hundert' sagt man auch 'Prozent', abgekürzt als '%'. Ergebnis: Glucose (Massenprozente):   40,0 % C, 6,7 % H, 53,3 % O.   ◇

Beispiel 8 In umgekehrter Richtung lässt sich auch wieder die Aufteilung der 180 g erhalten:

$$180 \text{ g Glucose:} \quad 40,0\,\% \cdot 180 \text{ g} = 40,0 \cdot \tfrac{1}{100} \cdot 180 \text{ g} \ = 0,400 \cdot 180 \text{ g} = 72 \text{ g Kohlenstoff C,}$$
$$6,7\,\% \cdot 180 \text{ g} = \ 6,7 \cdot \tfrac{1}{100} \cdot 180 \text{ g} \ = 0,067 \cdot 180 \text{ g} = 12 \text{ g Wasserstoff H,}$$
$$53,3\,\% \cdot 180 \text{ g} = 53,3 \cdot \tfrac{1}{100} \cdot 180 \text{ g} \ = 0,533 \cdot 180 \text{ g} = \ 96 \text{ g Sauerstoff O.} \quad ◇$$

Prozentuale Änderungen

Beispiel 9 (i) Der Listenpreis irgend eines Fahrrads beim Händler betrug zunächst 2800 €. Wie viel kostete es mit einem Aufschlag von 19 %?

(ii) Der Blutdruck eines Patienten erhöhte sich bei Belastung von 121 mm auf 144 mm Hg. Das ist ein Anstieg um wie viel Prozent?

(i) Viele bestimmen zunächst richtig aber umständlich die 19 Prozent: $0,19 \cdot 2800$ € $= 532$ €. Diese Änderung wird nun zum Ausgangspreis addiert: 2800 € $+$ 532 € $= 3332$ € (Endpreis). Viel einfacher und schneller ist die Multiplikation von 2800 € mit dem Gesamtfaktor 1,19. Allerdings solte man diese Vorgehensweise auch verstanden haben, rechnen Sie bitte nach:

$$2800 \text{ €} + 532 \text{ €} = 2800 \text{ €} + 0,19 \cdot 2800 \text{ €} = (\mathbf{1 + 0{,}19}) \cdot 2800 \text{ €} = \mathbf{1{,}19} \cdot 2800 \text{ €} = 3332 \text{ €.}$$

Nützliche Erkenntnis: Eine Multiplikation mit 1,19 bedeutet eine Erhöhung um 19 %.

(ii) Genauso elegant lässt sich nun der zweite Teil lösen:

$$\frac{144 \text{ mm}}{121 \text{ mm}} = 1,19 \text{ beziehungsweise } 144 \text{ mm} = \mathbf{1{,}19} \cdot 121 \text{ mm.}$$

Ergebnis: Der Anstieg des Blutdrucks beträgt 19 %.   ◇

Beispiel 10 (i) Der Preis einer Jacke von 80 € wurde als Sonderangebot um 15 % reduziert. Was müssen Sie nun dafür bezahlen?

(ii) Der Gehalt eines Nahrungsmittels an Vitamin C sank von 320 mg/kg auf 272 mg/kg. Das ist eine Abnahme um wie viel Prozent?

(i) Wir gehen analog vor! 15 % von den 80 € werden von den 80 € abgezogen, also bleiben:

$$80\,€ - 0{,}15 \cdot 80\,€ = (1 - \mathbf{0{,}15}) \cdot 80\,€ = \mathbf{0{,}85} \cdot 80\,€ = 68\,€.$$

Kurz gesagt: Eine Multiplikation mit 0,85 bedeutet eine Abnahme um 15 %.

(ii) $\qquad \dfrac{272\,\text{mg/kg}}{320\,\text{mg/kg}} = \mathbf{0{,}85}$ beziehungsweise $272\,\text{mg/kg} = \mathbf{0{,}85} \cdot 320\,\text{mg/kg}.$

Ergebnis: Der Ausgangswert 320 mg/kg sank um 15 % auf 272 mg/kg. $\diamond$

> Merken Sie sich bitte, wie einfach man eine prozentuale Erhöhung bestimmt, und der Rechenweg ist bei prozentualer Abnahme eines Wertes ganz analog!

Wiederholte Änderungen

Verzinst Ihnen zum Beispiel jemand einen Anfangsbetrag von $M_0 = 1000\,€$ zu $p = 3\%$ Zinsen pro Jahr, kommen nach jedem Jahr $0{,}03 \cdot M_0$ an Zinsen hinzu. Zusammen sind das

nach 1 Jahr: $\quad M_1 = 1{,}03 \cdot M_0 = 1{,}03^1 \cdot M_0,$

nach 2 Jahren: $\quad M_2 = 1{,}03 \cdot M_1 = 1{,}03^2 \cdot M_0,$

nach 3 Jahren: $\quad M_3 = 1{,}03 \cdot M_2 = 1{,}03^3 \cdot M_0,$

nach 4 Jahren: $\quad M_4 = 1{,}03 \cdot M_3 = 1{,}03^4 \cdot M_0,$

Allgemein folgt offensichtlich nach x Jahren: $\quad M_x = 1{,}03^x \cdot M_0.$

Ergebnis: Wiederholungen führen zur Exponentialfunktion a^x mit $a = 1 + p\ (= 1{,}03).$

Beispiel 11 Eine Population $P(t)$ von Einzellern vergrößere sich stets nach Ablauf von $\Delta t = 10$ Minuten um $p = 3\%$, also um den Faktor $a = 1{,}03$.

Um welchen Faktor ist dann die Anfangspopulation P_0 nach $t = 90$ Minuten angewachsen? Die Argumentation ist ganz analog zu vorigem monetären Beispiel:

$P(10\,\text{min}) = 1{,}03 \cdot P(\,0\,\text{min}\,) = 1{,}03^1 \cdot P_0,$

$P(20\,\text{min}) = 1{,}03 \cdot P(10\,\text{min}\,) = 1{,}03^2 \cdot P_0,$

$P(30\,\text{min}) = 1{,}03 \cdot P(20\,\text{min}\,) = 1{,}03^3 \cdot P_0,$

$$\vdots$$

$P(90\,\text{min}) = 1{,}03 \cdot P(80\,\text{min}\,) = 1{,}03^9 \cdot P_0,$

Der Exponent 9 ergibt sich als Quotient $\quad \dfrac{t}{\Delta t} = \dfrac{90\,min}{10\,min} = 9\,.$

Allgemein gilt also: $\quad P(t) = 1{,}03^{\frac{t}{\Delta t}} \cdot P_0\,.$ $\diamond$

Wir werden uns im nächsten Abschnitt ausführlicher mit dieser Gesetzmäßigkeit befassen!

3.3 Die Exponentialfunktion $y = a^x$

Definition *Einfache Exponentialausdrücke a^x begegnen uns zum Beispiel in der Form*

$$a^3 = a \cdot a \cdot a\,, \quad a^1 = a\,, \quad a^{-1} = \frac{1}{a}\,, \quad a^{\frac{1}{2}} = \sqrt[2]{a}\,, \quad a^{\frac{3}{2}} = \sqrt[2]{a^3} = (\sqrt[2]{a})^3\,, \quad a^{-\frac{3}{2}} = \frac{1}{a^{\frac{3}{2}}}\,, \quad usw.$$

Die Basis $a \in \mathbb{R}$ ist stets eine beliebig aber fest gewählte positive Zahl. Für $a = 1$ gilt $a^x = 1$. Im einzig interessanten Fall $a \neq 1$ gibt es eine streng monotone Funktion, die speziell für Bruchzahlen $x = \frac{m}{n}$ mit der obigen Definition von a^x übereinstimmt (siehe Lehrbuch). Diese bezeichnet man als Exponentialfunktion $\mathbf{exp_a}\, \boldsymbol{x}$ zur Basis a. Wir schreiben wieder $\boldsymbol{a^x}$, aber nun für <u>alle</u> reellen Zahlen $x \in \mathbb{R}$!

Beispiel 12 Wir skizzieren und vergleichen $y = 2^x$ mit $y = 3^x$. Gilt eigentlich $3^x > 2^x$? Gestrichelt skizziert ist der Verlauf von $y = (\frac{1}{2})^x$ und von $y = (\frac{1}{3})^x$, also für Basiswerte $a < 1$.

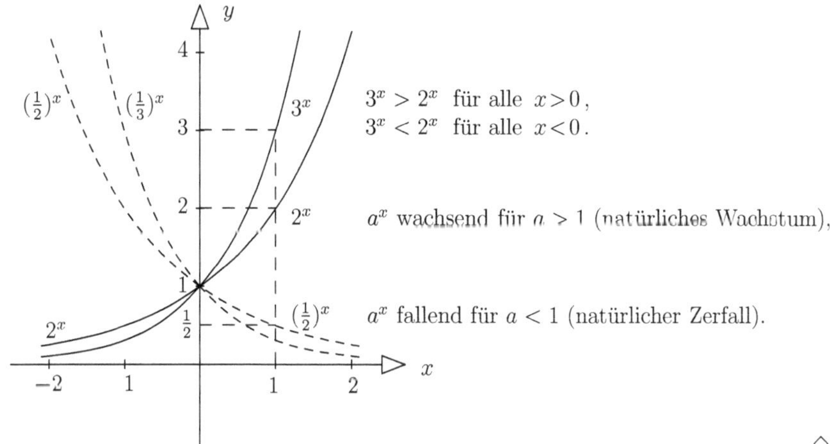

Neben $a = 2$ ist die *Eulersche Zahl* $e = e^1 = 2{,}718\ldots$ die wichtigste Basis. Der Funktionsverlauf von $f(x) = e^x$ liegt zwischen 2^x und 3^x. Jede Basis lässt sich leicht mit einer anderen Basis ausdrücken, weshalb man allgemein auch von <u>der</u> Exponentialfunktion sprechen darf.

Zur Wiederholung noch einmal die wichtigsten Rechenregeln:

$$
\begin{array}{lll}
\text{(i)} \quad a^u \cdot a^v = a^{u+v} & \text{(ii)} \quad (a \cdot b)^u = a^u \cdot b^u & \text{(iii)} \quad (a^u)^v = a^{u \cdot v} \\[2ex]
\text{(iv)} \quad \left(\dfrac{a}{b}\right)^u = \dfrac{a^u}{b^u} & \text{(v)} \quad \dfrac{a^u}{a^v} = a^{u-v} & \text{(vi)} \quad a^u = \left(\dfrac{1}{a}\right)^{-u} \\[2ex]
\text{(vii)} \quad a^0 = 1 & \text{(viii)} \quad a^{-u} = \dfrac{1}{a^u} = \left(\dfrac{1}{a}\right)^u & \text{(ix)} \quad a^{\frac{m}{n}} = (\sqrt[n]{a})^m
\end{array}
$$

$(a, b \in \mathbb{R}^+,\ u, v \in \mathbb{R},\ m, n \in \mathbb{N})$.

Viele Vorgänge in der Natur wie zum Beispiel Wachstum und Zerfall verlaufen exponentiell:

Wachstum und Zerfall: $M(t) = a^{\frac{t}{\Delta t}} \cdot M_0$

Da wir hier zeitliche Vorgänge beschreiben, wählen wir t als Variablenbezeichnung, während Δt einen jeweils fest gewählten Zeitabschnitt bedeutet. Anstelle des allgemeinen Funktionssymbols f verwenden wir M, was zum Beispiel an die zum Zeitpunkt t vorhandene 'Menge' einer Population oder etwa einer radioaktiven Substanz erinnern soll.

Zentral für diesen Abschnitt ist nun die Funktion

$$M(t) = a^{\frac{t}{\Delta t}} \cdot M_0 \,.$$

Als einfachsten Funktionswert erhält man für den 'Startzeitpunkt' $t = 0$ (man beachte $a^0 = 1$):

$$M(0) = M_0 \qquad\qquad\qquad \text{(Anfangswert)}.$$

Das besondere Verhalten der Funktion erklären bereits folgende Werte, rechnen Sie bitte nach!

$$M(\Delta t) = a \cdot M_0, \quad M(2\Delta t) = a^2 \cdot M_0, \quad M(3\Delta t) = a^3 \cdot M_0, \quad M(4\Delta t) = a^4 \cdot M_0, \quad \ldots$$

Ändert sich das Argument um Δt, ändert sich der Funktionswert von M um den Faktor a. Das gilt ganz allgemein für jeden Zeitpunkt t:

$$M(t + \Delta t) = a^{\frac{t+\Delta t}{\Delta t}} \cdot M_0 = a^{\frac{t}{\Delta t}+\frac{\Delta t}{\Delta t}} \cdot M_0 = a^{\frac{t}{\Delta t}+1} \cdot M_0 = a \cdot a^{\frac{t}{\Delta t}} \cdot M_0 = a \cdot M(t)$$

Tatsächlich ist die Gleichung $M(t + \Delta t) = a \cdot M(t)$ mit dem Anfangswert $M(0) = M_0$ charakteristisch für die Funktion $M(t) = a^{\frac{t}{\Delta t}} \cdot M_0$! Man darf also auch umgekehrt schließen:

> *Gilt* $M(t+\Delta t) = a \cdot M(t)$ *so folgt:* $M(t) = a^{\frac{t}{\Delta t}} \cdot M_0$, *(mit* $M(0) = M_0$*)*.

Beispiel 13 Die Bevölkerung $B(t)$ eines Landes (i) steige (ii) falle pro Jahr um 1,75 %. Wie groß wäre die Bevölkerung nach 40 Jahren? (Hinweis: 1,75 % = 0,0175, und $\Delta t = 1$ Jahr.)

(i) $B(t+1\,\text{Jahr}) = (1+0,0175)\cdot B(t) = \underbrace{1,0175}_{a}\cdot B(t)$, somit folgt: $B(t) = \underbrace{1,0175}_{a}{}^{\frac{t}{1\,\text{Jahr}}} \cdot B_0$

(ii) $B(t+1\,\text{Jahr}) = (1-0,0175)\cdot B(t) = \underbrace{0,9825}_{a}\cdot B(t)$, somit folgt: $B(t) = \underbrace{0,9825}_{a}{}^{\frac{t}{1\,\text{Jahr}}} \cdot B_0$

Einsetzen von $t = 40$ Jahre ergibt:

(i) $B(40\,\text{Jahre}) = 1,0175^{40} \cdot B_0 = 2,002\cdot B_0$. Die Bevölkerung hätte sich ca. verdoppelt.

(ii) $B(40\,\text{Jahre}) = 0,9825^{40} \cdot B_0 = 0,494\cdot B_0$. Die Bevölkerung wäre ca. halb so groß. $\diamond$

Bei einer jährlichen Steigerung von 1,75 % erwarten viele nach 40 Jahren nur einen Zuwachs von $40 \cdot 1,75\,\% = 70\,\%$, es sind aber mehr als 100 %. Was man nämlich berücksichtigen muss: Auch Kinder kriegen Kinder! Analog wäre ein Guthaben bei einer jährlichen Verzinsung von nur 1,75 % nach 40 Jahren um rund 100 % angewachsen, denn: Auch Zinsen bringen Zinsen! Man spricht daher im Fall $a > 1$ vom 'Zinseszinseffekt'.

Umgekehrt bewirkt im Fall $a < 1$ eine jährliche Abnahme von Guthaben oder Bevölkerung von 1,75 % keine Verringerung um 70 %, sondern lediglich um rund 50 %. Zwar bleibt die Abnahme konstant bei 1,75 %, da der Bestand aber immer kleiner wird, verringert sich allmählich die jährliche Abnahme in absoluten Zahlen.

Es ist wie beim radioaktiven Zerfall: Ist wenig vorhanden, kann auch nur wenig zerfallen. Die Exponentialkurve verflacht und nähert sich allmählich dem Grenzwert Null (vgl. S. 36).

Beispiel 14 (i) Eine Bakterienpopulation P verdopple sich immer nach 6 Stunden. Wie groß ist P nach 3 Stunden, sowie nach 9 Stunden, wenn P_0 die Anfangspopulation bezeichnet?

(ii) In der Nuklearmedizin wird das metastabile Technetium ^{99m}Tc verwendet. Nach jeweils 6 Stunden ist bereits die Hälfte dieser Substanz zerfallen. Bestimmen Sie die Menge M dieser Substanz nach 3 Stunden, sowie nach 9 Stunden, wenn M_0 die Anfangsmenge bezeichnet!

(i) Verdopplung nach $\Delta t = 6$ Stunden bedeutet: $P(t + 6\,h) = 2 \cdot P(t) \;\Leftrightarrow\; P(t) = 2^{\frac{t}{6h}} \cdot P_0$!

Somit folgt: $P(3\,h) = 2^{\frac{3\,h}{6\,h}} \cdot P_0 = 2^{0,500} \cdot P_0 = 1{,}414 \cdot P_0$, (eine Vergrößerung um ca. 40 %).

$$P(9\,h) = 2^{\frac{9\,h}{6\,h}} \cdot P_0 = 2^{1,500} \cdot P_0 = 2{,}818 \cdot P_0, \text{ (Verdopplung nach weiteren 6 h!)}.$$

(ii) Halbierung nach $\Delta t = 6$ Stunden bedeutet: $P(t + 6\,h) = \frac{1}{2} \cdot P(t) \;\Leftrightarrow\; P(t) = \left(\frac{1}{2}\right)^{\frac{t}{6h}} \cdot P_0$!

Somit folgt: $P(3\,h) = \left(\frac{1}{2}\right)^{\frac{3\,h}{6\,h}} \cdot P_0 = \left(\frac{1}{2}\right)^{0,500} \cdot P_0 = 0{,}707 \cdot P_0$, (ein Verlust von ungefähr 30 %).

$$P(9\,h) = \left(\frac{1}{2}\right)^{\frac{9\,h}{6\,h}} \cdot P_0 = \left(\frac{1}{2}\right)^{1,500} \cdot P_0 = 0{,}354 \cdot P_0, \text{ (die Hälfte nach weiteren 6 h!)}.\diamond$$

Verdopplungszeit und Halbwertszeit

Im Falle (i) von Beispiel 14 nennt man die Zeitspanne Δt auch kurz die *Verdopplungszeit*, im Falle (ii) *die Halbwertszeit*. Im letzteren Fall nutzt man zumeist die Umformung $\frac{1}{2} = 2^{-1}$:

$$\left(\frac{1}{2}\right)^{\frac{t}{\Delta t}} = (2^{-1})^{\frac{t}{\Delta t}} = 2^{-\frac{t}{\Delta t}}.$$

Schreiben wir in den beiden Spezialfällen (i) und (ii) kurz T anstelle Δt, so gilt:

$$\boxed{\begin{array}{lll} M(t + T) = 2 \cdot M(t) & \Leftrightarrow \quad M(t) = 2^{\frac{t}{T}} \cdot M_0 & \textit{(Verdopplungszeit T)} \\[2mm] M(t + T) = \frac{1}{2} \cdot M(t) & \Leftrightarrow \quad M(t) = 2^{-\frac{t}{T}} \cdot M_0 & \textit{(Halbwertszeit T)} \end{array}}$$

Verdopplungs– bzw. Halbwertszeit unterscheiden sich im *Vorzeichen des Exponenten*.

Beispiel 15 Reproduktionszahl: Betrachten wir die Ausbreitung eines Krankheitserregers mit einer durchschnittlichen Infektiositätsdauer von Δt. Beträgt die *durchschnittliche* Anzahl der von einem Erkrankten in dieser Zeit neu angesteckten Personen insgesamt 3, so ist die Anzahl der im darauf folgendem Zeitraum Δt neu Infizierten bereits auf 3^2 gewachsen, usw.

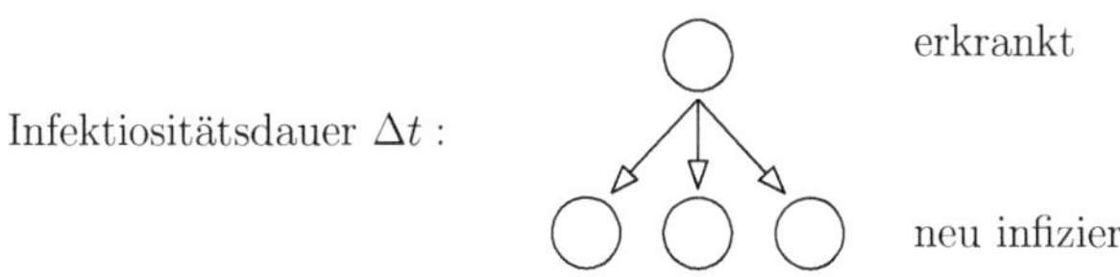

Allgemein gilt für die Anzahl N der während der Zeitdauer Δt neu Infizierten in unserem Zahlenbeispiel: $N(t + \Delta t) = 3 \cdot N(t)$. Es handelt sich also bei $N(t)$ um die Funktion

$$N(t) = \mathbf{3}^{\frac{t}{\Delta t}} \cdot N_0, \qquad\qquad \text{(mit } N_0 = N(0)).$$

Man bezeichnet in diesem Fall die Basis 3 als Reproduktionszahl oder R–Wert, oft mit r oder R abgekürzt. Solange $R > 1$ ist, wird sich die Krankheit wie bei einer Kettenreaktion explosionsartig ausbreiten. Gelingt es aber, durch einschränkende Maßnahmen $R < 1$ zu erreichen, so sinkt die Zahl der Neuerkrankten rapide. Die Ausbreitung kommt praktisch zum Erliegen, kann aber durch Nachlässigkeiten jederzeit lokal wie global wieder ansteigen.$\diamond$

Vergleich von linearem mit exponentiellem Verhalten

Gegeben sei eine positive Größe M als Funktion einer Variablen, nennen wir sie wieder x. Betrachten wir nun für eine vorgegebene *feste* Schrittweite Δx die zugehörige Änderung

$$\Delta M = M(x + \Delta x) - M(x).$$

Bei wachsenden Werten von $M(x)$ ist ΔM positiv, bei fallenden Werten dagegen negativ.

In der Natur sind zwei Arten von Änderungen besonders häufig:

(I) Die Änderung ΔM bleibt immer konstant, unabhängig vom momentanen Wert von M. In diesem Fall spricht man von linearem Verhalten, die Werte von $M(x)$ bilden eine Gerade:

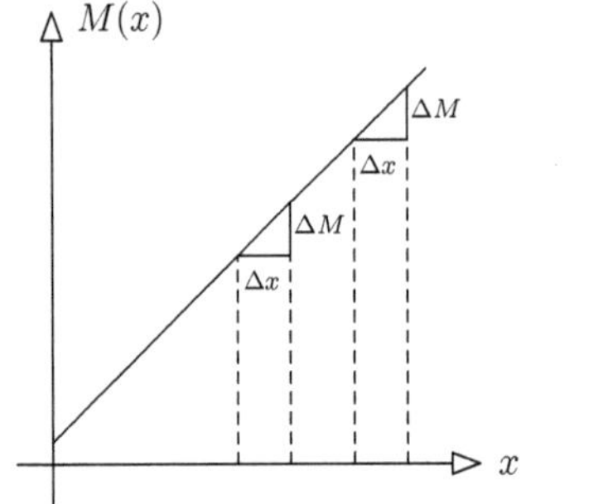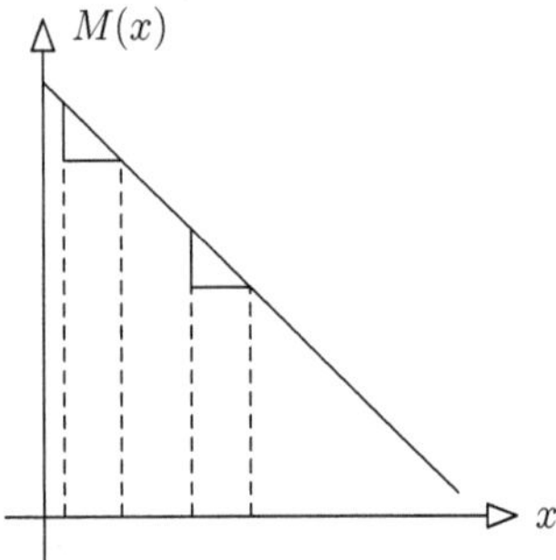

Lineares Verhalten $\Leftrightarrow$ ΔM *konstant!*

(II) Die Änderung ΔM ist proportional zum momentanen Wert von M, d. h. $\Delta M = p \cdot M(x)$. In diesem Fall ist $\frac{\Delta M}{M}$ konstant, und die Werte von $M(x)$ haben einen exponentiellen Verlauf! Aus $\Delta M = p \cdot M(x)$ folgt ja $M(x + \Delta x) - M(x) = p \cdot M(x)$, also $M(x + \Delta x) = \underbrace{(1 + p)}_{a} \cdot M(x)$:

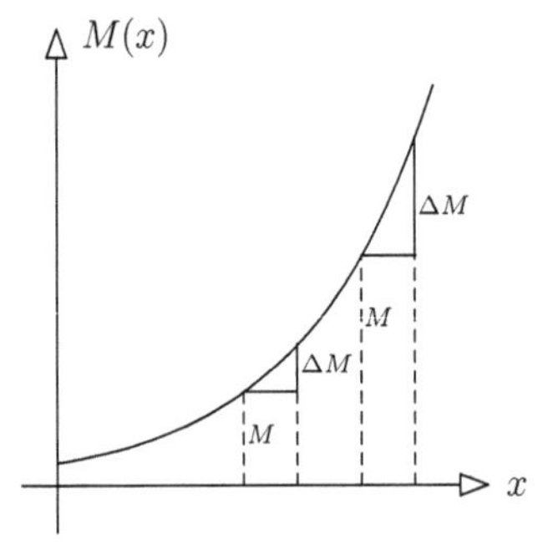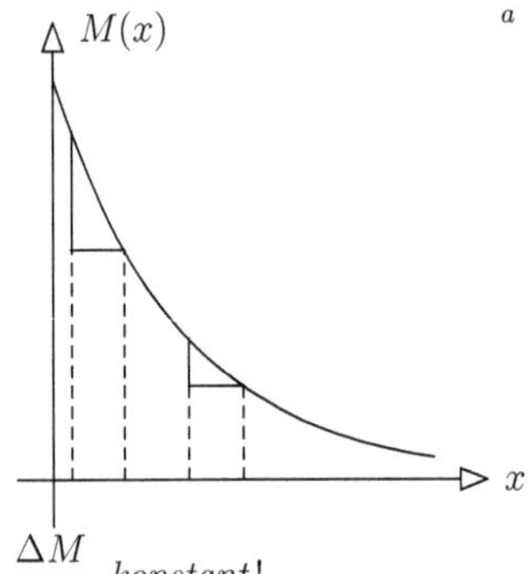

Exponentielles Verhalten $\Leftrightarrow$ $\dfrac{\Delta M}{M}$ *konstant!*

Beispiel 16 (I) Der *Wasserdruck* beim Tauchen wächst pro 10 m *konstant* um rund 1 at. Der Wasserdruck in 20 m Tiefe beträgt 2 at, und pro 10 weitere Meter kommt 1 at hinzu.

(II) Hingegen verringert sich die *Helligkeit* pro 10 m um einen *konstanten Prozentsatz* $\frac{\Delta H}{H}$, z. B.: $H(10\,\text{m}) = 0{,}90 \cdot H_0$, $H(20\,\text{m}) = 0{,}90 \cdot H(10\,\text{m}) = 0{,}90^2 \cdot H_0$, $H(30\,\text{m}) = 0{,}90^3 \cdot H_0$. In einer Tiefe von $t = 100$ m ist die Helligkeit also nicht auf Null gesunken, sondern beträgt

$$H(100\,\text{m}) = 0{,}90^{\frac{100\,\text{m}}{10\,\text{m}}} \cdot H_0 = 0{,}90^{10} \cdot H_0 = 0{,}35 \cdot H_0.$$

Das sind in diesem Zahlenbeispiel immerhin noch rund 35 % der Anfangshelligkeit H_0! $\quad\Diamond$

3.4 Die Logarithmusfunktion $y = \log_a x$

Definition *Sei $a \neq 1$ eine beliebig aber fest gewählte positive Zahl. Die Umkehrung der Exponentialfunktion $f(x) = a^x$ heißt 'Logarithmus zur Basis a', oder kurz: $f^{-1}(x) = \log_a x$. (Beachte hier Definitions- und Wertebereich: $\exp : \mathbb{R} \to \mathbb{R}^+$, umgekehrt also $\log_a : \mathbb{R}^+ \to \mathbb{R}$).*

Die folgende Skizze zeigt den Fall $a = 3$:

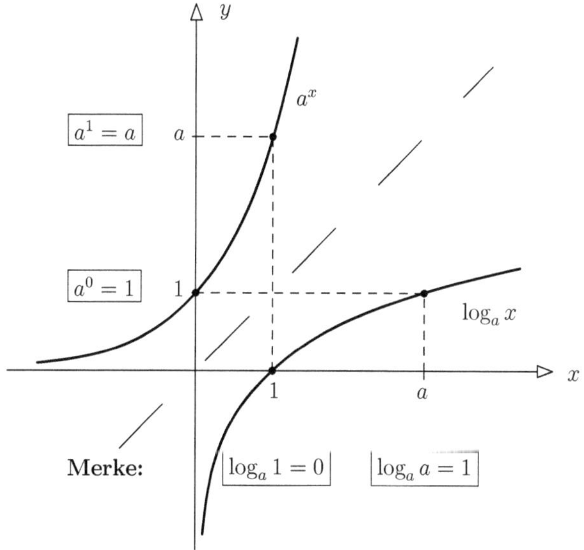

Logarithmieren *vereinfacht* viele Rechenoperationen. Umgekehrt zum Exponieren gilt hier:

$$
\begin{array}{rcll}
\log_a (x \cdot y) &=& \log_a x + \log_a y & \text{(Produkt führt zur Summe)} \\[2mm]
\log_a \left(\dfrac{x}{y}\right) &=& \log_a x - \log_a y & \text{(Quotient führt zur Differenz)} \\[2mm]
\log_a (x^y) &=& y \cdot \log_a x & \text{(Potenz führt zum Produkt)}
\end{array}
$$

Beispiel 17 Vergleichen Sie, welche Regeln hier jeweils benutzt wurden:

$$
1 = \log_{10} 10 = \log_{10}(2 \cdot 5) = \log_{10} 2 + \log_{10} 5
$$
$$
\log_{10} 5 = \log_{10} \frac{10}{2} = \log_{10} 10 - \log_{10} 2 = 1 - \log_{10} 2
$$
$$
\log_2 8^3 = 3 \cdot \log_2 8 = 3 \cdot \log_2 2^3 = 9 \cdot \log_2 2 = 9 \qquad \diamond
$$

Es gilt $f(f^{-1}(x)) = x$ und $f^{-1}(f(x)) = x$ (x aus dem entsprechenden Definitionsbereich):

$$
a^{\log_a x} = x \text{ für alle } x \in \mathbb{R}^+, \quad \text{und } \log_a(a^x) = x \text{ für alle } x \in \mathbb{R}
$$

Beispiele: $10^{\log_{10} 5} = 5$, und $\log_{10}(1000) = \log_{10}(10^3) = 3$.
Man sagt kurz: Logarithmieren und Exponieren zur gleichen Basis heben sich auf (vgl. S. 25).

Beispiel 18 Der Kurvenverlauf von e^x liegt wegen $2 < e < 3$ zwischen dem von 2^x und 3^x. Entsprechendes gilt anaolg für den Kurvenverlauf der zugehörigen Logarithmen, hier $\log_e x$. Ansonsten gelten die bekannten Rechenregeln natürlich auch für die Basiszahl e.

Aufgabe: Vereinfachen Sie den Ausdruck $\dfrac{e^{-\log_e x}}{\log_e e^{-x}} + \dfrac{1}{x^2}$.

Ersetzen von $e^{-\log_e x} = \dfrac{1}{e^{\log_e x}} = \dfrac{1}{x}$ und $\log_e e^{-x} = -x$ ergibt sofort das

Ergebnis: $\dfrac{e^{-\log_e x}}{\log_e e^{-x}} + \dfrac{1}{x^2} = \dfrac{\frac{1}{x}}{-x} + \dfrac{1}{x^2} = -\dfrac{1}{x^2} + \dfrac{1}{x^2} = 0$. $\Diamond$

Beispiel 19 Die einfache (?) Aufgabe lautet: Berechne $z = 5^{(6^7)}$, $(\neq (5^6)^7 = 5^{6 \cdot 7} = 5^{42})$!

Die korrekte Eingabe in den Taschenrechner liefert nur eine Fehlermeldung! Die gesuchte Zahl z übersteigt nämlich den Anzeigebereich. Da $\log_{10} z$ als Funktion von z extrem langsam wächst, versuchen wir zunächst diesen wesentlich kleineren Zahlenwert zu berechnen! Anschließend lässt sich einfach mit der Regel $z = 10^{\log_{10} z}$ die gesuchte Lösung z bestimmen:

$$\log_{10} z = \log_{10} 5^{(6^7)} = 6^7 \cdot \log_{10} 5 = 195\,666,867 \qquad (\text{Regel: } \log_a x^y = y \cdot \log_a x).$$

Die direkte Eingabe $z = 10^{\log_{10} z}$ gemäß der Regel $x = a^{\log_a x}$ kann hier nicht funktionieren, da die Anzeige nur bis 10^{99} reicht. Das lässt sich aber mit $10^{x+y} = 10^x \cdot 10^y$ leicht umgehen:

$$z = 10^{\log_{10} z} = 10^{195666,867} = 10^{0,867 + 195666} = 10^{0,867} \cdot 10^{195666} = 7,362 \cdot 10^{195\,666} \quad (\text{Ergebnis!})$$

Die führende erste Ziffer ist also eine 7, und hiernach folgen noch $195\,666$ weitere Ziffern, nämlich $362 \ldots$ usw. Kein Wunder, dass der Rechner ohne unsere Hilfe überfordert war. $\Diamond$

Basiswechsel

Kennt man *einen* Logarithmus, kennt man *jeden*! Wechseln Sie nämlich zu einer Basis b, so sind die Logarithmenwerte proportional. Das heißt, es gibt eine Konstante k, so dass

$$\boxed{\log_b x = k \cdot \log_a x}$$

Durch Einsetzen nur eines x–Wertes ($x \neq 1$) lässt sich die betreffende Konstante bestimmen! Vorzugsweise wählt man $x = b$, weil man hierfür den Funktionswert $\log_b b = 1$ immer kennt:

Beispiel 20 Bekannt seien die Werte von $\log_{10} x$. Wir berechnen die Konstante k für $\log_2 x$:

$$\log_2 x = k \cdot \log_{10} x \;\; \Rightarrow \;\; \log_2 2 = k \cdot \log_{10} 2 \;\; \Rightarrow \;\; 1 = k \cdot \log_{10} 2 \;\; \Rightarrow \;\; k = \tfrac{1}{\log_{10} 2}.$$

Ergebnis: $\log_2 x = \dfrac{\log_{10} x}{\log_{10} 2}$ Und ganz allgemein gilt $\log_b x = \dfrac{\log_a x}{\log_a b}$. $\Diamond$

Beispiel 21 Auch für Exponentialfunktionen gilt die Regel: *Kennst du eine, kennst du alle!* Nur steht in diesem Falle die Konstante k im Exponenten.

$$\boxed{b^x = a^{k \cdot x}}$$

k ist leicht auszurechnen: $b^x = (\underbrace{a^{(\log_a b)}}_{=b})^x = a^{(\log_a b) \cdot x}$, also $k = \log_a b$. $\Diamond$

Die speziellen Basiswerte 10, e, 2.

Im Falle von $a = 10$ spricht man vom 'Zehnerlogarithmus' oder 'dekadischen Logarithmus', im Falle von $a = e\,(= 2{,}71828\ldots)$ vom 'natürlichen Logarithmus' und bei $a = 2$ vom 'binären' oder 'dualen Logarithmus'. Wir benutzen im folgenden die abkürzende Notation

$$\text{lg für } \log_{10} \qquad \text{ln für } \log_e \qquad \text{lb für } \log_2 \quad \text{(üblich ist auch ld)}$$

Die allgemeine Regel $\log_a a^x = x$ liefert speziell für $a = 10$, $a = e$ und $a = 2$:

$$\boxed{\lg 10^x = x \qquad \ln e^x = x \qquad \text{lb}\, 2^x = x}$$

Man sagt dazu: 'Der Logarithmus ist gleich der Hochzahl der Basis!' Speziell für $x = 1$ also:

$$\boxed{\lg 10 = 1 \qquad \ln e = 1 \qquad \text{lb}\, 2 = 1}$$

Für Berechnungen im Dezimalsystem ist der Zehnerlogarithmus von Vorteil, im Dualsystem der Informatik der Zweierlogarithmus. In der Differenzial- und Integralrechnung nutzt man eine spezielle Eigenschaft der Eulerschen Zahl $e = 2{,}718\ldots$ Nur mit e als Basis gelten die einfachen Ableitungsregeln: $(e^x)' = e^x$ und $(\ln x)' = \frac{1}{x}$.

Die Radiokarbonmethode (C-14 Altersbestimmung)

Die Höhenstrahlung aus dem Weltall bildet durch Zusammenprall mit Stickstoffatomen ständig geringe Mengen Kohlenstoffatome C_6^{14}, die sofort zu Kohlendioxid CO_2 oxidieren. Die Atmosphäre wird hierdurch mit diesem *radioaktiven* C-14 angereichert, bis schließlich die Zerfallsrate gleich der Bildungsrate, also ein konstantes Gleichgewicht entstanden ist.

Im gleichen Verhältnis wie in der Atmosphäre wird nun der Kohlenstoff über das CO_2 von den Pflanzen aufgenommen, und letztendlich auch von Mensch und Tier. Tatsächlich ist in uns der C_{14}-Anteil des Kohlenstoffs eine Stahlungsquelle, sehr schwach aber messbar.

Nach dem Tod zerfällt allmählich dieser radioaktive Anteil, wodurch Rückschlüsse auf die bis heute vergangene Zeitdauer möglich sind. Entscheidend ist die Halbwertszeit T von C_{14}. Diese beträgt T=5730 a (Jahre). Entsprechend zur vorhandenen C-14 Menge verringert sich die Stahlungsleistung S, das heißt auch hierfür gilt in Abhängigkeit der Zeit t (Alter):

$$S = 2^{-\frac{t}{5730\,a}} \cdot S_0$$

Beispiel 22 Am 19. Sept. 1991 fanden zwei deutsche Wanderer in den Ötztaler Alpen eine Mumie, die das Gletschereis in jenem außergewöhnlich heißen Sommer freigegeben hatte. Der Fundort führte damals sogar zu Grenzstreitigkeiten zwischen Österreich und Italien. Die Mumie erhielt bald den Namen 'Ötzi'. Im angloamerikanischen Sprachraum nennt man Deutschsprachige gerne Kraut oder Fritz, und Ötzi heißt dort spöttisch auch 'Frozen Fritz'.

Der '(k)alte Fritz' war selbstverständlich ein Musterexemplar für die Altersbestimmung mit Hilfe der Radiokarbonmethode. Die damalige Messung ergab:

$$S = 0{,}53 \cdot S_0$$

Das Alter t ist also etwas geringer als die Halbwertszeit T. Die genaue Rechnung ergibt nun:

$$2^{-\frac{t}{5730\,a}} = 0{,}53; \quad \lg\left(2^{-\frac{t}{5730\,a}}\right) = \lg\,(0{,}53); \quad -\frac{t}{5730\,a} \cdot \lg 2 = \lg 0{,}53; \quad t = -\frac{\lg 0{,}53}{\lg 2} \cdot 5730\,a;$$

Ergebnis: $t = 5250$ Jahre $\hspace{6cm} \diamond$

Das Lambert - Beer - Bouguer - Gesetz

Das sog. Lambert - Beer - Bouguer - Gesetz dient zur *optischen Messung der Konzentration* eines gelösten Stoffes: Die Moleküle vieler Substanzen absorbieren und streuen Licht bestimmter Wellenlängen. Diese Extinktion (Auslöschung) verringert aber die *Intensität I* eines Lichtstrahls, die zu Beginn noch I_0 betrage:

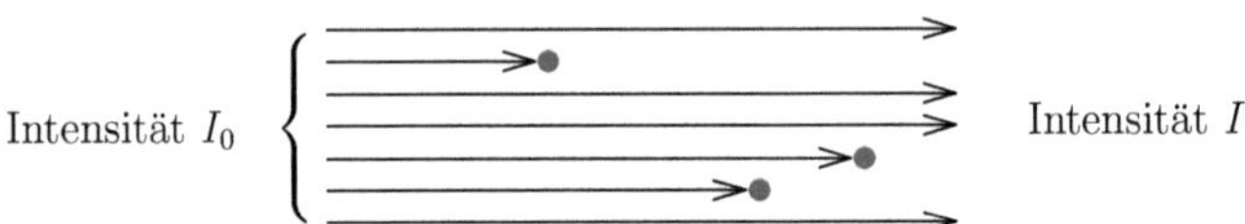

Klar: je größer die Konzentration, um so größer die Auslöschung. Wir benötigen eine mathematisch exakte Beschreibung! Die Konzentration der Lösung betrage zum Beispiel $1\,\frac{mmol}{L}$, die zurückgelegte Distanz d des Lichtstrahles messen wir beispielsweise in Zentimetern:

Verringert sich etwa nach je 1 Zentimeter die momentane Intensität des Lichtstrahls um $10\,\%$, so bedeutet das $I(d+1) = a \cdot I(d)$ mit $a = 0{,}90$. Beträgt die Konzentration z. B. $3\,\frac{mmol}{L}$, erleidet der Lichtstrahl die Abschwächung um den Faktor $a < 1$ auf einem Drittel der Strecke: $I(d + \frac{1}{3}) = a \cdot I(d)$! Und allgemein gilt bei einer Konzentration von $c\,\frac{mmol}{L}$ die Beziehung

$$I\left(d + \underbrace{\frac{1}{c}}_{\Delta d} \right) = a \cdot I(d) \quad \text{mit } I(0) = I_0 , \qquad (0 < a < 1).$$

Die Lösung der Gleichung kennen wir bereits von Seite 34, in Kurzschreibweise I anstelle $I(d)$:

$$I = a^{\frac{d}{1/c}} \cdot I_0 = a^{c \cdot d} \cdot I_0$$

(Der Wert $a < 1$ ist ein fester Wert und charakteristisch für die betreffende Substanz, sowie für die *benutzte Wellenlänge* λ). Für das Verhältnis von I und I_0 ergibt sich hieraus:

$$\frac{I}{I_0} = a^{c \cdot d}, \text{ also } \lg \frac{I}{I_0} = c \cdot d \cdot \lg a , \text{ somit: } -\lg \frac{I}{I_0} = c \cdot d \cdot (-\lg a).$$

Das Minuszeichen ist rechentechnisch viel bequemer: Wegen $a < 1$ ist nämlich die Zahl $-\lg a$ positiv! Außerdem haben wir bereits die mathematisch exakte Beschreibung gefunden:

$$\text{Man nennt} \qquad E = -\lg \frac{I}{I_0} = c \cdot d \cdot \underbrace{(-\lg a)}_{\varepsilon}$$

die Extinktion, und $\varepsilon = -\lg a > 0$ heißt Extinktionskoeffizient (beachte $a < 1$, und $\frac{I}{I_0} < 1$).

Die zurückgelegte Distanz d ist durch die Apparatur fest vorgegeben, und ε ist ein durch die Substanz festgelegter Wert. Da nun folglich auch $d \cdot \varepsilon = k$ einen konstanten Wert ergibt, bedeutet die vorige Beziehung: $E = c \cdot k$ bzw. $E \sim c$, kurz gesagt:

> *Konzentration c und Extinktion E sind proportional* !

Das bedeutet Dreisatzrechnen: Der Quotient aus Konzentration und Extinktion ist konstant! Wir bestimmen den Quotienten einer Vergleichslösunglösung bekannter Konzentration. Messen wir außerdem die Extinktion der zu untersuchenden Lösung, dann folgt aus der Konstanz des Quotienten deren unbekannte Konzentration! Noch einmal ausführlich:

Vorgehensweise Der untere Index 1 bezeichne im folgenden die Werte einer Lösung mit *bekannter* Konzentration c_1, der Index 2 die Werte einer Lösung mit einer *unbekannten* Konzentration c_2. Die Werte E_1, E_2 der Extinktion ergeben sich aus den jeweils gemessenen Intensitäten I_1 und I_2 im Vergleich zur Ausgangsintensität I_0:

$$E_1 = -\lg \frac{I_1}{I_0} \qquad E_2 = -\lg \frac{I_2}{I_0}$$

Wegen der Proportionalität von Konzentration und Extinktion gilt:

$$\frac{c_2}{E_2} = \frac{c_1}{E_1}$$

Da wir auch die Konzentration c_1 kennen, erhalten wir nun für die unbekannte Konzentration:

$$c_2 = \frac{E_2}{E_1} \cdot c_1$$

Beispiel 23 Die Testlösung einer farbigen Substanz der Konzentration $0{,}10\,\frac{\text{mol}}{\text{L}}$ lässt $82\,\%$ der Messintensität I_0 hindurch, die zu *untersuchende* Lösung der gleichen Substanz nur $55\,\%$ ('Transmission' gleich $82\,\%$ bzw. $55\,\%$).

Mit $I_1 = 0{,}82 \cdot I_0$ und $I_2 = 0{,}55 \cdot I_0$ bzw. $\dfrac{I_1}{I_0} = 0{,}82$ und $\dfrac{I_2}{I_0} = 0{,}55$ erhalten wir:

$$E_1 = -\lg \frac{I_1}{I_0} = -\lg 0{,}82 \quad \text{und} \quad E_2 = -\lg \frac{I_2}{I_0} = -\lg 0{,}55\,.$$

Somit folgt (Taschenrechner):

Ergebnis: $\quad c_2 = \dfrac{E_2}{E_1} \cdot c_1 = \dfrac{\lg 0{,}55}{\lg 0{,}82} \cdot 0{,}10\,\frac{\text{mol}}{\text{L}} = 3{,}0 \cdot 0{,}10\,\frac{\text{mol}}{\text{L}} = 0{,}30\,\frac{\text{mol}}{\text{L}} \qquad \diamond$

3.5 Logarithmische Skalen und Darstellungen

Kopfrechnen Wir benutzen in diesem Abschnitt nur den Zehnerlogarithmus $\log_{10} x = \lg x$. Zum Rechnen in unserem Zehnersystem ist er dafür schlicht und einfach am besten geeignet! Einige spezielle Zahlenwerte sollte man auch schnell bestimmen oder abschätzen können, ohne jedesmal umständlich den Taschenrechner hervorzuholen!

$$\lg 100 = \lg(10^2) = 2, \quad \lg 10 = \lg(10^1) = 1, \quad \lg 1 = \lg(10^0) = 0, \quad \lg 0{,}1 = \lg(10^{-1}) = -1.$$

Aber niemand vermag andere Zehnerpotenzen oder Logarithmenwerte im Kopf auszurechnen, auch nicht näherungsweise(!), oder doch? Oft genügt schon ein einziger Wert, falls man weiß:

$$\boxed{2 = 10^{\,0{,}3} \quad \text{bzw.} \quad \lg 2 = 0{,}3} \qquad \text{in guter Näherung!}$$

Merke „Der Logarithmus von Zwei beträgt Null Komma Drei!"

Schon folgt: $10^{\,0{,}6} = 10^{0{,}3+0{,}3} = 10^{\,0{,}3} \cdot 10^{\,0{,}3} = 2 \cdot 2 = 4$ bzw. $\lg 4 = \lg(2 \cdot 2) = \lg 2 + \lg 2 = 0,6$. Vermutlich wissen Sie nun auch: $10^{\,0{,}9} = 8$ und $\lg 8 = 0,9$. Fassen wir kurz zusammen:

$$\boxed{\begin{array}{lllll} 10^{\,0{,}0} = 1 & 10^{\,0{,}3} = 2 & 10^{\,0{,}6} = 4 & 10^{\,0{,}9} = 8 & 10^{\,1{,}0} = 10 \\ \lg 1 \ = 0{,}0 & \lg 2 \ = 0{,}3 & \lg 4 \ = 0{,}6 & \lg 8 \ = 0{,}9 & \lg 10 = 1{,}0 \end{array}}$$

$\lg 400 = \lg(4 \cdot 100) = \lg 4 + \lg 100 = 0{,}6 + 2 = 2{,}6$ ist offensichtlich auch kein Problem!

Logarithmische Skalen Viele (Maß-) zahlen sind praktisch viel zu groß oder viel zu klein, um sie gemeinsam auf einem Zahlenstrahl einzuzeichnen. In solchen Fällen hilft es meistens, anstelle der eigentlichen Maßzahl, nennen wir sie kurz c, deren Logarithmus zu verwenden. Das liefert wieder praktikable Skalenwerte!

$$\boxed{x = \lg c:} \qquad\qquad (\Leftrightarrow 10^x = c.)$$

c	$\ldots$	10^{-6}	10^{-5}	10^{-4}	10^{-3}	10^{-2}	10^{-1}	1	10	10^2	10^3	10^4	10^5	10^6	$\ldots$
$x = \lg c$	$\ldots$	-6	-5	-4	-3	-2	-1	0	1	2	3	4	5	6	$\ldots$

Im folgenden einige Beispiele hierzu.

Die Richter–Skala Die Stärke E eines Erdbebens wird als Vielfaches eines kleinen Standarderdbebens E_0 gemessen: $E = c \cdot E_0$. Da aber dieser Faktor c sehr groß sein kann, wird als Wert auf der sogenannten *Richter–Skala* der Logarithmuswert benutzt:

$$\boxed{R = \lg c} \qquad\qquad (\Leftrightarrow 10^R = c.)$$

Beispiel 24 Vergleichen wir ein Erdbeben E_1 der Stärke $R_1 = 6,2$ mit einem Beben E_2 der Stärke $R_2 = 6,5$ sowie mit einem Beben E_3 der Stärke $R_3 = 7,5$ auf der Richter–Skala.

Wir vergleichen die tatsächlichen Maßzahlen. Hierfür gilt:

$c_2 = 10^{6,5} = 10^{6,2+0,3} = 10^{6,2} \cdot 10^{0,3} = c_1 \cdot 2$. Das Beben E_2 ist doppelt so stark wie E_1!

$c_3 = 10^{7,5} = 10^{6,2+1,3} = 10^{6,2} \cdot 10^{1,3} = c_1 \cdot 20$. Das Beben E_3 ist 20-mal stärker als E_1! $\diamond$

Sie erkennen leicht: Entscheidend beim Vergleich sind nur die Differenzen im Exponenten. Und schon kleine Differenzen ergeben durch das Exponieren zur Basis 10 bereits erstaunlich unterschiedliche Faktoren. Diese lassen sich oft schon im Kopf abschätzend bestimmen.

Der pH- und pOH–Wert Es gibt viele weitere Anwendungsbeispiele für den Logarithmus. Was man vielleicht gar nicht vermutet sind auch Skalenwerte für *sehr kleine* Zahlenwerte! Bei einer Stoffmengenkonzentration von beispielsweise nur $c = 10^{-7}$ (ein zehnmillionstel!) Mol pro Liter einer Substanz wäre $\lg c = -7$.

Lästig ist allerdings das ständig negative Vorzeichen des Logarithmus für Zahlenwerte $c < 1$! Deshalb wählt man praktischerweise als 'p-Wert' den *negativen* Wert des Logarithmus! Als p-*Wert* von Maßzahlen $c < 1$ definieren wir also:

$$\boxed{\; \mathrm{p} = -\lg c \;\text{ beziehungsweise }\; c = 10^{-p} \;}$$

Im Beispiel mit $c = 10^{-7}$ mol/L ergibt das folglich den positiven Wert $\mathrm{p} = 7$. Wichtig: Für c ist nur die *Maßzahl* einzusetzen, d. h. ganz ohne Einheiten! Schließlich wüsste auch ihr Rechner nichts damit anzufangen – was ergibt ein Logarithmus- oder Exponentialwert von Mol, Liter oder Kubikzentimeter? Die gewählte Einheit ist entscheidend für die Maßzahl c. *Festgelegt ist als Einheit 'mol/L'.* Andere Angaben müssen(!) in mol/L umgerechnet werden:

Der p-Wert der Wasserstoffionenkonzentration $c(H^+)$ einer Lösung wird pH-Wert genannt.

Beispiel 25 Wenn Sie Salpetersäure HNO_3 in Wasser lösen, spalten sich deren Moleküle fast vollständig in H^+ Ionen und NO_3^- Ionen. Die Konzentration der sehr reaktiven H-Ionen ist aber von besonderer Bedeutung! In einem Liter Wasser seien zum Beispiel gelöst:

a) 0,0126 Gramm oder umgerechnet zwei zehntausendstel $(2 \cdot 10^{-4})$ Mol HNO_3,
b) 1,26 Gramm oder umgerechnet zwei hunderstel $(0{,}02 = 2 \cdot 10^{-2})$ Mol HNO_3.

Wir bestimmen die jeweiligen pH-Werte!

Diese Säure spaltet sich vollständig in H^+ und NO_3^-, liefert somit die Konzentrationen:

a) $c(H^+) = 2 \cdot 10^{-4}$ mol/L: $\mathrm{pH} = -\lg(2 \cdot 10^{-4}) = -(\lg 2 + \lg 10^{-4}) = -(0{,}3 - 4) = 3{,}7$.
b) $c(H^+) = 2 \cdot 10^{-2}$ mol/L: $\mathrm{pH} = -\lg(2 \cdot 10^{-2}) = -(\lg 2 + \lg 10^{-2}) = -(0{,}3 - 2) = 1{,}7$.

$$\diamondsuit$$

Anmerkungen: Jedes einzelne H^+ Ion lagert sofort ein Wassermolekül H_2O an und bildet ein H_3O^+ Ion. Es handelt sich also in Wirklichkeit nicht um $c(H^+)$, sondern um $c(H_3^+O)$. An den Zahlenwerten ändert sich dadurch aber nichts!

Vernachlässigbar ist auch, dass ein Liter reines Wasser bereits 10^{-7} Gramm $= 10^{-7}$ Mol H^+ Ionen enthält. Das ergibt im Fall a) addiert $2{,}001 \cdot 10^{-4}$ mol/L anstelle von $2{,}000 \cdot 10^{-4}$ mol/L.

Aber achten Sie hierauf: Eine *höhere* H^+–Konzentration bedeutet einen *kleineren* p-Wert!

Wasser ist äußerst stabil. In einem Liter reinem Wasser $H_2O = HOH$ sind rund 10^{-7} Mol aufgespalten in 10^{-7} Mol H^+ und 10^{-7} Mol OH^-. Natürlich definiert man analog:

$$\mathrm{pOH} = -\lg c(OH^-)$$

Für reines Wasser gilt daher: $\mathrm{pH} = 7$ und $\mathrm{pOH} = 7$ (und allgemein: $\mathrm{pH} + \mathrm{pOH} = 14$).

Beispiel 26 Wir lösen in einem Liter Wasser 0,0112 Gramm Kaliumhydroxid. Das sind umgerechnet 0,00020 Mol KOH. Dieses spaltet sich vollständig in K^+ und OH^- Ionen. Wir bestimmen den pOH-Wert.

Die 0,00020 mol KOH ergeben $c(OH^-) = 0{,}00020 = 2 \cdot 10^{-4}$ mol/L. Die in reinem Wasser enthaltene Konzentration $c(OH^-) = 0{,}0000001 = 10^{-7}$ mol/L ist hierfür vernachlässigbar:

$\mathrm{pOH} = -\lg(2 \cdot 10^{-4}) = -\lg 2 - \lg 10^{-4} - -0{,}3 \mid 4 = 3{,}7$. $\qquad\qquad \diamondsuit$

Logarithmische Größenordnungen in der Biologie Üben Sie zunächst einmal die logarithmische Darstellung auf dem Zahlenstrahl bei einem *Wechsel des Maßstabs:*

$$x = \lg c$$

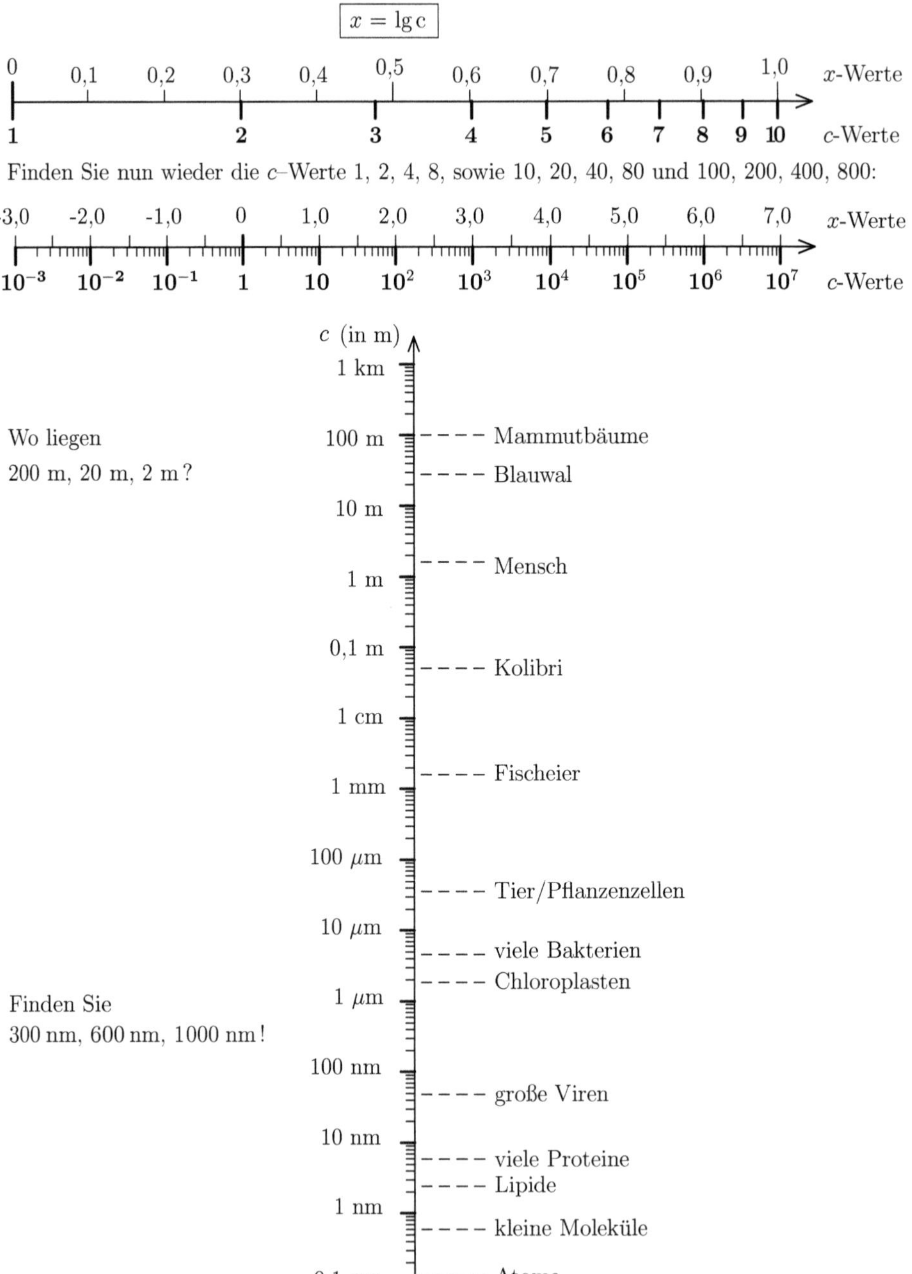

Finden Sie nun wieder die c–Werte 1, 2, 4, 8, sowie 10, 20, 40, 80 und 100, 200, 400, 800:

Wo liegen
200 m, 20 m, 2 m?

Finden Sie
300 nm, 600 nm, 1000 nm!

Logarithmische Darstellungen von Funktionen

Beispiel 27 Die folgenden Tabellenwerte sind für eine Darstellung in einem kartesischen Koordinatensystem wenig geeignet:

t	0,50	1,20	1,60	2,50	3,90
M	7,11	15,9	25,2	71,1	357

(Tabelle I)

Außerdem vermuten Sie einen exponentiellen Zusammenhang zwischen M und t:

$$\boxed{M = a^t \cdot M_0}$$ (a und M_0 unbekannt).

Sie wählen deshalb zur graphischen Darstellung in einem x, y – Koordinatensystem die Werte:

$$\boxed{x = t, \quad \text{aber} \quad y = \lg M.}$$

Der Rechner liefert nun handliche Tabellenwerte, und die Skizze links eine einfache Gerade:

$x = t$	0,50	1,20	1,60	2,50	3,90
$y = \lg M$	0,85	1,20	1,40	1,85	2,55

(Tabelle II)

(Für die Skizze reicht die Genauigkeit der y – Werte, rechnerisch ginge es natürlich genauer).

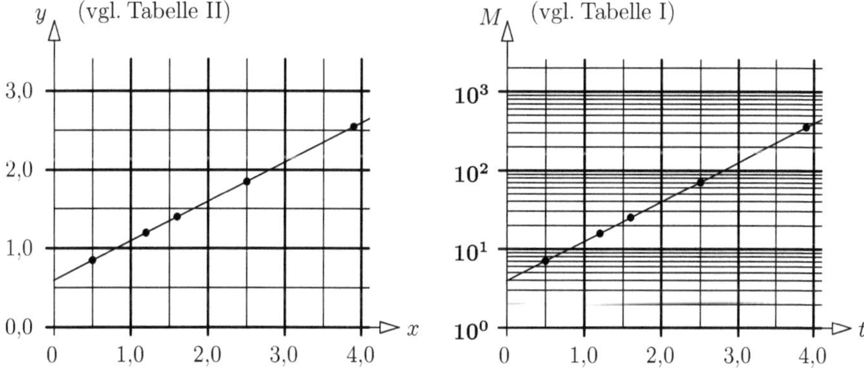

*Früher ersparte rechts das halb – logarithmische Papier** *den Rechner und die* x, y *– Tabelle:* Da Sie die M–Werte logarithmisch auftragen, ermitteln Sie hierbei zeichnerisch statt rechnerisch die Werte $\lg M$. Auf diese Weise erhalten Sie rechts die gleichen Punkte wie in der linken Skizze! Auch die Geradengleichung lässt sich rechnerisch wie zeichnerisch bestimmen:

$$y = 0,50 \cdot x + 0,60$$

Es folgt also eine Gerade mit der Steigung 0,5 und dem y–Abschnitt 0,6 (für $x = 0$). Die erhaltene Gleichung bedeutet wegen $y = \lg M$ und $x = t$:

$$\lg M = 0,50 \cdot t + 0,60$$

Die bekannten Rechenregeln für das Exponieren liefern:

$$10^{\lg M} = 10^{0,50 \cdot t + 0,60} = 10^{0,50 \cdot t} \cdot 10^{0,60} = (10^{0,50})^t \cdot 10^{0,60}$$

Ergebnis: $\qquad M = 3{,}162^t \cdot 3{,}981$ bzw. $a = 3{,}162$ und $M_0 = 3{,}981$. $\diamond$

---

*wird auch *einfach–logarithmisch* genannt

Beispiel 28 Gegeben seien die Werte

t	3,16	15,8	39,8	316	7940
v	7,94	15,1	21,9	50,1	182

Das Logarithmieren allein von t oder von v führt hier nicht zu einer Geraden! Wir überprüfen, ob die Werte von v und t vielleicht einen Potenz–Zusammenhang erfüllen:

$$v = k \cdot t^h$$

wobei der Faktor k und die Hochzahl h noch unbekannt sind.

Zur graphischen Darstellung wählt man in einem solchen Fall die Koordinatenwerte:

$$x = \lg t \quad und \quad y = \lg v\,.$$

Das ergibt nun die folgenden Tabellenwerte:

$x = \lg t$	0,50	1,20	1,60	2,50	3,90
$y = \lg v$	0,90	1,18	1,34	1,70	2,26

Die entsprechenden Punkte im üblichen kartesischen Koordinatensystem finden Sie wieder in der folgenden Skizze links. Auch hier ließe sich die Bestimmung der x, y-Werte umgehen, indem Sie diesmal sowohl x- als auch y–Werte logarithmisch auftragen. Man spricht vom *doppelt-logarithmischen* Papier, vgl. Skizze rechts:

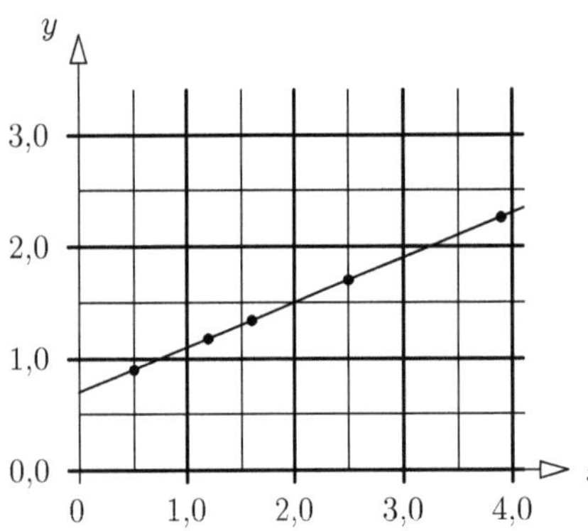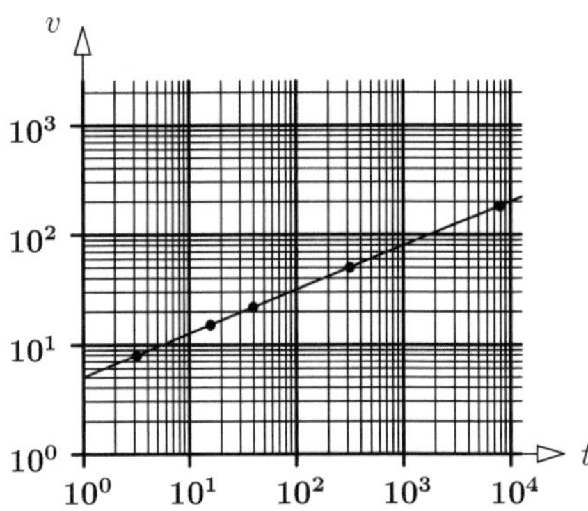

Wir ermitteln mit Hilfe der Skizze oder Tabelle die Geradengleichung:

$$y = 0,70 + 0,40 \cdot x$$

Die ursprünglichen v, t – Koordinaten erfüllen also wegen $y = \lg v$ und $x = \lg t$ die Gleichung:

$$\lg v = 0,70 + 0,40 \cdot \lg t$$

Exponieren zur Basis 10 liefert in diesem Falle:

$$v = 10^{\lg v} = 10^{0,70 + 0,40 \cdot \lg t} = 10^{0,70} \cdot 10^{0,40 \cdot \lg t} = 10^{0,70} \cdot (10^{\lg t})^{0,40} = 5,012 \cdot t^{0,40}$$

Ergebnis: $v = 5,012 \cdot t^{0,40}\,.$ ◇

Nutzt man Messwerte, kommt es verständlicherweise zu Abweichungen von der Geraden. Diese Differenzen lassen sich durch die *Gaußsche Regressionsgerade* ausgleichen. Ausführlich behandelt das Aufgabe 29, Seite 218.

3.6 Die allgemeine Potenz $y = x^h$

Kurvenverlauf Potenzfunktionen wie die Parabel $f(x) = x^2$ oder die Wurzelfunktion $g(x) = x^{\frac{1}{2}}$ sind wohlvertraut und scheinen für weitere Diskussionen eher langweilig zu sein. Doch ihr Zusammenspiel ist eine der Ursachen für die enorme Vielfalt in Natur und Technik! Wir werden das noch ausführlich diskutieren.

Beim Kurvenverlauf achte man im Falle einer positiven Hochzahl auf die beiden grundlegend unterschiedlichen Fälle $h > 1$ (Linkskurve) und $h < 1$ (Rechtskurve). Typische Beispiele sind die Parabel- und die Wurzelfunktion mit $h = 2$ bzw. $h = \frac{1}{2}$:

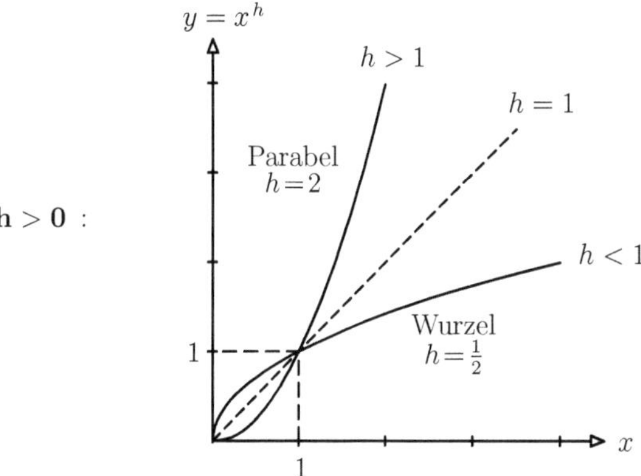

Der Ausdruck $x^{\frac{1}{3}}$ ist nur für $x \geq 0$ definiert und stimmt auf diesem Bereich mit $\sqrt[3]{x}$ überein, wohingegen die 3. Wurzel als Umkehrung der 3. Potenz für alle reellen x definiert ist. *
Allgemein beachte man für beliebig aber fest gewählte, natürliche Zahlen m, n:

$$\text{Für alle reellen } x \geq 0 \text{ gilt: } \quad x^{\frac{m}{n}} = \sqrt[n]{x^m} = (\sqrt[n]{x})^m \text{ , und } \quad x^{-\frac{m}{n}} = \frac{1}{x^{\frac{m}{n}}} \quad (x \neq 0)$$

Besonders einfach ist der Fall einer negativen Hochzahl. Der Kurvenverlauf ist dann immer ähnlich zur Hyperbel $y = \frac{1}{x}$ $(= x^{-1})$ mit der Hochzahl $h = -1$:

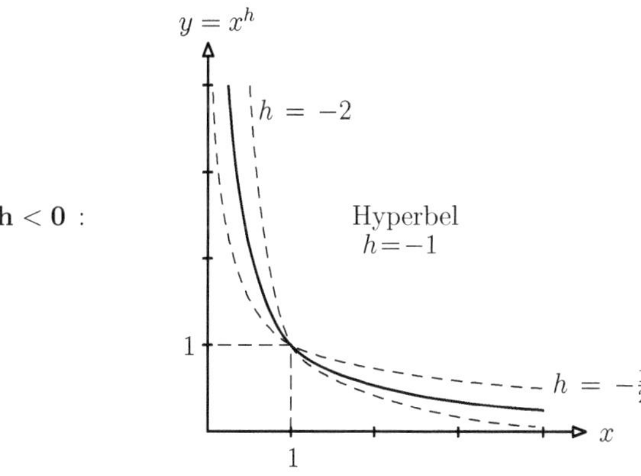

---

*Die numerische Berechnung von x^h für $x > 0$ geschieht gemäß $x^h = e^{\ln x^h} = e^{h \cdot \ln x}$.

Wachstumsverhalten ('potenzierter Faktor')

Sei k eine beliebige Konstante. Wie ändert sich der y–Wert, wenn sich der x–Wert ändert?

$$\boxed{\text{Für } y = k \cdot x^h \text{ und } c > 0 \text{ gilt:} \qquad x_1 = c \cdot x_0 \quad \Rightarrow \quad y_1 = c^h \cdot y_0}$$

Ändert sich der x–Wert um den Faktor c, dann ändert sich der y–Wert um den Faktor c^h.

Bemerkenswert: Die oft komplizierte Konstante k spielt bei diesem Vergleich gar keine Rolle! Nur der Faktor c wird potenziert und dadurch für den y–Wert zum Faktor c^h !

Beispiel 29 Der Blutfluss I durch die Aorta beträgt ungefähr $0{,}1 \cdot 10^{-3}$ m^3/s $= 100$ cm^3/s. Wieviel Blut durch unsere Adern fließt, hängt vor allem von deren Radius r ab! Gemäß dem Gesetz von Hagen–Poisseuille gilt allgemein:

$$h = 4 : \qquad\qquad I = \frac{\pi \cdot p}{8\,\eta \cdot L} \cdot r^4 \;=\; k \cdot r^4$$

Der aus Zähigkeit η, 'Rohrlänge' L und Antriebsdruck p zusammengesetzte Faktor k kann mehr oder weniger als konstant angesehen werden. Interessant ist in diesem Zusammenang:

Wie verhält sich der Blutfluss, wenn sich der Radius beispielsweise um 30 % verkleinert?

Ursachen sind die 'Verkalkung' der Gefäße oder Spannungsänderungen der Gefäßwandung. Wenn sich der Radius also um $30\,\%$ verringert, beträgt der neue Radius r_1 nur noch $70\,\%$ des ursprünglichen Radius r_0, kurz $r_1 = 0{,}7 \cdot r_0$.

Für den entsprechenden Blutfluss I_1 im Vergleich zu I_0 gilt dann wegen

$$I = k \cdot r^4 \quad \text{und} \quad c = 0{,}7 : \qquad r_1 = 0{,}7 \cdot r_0 \quad \Rightarrow \quad I_1 = 0{,}7^4 \cdot I_0$$

Wir erhalten $0{,}7^4 = 0{,}24 = 24\,\%$. Der Blutfluss verringert sich also um dramatische $76\,\%$! Man nennt das Gesetz von Hagen–Poisseuille ironischerweise auch 'Herzinfarkt–Gesetz'. $\diamond$

Die Hochzahl h kann auch negativ sein:

Beispiel 30 Die Intensität J einer punktförmigen Lichtquelle im Abstand r beträgt

$$h = -2 : \qquad\qquad J = \frac{k}{r^2} \;\; (= k \cdot r^{-2}),$$

wobei der Wert der Konstanten nur von der Lichtquelle abhängt.

Sie verringern Ihren Abstand von $r_0 = 10\,m$ auf $r_1 = 7\,m$! Wie verändert sich dadurch die Lichtintensität? Der Wert von c ergibt sich durch Vergleich der beiden Werte von r:

$$\frac{r_1}{r_0} = 0{,}7 \quad \text{bzw.} \quad r_1 = 0{,}7 \cdot r_0 \quad \Rightarrow \quad \frac{J_1}{J_0} = 0{,}7^{-2} \quad \text{bzw.} \quad J_1 = 0{,}7^{-2} \cdot J_0$$

Wir erhalten wegen $0{,}7^{-2} = \frac{1}{0{,}7^2} = \frac{1}{0{,}49} \approx 2$ das

Ergebnis: Die Lichtintensität wächst um den Faktor 2. $\hfill \diamond$

Entscheidend war hierfür natürlich nur, dass sich der Abstand auf $70\,\%$ verringerte! Auch bei einer Annäherung von $5\,\text{m}$ auf $3{,}5\,\text{m}$ würde sich die Lichtintensität verdoppeln, da ebenfalls $\frac{3{,}5}{5} = \frac{7}{10} = 0{,}7$ ergibt!

Wichtig sind für Organismen auch Veränderungen von Oberfläche und Volumen:

Beispiel 31 Wir vergleichen die Oberfläche und das Volumen zweier kugelförmiger Einzeller. Der eine mit Radius $r_0 = 4\,\mu m$, der andere mit dem Radius $r_1 = 6\,\mu m$.

Für die Oberfläche F bzw. das Volumen V der Kugel gilt: $F = 4\pi \cdot r^2$ bzw. $V = \frac{4\pi}{3} \cdot r^3$. Das bedeutet also einfach nur $h = 2$ für die Oberfläche F bzw. $h = 3$ für das Volumen V!

Nun folgt leicht wegen $r_1 = 1{,}5 \cdot r_0$, also mit $c = 1{,}5$:

$$F_1 = 1{,}5^2 \cdot F_0 = 2{,}25 \cdot F_0 \quad \text{und} \quad V_1 = 1{,}5^3 \cdot V_0 = 3{,}375 \cdot V_0$$

Ergebnis: Durch eine Vergrößerung um 50 % wird die Oberfläche mehr als verdoppelt und das Volumen mehr als verdreifacht. $\diamond$

Für dieses Ergebnis war nicht die Kugelform entscheidend! Auch für die Oberfläche $6a^2$ von Würfeln gilt $h = 2$, und beim Volumen a^3 des Würfels gilt wie oben $h = 3$. Denken wir uns alle Objekte aus kleinen und großen Würfeln zusammengesetzt, führt uns das zu folgendem 'Modellbausatz' (ausführliche Herleitung siehe Lehrbuch):

> *Eine maßstabsgerechte Änderung eines Körpers um einen Faktor c bedeutet*
>
> $h = 1$ *für die Abstände, also hier eine Änderung um den Faktor c,*
> $h = 2$ *für die Oberfläche, also hier eine Änderung um den Faktor c^2,*
> $h = 3$ *für das Volumen, also hier eine Änderung um den Faktor c^3.*

Beispiel 32 Haben Sie eine korrekte Vorstellung von einer *maßstabsgerechten*(!) Vergrößerung?

(a) Ist der rechte Kegel eine maßstabsgerechte Vergrößerung des kleinen Kegels?

(b) Ist der rechte Zylinder eine maßstabsgerechte Vergrößerung des kleinen?

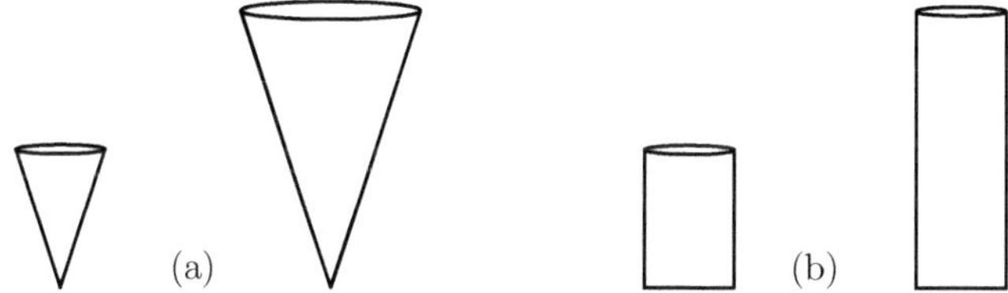

(a) *Alle* Maße wie Radius und Höhe wurden verdoppelt, wie beim Blick durch eine Lupe! Die Vergrößerung bzw. der Maßstabsfaktor beträgt in diesem Falle also $c = 2$.

(b) Hier liegt keine(!) maßstabsgerechte Vergrößerung vor! Zwar wurde die Höhe verdoppelt, doch eine maßstabsgerechte Vergrößerung hätte auch den Radius verdoppeln müssen! $\diamond$

Eine einfache Abschätzung Im Falle einer *relativ kleinen Änderung* der Variablen von nur wenigen Prozent lässt sich die Änderung des Funktionswertes recht gut abschätzen:

> Ändert sich x um $p\,\%$, so ändert sich $y = k \cdot x^h$ näherungsweise um $h \cdot p\,\%$.
> Die Änderung von y beträgt also ungefähr das **h-fache** der Änderung von x.
>
> (Nur praktikabel für betragsmäßig kleine Werte von p, etwa $-2{,}5 < p < 2{,}5$.)

Vergrößern wir den Kugelradius r um 1 %, vergrößert sich die Oberfläche F um rund 2 %. Exakt gerechnet ergibt sich der Faktor $c^2 = 1{,}01^2 = 1{,}0201$, also eine Vergrößerung um 2,01 %.

Isometrie und Allometrie

Speziell im Fall $h = 1$ gilt $y = k \cdot x$: Ändert sich x um das c-fache, dann ändert sich auch y um den Faktor c. Die beiden Größen ändern sich in *gleichem Maße* – man spricht von *Isometrie*: $y = k \cdot x$ ist eine Gerade durch den Nullpunkt, d. h. y und x sind *proportional*!

Im Fall $h \neq 1$ ändern sich die Werte von x und y in *unterschiedlichem Maße*. Man spricht dann von *Allometrie*. Man unterscheidet die Fälle $h > 1$ (überproportionales) und $h < 1$ (unterproportionales Wachstum)! Vergleichen Sie den Kurvenverlauf, Skizze Seite 47, oben.

Beispiel 33 Das 'Drei–Viertel–Gesetz' von Kleiber über den Grundumsatz G von Säugetieren, in Abhängigkeit von der Masse M:

$$h = 0{,}75: \qquad G = k_1 \cdot M^{0{,}75} \qquad \text{mit der Konstanten} \qquad k_1 = \frac{87\,\text{kcal}}{\text{d} \cdot \text{kg}^{0{,}75}} \qquad \text{(d für Tag)}.$$

Überlegen Sie sich den Kurvenverlauf im Fall der Hochzahl $h = 0{,}75 = \frac{3}{4}$ (Skizze S. 47). Eine Verdoppelung des Körpergewichts bedeutet keine Verdopplung des Grundumsatzes! Vielmehr wächst der Grundumsatz *unterproportional* zum Körpergewicht - so gesehen hat ein höheres Körpergewicht auch einen vorteilhaften Aspekt!

Schätzen wir den Grundumsatz eines 80 kg schweren Säugetieres (Bsp. Mensch):

$$G = \frac{87\,\text{kcal}}{\text{d} \cdot \text{kg}^{0{,}75}} \cdot (80\,\text{kg})^{0{,}75} = \frac{87\,\text{kcal} \cdot 80^{0{,}75} \cdot \text{kg}^{0{,}75}}{\text{d} \cdot \text{kg}^{0{,}75}} = \frac{87\,\text{kcal} \cdot 26{,}7}{\text{d}} = \frac{2\,300\,\text{kcal}}{\text{d}}$$

Ergebnis: $G = 2\,300\,\text{kcal} = 9\,600\,\text{kJ}$ pro Tag oder rund $100\,\text{J/s}$ beziehungsweise 100 Watt.

$$\diamond$$

Beispiel 34 Für das Skelettgewicht von Säugetieren gilt eine Schätzung der folgenden Art (bei Zuchttieren wie Schwein, Pferd und Rind ist die Konstante allerdings erheblich kleiner):

$$h = 1{,}13: \qquad S = k_2 \cdot M^{1{,}13} \qquad \text{mit der Konstanten} \qquad k_2 = \frac{0{,}1}{\text{kg}^{0{,}13}}$$

Das Gewicht der Knochen wächst *überproportional* zum Körpergewicht! Das sorgt also dafür, dass 'die Bäume nicht in den Himmel wachsen'. Bei einem Gewicht von 80 kg erhalten wir:

$$S = \frac{0{,}1}{\text{kg}^{0{,}13}} \cdot (80\,\text{kg})^{1{,}13} = \frac{0{,}1 \cdot 80^{1{,}13} \cdot \text{kg}^{1{,}13}}{\text{kg}^{0{,}13}} = \frac{0{,}1 \cdot 141 \cdot \text{kg}^{1{,}13}}{\text{kg}^{0{,}13}} = 10\,\text{kg}$$

In Wirklichkeit ist das Knochengewicht beim Menschen etwas geringer. Wie schon bei den Nutztieren erwähnt, hat auch der Mensch einen feineren Knochenbau als seine Vorfahren! $\diamond$

Beispiel 35 Wichtig ist das Zusammenspiel von Oberfläche und Volumen eines Körpers.
Für geometrisch ähnliche Körper, die sich also nur im Maßstab unterscheiden, gibt es eine Konstante, so dass für die Oberfläche F und Volumen eines solchen Körpers gilt:

$$h = \tfrac{2}{3}: \qquad F = k_3 \cdot V^{\frac{2}{3}}$$

Der Wert der Konstanten k_3 hängt nur von der speziellen Grundgestalt der Körper ab. Diese Konstante lässt sich durch Einsetzen eines bekannten Wertepaares F, V bestimmen. Für jeden Würfel gilt $k_3 = 6$. Den kleinsten Wert $k_3 = \sqrt[3]{36\,\pi} = 4{,}835\ldots$ liefert die Kugel.$\diamond$

Folgerungen Das Verhältnis von Oberfläche zum Volumen hat zahlreiche Konsequenzen. Der Kurvenverlauf von $F = k_3 \cdot V^{\frac{2}{3}}$ steigt für kleine Werte von V zuerst stark an, vgl. obere Skizze auf Seite 47, $h < 1$. Das Verhältnis F/V ist dadurch zunächst sehr hoch, was die Existenz von Mikro-Organismen begünstigt!

Bei Einzellern geschieht ja die Aufnahme von Nährstoffen, die Abgabe der Abfallprodukte und der Gasaustausch über die *Oberfläche*, wodurch das *Innere* des Organismus versorgt werden muss. Mit wachsendem Volumen wird aber das Verhältnis F/V immer ungünstiger.

Die meisten Bakterien haben einen Durchmesser von 0,5 μm - 2,0 μm. Es gibt auch stäbchenförmige Bakterien mit einem Durchmesser von etwa 60 μm und einer Länge bis zu 600 μm, doch das sind bereits die Ausnahmen.

Ein Ausweg besteht offensichtlich darin, von der Kugelform abzuweichen, was den Wert der Konstanten k_3 erhöht. Bei stäbchenförmigen Einzellern leidet darunter aber die Stabilität. Eine weitere Vergrößerung wird dadurch immer problematischer. Zur Vergrößerung eines Organismus wird es sinnvoller, neue Funktionsweisen zu entwickeln und nicht die Maße, sondern die Anzahl der Zellen zu vergrößern.

Bei Insekten wird die Luft über 'Tracheen' von der Oberfläche ins Innere geführt. Allerdings wiederholt sich nun die diskutierte Problematik zwischen Oberfläche und Volumen, wenn auch in völlig anderem Maßstab. Die Idealgröße von Insekten liegt in einem Bereich von wenigen Millimetern bis zu mehreren Zentimetern.

Eine schlanke und dafür langgezogene Körperform begünstigt wieder das Verhältnis von Oberfläche zu Volumen und dient der bis zu 30 cm langen Stabheuschrecke der Gattung *Phobaeticus* zusätzlich als Tarnung im Geäst der Bäume. Eine solche Größe von Insekten bildet aber bereits die Ausnahme. Für eine weitere Vergrößerung müssen wiederum neue 'technische Lösungen' gefunden werden!

Bei höher entwickelten Tieren können Blut– und Lungenvolumen *proportional* zum Körpervolumen wachsen, wodurch in diesem Falle kein Missverhältnis entsteht. Das ist ein sehr bemerkenswerter Fortschritt! Einschränkungen erfolgen nun von anderer Seite, zum Beispiel durch den Wärmehaushalt.

Ein Elefant bekommt schnell Probleme, die im Inneren erzeugte Wärme nach außen abzuführen. Ein streitbarer Bulle sollte sich also nicht allzu lange aufregen, denn wegen fehlender Schweißdrüsen vermag er noch nicht einmal zu schwitzen.

Kleine Kinder kühlen hingegen schnell aus. Je kleiner, umso größer die Wärmeabgabe im Verhältnis zum Körpergewicht. Eine Zwergspitzmaus muss pro Tag das Doppelte ihres Gewichts an hochwertiger Nahrung aufnehmen! Die Spitzmaus bildet die Untergrenze für Warmblüter, zusammen mit der Bienenelfe, einer Kolibriart.

Der Mond ist im Vergleich zur Erde recht klein und daher schon lange ausgekühlt. Dagegen besitzt die Erde nur eine dünne Erdkruste und ist im Inneren noch glutflüssig. Freistehende Einfamilienhäuser sind heizungstechnisch ungünstiger als Reihenhäuser oder Wohnblocks.

Die Flügeloberfläche nimmt bei Vögeln ebenfalls langsamer zu als ihr Volumen bzw. Gewicht. Die Grenze liegt bei etwa 15 kg Körpergewicht. Der Vogel Strauß ist längst zum Laufvogel geworden. Beim Flugzeug wird der nötige Auftrieb durch Geschwindigkeiten erzielt, die ein großer Vogel nicht erreicht oder beim Fliegen nicht aushält.

Die meisten Pflanzen vergrößern ihre Oberfläche durch die Bildung von flachen Blättern, wodurch die Aufnahme des lebensnotwendigen Kohlendioxids CO_2 begünstigt wird. Und die dünnen, sich viel verzweigenden Wurzeln erleichtern die Aufnahme von Wasser und den erforderlichen Nährstoffen an den hierfür aktiven Wurzelspitzen.

Weitere Beispiele Auch die *Statik* wird bei einer Vergrößerung allmählich problematisch. Ein Fernsehturm so schlank wie ein Getreidehalm ist aus statischen Gründen sehr schwierig. Das Empire State Building hätte bei diesen Proportionen nur einen unteren Durchmesser von 2 Metern.

Die *Tragfähigkeit von Knochen* ist proportional zur Querschnittsfläche. Sie wächst bei einer Vergrößerung um den Faktor c folglich um den Faktor c^2. Das Körpergewicht (Volumen!) wächst aber gemäß Modellbausatz um c^3. Ein Elefant bräche sich bereits bei einem Sprung von vielleicht 50 cm die Beine und würde dann bei der Landung endgültig zusammenbrechen.

Ein Riesenaffe von der Größe eines Hochhauses wie im Film 'King–Kong' ist schlicht unmöglich. Die Grenze des Wachstums dürfte mit den Riesensauriern bereits erreicht worden sein.

Auch die *Muskelkraft* wächst mit der Querschnittsfläche bzw. der Anzahl der Muskelfasern. Blattschneiderameisen können über lange Strecken das 12-fache ihres Körpergewichts tragen. Im Vergleich zum Menschen oder zu größeren Tieren sind sie klar im Vorteil. Bei einer Vergrößerung um den Faktor c vergrößert sich die Muskelkraft zwar um den Faktor c^2, das Gewicht aber um den Faktor c^3. Eine stark vergrößerte Blattschneiderameise wäre folglich nicht mehr in der Lage, das 12-fache ihres Körpergewichts zu transportieren!

Fehlschlüsse folgender Art sind immernoch verbreitet: Der ca. 3 mm große Menschenfloh vermag ca. 20 cm hoch zu springen, also das 70-fache seiner Körpergröße. Hieraus wird gerne gefolgert, dass ein Mensch von ca. 1,70 m Größe vergleichsweise 120 m hoch springen müsste. Eine Vergrößerung des Flohs würde aber seine Sprunghöhe gar nicht erhöhen (s. Lehrbuch).

Die Allometrie begünstigt manche Funktionsweisen, andere werden hierdurch eingeschränkt. Durch das *Zusammenspiel* sind also stets Grenzen gesetzt.

      Merke *Die Welt im Großen ist nicht die vergrößerte Welt im Kleinen!*

Dieser Umstand führt zu einer enormen Vielfalt in der Natur, aber auch zu zahlreichen verschiedenartigen Lösungen in Industrie und Technik.

Allometrisches Wachstum im engeren Sinne ist in der Biologie das unterschiedliche Wachstumsverhalten von Teilen eines Körpers. Der Kopf eines Kleinkindes ist im Vergleich zum gesamten Körper noch auffällig groß. Im Laufe der Entwicklung wachsen dann Arme und Beine schneller als Kopf und Rumpf.

Der Body-Mass-Index (BMI) fordert ein allometrisches Wachstum des Menschen:
Wäre ein großer Mensch die c-fache Vergrößerung eines kleineren, so würde die Körperlänge l einfach um diesen Faktor c zunehmen, das Körpergewicht aber um den Faktor c^3 anwachsen. Dadurch bliebe der Quotient G/l^3 konstant. Stattdessen wird gefordert, dass der Quotient

$$\text{BMI} = \frac{G}{l^2} \qquad \text{(Körpergewicht G in kg, Körpergröße l in m)}$$

möglichst zwischen 18,5 und 25 sein soll. Das bedeutet eine geringere Zunahme des Gewichts, nämlich nur zum Quadrat der Körpergröße. Ein großer Mensch sollte also vergleichsweise schlanker sein als ein kleiner. Wählen wir ein Zahlenbeispiel: Ein Gewicht von 81 kg ergibt bei einer Körpergröße von 1,80 m einen

$$\text{BMI} = \frac{81}{1{,}80^2} = 25.$$

Das liegt schon an der Grenze. Bei einem Wert über 30 spricht man bereits von *Adipositas* (medizinisch für Fettleibigkeit). Leider steigt dann das Risiko für Bluthochdruck, koronare Herzerkrankungen, für orthopädische Überlastungsschäden und Typ – 2 Diabetes stark an.

4.1 Differenzierbare Funktionen

Die Steigung einer Geraden lässt sich leicht mit einem *Steigungsdreieck* bestimmen:

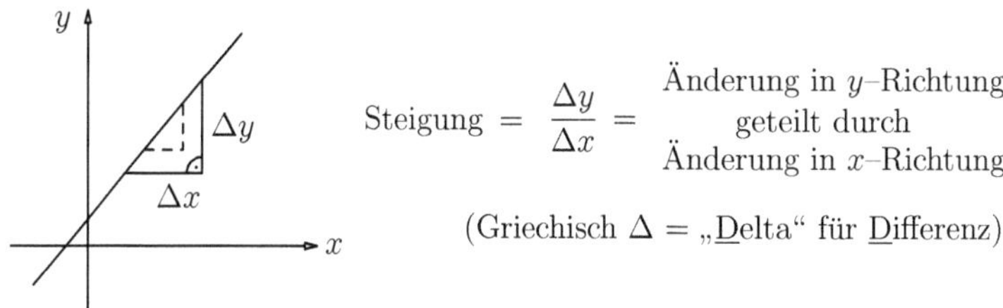

$$\text{Steigung} \;=\; \frac{\Delta y}{\Delta x} \;=\; \begin{array}{c}\text{Änderung in } y\text{–Richtung}\\ \text{geteilt durch}\\ \text{Änderung in } x\text{–Richtung}\end{array}$$

(Griechisch Δ = „Delta" für Differenz).

Die *Größe* des Steigungsdreiecks ist ohne Bedeutung. Das kleinere Dreieck, gestrichelt gezeichnet, liefert natürlich dasselbe Ergebnis (Strahlensatz)!

Einfache Steigungswerte einer Geraden illustriert folgende Skizze:

Steigung: **2** **1** **0,5** **0** **−0,5** **−1** **−2**

Bei einer Steigung von 3 wäre nur zu beachten: Geht man einen Schritt nach rechts, also in positiver Richtung, geht es die 3 fache Strecke nach oben. Günstig ist hier eine Schrittlänge von genau einer Längeneinheit nach rechts, dann sind es genau 3 Längeneinheiten nach oben. Bei einer negativen Steigung geht es entsprechend nach unten.

Die Steigung einer Kurve *in einem Punkt* $P(x|y)$ definiert man anschaulich als Steigung der *Tangente* (!) in diesem Punkt der Kurve. Vergleichen Sie die 'Tangentenstücke', linke Skizze (lat. *tangere* = berühren):

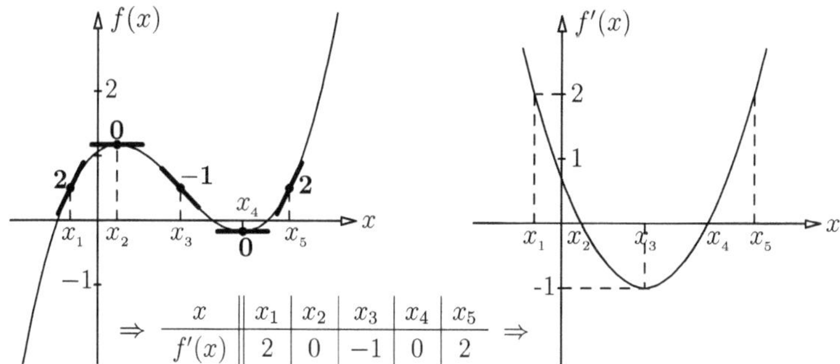

x	x_1	x_2	x_3	x_4	x_5
$f'(x)$	2	0	−1	0	2

Ermitteln wir die Werte der Steigung in Abhängigkeit von x, erhalten wir eine *neue Funktion*, siehe Tabelle und Gesamtskizze rechts! Man nennt diese Funktion aus den Steigungswerten die *Ableitung von* $f(x)$, übliche Kurzschreibweise $f'(x)$.

Es gibt sogar Geräte zur zeichnerischen Bestimmung der Ableitung, sog. 'Derivimeter'. Doch jeder sollte auch ohne Hilfsmittel anhand einer Skizze von $f(x)$ den Kurvenverlauf von $f'(x)$ ungefähr skizzieren können!

Üben wir das noch einmal an einigen elementaren, aber wichtigen Funktionen wie zum Beispiel $f(x) = x$, $g(x) = \ln x$ und $h(x) = \sin x$:

Zur besseren Unterscheidung ist der Kurvenverlauf von f', g', h' gestrichelt gezeichnet:

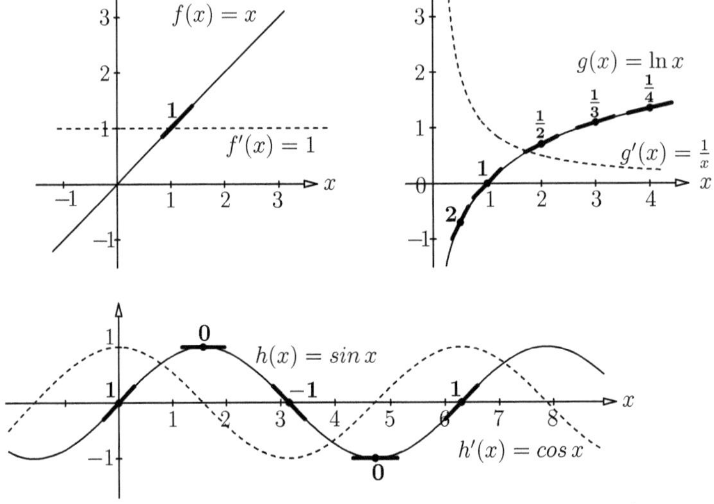

(Zur Einteilung auf der x–Achse beachten Sie nur: $180° = \pi = 3{,}14\ldots$)

Rechnerische Definition Die zeichnerische Vorgehensweise lässt sich auch *rechnerisch exakt* formulieren. Der eigentlich kritische Vorgang beim Zeichnen ist offenbar der Grenzübergang von der Sekante zur Tangente, vgl. Skizze:

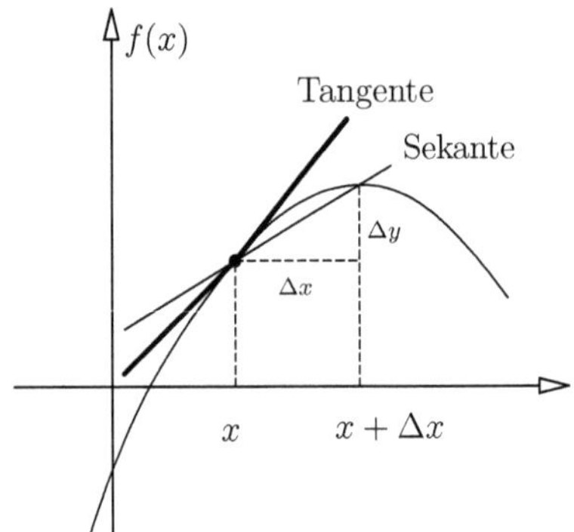

Unterscheiden sich die beiden x–Werte zunächst um Δx, so unterscheiden sich die y–Werte um $\Delta y = f(x + \Delta x) - f(x)$. Die Steigung der Sekante beträgt demnach

$$\frac{\Delta y}{\Delta x} = \frac{f(x + \Delta x) - f(x)}{\Delta x} \qquad \text{(Differenzenquotient)}.$$

Mit dem Grenzübergang $\Delta x \to 0$ gelangen wir zur Tangente. Zeichnerisch ist das prekär, rechnerisch aber bilden wir einfach den *Grenzwert!* Falls nun dieser Grenzwert existiert, ordnet man der Kurve bzw. der Tangente an dieser Stelle diesen Grenzwert als Steigung zu. Im anderen Fall gibt es definitionsgemäß keine Steigung und keine Tangente!

> *Eine Funktion* $f : D \to \mathbb{R}$ *auf dem Intervall* D *heißt differenzierbar an der Stelle* $x \in D$, *wenn der Grenzwert*
> $$\lim_{\Delta x \to 0} \frac{f(x + \Delta x) - f(x)}{\Delta x} = f'(x)$$
> *existiert. Anstelle* $f'(x)$ *schreibt man auch* $(f(x))'$, $\frac{d}{dx} f(x)$, $\frac{df}{dx}(x)$, *u.a.*
> f *heißt differenzierbar (auf D), wenn f für jedes* $x \in D$ *differenzierbar ist.*

Aufgrund der gebräuchlichen Schreibweise $y = f(x)$ ist für die Ableitung auch die Notation y' und $\frac{dy}{dx}$ üblich. Je nach Problemstellung wählt man auch andere Symbole. Anstelle von y etwa u, s, V, $\ldots$; anstelle von x zum Beispiel t, p, $\ldots$ Gewöhnen Sie sich daher möglichst früh an Schreibweisen wie $\frac{du}{dx}$, $\frac{ds}{dt}$, $\frac{dV}{dp}$, usw.

Beispiele und Rechenregeln

Der Grenzwert ist <u>der</u> zentrale Begriff der Analysis! Allerdings erfordert sein Verständnis für jeden nicht mathematisch orientierten Anwender sicherlich unverhältnismäßig viel Zeit. Interessenten seien daher hierfür auf den Anhang S. 229 oder auf das Lehrbuch verwiesen.

Die Ableitung einer konstanten Funktion ist mit oder ohne Differenzenquotient sofort klar: $(c)' = 0$. Wenig Probleme dürfte auch die schon anschaulich diskutierte Ableitung $(x)' = 1$ bereiten! Tatsächlich benötigen wir nur noch die nichttriviale Ableitung von e^x und $\sin x$, um mit sechs einfachen Rechenregeln das Differenzieren fast aller Funktionen zu einer Art Routine werden zu lassen! Merken wir uns also zunächst (Herleitung siehe Lehrbuch):

$$(e^x)' = e^x, \qquad (\sin x)' = \cos x, \qquad (x)' = 1, \qquad (c)' = 0, \quad (c \in \mathbb{R} \text{ eine Konstante}).$$

Rechenregeln Sind die beiden Funktionen $u : D \to \mathbb{R}$ und $v : D \to \mathbb{R}$ differenzierbar auf D, dann sind auch $u + v$, $u \cdot v$, $\frac{u}{v}$ und $c \cdot u$ (c eine bel. Konstante) differenzierbar, und es gilt:

$$
\begin{array}{lll}
(1) & \left(c \cdot u(x)\right)' = c \cdot u'(x) & \textit{Vielfachenregel} \\[2ex]
(2) & \left(u(x) \pm v(x)\right)' = u'(x) \pm v'(x) & \textit{Summenregel} \\[2ex]
(3) & \left(u(x) \cdot v(x)\right)' = u'(x) \cdot v(x) + u(x) \cdot v'(x) & \textit{Produktregel} \\[2ex]
(4) & \left(\dfrac{u(x)}{v(x)}\right)' = \dfrac{u'(x) \cdot v(x) - u(x) \cdot v'(x)}{(v(x))^2} & \textit{Quotientenregel}
\end{array}
$$

In Kurzform notiert: $(c \cdot u)' = c \cdot u'$, $(u \pm v)' = u' \pm v'$, $(u \cdot v)' = u'v + uv'$, $\left(\dfrac{u}{v}\right)' = \dfrac{u'v - uv'}{v^2}$

In Worten: „Die Ableitung eines Vielfachen ist gleich dem Vielfachen der Ableitung".
$\quad$„Die Ableitung einer Summe ist gleich der Summe der Ableitungen".

Entsprechendes gilt auch für die Differenz, $(u(x) - v(x))' = u'(x) - v'(x)$, aber offensichtlich *nicht*(!) für Produkt oder Quotient zweier Funktionen! Und formulieren Sie die Regeln auch mit der Notation $\frac{d}{dx}$ anstelle des üblichen Ableitungstrichs für das Differenzieren nach x.

Doch nun ist das Differenzieren sogar auch *ohne Grenzwertbildung* möglich! Zunächst einige einfache Übungsbeispiele, mit Angabe der benutzten Regel über dem Gleichheitszeichen:

Beispiel 1 Wir bestimmen die Ableitung nach der jeweiligen Variablen für die Funktionen

$$f(x) = 5x \qquad g(x) = x + \sin x \qquad u(v) = v^2 \qquad s(v) = v^3 \qquad v(t) = \frac{\sin t}{e^t}$$

$$\frac{d}{dx} f(x) = \frac{d}{dx}(5 \cdot x) \stackrel{(1)}{=} 5 \cdot \frac{d}{dx} x = 5 \cdot 1 = 5 \quad \text{(Nummer der Regel über dem Gleichheitszeichen)}$$

$$\frac{d}{dx} g(x) = \frac{d}{dx}(x + \sin x) \stackrel{(2)}{=} \frac{d}{dx} x + \frac{d}{dx} \sin x = 1 + \cos x$$

$$\frac{d}{dv} u(v) = \frac{d}{dv}(v^2) = \frac{d}{dv}(v \cdot v) \stackrel{(3)}{=} \left(\frac{d}{dv} v\right) \cdot v + v \cdot \frac{d}{dv} v = 1 \cdot v + v \cdot 1 = 2v$$

$$\frac{d}{dv} s(v) = \frac{d}{dv}(v^3) = \frac{d}{dv}(v^2 \cdot v) \stackrel{(3)}{=} \left(\frac{d}{dv}(v^2)\right) \cdot v + v^2 \cdot \frac{d}{dv} v = 2v \cdot v + v^2 \cdot 1 = 3v^2$$

$$\frac{d}{dt} v(t) = \frac{d}{dt} \frac{\sin t}{e^t} \stackrel{(4)}{=} \frac{\left(\frac{d}{dt} \sin t\right) \cdot e^t - \sin t \cdot \left(\frac{d}{dt} e^t\right)}{(e^t)^2} = \frac{\cos t \cdot e^t - \sin t \cdot e^t}{e^{2t}} =$$

$$= \frac{(\cos t - \sin t) \cdot e^t}{e^{2t}} = \frac{\cos t - \sin t}{e^t} = (\cos t - \sin t) \cdot e^{-t} \qquad \diamond$$

Das Differenzieren mit anderen Variablenbezeichnungen bereitet vielleicht noch etwas Mühe, kann aber nicht früh genug geübt werden. Oft hilft es zur Kontrolle, die betreffende Aufgabe noch einmal mit der üblichen Variablen x zu formulieren, und erst nach dem Differenzieren wieder zur ursprünglichen Bezeichnung und Schreibweise zu wechseln!

Die wohl wichtigste Regel für das Differenzieren ist ganz sicher die sogenannte Kettenregel! Sie ist nicht schwierig, sofern man die Verkettung, also die Hintereinanderausführung von Abbildungen, auch wirklich verstanden hat. Näheres dazu vgl. Seite 24. Zu differenzieren ist natürlich die Verkettung zweier Funktionen, nennen wir sie u und v, also $u(v(x))$.

Der in der Kettenregel auftretende Term $u'(v(x))$ erfordert etwas Überlegung. Haben Sie auch die letztere Verkettung verstanden, ist die eigentliche Kettenregel kein Problem mehr! Als kleine Vorübung hier folgende Beispiele:

$$v(x) = \sin x \quad \text{und} \quad u(x) = x^2 \quad \text{ergibt:} \quad u(v(x)) = (v(x))^2 = (\sin x)^2$$
$$u'(x) = 2 \cdot x \quad \text{ergibt:} \quad u'(v(x)) = 2 \cdot v(x) = 2 \cdot \sin x \,!$$

$$v(x) = x^2 \quad \text{und} \quad u(x) = \sin x \quad \text{ergibt:} \quad u(v(x)) = \sin(v(x)) = \sin(x^2)$$
$$u'(x) = \cos x \quad \text{ergibt:} \quad u'(v(x)) = \cos(v(x)) = \cos(x^2) \,!$$

Für die Ableitung verketteter Funktionen gilt nun gemäß Lehrbuch die Regel:

Mit $v : D \to W$ und $u : W \to \mathbb{R}$ ist auch deren Verkettung differenzierbar. Hierfür gilt:

$$(5) \qquad \left(u(v(x)\right)' = u'(v(x)) \cdot v'(x)\,, \qquad\qquad \textit{Kettenregel.}$$

Man bezeichnet den ersten Faktor $u'(v(x))$ meistens als 'äußere Ableitung', den Faktor $v'(x)$ (Ableitung der inneren Funktion v) als 'innere Ableitung'.

Verwechseln Sie die Ableitung $u'(x)$ nicht mit dem hier auftretenden Ausdruck $u'(v(x))$! Achten Sie in folgendem Beispiel also genau auf den entsprechenden Unterschied:

Beispiel 2 Bestimme die *äußere* Ableitung von $u(v(x)) = \sin(x^2)$.

$$v(x) = x^2, \quad u(x) = \sin x, \quad u'(x) = \cos x: \quad u'(v(x)) = \cos(x^2).$$

Wie bestimmt man also die *äußere* Ableitung von $\sin(x^2)$ der Reihe nach:

Von links nach rechts könnten wir das störende x^2 zunächst durch x ersetzen und dann $\sin x$ nach x differenzieren, was $\cos x$ ergab. Dann müssten wir x wieder durch $v = x^2$ ersetzen. Das lieferte nun endlich die gesuchte äußere Ableitung $\cos(x^2)$.

Einfacher ersetze man sofort x^2 gedanklich durch v, differenziert $\sin v$ nach v, ergibt $\cos v$, und notiert wegen $v = x^2$ sofort $\cos v = \cos(x^2)$ als *ersten Faktor* der Ableitung!

Der noch fehlende *zweite Faktor* ist $v'(x) = (x^2)'$, also $2x$. Somit folgt das

Ergebnis: $\qquad (\sin(x^2))' = (\cos(x^2)) \cdot 2x$

Man notiert die Kettenregel auch häufig in der einprägsamen Form: $\dfrac{d}{dx} u(v(x)) = \dfrac{du}{dv} \cdot \dfrac{dv}{dx}$

Das Beispiel also noch einmal ausführlich, einschließlich der gedanklichen Zwischenschritte:

$$(\sin(x^2))' = \tfrac{d}{dx}\sin\underbrace{(x^2)}_{v} = \tfrac{d}{dv}\sin v \cdot \tfrac{d}{dx}v = (\cos v) \cdot v' = (\cos(x^2)) \cdot 2x \qquad \diamond$$

Beispiel 3 Wir bestimmen (ganz ausführlich) die Ableitung folgender Funktionen:

(*i*) $y = e^{x^2}$ (*ii*) $y = e^{2x}$ (*iii*) $y = (e^x)^2$ (*iv*) $y = (\sin x)^2$ (*v*) $y = \sin\left(x + \tfrac{\pi}{2}\right)$

(i) mit $v = x^2$: $\quad y' = \tfrac{d}{dx}e^{x^2} = \tfrac{d}{dv}e^v \cdot \tfrac{d}{dx}v = e^v \cdot v' = e^{x^2} \cdot 2x$

(ii) mit $v = 2x$: $\quad y' = \tfrac{d}{dx}e^{2x} = \tfrac{d}{dv}e^v \cdot \tfrac{d}{dx}v = e^v \cdot v' = e^{2x} \cdot 2 = 2\,e^{2x}$

(iii) mit $v = e^x$: $\quad y' = \tfrac{d}{dx}(e^x)^2 = \tfrac{d}{dv}v^2 \cdot \tfrac{d}{dx}v = 2\,v \cdot v' = 2\,e^x \cdot e^x = 2\,e^{2x}$

(iv) mit $v = \sin x$: $y' = \tfrac{d}{dx}(\sin x)^2 = \tfrac{d}{dv}v^2 \cdot \tfrac{d}{dx}v = 2\,v \cdot v' = 2\sin x \cdot \cos x$

(v) mit $v = x + \tfrac{\pi}{2}$: $\quad y' = \tfrac{d}{dx}\sin\left(x + \tfrac{\pi}{2}\right) = \tfrac{d}{dv}\sin v \cdot \tfrac{d}{dx}v = (\cos v) \cdot v' = \cos\left(x + \tfrac{\pi}{2}\right) \cdot 1 = \cos\left(x + \tfrac{\pi}{2}\right)$

$$\diamond$$

Es fehlt noch die letzte der sechs erwähnten Ableitungsregeln, nämlich wie bestimmt man die Ableitung der Umkehrfunktion (sofern die Umkehrung existiert):

---

(6) Ist $h : D \to W$ differenzierbar, dann auch $h^{-1} : W \to D$.

Die Ableitung von h^{-1} erhält man zum Beispiel durch Differerenzieren der Beziehung $h(h^{-1}(x)) = x$, $(x \in W)$.

Beispiel 4 Die Umkehrung der $e-$Funktion $h(x) = e^x$ ist der natürliche Logarithmus $h^{-1}(x) = \ln x$, $(x > 0)$. Folglich lautet $h(h^{-1}(x)) = x$ in diesem Falle: $e^{\ln x} = x$, $(x > 0)$.

Bestimmen wir also nun mit (6) und der Kettenregel (5) die Ableitung von $\ln x$:

$$
\begin{aligned}
e^{\ln x} &= x \\
(e^{\ln x})' &= x' \qquad \text{mit } \ln x = v \text{ und } (5): \\
e^{\ln x} \cdot (\ln x)' &= 1 \qquad \text{beachte } e^{\ln x} = x: \\
x \cdot (\ln x)' &= 1 \\
(\ln x)' &= \frac{1}{x}
\end{aligned}
$$

Ergebnis: $\qquad\qquad\qquad\qquad (\ln x)' = \dfrac{1}{x} \qquad\qquad\qquad\qquad \diamond$

Mit Hilfe der Regeln (1) – (6) lassen sich auch die Ableitungen aller weiteren elementaren Funktionen in der linken Tabelle bestimmen. Die allgemeinen Regeln und einige Spezialfälle sind noch einmal in der rechten Tabelle angegeben:

Funktion $f(x)$	Ableitung $f'(x)$
const.	0
x	1
x^2	$2x$
x^m $(m \in \mathbb{Z})$	$m \cdot x^{m-1}$
$\sqrt{x}$	$\dfrac{1}{2} \cdot \dfrac{1}{\sqrt{x}}$
$\sqrt[3]{x}$	$\dfrac{1}{3} \cdot \dfrac{1}{\sqrt[3]{x^2}}$
x^h $(h \in \mathbb{R})$	$h \cdot x^{h-1}$
e^x	e^x
a^x	$a^x \cdot \ln a$
$\ln x$	$\dfrac{1}{x}$
$\log_a x$	$\dfrac{1}{x \cdot \ln a}$
$\sin x$	$\cos x$
$\cos x$	$-\sin x$
$\tan x$	$\dfrac{1}{(\cos x)^2}$
$\cot x$	$-\dfrac{1}{(\sin x)^2}$
$\sin^{-1} x$	$\dfrac{1}{\sqrt{1-x^2}}$
$\cos^{-1} x$	$-\dfrac{1}{\sqrt{1-x^2}}$
$\tan^{-1} x$	$\dfrac{1}{1+x^2}$
$\cot^{-1} x$	$-\dfrac{1}{1+x^2}$

Funktion $f(x)$	Ableitung $f'(x)$
$c \cdot u(x)$	$c \cdot u'(x)$
$u(x) + v(x)$	$u'(x) + v'(x)$
$u(x) - v(x)$	$u'(x) - v'(x)$
$u(x) \cdot v(x)$	$u'(x) \cdot v(x) + u(x) \cdot v'(x)$
$\dfrac{1}{v(x)}$	$\dfrac{-v'(x)}{(v(x))^2}$
$\dfrac{u(x)}{v(x)}$	$\dfrac{u'(x) \cdot v(x) - u(x) \cdot v'(x)}{(v(x))^2}$
$u(v(x))$	$u'(v(x)) \cdot v'(x)$
$\ln u(x)$	$\dfrac{u'(x)}{u(x)}$
$u^{-1}(x)$	$\dfrac{1}{u'(u^{-1}(x))}$

Die Ableitungen gelten für den gesamten Definitionsbereich der betreffenden Funktion, mit Ausnahme von Nullstellen im Nenner.

Höhere Ableitungen Ist die Funktion $f'(x)$ wiederum differenzierbar, so heißt deren Ableitung die *zweite* Ableitung von $f(x)$: $f''(x) = (f'(x))'$. Analog $f'''(x) = (f''(x))'$, usw.

Monotonie und Krümmung Ableitungen spielen eine wichtige Rolle bei Diskussionen des Kurvenverlaufs einer Funktion $f : D \to W$. Hierbei bezeichne D ein beliebiges Intervall.

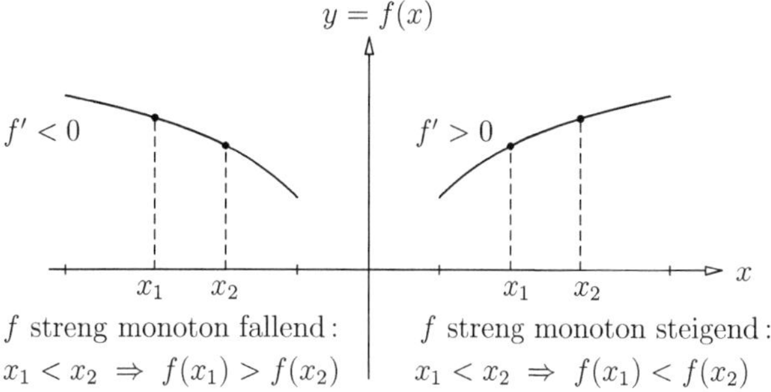

f streng monoton fallend : $\quad$ f streng monoton steigend :

$x_1 < x_2 \;\Rightarrow\; f(x_1) > f(x_2)$ $\quad$ $x_1 < x_2 \;\Rightarrow\; f(x_1) < f(x_2)$

Der direkte Zusammenhang zwischen Ableitung und Steigung ist unmittelbar einsichtig:

$$\boxed{\begin{aligned} f'(x) < 0 \text{ für alle } x \in D &\;\Rightarrow\; f(x) \text{ ist streng monoton fallend.} \\ f'(x) > 0 \text{ für alle } x \in D &\;\Rightarrow\; f(x) \text{ ist streng monoton wachsend.} \end{aligned}}$$

Weniger bekannt ist der Zusammenhang zwischen dem Vorzeichen von $f''(x)$ und der Krümmung:

$$\boxed{\begin{aligned} f''(x) > 0 \text{ für alle } x \in D &\;\Rightarrow\; f(x) \text{ positiv gekrümmt (Tendenz nach oben)} \\ f''(x) < 0 \text{ für alle } x \in D &\;\Rightarrow\; f(x) \text{ negativ gekrümmt (Tendenz nach unten)} \end{aligned}}$$

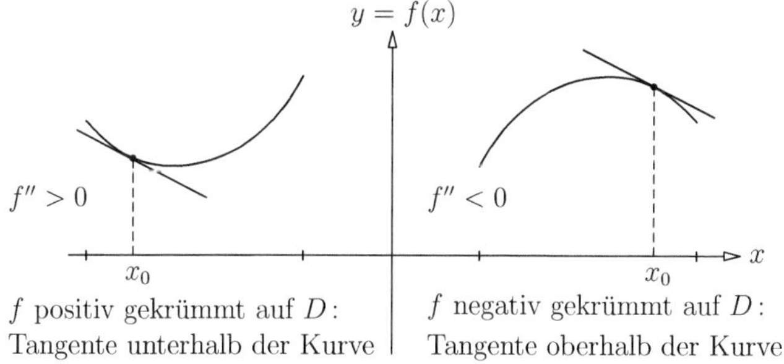

f positiv gekrümmt auf D : $\quad$ f negativ gekrümmt auf D :

Tangente unterhalb der Kurve $\quad$ Tangente oberhalb der Kurve

Stetigkeit Für eine kurze Erklärung des Begriffes Stetigkeit von Funktionen siehe S. 229. Eine ausführliche Darstellung finden Sie im Lehrbuch! Die Funktionen des Naturwissenschaftlers sind in der Regel auch stetig! Man sagt dazu: „Die Natur macht keine Sprünge!"

Im Falle von Funktionen einer Variablen genügt es für den Anwender, lediglich zu wissen: Ist $f(x)$ auf D differenzierbar, dann ist $f(x)$ auf D auch stetig, kurz: *differenzierbar $\Rightarrow$ stetig!*

Gelegentlich werden Funktionen auf einzelnen Teilintervallen zusammengefügt, vgl. S. 223: $f(x) = -x$ für $x \in (-\infty; 0]$, $f(x) = x$ für $x \in [0; \infty)$, kurz: $f(x) = |x|$. Hier hilft der Satz: Ist $f(x)$ auf $(a\,;b]$ und auf $[b;c)$ stetig, dann ist $f(x)$ auch auf $(a\,;c)$ stetig.

(Dieser Satz gilt nicht, wenn Sie das Wort 'stetig' durch das Wort 'differenzierbar' ersetzen! Die soeben zitierte Betragsfunktion $f(x) = |x|$, $x \in \mathbb{R}$, hat an der Stelle $x = 0$ eine nichtdifferenzierbare 'Spitze', obwohl sie aus zwei differenzierbaren Teilen zusammengesetzt ist.)

4.2 Extremwerte und Wendepunkte

Extremwerte Sei $f : D \to W$ eine auf einem *offenen*(!) Intervall D definierte Funktion, z. B. $D = \mathbb{R}$ oder $D = {]}a;b{[}$. Viele der Aussagen gelten nämlich nicht für die *Randpunkte* eines Intervalls! Die im Folgenden genannten Ableitungen seien stetig auf D. Zunächst gilt:

> Hat $f(x)$ an der Stelle $x_0 \in D$ ein Extremum, so folgt $f'(x_0) = 0$.

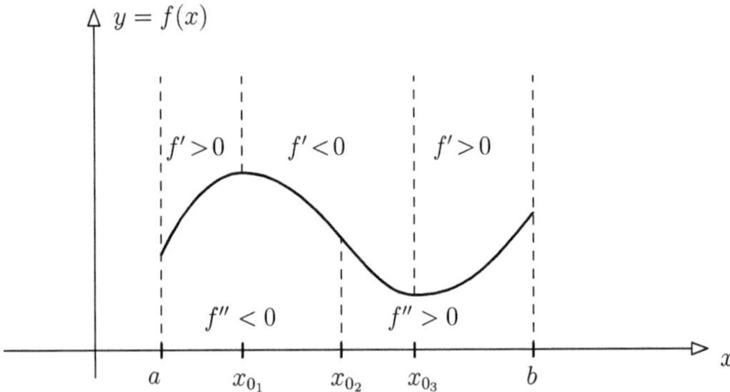

Allein aus $f'(x_0) = 0$ folgt nicht umgekehrt, dass an der Stelle x_0 ein Exremum vorliegen muss! So gilt für $f(x) = x^3$ zwar $f'(0) = 0$, aber diese Funktion ist trotzdem für alle $x \in \mathbb{R}$ streng monoton wachsend! Es müssen geeignete *Zusatzbedingungen* erfüllt sein (vgl. Skizze):

> (i) Hat $f'(x)$ an der Stelle $x_0 \in D$ einen Vorzeichenwechsel,
> so besitzt $f(x)$ an der Stelle $x = x_0$ ein relatives Extremum.
>
> Wechsel von plus nach minus $\Rightarrow$ relatives Maximum (vgl. x_{0_1}).
> Wechsel von minus nach plus $\Rightarrow$ relatives Minimum (vgl. x_{0_3}).

Gilt $f'(x_0) = 0$ und $f''(x_0) \neq 0$, so hat $f'(x)$ an der Stelle x_0 einen Vorzeichenwechsel, d.h.:

> (ii) $f'(x_0) = 0$ und $f''(x_0) \neq 0$ $\Rightarrow$ $f(x)$ hat für $x = x_0$ ein relatives Extremum.
> Falls $f''(x_0) < 0$ ein Maximum (vgl. x_{0_1}), falls $f''(x_0) > 0$ ein Minimum (vgl. x_{0_3}).

Im Falle $f''(x_0) < 0$ ist die Kurve ja nach unten gekrümmt, für $f''(x_0) > 0$ nach oben, (s. Skizze).

Wendepunkte Wechselt die Krümmung ihr Vorzeichen, liegt ein Wendepunkt vor:

> (i) Hat $f''(x)$ an der Stelle $x_0 \in D$ einen Vorzeichenwechsel,
> so besitzt $f(x)$ an dieser Stelle $x = x_0$ einen Wendepunkt.

Konkret wechselt $f''(x)$ in der obigen Skizze an der (Null–) Stelle x_{0_2} das Vorzeichen! Gilt $f''(x_0) = 0$ und $f'''(x_0) \neq 0$, so hat $f''(x)$ an der Stelle x_0 einen Vorzeichenwechsel, d.h.:

> (ii) $f''(x_0) = 0$ und $f'''(x_0) \neq 0$ $\Rightarrow$ $f(x)$ hat für $x = x_0$ einen Wendepunkt.

(Sie dürfen daraus auch folgern, dass die *Ableitung* $f'(x)$ an der Stelle $x = x_0$ ein relatives *Extremum* besitzt! Man beachte nur: $f''(x_0) = (f')'(x_0) = 0$ und $f'''(x_0) = (f')''(x_0) \neq 0$).

Extremwertbestimmung *ohne eine Vorzeichendiskussion der ersten Ableitung oder die Bestimmung höherer Ableitungen* ist ebenfalls möglich Hierbei setzen wir aber ein endliches und abgeschlossenes Intervall $[a; b]$ voraus, denn die Randpunkte spielen nun alternativ eine entscheidende Rolle. Die Funktion $f(x)$ sei für alle $x \in [a; b]$ differenzierbar (doch genügt auch die Differenzierbarkeit für $x \in {]}a; b{[}$ und die Stetigkeit in den Randpunkten a und b):

> *Sei $x = x_0$ die einzige(!) Nullstelle von $f'(x)$ für $a < x < b$:*
>
> (*i*) Gilt $f(x_0) > f(a)$ und $f(x_0) > f(b)$, dann ist $f(x_0)$ das Maximum von $f(x)$ auf $[a; b]$.
>
> (*ii*) Gilt $f(x_0) < f(a)$ und $f(x_0) < f(b)$, dann ist $f(x_0)$ das Minimum von $f(x)$ auf $[a; b]$.
>
> (*iii*) Gilt $f(a) > f(x_0) > f(b)$ oder $f(a) < f(x_0) < f(b)$, dann ist $f(x_0)$ kein Extremum.

Alle drei Fälle sind hier exemplarisch skizziert:

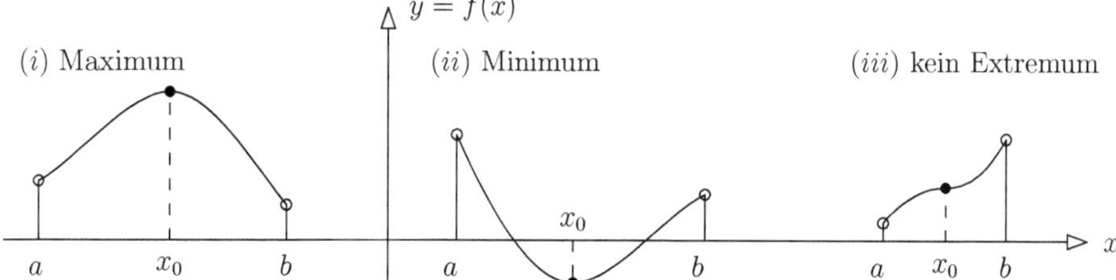

Randextrema Funktionswerte in den Randpunkten eines Intervalls können durchaus größer oder kleiner sein als die relativen Extrema im Inneren des Intervalls! Randextrema lassen sich nicht mit der Differenzialrechnung finden und müssen gegebenenfalls zusätzlich bestimmt werden!

Der obige Satz erlaubt nicht nur die Bestimmung von Extrema in einem *vorgebenen* Intervall. Vielmehr lassen sich auch 'frei gewählte' Intervalle hierfür nutzen! Die Vorgehensweise zeigt

Beispiel 5 Wir bestimmen *alle* Extrema der Funktion $f(x) = x^3 \cdot e^{-x}$, $x \in \mathbb{R}$!

Die Extrema sind Nullstellen von $f'(x) = 3\,x^2 \cdot e^{-x} + x^3 \cdot e^{-x} \cdot (-1) = e^{-x} \cdot x^2 \cdot (3 - x)$:

Ein Produkt ist genau dann gleich Null, wenn (mindestens) ein Faktor gleich Null ist. Da $e^{-x} \neq 0$, erhalten wir hier genau *zwei* Nullstellen der Ableitung:

$\boldsymbol{x_{0_1}} = 0$ und $\boldsymbol{x_{0_2}} = 3$ mit den Funktionswerten $f(0) = 0$ und $f(3) = 1{,}34$.

Wir diskutieren nun $f(x)$ z.B. auf den *zwei* Intervallen $[-1; 3]$ für die Nullstelle $x_{0_1} = 0$ und $[0; 4]$ für die Nullstelle $x_{0_2} = 3$. Die Funktionswerte $f(-1) = -2{,}72$ und $f(4) = 1{,}17$ wählen wir nur zusätzlich als Hilfe. Die Funktionswerte sind in der Skizze eingezeichnet:

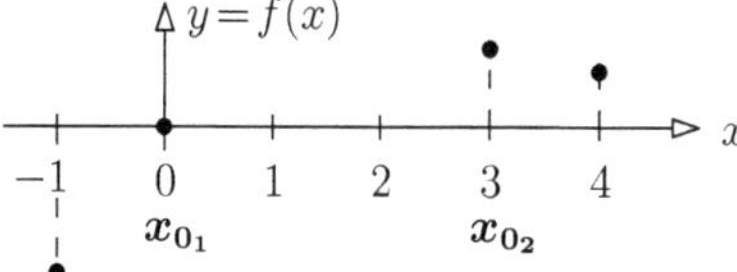

Nach obigem Satz folgt: Im Intervall $]-1\,; 3\,[$ besitzt $f(x)$ an der Stelle $\boldsymbol{x_{0_1}}$ kein Extremum! An der Stelle $\boldsymbol{x_{0_2}} \in {]}\,0\,; 4\,[$ besitzt $f(x)$ ein Maximum. Weitere Extrema auf $\mathbb{R}$ gibt es nicht, ansonsten hätte $f'(x)$ dort weitere Nullstellen. Und Randextrema auf $\mathbb{R}$ existieren nicht. $\Diamond$

Beispiel 6 Eine *intravenös* verabreichte Dosis eines Arzneimittels führt zu einer Anfangskonzentration K_0, die analog zum radioaktiven Zerfall abnimmt:

$$K_{i.v.}(t) \;=\; K_0 \cdot e^{-Et}, \qquad\qquad\qquad (t \geq 0).$$

Die Zerfallskonstante E nennt man die $\underline{E}$liminationskonstante des Wirkstoffes.

Bei *oraler* Anwendung muss der Wirkstoff erst aufgenommen werden! Charakteristisch hierfür ist nun die Resorptionsgeschwindigkeitskonstante A. Das Zusammenwirken von $\underline{A}$ufnahme und Elimination des Wirkstoffes beschreibt

Die Batemanfunktion

$$K_{p.o.}(t) \;=\; F \cdot K_0 \cdot \frac{A}{A-E}\left(e^{-Et} - e^{-At}\right), \qquad\qquad (\text{für } t \geq 0).$$

Mit Konstanten $F, K_0, A, E > 0$, $A \neq E$, (im Falle $A = E$ gilt: $K_{p.o.}(t) = F \cdot K_0 \cdot A \cdot t\, e^{-At}$). F mit $0 \leq F \leq 1$ berücksichtigt die 'Bioverfügbarkeit' des Wirkstoffes bei oraler Aufnahme.

(i) Wann hat der Wirkstoff bei oraler Einnahme die maximale Konzentration?
(ii) Gibt es im Fall $F = 1$ einen Zeitpunkt t, für den gilt: $K_{i.v.}(t) = K_{p.o.}(t)$?
(iii) Bestimmen Sie vor dem Skizzieren der Kurve auch mögliche Wendepunkte.

(i) $\dfrac{d}{dt}\, K_{p.o.}(t) = 0 \;\Leftrightarrow\; \dfrac{d}{dt}\left(e^{-Et} - e^{-At}\right) = 0 \;\Leftrightarrow$

$-E \cdot e^{-Et} + A \cdot e^{-At} = 0 \;\Leftrightarrow\; A \cdot e^{-At} = E \cdot e^{-Et} \;\Leftrightarrow\; \dfrac{A}{E} = \dfrac{e^{-Et}}{e^{-At}} \;\Leftrightarrow$

$\dfrac{A}{E} = e^{-Et} \cdot e^{At} \;\Leftrightarrow\; \dfrac{A}{E} = e^{(A-E)t} \;\Leftrightarrow\; \ln\dfrac{A}{E} = (A-E)\cdot t \;\Leftrightarrow\; t = \dfrac{\ln\frac{A}{E}}{A-E} = \dfrac{\ln A - \ln E}{A - E} > 0$

Dies ist die einzige Nullstelle von $\frac{d}{dt}K_{p.o.}$! Der Funktionswert von $K_{p.o.}(t)$ an dieser Stelle ist echt größer Null, denn $K_{p.o.}(t) > 0$ für alle $t > 0$. Es gilt $K_{p.o.}(0) = 0$, und für alle genügend große Werte von t wird $K_{p.o.}(t)$ beliebig klein. Folglich erreicht die Funktion $K_{p.o.}$ an der soeben errechneten Stelle ihr (einziges) Maximum!

Ergebnis: $\;\; t_{max} = \dfrac{\ln\frac{A}{E}}{A-E} = \dfrac{\ln A - \ln E}{A-E}$

(ii) $\;K_{i.v}(t) = K_{p.o.}(t) \;\Leftrightarrow\; e^{-Et} = \dfrac{A}{A-E}\left(e^{-Et} - e^{-At}\right) \;\Leftrightarrow$

$(A-E)\cdot e^{-Et} = A \cdot \left(e^{-Et} - e^{-At}\right) \;\Leftrightarrow\; A \cdot e^{-At} = E \cdot e^{-Et} \;\Leftrightarrow\; \dots \;\; \text{wie Teil (i)}:$

Ergebnis: $\;\; t = \dfrac{\ln\frac{A}{E}}{A-E}$, was bedeutet: $K_{i.v.}$ schneidet $K_{p.o.}$ (für $F = 1$) genau im Maximum!

(Letzteres Ergebnis gilt auch im Falle $A = E$ mit $t_{max} = \frac{1}{A} = \frac{1}{E}$).

(iii) $\;\dfrac{d^2}{dt^2}\,K_{p.o.}(t) = 0 \;\Leftrightarrow\; \dfrac{d}{dt}\dfrac{d}{dt}\left(e^{-Et} - e^{-At}\right) = 0 \;\Leftrightarrow\; \dfrac{d}{dt}\left(-Ee^{-Et} + Ae^{-At}\right) = 0$

$\Leftrightarrow\; E^2 \cdot e^{-Et} - A^2 \cdot e^{-At} = 0 \;\Leftrightarrow\; A^2 \cdot e^{-At} = E^2 \cdot e^{-Et} \;\Leftrightarrow\; \dfrac{A^2}{E^2} = \dfrac{e^{-Et}}{e^{-At}} \;\Leftrightarrow$

$\dfrac{A^2}{E^2} = e^{-Et} \cdot e^{At} \;\Leftrightarrow\; \left(\dfrac{A}{E}\right)^2 = e^{(A-E)t} \;\Leftrightarrow\; 2\ln\dfrac{A}{E} = (A-E)\cdot t \;\Leftrightarrow\; t = 2\dfrac{\ln\frac{A}{E}}{A-E} = 2\,t_{max}$

Vorzeichenwechsel an dieser Stelle: Wiederholen Sie die Rechnung mit '>' bzw. '<' anstelle '='.

Ergebnis: $K_{p.o.}(t)$ besitzt genau einen Wendepunkt für $t_w = 2\,t_{max}$! Nun die Skizze: $\diamond$

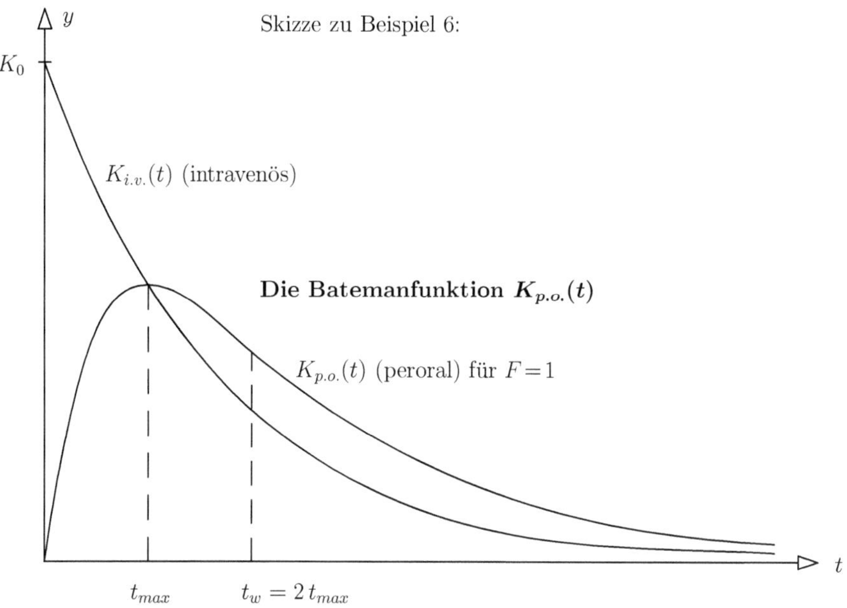

Beispiel 7 Kaffeefilter, Cocktail– oder Likörgläser nutzen die Form eines Kegels. Die Mantellänge $R - 1$ (eine Längeneinheit) ist fest vorgegeben.

Für welchen Winkel φ, $0 < \varphi < \frac{\pi}{2}$, ist das Kegelvolumen am größten?

Wegen $\frac{h}{R} = \sin\varphi$, $\frac{r}{R} = \cos\varphi$ und $R-1$ gilt einfach: $h = \sin\varphi$ und $r = \cos\varphi$.

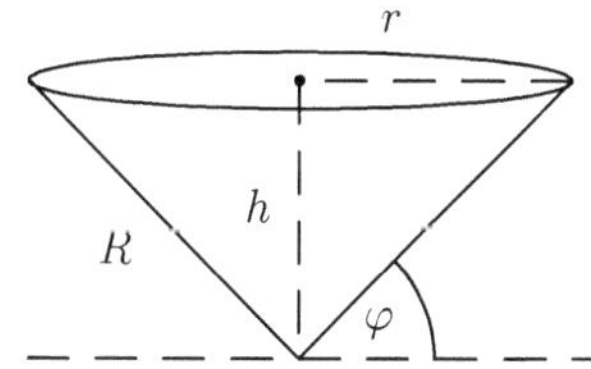

Grundfläche $\pi \cdot r^2$ mal Höhe h durch 3 ergibt das Volumen: $V(\varphi) = \frac{1}{3} \cdot \pi \cdot (\cos\varphi)^2 \cdot \sin\varphi$.

$$\frac{dV}{d\varphi} = \frac{\pi}{3} \cdot \left(2\cos\varphi \cdot (-\sin\varphi) \cdot \sin\varphi + (\cos\varphi)^2 \cdot \cos\varphi\right) = \frac{\pi}{3} \cdot \cos\varphi \cdot \left((\cos\varphi)^2 - 2(\sin\varphi)^2\right).$$

Wir bestimmen die Nullstellen dieser Ableitung für $0 < \varphi < \frac{\pi}{2}$. Da hierbei der Faktor $\cos\varphi$ echt größer Null ist, kann nur der andere Faktor Null ergeben:

$(\cos\varphi)^2 - 2(\sin\varphi)^2 = 0 \;\Leftrightarrow\; (\cos\varphi)^2 = 2(\sin\varphi)^2 \;\Leftrightarrow\; 1 = 2(\tan\varphi)^2 \;\Leftrightarrow$

$(\tan\varphi)^2 = \frac{1}{2}$. Wegen $\tan\varphi > 0$ für $0 < \varphi < \frac{\pi}{2}$, bedeutet das $\tan\varphi = \sqrt{\frac{1}{2}}$.

Die einzige Lösung dieser Gleichung für $0 < \varphi < \frac{\pi}{2}$ ist: $\varphi_0 = \tan^{-1}\sqrt{\frac{1}{2}}$.

Dies ist folglich die einzige Nullstelle von $\frac{dV}{d\varphi}$ für den vorgegebenen Bereich $0 < \varphi < \frac{\pi}{2}$! Da $V(0) = 0$ und $V(\frac{\pi}{2}) = 0$, aber natürlich $V(\varphi_0) > 0$, folgt mit dem Satz auf S. 61:

Ergebnis: Das Volumen ist für $\varphi_0 = \tan^{-1}\sqrt{\frac{1}{2}} \approx 35°$ maximal!

Vielleicht sollte man zur nächsten Party einen Winkelmesser mitnehmen? $\diamond$

4.3 Der Satz von Taylor

Von Tangente bis Taylor – Schmusekurs mit Polynomen

Sicherlich lassen sich mit den Grundrechenarten beliebige Summen und Produkte bestimmen, aber wie berechnet man eigentlich die Funktionswerte von *Funktionen* wie e^x, $\ln x$ oder $\sin x$?

Man hilft sich mit möglichst einfachen *Näherungsausdrücken*, wobei deren Fehler so klein zu machen sind, dass jede gewünschte Genauigkeit erreicht werden kann!

Bei den Näherungsausdrücken handelt es sich im Folgenden um 'Polynome' (siehe Seite 27 ff.)

Falls wir nicht zu hohe Anforderungen stellen, wären schon die Funktionswerte der Tangente als Näherung für die Werte von $f(x)$ ein erster guter Schritt. Zu Bestimmung der Tangente benötigen wir an einer festen Stelle $x = x_0$ speziell nur die Funktionswerte $f(x_0)$ und $f'(x_0)$.

Wiederholen wir kurz, vgl. Skizze links:

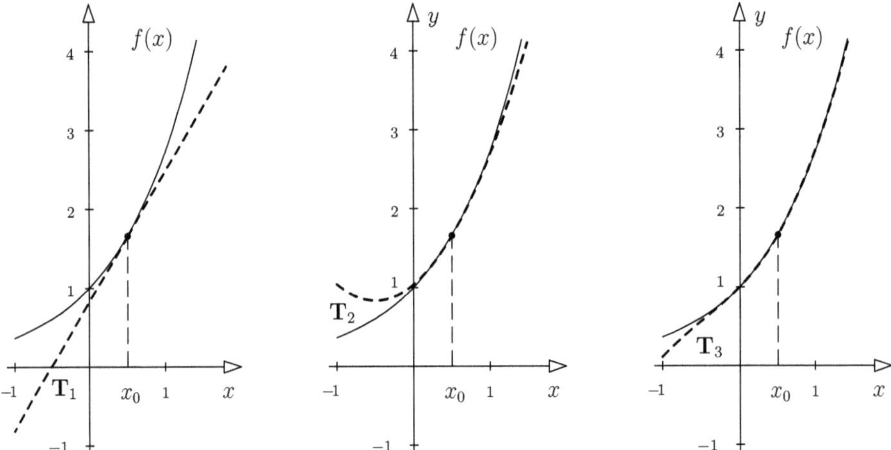

Die entsprechende Gerade $y = a \cdot x + b$ hat die Steigung $a = f'(x_0)$ und für $x = x_0$ den Funktionswert $y_0 = f(x_0)$. Es folgt $b = f(x_0) - f'(x_0) \cdot x_0$. Dies eingesetzt und umgeformt:

$$\mathbf{T_1}: \qquad y = f(x_0) + f'(x_0) \cdot (x - x_0)$$

Somit gilt $f(x) \approx f(x_0) + f'(x_0) \cdot (x - x_0)$, aber *nicht* $f(x) = f(x_0) + f'(x_0) \cdot (x - x_0)$. Schließlich besteht zwischen Funktion und Tangente meistens noch ein kleiner Unterschied! Dieser lässt sich wie folgt ausdrücken: $f(x) = f(x_0) + f'(x_0) \cdot (x - x_0) + \frac{f''(\xi)}{2} \cdot (x - x_0)^2$. Von dem Wert ξ ist leider nur bekannt, dass er zwischen den beiden Werten x und x_0 liegt. Doch die korrigierte Beziehung lässt zumindest vermuten, dass man die Tangente durch einen zusätzlichen Term zweiten Grades noch verbessern könnte, nämlich:

$$\mathbf{T_2}: \qquad y = f(x_0) + f'(x_0) \cdot (x - x_0) + \frac{f''(x_0)}{2} \cdot (x - x_0)^2$$

Dieses Taylorpolynom vom Grade 2 schmiegt sich dem Kurvenverlauf von $f(x)$ besser an als die Tangente. Kein Wunder, denn Differenzieren zeigt: T_2 hat für $x = x_0$ nicht nur dieselbe Steigung wie die Ausgangskurve, sondern auch noch dieselbe Krümmung, *vgl. mittlere Skizze!*

Wiederholen wir das Spiel ein letztes Mal. Die Ausgangsfunktion f und das Taylorpolynom T_2 stimmen wiederum nicht exakt überein. Zumindest lässt sich auch hier wieder beweisen, dass analog gilt: $f(x) = f(x_0) + f'(x_0) \cdot (x - x_0) + \frac{f''(x_0)}{2} \cdot (x - x_0)^2 + \frac{f'''(\xi)}{6} \cdot (x - x_0)^3$.

Auch dieses Mal wieder mit der üblichen Kenntnis oder sagen wir besser Unkenntnis über ξ. Wir nehmen wieder den analogen aber konkreten Term vom Grade 3 hinzu und erhalten

$$\mathbf{T}_3: \quad y = f(x_0) + f'(x_0) \cdot (x - x_0) + \frac{f''(x_0)}{2} \cdot (x - x_0)^2 + \frac{f'''(x_0)}{6} \cdot (x - x_0)^3$$

Für $x = x_0$ ergibt dieser Ausdruck offensichtlich den Funktionswert $f(x_0)$. Aber es stimmen sogar die Werte der ersten, der zweiten und der dritten Ableitung überein! Das erklärt auch, falls Sie das durch Differenzieren überprüfen wollen, den Nenner 6 im letzten Summanden, und den Nenner 2 im vorletzten Summanden!

Durch diese Übereinstimmung von Funktionswert und den ersten drei Ableitungswerten schmiegt sich T_3 noch besser an den Verlauf von f, vgl. Skizze rechts. Selbstverständlich lässt sich dieser 'Schmusekurs' weiter fortsetzen:

Machen wir bei der dritten Ableitung nicht halt sondern gehen allgemein bis zur n-ten Ableitung, erhalten wir das Taylorpolynom

$$\mathbf{T}_n: \quad y = f(x_0) + f'(x_0) \cdot (x - x_0) + \frac{f''(x_0)}{2} \cdot (x - x_0)^2 + \ldots \frac{f^{(n)}(x_0)}{1 \cdot 2 \cdot \ldots \cdot n} \cdot (x - x_0)^n$$

Nun stimmen sogar die nullte bis n-te Ableitung dieses Polynoms für $x = x_0$ mit den Werten $f(x_0)$, $f'(x_0)$, $f''(x_0)$, $\ldots$, $f^{(n)}(x_0)$ überein!

Die Systematik dieser Näherungsausdrücke T_n wird noch leichter ersichtlich, wenn wir für alle natürliche Zahlen n als abkürzende Schreibweise einführen:

$$1 \cdot 2 \cdot 3 \cdot \ldots \cdot n = n! \qquad \text{(gesprochen „}n\text{–Fakultät“)}.$$

Dann bedeuten also

$$1! = 1, \quad 2! = 1 \cdot 2 \; (= 2), \quad 3! = 1 \cdot 2 \cdot 3 \; (= 6), \quad 4! = 1 \cdot 2 \cdot 3 \cdot 4 \; (= 24), \quad \text{usw.}$$

Für den allgemeinen Satz sei $f(x)$ auf dem offenen Intervall D beliebig oft differenzierbar, und $x, x_0 \in D$. Die Darstellung des verbleibenden Fehlers ahnen Sie bereits:

Satz von Taylor:

$$f(x) = f(x_0) + \frac{f'(x_0)}{1!} \cdot (x - x_0) + \frac{f''(x_0)}{2!} \cdot (x - x_0)^2 + \ldots + \frac{f^{(n)}(x_0)}{n!} \cdot (x - x_0)^n +$$

mit ξ zwischen x und x_0 (abhängig von f, x, x_0 und n). $\qquad + \dfrac{f^{(n+1)}(\xi)}{(n+1)!} \cdot (x - x_0)^{n+1}$

Erkennen Sie speziell T_1, T_2, $\ldots$, T_n darin wieder? Dieser Satz ist doch leicht zu merken, und die wichtige Tangentengleichung

$$y = f(x_0) + f'(x_0) \cdot (x - x_0) \qquad \text{lässt sich auch sofort wieder ablesen!}$$

Man bezeichnet beim Satz von Taylor die Stelle x_0 als den *Entwicklungspunkt*.

Auch Taschenrechner benutzen zur Berechnung elementarer Funktionen Näherungsausdrücke dieser Art. Sie sind so einfach gebaut, dass unsere Vorfahren diese auch ohne heutige technische Hilfsmittel auswerten konnten.

Im Folgenden schreiben wir oft $f^{(1)}$ für f', $f^{(2)}$ für f'', $f^{(3)}$ für f''', usw.

Beispiel 8 Gegeben $f(x) = \sin x$ auf dem Definitionsbereich $D = \mathbb{R}$, als Entwicklungspunkt wählen wir die Stelle $x_0 = 0$.

(i) Welches Ergebnis liefert der Satz von Taylor im Falle $n = 10$?

(ii) Was erhalten wir näherungsweise für den Funktionswert $\sin 0,5$?

(i) Wegen $n = 10$ und $x_0 = 0$ bestimmen wir (beachte: $\sin 0 = 0$ und $\cos 0 = 1$):

$$
\begin{aligned}
f(x) &= \sin x\,, & f(x_0) &= 0\,, \\
f^{(1)}(x) &= \cos x\,, & f^{(1)}(x_0) &= 1\,, \\
f^{(2)}(x) &= -\sin x\,, & f^{(2)}(x_0) &= 0\,, \\
f^{(3)}(x) &= -\cos x\,, & f^{(3)}(x_0) &= -1\,, \\
f^{(4)}(x) &= \sin x\,, & f^{(4)}(x_0) &= 0\,, \\
f^{(5)}(x) &= \cos x\,, & f^{(5)}(x_0) &= 1\,, \\
f^{(6)}(x) &= -\sin x\,, & f^{(6)}(x_0) &= 0\,, \\
f^{(7)}(x) &= -\cos x\,, & f^{(7)}(x_0) &= -1\,, \\
f^{(8)}(x) &= \sin x\,, & f^{(8)}(x_0) &= 0\,, \\
f^{(9)}(x) &= \cos x\,, & f^{(9)}(x_0) &= 1\,, \\
f^{(10)}(x) &= -\sin x\,, & f^{(10)}(x_0) &= 0\,, \\
f^{(11)}(x) &= -\cos x\,, & f^{(11)}(\xi) &= -\cos \xi\,.
\end{aligned}
$$

Einsetzen dieser Werte in den Satz von Taylor liefert, beachten Sie hier $x - x_0 = x - 0 = x$,

Ergebnis: $\qquad \sin x = x - \dfrac{1}{3!} \cdot x^3 + \dfrac{1}{5!} \cdot x^5 - \dfrac{1}{7!} \cdot x^7 + \dfrac{1}{9!} \cdot x^9 - \dfrac{\cos \xi}{11!} \cdot x^{11}\,,$

mit ξ zwischen 0 und dem Wert x.

(ii) Setzen wir nun zum Beispiel $x = 0,5$ ein, so erhalten wir:

$$
\sin 0,5 = \underbrace{0,5 - \frac{(0,5)^3}{6} + \frac{(0,5)^5}{120} - \frac{(0,5)^7}{5\,040} + \frac{(0,5)^9}{362\,880}}_{0,479\,425\,538\,6} - \underbrace{\frac{\cos \xi \cdot (0,5)^{11}}{39\,916\,800}}_{<0,000\,000\,000\,013}
$$

mit $0 < \xi < 0,5$. Für diesen Bereich gilt sicherlich $0 < \cos \xi < 1$, so dass sich der letzte Term mit $\cos \xi = 1$ betragsmäßig wie angegeben, nach oben abschätzen lässt. Dieser Zahlenwert $1,3 \cdot 10^{-11}$ ist aber so klein, dass er ohne Einfluss auf die voranstehende Summe bleibt!

Selbst ohne die heute üblichen Rechenhilfen hatten unsere Vorfahren keine Schwierigkeiten, solche Ausdrücke auszuwerten. Sie nutzten hierbei natürlich je nach Funktion sich anbietende Vereinfachungen, was selbstverständlich auch beim Programmieren der Funktionen für den Taschenrechner genutzt wird. Auch der Rechner liefert, prüfen Sie nach (Radiant einstellen),

Ergebnis: $\quad \sin 0,5 = 0,479\,425\,538\,6$. $\hfill \Diamond$

Natürlich ginge es für $n = 15$ oder sogar $n = 20$ noch genauer. Der Restterm mit dem ξ wird nämlich für genügend große n beliebig klein! Daher wird er oft auch gar nicht genauer angegeben und nur noch durch ein paar Punkte am Ende angedeutet:

$$
\sin x = x - \frac{1}{3!} \cdot x^3 + \frac{1}{5!} \cdot x^5 - \frac{1}{7!} \cdot x^7 + \frac{1}{9!} \cdot x^9 - \frac{1}{11!} \cdot x^{11} + \frac{1}{13!} \cdot x^{13} - \frac{1}{15!} \cdot x^{15} \pm \ldots
$$

Solche sozusagen beliebig großen Taylorpolynome nennt man auch die *Taylorentwicklung* oder *Taylorreihe* von f. Es folgen einige Beispiele für die Entwicklung um $x_0 = 0$. Der x-Bereich, für den der Rest für $n \to \infty$ gegen Null geht, ist in Klammern dahinter angegeben. Dieser *Konvergenzbereich* der Reihe kann also kleiner sein als der Definitionsbereich von $f(x)$:

Tabelle einiger Taylorentwicklungen (Potenzreihenentwicklung)

$$\sin x = x - \frac{x^3}{3!} + \frac{x^5}{5!} - \frac{x^7}{7!} + \frac{x^9}{9!} - \frac{x^{11}}{11!} + - \ldots \qquad (x \in \mathbb{R})$$

$$\cos x = 1 - \frac{x^2}{2!} + \frac{x^4}{4!} - \frac{x^6}{6!} + \frac{x^8}{8!} - \frac{x^{10}}{10!} + - \ldots \qquad (x \in \mathbb{R})$$

$$\tan x = x + \tfrac{1}{3} \cdot x^3 + \tfrac{2}{15} \cdot x^5 + \tfrac{17}{315} \cdot x^7 + \tfrac{62}{2835} \cdot x^9 + \ldots \qquad \left(-\tfrac{\pi}{2} < x < \tfrac{\pi}{2}\right)$$

$$\tan^{-1} x = x - \frac{x^3}{3} + \frac{x^5}{5} - \frac{x^7}{7} + \frac{x^9}{9} - \frac{x^{11}}{11} + - \ldots \qquad (-1 \leq x \leq 1)$$

$$\sin^{-1} x = x + \tfrac{1}{2} \cdot \frac{x^3}{3} + \tfrac{1\cdot 3}{2\cdot 4} \cdot \frac{x^5}{5} + \tfrac{1\cdot 3\cdot 5}{2\cdot 4\cdot 6} \cdot \frac{x^7}{7} + \tfrac{1\cdot 3\cdot 5\cdot 7}{2\cdot 4\cdot 6\cdot 8} \cdot \frac{x^9}{9} + \ldots \qquad (-1 < x < 1)$$

$$\cos^{-1} x = \tfrac{\pi}{2} - x - \tfrac{1}{2} \cdot \frac{x^3}{3} - \tfrac{1\cdot 3}{2\cdot 4} \cdot \frac{x^5}{5} - \tfrac{1\cdot 3\cdot 5}{2\cdot 4\cdot 6} \cdot \frac{x^7}{7} - \tfrac{1\cdot 3\cdot 5\cdot 7}{2\cdot 4\cdot 6\cdot 8} \cdot \frac{x^9}{9} - \ldots \qquad (-1 < x < 1)$$

$$e^x = 1 + \frac{x}{1!} + \frac{x^2}{2!} + \frac{x^3}{3!} + \frac{x^4}{4!} + \frac{x^5}{5!} + \ldots \qquad (x \in \mathbb{R})$$

$$\ln(1+x) = x - \frac{x^2}{2} + \frac{x^3}{3} - \frac{x^4}{4} + \frac{x^5}{5} - \frac{x^6}{6} + - \ldots \qquad (-1 < x \leq 1)$$

$$\sqrt{1+x} = 1 + \tfrac{1}{2} \cdot x - \tfrac{1}{2} \cdot \tfrac{1}{4} \cdot x^2 + \tfrac{1}{2} \cdot \tfrac{1\cdot 3}{4\cdot 6} \cdot x^3 - \tfrac{1}{2} \cdot \tfrac{1\cdot 3\cdot 5}{4\cdot 6\cdot 8} \cdot x^4 + \ldots \qquad (-1 \leq x \leq 1)$$

Beispiel 9 Wir entwickeln $f(x) = x^3 - 6x^2 + 12x - 7$ um $x_0 = 2$ für $n = 3$:

$$
\begin{aligned}
f(x) &= x^3 - 6x^2 + 12x - 7 & \qquad f(x_0) &= 1 \\
f^{(1)}(x) &= 3x^2 - 12x + 12 & \qquad f^{(1)}(x_0) &= 0 \\
f^{(2)}(x) &= 6x - 12 & \qquad f^{(2)}(x_0) &= 0 \\
f^{(3)}(x) &= 6 & \qquad f^{(3)}(x_0) &= 6 \\
f^{(4)}(x) &= 0 & \qquad f^{(4)}(\xi) &= 0
\end{aligned}
$$

Wir müssen diese Funktionswerte nur noch in den Satz von Taylor einsetzen:

$$f(x) = f(x_0) + \frac{f^{(1)}(x_0)}{1!} \cdot (x - x_0) + \frac{f^{(2)}(x_0)}{2!} \cdot (x - x_0)^2 + \frac{f^{(3)}(x_0)}{3!} \cdot (x - x_0)^3 + \underbrace{\frac{f^{(4)}(\xi)}{4!}}_{=0} (x - x_0)^4$$

$$= 1 + \frac{6}{3!} \cdot (x - 2)^3 = 1 + (x - 2)^3$$

Die Schlusspunkte als Hinweis auf den Rest erübrigen sich: Der Rest für $n \geq 3$ ist gleich Null!

Ergebnis: $f(x) = 1 + (x - 2)^3, \ (x \in \mathbb{R})$.

Falls Sie diesem Ergebnis misstrauen, machen Sie einfach die Probe durch Ausmultiplizieren mit dem Binomischen Lehrsatz!

Für x–Werte nahe x_0 ist $(x - x_0)$ entsprechend klein. Die Funktionswerte $f(x)$ lassen sich dann besonders leicht bestimmen oder abschätzen:

Beispiele: $f(1{,}9) = 1 + (1{,}9 - 2)^3 = 1 + (-0{,}1)^3 = 1 - 0{,}001 = 0{,}999$

$\qquad\quad f(\tfrac{5}{2}) = 1 + (\tfrac{5}{2} - 2)^3 = 1 + (\tfrac{1}{2})^3 = 1 + \tfrac{1}{8} = 1{,}125 \qquad\qquad \diamond$

4.4 Integrierbare Funktionen

Fläche mit Vorzeichen Falls Sie bei Integration nur an geometrische Flächenbestimmung denken, sollten Sie Ihre Vorstellung ein wenig erweitern. Zunächst einmal geht es in der Praxis sehr oft auch um physikalische und viele andere Aufgabenstellungen, so zum Beispiel: Angenommen Sie fahren 3 Stunden konstant mit 80 km/h in eine Richtung, so beträgt Ihre Entfernung vom Ausgangspunkt natürlich $3\,\text{h} \cdot 80\,\text{km/h} = 240\,\text{km}$. Dieses Ergebnis lässt sich in der Tat durch eine *Rechteckfläche* = 'Grundseite 3 mal Höhe 80' veranschaulichen.

Falls Sie anschließend in *umgekehrter* Richtung mit $100\,\text{km/h}$ zurückfahren, sind Sie nach zwei weiteren Stunden nur $240\,\text{km} - 100\,\text{km/h} \cdot 2\,\text{h} = 40\,\text{km}$ *vom Ausgangspunkt entfernt*! Zur Positionsbestimmung muss man also nur das zweite Rechteck mit einer 'negativen Höhe' und damit auch einer 'negativen Fläche' hinzunehmen. Die Gesamtfläche von $t=0$ bis $t=5$ Stunden entspricht dann der momentanen Entfernung vom Ausgangspunkt.

In der Praxis werden Sie selten mit konstanter Geschwindigkeit fahren. Vielmehr ist Ihre Geschwindigkeit irgendeine beschränkte, postive oder negative Funktion $f(t)$ während eines Zeitintervalls $t \in [a; b]$. In der folgenden Skizze wurde auf negative Funktionswerte verzichtet, die bedeuten würden, dass Sie während dieser Zeit wieder zurückfahren:

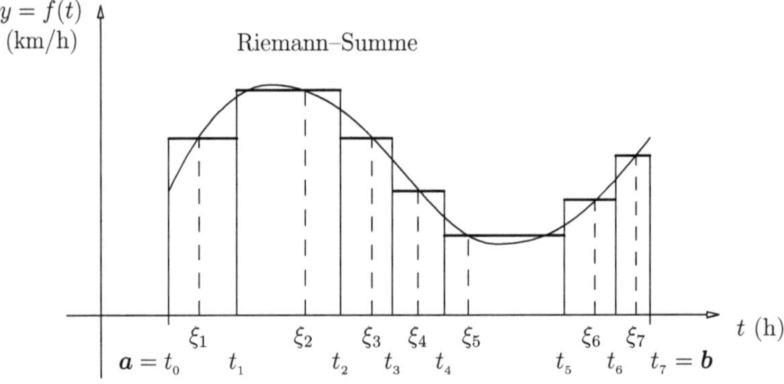

Im Falle einer nichtkonstanten Funktion *zerlegt* man das Gesamtintervall $[a; b]$ in kleine Teilintervalle, in obiger Skizze zum Beispiel durch die Teilungspunkte $t_0, t_1, t_2, \ldots, t_7$.

Für solche kleinen Zeitintervalle dürfen Sie aber Ihre Geschwindigkeit als annähernd konstant ansehen und die zurückgelegte Teilstrecke wieder durch eine Rechtecksfläche ersetzen! Für das erste Rechteck haben wir hier als Höhe den Funktionswert an der Stelle ξ_1 gewählt, also $f(\xi_1)$. Die Länge der Grundseite ist gleich $t_1 - t_0$, die Rechteckfläche beträgt somit:

$$f(\xi_1) \cdot (t_1 - t_0)$$

Die zweite Rechteckfläche beträgt $f(\xi_2) \cdot (t_2 - t_1)$, und die Summe aller dieser Teilflächen

$$S(f) = f(\xi_1) \cdot (t_1 - t_0) + f(\xi_2) \cdot (t_2 - t_1) + f(\xi_3) \cdot (t_3 - t_2) + \ldots + f(\xi_7) \cdot (t_7 - t_6)$$

Diese sog. *Riemannsche Summe* kann durch Verfeinerung der Zerlegung verbessert werden! Deshalb lässt man die *Feinheit der Zerlegungen* gegen Null gehen. Streben dann diese Gesamtsummen immer gegen einen festen Grenzwert I, so heißt die Funktion integrierbar, und der Grenzwert das (Riemann–) '*Integral über f von a bis b,*' Schreibweise: $I = \int_a^b f(t)\,dt$.

(Je nach Funktionsverlauf kann der Wert des Integrals I positiv, negativ oder gleich Null sein).

Stammfunktion $F(t)$ *heißt Stammfunktion von* $f(t)$ *auf dem Intervall* D, *wenn gilt:*

$$\tfrac{d}{dt}F(t) = f(t), \quad \textit{für alle } t \in D.$$

Stammfunktionen einer Funktion $f(t)$ unterscheiden sich nur um eine Konstante C:

> Ist $F(t)$ eine Stammfunktion von $f(t)$, dann ist mit $F(t)+C$, $(C \in \mathbb{R})$,
> die Gesamtheit aller Stammfunktionen von $f(t)$ gegeben.

Beispiel 10 Wie die Tabelle auf Seite 58 zeigt, ist sowohl $\sin^{-1} t$ als auch $-\cos^{-1} t$ eine Stammfunktion von $f(t) = \frac{1}{\sqrt{1-t^2}}$ für $t \in\,]-1 : 1\,[$. Folglich gilt mit einer Konstanten C:

$$-\cos^{-1} t \,+\, C \;=\; \sin^{-1} t \quad \Leftrightarrow \quad C = \sin^{-1} t + \cos^{-1} t \quad \text{für alle } t \in]-1; 1\,[.$$

Den Zahlenwert C erhalten wir also, indem wir einen bel. Wert $t \in]-1; 1\,[$ einsetzen, z. B. $t=0$.

Ergebnis: $\quad C = \sin^{-1} 0 + \cos^{-1} 0 = 0 + \tfrac{\pi}{2} = \tfrac{\pi}{2} \quad$ d.h. $\quad -\cos^{-1} t + \tfrac{\pi}{2} = \sin^{-1} t \quad \diamond$

'Stammfunktion' ist ein Begriff der *Differenzialrechnung,* denn er benötigt keine Kenntnisse des Integralbegriffs! Nur die Aufgabenstellung wird umgekehrt. Anstelle vom 'Ableiten' spricht man vom 'Aufleiten' von $f(t)$. Allein durch Differenzieren nach der Variablen bestätigt man:

Funktion $f(x)$	**Stammfunktion** $F(x)$	**Funktion** $f(x)$	**Stammfunktion** $F(x)$
0	const.	$\dfrac{1}{\sqrt{1-x^2}}$	$\sin^{-1} x$
1	x	$\dfrac{1}{\sqrt{1-x^2}}$	$-\cos^{-1} x$
x	$\tfrac{1}{2}x^2$	$\dfrac{1}{1+x^2}$	$\tan^{-1} x$
x^2	$\tfrac{1}{3}x^3$	$\dfrac{1}{1+x^2}$	$-\cot^{-1} x$
x^h $(h \in \mathbb{R},\ h\neq -1)$	$\tfrac{1}{h+1}\cdot x^{h+1}$	$\dfrac{1}{1-x^2}$	$\tfrac{1}{2}\cdot \ln\left|\dfrac{1+x}{1-x}\right|$
$x^{-1} = \tfrac{1}{x}$	$\ln|x|$	$\dfrac{1}{\sqrt{x^2-1}}$	$\ln|x+\sqrt{x^2-1}|$
e^x	e^x	$\dfrac{1}{\sqrt{x^2+1}}$	$\ln(x+\sqrt{x^2+1})$
$\ln x$	$x\cdot \ln x - x$	$\sqrt{1-x^2}$	$\tfrac{1}{2}\cdot\left(x\cdot\sqrt{1-x^2} - \cos^{-1} x\right)$
a^x	$\tfrac{1}{\ln a}\cdot a^x$	$\sin^{-1} x$	$x\cdot \sin^{-1} x + \sqrt{1-x^2}$
$\cosh x$	$\sinh x$	$\cos^{-1} x$	$x\cdot \cos^{-1} x - \sqrt{1-x^2}$
$\sinh x$	$\cosh x$	$\tan^{-1} x$	$x\cdot \tan^{-1} x - \tfrac{1}{2}\ln(1+x^2)$
$\cos x$	$\sin x$	$\cot^{-1} x$	$x\cdot \cot^{-1} x + \tfrac{1}{2}\ln(1+x^2)$
$\sin x$	$-\cos x$	$\tan x$	$-\ln|\cos x|$
$(\cos x)^2$	$\tfrac{1}{2}\cdot(x + \sin x \cdot \cos x)$	$\cot x$	$\ln|\sin x|$
$(\sin x)^2$	$\tfrac{1}{2}\cdot(x - \sin x \cdot \cos x)$		
$\dfrac{1}{(\cos x)^2}$	$\tan x$		
$\dfrac{1}{(\sin x)^2}$	$-\cot x$		

Den erstaunlichen Zusammenhang mit der *Integralrechnung* liefert nun der hiernach benannte

---

Hauptsatz der Differenzial- und Integralrechnung

$f(t)$ sei integrierbar und $F(t)$ eine Stammfunktion von $f(t)$ auf $[a;b]$.

Dann gilt:
$$\int_a^b f(t)\,dt \;=\; F(b) - F(a)$$

Abkürzend schreibt man anstelle $F(b) - F(a)$ auch $[F(t)]_a^b$ oder $F(t)|_a^b$.

Auf Grund des Hauptsatzes bezeichnet man $\int_a^b f(t)\,dt$ als das *bestimmte Integral* und eine Stammfunktion $F(t) = \int f(t)\,dt$ als das *unbestimmte* Integral von $f(t)$. Die Bezeichnung der Variablen ist natürlich nicht festgelegt. Anstelle von t ist z.B. auch x, s oder z gebräuchlich.

Zusatz *Jede auf $[a;b]$ stetige Funktion ist integrierbar auf $[a;b]$, und besitzt auch eine Stammfunktion auf $[a;b]$! Insbesondere sind alle auf $[a;b]$ differenzierbaren Funktionen auch integrierbar auf $[a;b]$ und besitzen dort eine Stammfunktion.*

Beispiel 11 Mit Kenntnis der Stammfunktionen $\int \sin t = -\cos t$ und $\int \cos t = \sin t$ folgt:

$$\int_0^\pi \sin t\,dt \;=\; \Big[-\cos t\Big]_0^\pi \;=\; -\cos\pi - (-\cos 0) \;=\; 1 + 1 \;=\; 2\,.$$

$$\int_0^\pi \cos t\,dt \;=\; \Big[\sin t\Big]_0^\pi \;=\; \sin\pi - (\sin 0) \;=\; 0 - 0 \;=\; 0\,.$$

Kontrollieren Sie das Ergebnis auch anhand des Kurvenverlaufs von Sinus und Cosinus:

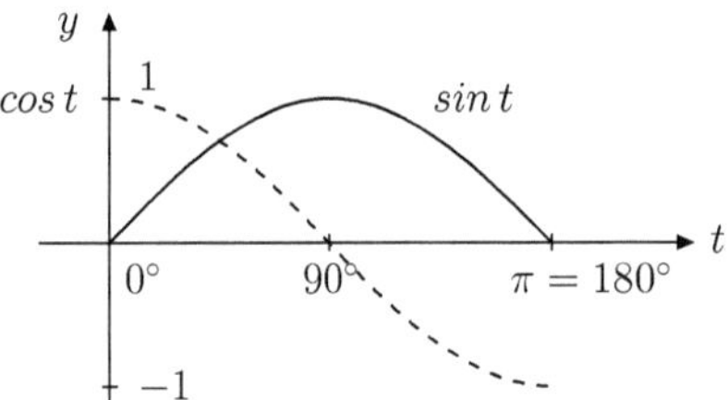

Kompliziertere Funktionen versucht man auf solche zurückzuführen, von denen man bereits eine Stammfunktion kennt (s. Tabelle). Nützlich sind zum Beispiel folgende einfache Regeln:

$$\int_a^b c\cdot f(t)\,dt \;=\; c\cdot\int_a^b f(t)\,dt$$

$$\int_a^b \big(f(t)\pm g(t)\big)\,dt \;=\; \int_a^b f(t)\,dt \pm \int_a^b g(t)\,dt$$

$$\int_a^b f(t)\,dt + \int_b^c f(t)\,dt \;=\; \int_a^c f(t)\,dt$$

$$\int_b^a f(t)\,dt \;=\; -\int_a^b f(t)\,dt$$

Beispiel 12 $\displaystyle \int_0^1 \left(5\,e^x - \frac{3}{1+x^2}\right)dx = \int_0^1 5\,e^x\,dx - \int_0^1 \frac{3}{1+x^2}\,dx = 5\cdot\int_0^1 e^x\,dx - 3\cdot\int_0^1 \frac{1}{1+x^2}\,dx$

$$= 5\cdot[e^x]_0^1 - 3\cdot[\tan^{-1} x]_0^1 = 5\cdot(e-1) - 3\cdot\left(\tfrac{\pi}{4} - 0\right) = 6{,}235 \ \text{(Ergebnis)} \quad \diamond$$

Diese Regeln gelten analog für das unbestimmte Integral, also ohne die Grenzen a und b. Zum Beispiel erhält man ganz entsprechend: $\int \left(5\,e^t - \frac{3}{1+t^2}\right) dt = 5\,e^t - 3\tan^{-1} t$.

Für differenzierbare Funktionen gilt beim Differenzieren eines Produkts wie $u(t) \cdot v(t)$ die Produktregel. Sind die Ableitungen integrierbar, so folgt daraus mit dem Hauptsatz:

Partielle Integration

(i) $\quad \int_a^b u'(t) \cdot v(t)\,dt = \Big[\, u(t) \cdot v(t) \,\Big]_a^b - \int_a^b u(t) \cdot v'(t)\,dt$

(ii) $\quad \int_a^b u(t) \cdot v'(t)\,dt = \Big[\, u(t) \cdot v(t) \,\Big]_a^b - \int_a^b u'(t) \cdot v(t)\,dt$

Beispiel 13 $\int_0^\pi 2z \cdot \sin z\,dz$. Versuchen wir es also mit der ersten der beiden obigen Regeln:

(i) $\quad \int_0^\pi \underbrace{2z}_{u'} \cdot \underbrace{\sin z}_{v}\,dz = \underbrace{z^2}_{u} \cdot \underbrace{\sin z}_{v} - \int_0^\pi \underbrace{z^2}_{u} \cdot \underbrace{\cos z}_{v'}\,dz \qquad$ Nochmal zur Kontrolle:

Die Ableitung von $u = z^2$ nach z ergibt $u' = 2z$. Und die Ableitung von $v = \sin z$ ist $v' = \cos z$. Bei genauem Hinsehen wird aber klar: Die Aufgabe wurde rechts mit $\int z^2 \cos z\,dz$ schwieriger. Geübte sehen sich daher immer zuerst das neu zu lösende Integral auf der rechten Seite an! Dieses wird hier offenbar viel einfacher, wenn wir die zweite Regel benutzen:

(ii) $\int_0^\pi \underbrace{2z}_{u} \cdot \underbrace{\sin z}_{v'}\,dz = \Big[\, \underbrace{2z}_{u} \cdot \underbrace{(-\cos z)}_{v} \,\Big]_0^\pi - \int_0^\pi \underbrace{2}_{u'} \cdot \underbrace{(-\cos z)}_{v}\,dz =$

$\Big[\, -2z \cdot \cos z \,\Big]_0^\pi + \int_0^\pi 2\cos z\,dz = \Big[\, -2z \cdot \cos z \,\Big]_0^\pi + \Big[\, 2\sin z \,\Big]_0^\pi =$

$(-2\pi \cdot \cos\pi + 0 \cdot \cos 0) + (2\sin\pi - 2\sin 0) = -2\pi \cdot (-1) + 0 = 2\pi = 6{,}283$. $\qquad \diamond$

Bisher waren wir beim Differenzieren stets gewohnt, dass eine passende Regel auch immer zum Ziele führte! Mit dieser Sicherheit ist es nun tatsächlich vorbei. Es gibt keine Garantie, dass eine anwendbare Regel auch zu einer Lösung oder wenigstens Vereinfachung des Integrals führen muss! Dazu sagt man gerne: *Ableiten ist eine Routine, Aufleiten ist eine Kunst!*

Beispiel 14 $\int_{\frac{\pi}{2}}^\pi \underbrace{(\sin x)^2}_{u} \cdot \underbrace{\cos x}_{v'}\,dx = \Big[\, \underbrace{(\sin x)^2}_{u} \cdot \underbrace{\sin x}_{v} \,\Big]_{\frac{\pi}{2}}^\pi - \int_{\frac{\pi}{2}}^\pi \underbrace{2\sin x \cdot \cos x}_{u'} \cdot \underbrace{\sin x}_{v}\,dx$

Fassen wir auf der rechten Seite einige Faktoren zusammen, so folgt

$\int_{\frac{\pi}{2}}^\pi (\sin x)^2 \cdot \cos x\,dx = \Big[\, (\sin x)^3 \,\Big]_{\frac{\pi}{2}}^\pi - 2\int_{\frac{\pi}{2}}^\pi (\sin x)^2 \cdot \cos x\,dx$. Das vereinfacht sich zu:

$3\int_{\frac{\pi}{2}}^\pi (\sin x)^2 \cdot \cos x\,dx = \Big[\, (\sin x)^3 \,\Big]_{\frac{\pi}{2}}^\pi = (\sin\pi)^3 - (\sin\frac{\pi}{2})^3 = 0 - 1 = -1$

Ergebnis: $\quad \int_{\frac{\pi}{2}}^\pi (\sin x)^2 \cdot \cos x\,dx = -\frac{1}{3}$ $\qquad\qquad\qquad\qquad\qquad \diamond$

Die partielle Integration gilt analog für das unbestimmte Integral, z. B. mit x als Variable:

(i) $\int u'(x) \cdot v(x)\,dx = u(x) \cdot v(x) - \int u(x) \cdot v'(x)\,dx$

(ii) $\int u(x) \cdot v'(x)\,dx = u(x) \cdot v(x) - \int u(x)' \cdot v(x)\,dx$

So vereinfacht sich Beispiel 14 ohne Integrationsgrenzen zu: $\int (\sin x)^2 \cdot \cos x\,dx = \frac{1}{3}(\sin x)^3$.

Durch Umformung der Kettenregel erhält man, wobei $u'(x)$ und $v'(x)$ integrierbar seien:

Substitutionsregel

$$\int_a^b u'(v(x)) \cdot v'(x)\, dx \;=\; \int_{v(a)}^{v(b)} u'(s)\, ds \;=\; \Big[u(s)\Big]_{v(a)}^{v(b)} \;=\; \Big[u(v(x))\Big]_a^b \quad \text{mit der}$$

(i) Substitution: $s = v(x)$ und $ds = v'(x)\, dx$. Falls $v(x) = s$ umkehrbar, auch mit der

(ii) Substitution: $x = v^{-1}(s)$ und $dx = \big(v^{-1}(s)\big)'\, ds$.

Sie müssen also nur wie angegeben die Variable x vollständig durch s ersetzen (substituieren). Dies betrifft auch die zugehörigen Integrationsgrenzen.

Wie bei der partiellen Integration gibt es auch hier zwei Varianten. Die erste und einfachere setzt eine substitutionsgemäße Bauart des Integranden voraus, die zweite die Umkehrbarkeit der Substitution $s = v(x)$. Wir zeigen beide Methoden an folgendem

Beispiel 15 Partielle Integration führt hier nicht zum Ziel, versuchen wir es mit Substitution:

$$\int_e^{e^2} \frac{dx}{x \cdot \ln x} \;=\; \int_e^{e^2} \frac{1}{\ln x} \cdot \frac{1}{x}\, dx.$$

(i) Substitution $s = \underbrace{\ln x}_{v(x)}$, Nebenrechnung: $\dfrac{ds}{dx} = \dfrac{1}{x}$, $ds = \underbrace{\dfrac{1}{x}\, dx}_{v'(x)}$. Einsetzen ergibt:

$$\int_e^{e^2} \frac{1}{\ln x} \cdot \frac{1}{x}\, dx \;=\; \int_{v(e)}^{v(e^2)} \frac{1}{s}\, ds \;=\; \Big[\ln s\Big]_{v(e)}^{v(e^2)} \;=\; \Big[\ln(\ln x)\Big]_e^{e^2} \;=\; \ln(2) - \ln(1) \;=\; \ln(2) \;=\; 0{,}693.$$

(Auf die Rücksubstitution von $\big[\ln s\big]_{v(e)}^{v(e^2)} = [\ln s]_1^2$ zu $[\ln(\ln x)]_e^{e^2}$ könnte man verzichten!)

(ii) $\underbrace{\ln x}_{v(x)} = s$ ist umkehrbar, $x = \underbrace{e^s}_{v^{-1}(s)}$, Nebenrechnung: $\frac{dx}{ds} = e^s$, $dx = \underbrace{e^s}_{(v^{-1}(s))'}\, ds$. Es folgt:

$$\int_e^{e^2} \frac{1}{\ln x} \cdot \frac{1}{x}\, dx \;=\; \int_{v(e)}^{v(e^2)} \frac{1}{\ln e^s} \cdot \frac{1}{e^s} \cdot e^s\, ds \;=\; \int_1^2 \frac{1}{s}\, ds \;=\; [\ln s]_1^2 \;=\; [\ln(\ln x)]_e^{e^2} \;=\; 0{,}693 \quad (\text{vgl. (i)}).$$

$$\diamond$$

Die Substitutionsregel für Stammfunktionen (unbestimmtes Integral) lautet analog:

$$\int u'(v(x)) \cdot v'(x)\, dx \;=\; \int u'(s)\, ds \;=\; u(s) \;=\; u(v(x))$$

und liefert bei vorigem Beispiel: $\displaystyle\int \frac{1}{\ln x} \cdot \frac{1}{x}\, dx \;=\; \int \frac{1}{s}\, ds \;=\; \ln(s) \;=\; \ln(\ln x)\,,\ (x > 0).$

Derartige Regeln besagen, dass die jeweils angegebene Funktion 'eine' Stammfunktion ist. Beim Vergleich mit einer anderen kann sie sich eventuell um eine Konstante unterscheiden!

Keine der Regeln <u>muss</u> zum Ziel führen. Insbesondere bleibt man erfolglos, wenn es gar keinen elementaren Ausdruck für eine Stammfunktion gibt! Ein einfaches Beispiel: $\int \cos\left(x^2\right) dx$. Hier liefert auch der beste Rechner für dieses *unbestimmte* Integral keinen Rechenausdruck! Warum erhält man aber beim *bestimmten* Integral eine Ausgabe: $\int_0^1 \cos(x^2)\, dx = 0{,}9045$? Der Grund: Der Rechner benutzt hierfür nicht den Hauptsatz, sondern Näherungsverfahren! Oft gebraucht man Simpson–Formeln, die besonders geeignete Riemannsche Summen liefern. Näheres finden Sie zum Beispiel im Übungsbuch, Abschnitt 4 d).

Uneigentliche Integrale

Ist die Funktion oder das Integrationsintervall unbeschränkt, spricht man von 'uneigentlichen Integralen'. Ist zum Beispiel $f(x)$ auf $[a;\infty[$ definiert und auf jedem Teilintervall $[a;b]$ beschränkt und integrierbar, so definiert man

$$\int_a^\infty f(x)\,dx \;=\; \lim_{\xi\to\infty}\int_a^\xi f(x)\,dx,$$

natürlich unter der Voraussetzung, dass dieser Grenzwert existiert:

Beispiel 16 Wichtig für die Wirkung eines Medikaments ist das Produkt aus Konzentration K und Zeit t. Allgemein wird die betreffende Fläche unter der Konzentrationskurve $K(t)$ als AUC = 'Area Under the Curve' bezeichnet! Die Konzentrationskurven für intravenöse sowie perorale Applikation und die Bedeutung der Konstanten kennen wir bereits von Seite 62/63:

$$K_{i.v.}(t) \;=\; K_0\cdot e^{-Et}, \qquad K_{p.o.}(t) \;=\; F\cdot K_0\cdot\frac{A}{A-E}\,(e^{-Et}-e^{-At}).$$

Wir bestimmen (i) $\mathrm{AUC}_{i.v}$ und (ii) $\mathrm{AUC}_{p.o.}$. Das Ergebnis ist bemerkenswert!

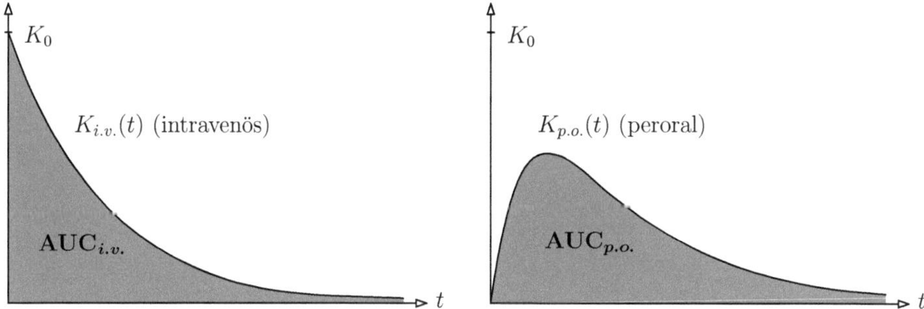

(i) Ohne die konstanten Faktoren erhalten wir zunächst:

$$\int_0^\xi e^{-Et}\,dt = \left[-\frac{1}{E}\cdot e^{-Et}\right]_0^\xi = -\frac{1}{E}\cdot(e^{-E\xi}-1) = \frac{1}{E}-\frac{1}{E}\cdot e^{-E\xi},\ \text{also}$$

$$\int_0^\infty e^{-Et}\,dt = \lim_{\xi\to\infty}\int_0^\xi e^{-Et}\,dt = \lim_{\xi\to\infty}\Big(\frac{1}{E}-\frac{1}{E}\cdot\underbrace{e^{-E\xi}}_{\to 0}\Big) = \frac{1}{E}.$$

Zusammen mit der Konstanten K_0 folgt: $\mathrm{AUC}_{i.v} = \dfrac{K_0}{E}$

(ii) Ganz analog erhält man: $\displaystyle\int_0^\infty (e^{-Et}-e^{-At}) = \frac{1}{E}-\frac{1}{A} = \frac{A-E}{E\cdot A}$

Nach Multiplikation mit $F\cdot K_0\cdot\frac{A}{A-E}$ folgt: $\mathrm{AUC}_{p.o.} = F\cdot\dfrac{K_0}{E}$ $\qquad\diamond$

Ergebnis: Die AUC der Batemanfunktion $K_{p.o.}$ ist unabhängig von der Konstanten A, (der Resorptionsgeschwindigkeit des Medikaments). Entscheidend ist nur die Eliminationskonstante E! Dieser Sachverhalt heißt in der Pharmazie auch 'Dostscher Flächensatz'. Ebenso interessant ist natürlich das Ergebnis: $\mathrm{AUC}_{p.o} = F\cdot\mathrm{AUC}_{i.v.}$

Beispiele zur Integration einer unbeschränkten Funktion auf einem beschränkten Intervall finden Sie als Aufg. 16 auf Seite 195.

4.5 Differenzialgleichungen mit getrennten Variablen

Einführung Bei Differenzialgleichungen wird nicht ein einzelner Zahlenwert gesucht, sondern eine differenzierbare Funktion $y(x)$! So ist $y(x) = \sin x$ eine Lösung der *Differenzialgleichung*

$$y' = \cos x\,, \qquad\qquad \text{(ausführlich: } y'(x) = \cos x\,)\,.$$

Weitere Lösungen sind: $y = 3 + \sin x$, $y = -1 + \sin x$ und allgemein $y = C + \sin x$, $C \in \mathbb{R}$ eine Konstante. Wir kennen Lösungen dieses Aufgabentyps auch als Stammfunktion.

Den gleichzeitigen Gebrauch von y als Ordinate *und* Funktionssymbol kennen Sie bereits. Auch an die Kurzschreibweise y und y' anstelle von $y(x)$ und $y'(x)$ haben Sie sich gewöhnt. Testen Sie noch einmal Ihre Fähigkeiten! Bestimmen Sie eine Lösung der Differenzialgleichung

$$y' = y\,, \qquad\qquad \text{(ausführlich: } y'(x) = y(x)\,)\,.$$

Raten ist natürlich erlaubt, aber wahrscheinlich haben Sie schon $y = e^x$ als Lösung erkannt. Für diese Funktion gilt in der Tat $y' = e^x$, also $y' = y$. Aber auch die Funktion $y = 2 \cdot e^x$ ergibt abgeleitet wieder $2 \cdot e^x$, ist also ebenfalls eine Lösung der Differenzialgleichung $y' = y$. Ebenso ist $y = -3 \cdot e^x$ eine Lösung, und ganz allgemein $y = C \cdot e^x$, $C \in \mathbb{R}$ eine Konstante.

Weit schwieriger ist bereits die Differenzialgleichung

$$y' = 2x \cdot y \qquad\qquad \text{(ausführlich: } y'(x) = 2x \cdot y(x)\,)$$

Eine Lösung ist zum Beispiel $y = e^{x^2}$. Das lässt sich ja durch Einsetzen in die Gleichung schnell und einfach überprüfen:

Mit $y = e^{x^2}$ ergibt die rechte Seite $2x \cdot y = 2x \cdot e^{x^2}$, die linke Seite $y' = (e^{x^2})' = e^{x^2} \cdot 2x$. Somit stimmen in diesem Falle beide Seiten überein, die Gleichung ist erfüllt.

Eine weitere Lösung ist $y = 3 \cdot e^{x^2}$:
Rechts: $2x \cdot y = 2x \cdot 3 e^{x^2} = 6x \cdot e^{x^2}$. Links: $y' = (3 e^{x^2})' = 3 e^{x^2} \cdot 2x = 6x \cdot e^{x^2}$.

Keine Lösung ist zum Beispiel $y = e^{x^2} + 3$:
Rechts erhalten wir $2x \cdot y = 2x \cdot e^{x^2} + 6x$, aber links $y' = e^{x^2} \cdot 2x = 2x \cdot e^{x^2}$.

Unter der Lösungsschar sucht man oft diejenige Lösung, die durch einen vorgegebenen Punkt $P_0 = (x_0 | y_0)$ verläuft. Diese Lösung muss also für $x = x_0$ den Funktionswert $y = y_0$ annehmen.

Bei x handelt es sich oft um die Zeitvariable. Deshalb bezeichnet man $y(x_0) = y_0$ meistens als *Anfangswert*. Beide Bedingungen zusammen

$$\boxed{\,y' = f(x) \cdot g(y), \quad y(x_0) = y_0,\,}$$

nennt man dann allgemein eine *Anfangswertaufgabe* (mit den 'getrennten Variablen' x und y):

Sei $f(x)$ stetig auf $]a; b[$, $g(y)$ stetig auf $]c; d[$, und $g(y) \neq 0$ für alle $y \in]c; d[$:

Dann gibt es für beliebig vorgegebene Werte $x_0 \in]a; b[$ und $y_0 \in]c; d[$ stets genau eine Funktion $y(x)$ mit der Eigenschaft:

$y' = f(x) \cdot g(y)$ und $y(x_0) = y_0$.

($y(x)$ verläuft stets von 'Rand zu Rand'.)

(Für ein beliebig großes Intervall $]a; b[$ oder $]c; d[$ schreibt man symbolisch auch einfach nur $\mathbb{R}$.)

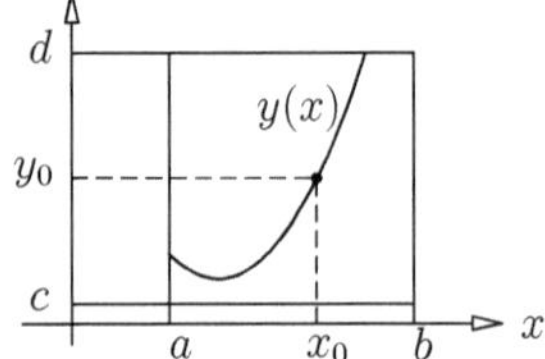

Fall I: $y' = f(x)$

Es handelt sich um die bekannte Aufgabe, eine Stammfunktion $F(x)$ von $f(x)$ zu bestimmen. Diese einfache Differenzialgleichung ergibt sich speziell, falls $g(y) = 1$ für alle $y \in]c; d[$.

Beispiel 17 $y' = 2x$, $y(1) = 0$, $(x \in \mathbb{R},\ y \in \mathbb{R},\ x_0 = 1,\ y_0 = 0)$:

Die allgemeine Lösung der Gleichung $y' = 2x$ ist $y = x^2 + C$, (ausführlich: $y(x) = x^2 + C$). Die Anfangsbedingung ergibt: $y(1) = 1^2 + C \Leftrightarrow 0 = 1 + C \Leftrightarrow C = -1$. Wir erhalten das Ergebnis Die Lösung der Anfangswertaufgabe ist $y = x^2 - 1$.

Eine Vorstellung über den *Kurvenverlauf* der Lösung ist auch zeichnerisch einfach möglich, und zwar ohne Kenntnis der betreffenden Stammfunktion $F(x)$! Diese Methode ist nützlich, falls Sie für $f(x)$ keine Stammfunktion kennen oder möglicherweise gar keine elementare Stammfunktion $F(x)$ existiert:

Richtungsfeld Die Bedingung $y' = 2x$ bedeutet für jede Lösung der Gleichung anschaulich: Verläuft $y = y(x)$ durch $P = (x|y)$, dann beträgt die Steigung in diesem Punkt $y' = 2x$. Zum Beispiel hat die Kurve durch den Punkt $P = (0|1)$ hier die Steigung $2x = 2 \cdot 0 = 0$. Oder ausführlicher gesagt: Die *Tangente* in diesem Punkt der Kurve hat die Steigung 0. Dasselbe Ergenis erhalten wir natürlich auch im Falle der Punkte $(0|-1)$ oder $(0|2)$, etc.

Der Kurvenverlauf lässt sich bekanntlich näherungsweise, zumindest für ein kurzes Stück, durch die *Tangente* ersetzen! Für die genannten Punkte mit der Koordinate $x = 0$ ist das ein kurzer waagrechter Strich. Hingegen beträgt die Steigung dieser winzigen Striche für alle Punkte mit der Koordinate $x = 1$ natürlich $2x = 2 \cdot 1 = 2$. Für $x = 2: 2x = 2 \cdot 2 = 4$, etc. *Die Steigung ist ja im speziellen Fall I nur abhängig von der x-Koordinate:*

Richtungsfeld der Differenzialgleichung

$$y' = 2x$$

und Lösung der Anfangswertaufgabe

$$y' = 2x, \quad y(1) = 0 :$$

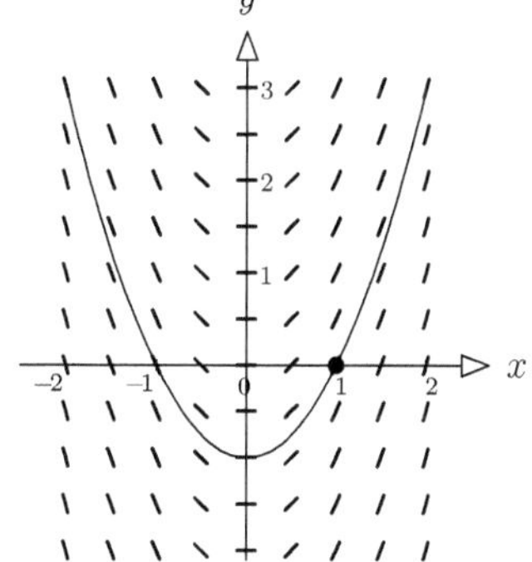

Deutlich erkennen Sie die Parabelform *sämtlicher* Lösungen, und dass sich zwei Lösungen rechnerisch nur durch eine additive Konstante C unterscheiden. Anschaulich entspricht das nur einem Verschieben in Richtung der y-Achse. Hierurch lässt sich naürlich auch erreichen, dass genau eine Lösung durch den Punkt $(1|0)$ verläuft, also die Bedingung $y(1) = 0$ erfüllt. $\diamond$

Ist $y = y(x)$ die Lösung von $y' = f(x)$, $x \in]a; b[$, mit der Anfangsbedingung $y(x_0) = y_0$, so erhält man die Lösung jeder weiteren Anfangswertaufgabe durch Verschieben von $y(x)$ *in Richtung der y-Achse*!

Fall II: $y' = g(y)$

Dieser Typ von Differenzialgleichung ergibt sich speziell, falls $f(x) = 1$ gilt für alle $x \in\,]a; b[$. Verläuft eine Lösung von $y' = g(y)$ durch irgendeinen Punkt $P = (x|y)$, so ist deren Steigung in diesem Falle nur abhängig von der y–Koordinate! Die Konsequenzen für die Lösungen werden Sie sofort erkennen. Wichtig ist hier, ob $g(y)$ Nullstellen besitzt! Zuerst das einfache

Beispiel 18 $\qquad y' = 1 + y^2\,,\ y(0) = 0\,, \qquad\qquad (x \in \mathbb{R},\ y \in \mathbb{R},\ x_0 = 0\,,\ y_0 = 0\,):$

Richtungsfeld Steigungswerte bzw. Tangentenstriche hängen nur von der y–Koordinate ab:

Richtungsfeld der Differenzialgleichung

$$y' = 1 + y^2$$

und Lösung der Anfangswertaufgabe

$$y' = 1 + y^2\,,\ y(0) = 0\,:$$

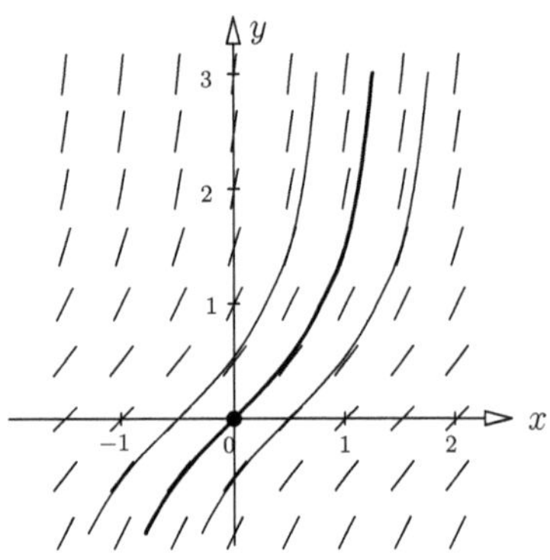

Verschiebt man irgendeine Lösung in x–Richtung, ändern sich nur die x–Koordinaten der Kurvenpunkte. Die y–Koordinaten ändern sich dadurch nicht! Die verschobene Kurve erfüllt weiterhin die Beziehung $y' = g(y)$, ist also eine weitere Lösung der Differenzialgleichung: $\diamond$

Ist $y = y(x)$ die Lösung von $y' = g(y)\,,\ y \in\,]c, d[$, mit der Anfangsbedingung $y(x_0) = y_0\,,$ so erhält man die Lösung jeder weiteren Anfangswertaufgabe durch Verschieben von $y(x)$ *in Richtung der x–Achse*!

Wie wir rechnerisch zeigen werden: Die Lösung der obigen Anfangswertaufgabe ist $y = \tan x$. Ändern wir den Anfangswert, so lautet die Lösung $y = \tan(x + C)$ mit einer passenden Konstanten C. Die obige Skizze zeigt links das Beispiel $y = \tan(x + 0{,}5)$, dagegen rechts $y = \tan(x - 0{,}5)$.)

Bedeutung der Nullstellen von $g(y)$:

Beispiel 19 $\qquad y' = 1 + y\,,\ y(0) = 0\,, \qquad\qquad (x \in \mathbb{R},\ y \in \mathbb{R},\ x_0 = 0\,,\ y_0 = 0\,):$
Die Nullstelle $y = -1$ von $g(y) = 1 + y$ spielt nicht nur beim Richtungsfeld eine Sonderrolle!

Spezielle Lösungen *Beachten Sie hier, dass die konstante Funktion $y = -1$, ausführlich $y(x) = -1$, offensichtlich eine Lösung von $y' = 1 + y$ ist:*

Einsetzen einer Nullstelle von $g(y)$ in $y' = g(y)$ liefert rechts trivialerweise den Wert Null – und links als Konstante differenziert, natürlich ebenfalls Null! Man nennt solche Lösungen treffenderweise *spezielle* Lösungen.

Diese spezielle Lösung der Differenzialgleichung erkennt man auch an ihrem Richtungsfeld:

Richtungsfeld von $y' = 1 + y$:

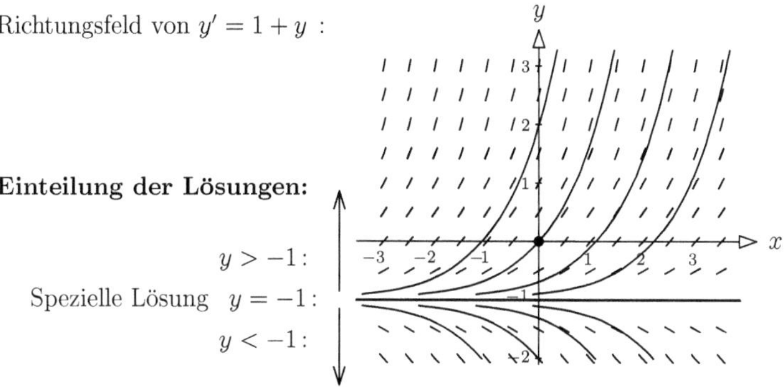

Einteilung der Lösungen:

$y > -1:$

Spezielle Lösung $\;y = -1:$

$y < -1:$

Sie sehen hier die spezielle Lösung $y(x) = -1$ mit der Steigung $y'(x) = 0$ eingezeichnet. Außerdem sind acht weitere Lösungen der Differenzialgleichung skizziert. Bei Annäherung an die spezielle Lösung werden ihre Steigungswerte ebenfalls geringer und tendieren dann zwangsläufig ebenfalls gegen Null. Noch einmal anschaulich ausgedrückt:

In der Nähe einer speziellen Lösung mit der Steigung Null zwingt das zugehörige Richtungsfeld dort auch benachbarte Lösungen zum Einlenken oder sogar Einmünden in die Waagrechte.

Für die Lösung zerlegt man daher den y–Bereich in einzelne <u>Teilintervalle</u> mit $g(y) \neq 0$. Für jedes Intervall sind dann die Voraussetzungen des Satzes auf Seite 74 erfüllt. Die Lösung erfolgt dann für denjenigen Bereich, zu dem die Anfangsbedingung gehört, oder der aus anderen Gründen von Interesse ist.

Die rechnerische Lösung ergibt hier $y = e^x - 1$. Es ist in der obigen Skizze diejenige Lösung, die durch den Ursprung des Koordinatensystems verläuft, also $y(0) = 0$ erfüllt! $\qquad \diamond$

Fall III: $\;y' = f(x) \cdot g(y)$

In diesem allgemeinen Fall gibt es keine 'Stammlösung' mehr, um alle weiteren Lösungen nur durch einfaches Verschieben in $y-$ (Fall I) oder $x-$Richtung (Fall II) zu erhalten! Die Steigung hängt sowohl ab von der $x-$ als auch von der y–Koordinate.

Die Bedeutung der speziellen Lösungen bleibt jedoch bestehen! Das ergibt sich anschaulich auch wieder aus dem zugehörigen Richtungsfeld, nur wird seine Berechnung wegen der Abhängigkeit von *beiden* Koordinaten hier insgesamt wesentlich mühsamer. Diskutieren wir noch einmal kurz die erforderliche Einteilung des y–Bereichs in Teilintervalle für das folgende

Beispiel 20 $\qquad y' = 2x \cdot (y + 1), \; y(0) = 2.$ $\qquad\qquad (x \in \mathbb{R}, \; y \in \mathbb{R}, \; x_0 = 0, \; y_0 = 2):$

$g(y) = 0 \;\Leftrightarrow\; 1 + y = 0 \;\Leftrightarrow\; y = -1.$ Die konstante Funktion $y = -1$ ist *eine* (spezielle) Lösung der Differenzialgleichung $y' = 2x \cdot (y + 1).$

$g(y) > 0 \;\Leftrightarrow\; 1 + y > 0 \;\Leftrightarrow\; y > -1:$ Weitere Lösungen gibt es also gemäß Seite 74 für $y' = 2x \cdot (y + 1), \; x \in \mathbb{R}, \; y \in \,]-1; \infty[.$

$g(y) < 0 \;\Leftrightarrow\; 1 + y < 0 \;\Leftrightarrow\; y < -1:$ Weitere Lösungen gibt es also gemäß Seite 74 für $y' = 2x \cdot (y + 1), \; x \in \mathbb{R}, \; y \in \,]-\infty; -1[.$

Für den vorgegebenen Anfangswert $y_0 = 2$ gilt $y_0 \in \,]-1; \infty[.$ Also erfolgt die Lösung der Anfangswertaufgabe, ob zeichnerisch oder rechnerisch, auch für diesen Bereich (Bsp. 24)! $\diamond$

Rechnerische Vorgehensweise

Die mathematisch einwandfreie *Lösungsmethode* für Differenzialgleichungen mit getrennten Variablen *durch Substitution* finden Sie ausführlich im Lehrbuch! Die hier grob vereinfachte rezeptartige Fassung ist streng mathematisch nicht korrekt. Andererseits ist sie allgemein gebräuchlich, da sie viel schneller zum selben Ergebnis führt:

Beispiel 21 $\qquad\qquad y' = 2x, \quad y(1) = 0, \qquad\qquad (x \in \mathbb{R}, \ y \in \mathbb{R}, \ x_0 = 1, \ y_0 = 0)$:

Schreibe zuerst, falls nicht bereits geschehen, anstelle von y' wieder $\frac{dy}{dx}$:

$$\frac{dy}{dx} = 2x$$

Nun multipliziere die Gleichung rein *formal* mit dx. Das Ziel ist, sämtliche Ausdrücke mit x auf die eine Seite zu bringen, die übrigen mit y auf die andere. Das ist hier bereits gelungen:

$$dy = 2x\,dx$$

Nun ist noch auf beiden Seiten 'passend' zu integrieren:

$$\int_{y_0}^{y} dy = \int_{x_0}^{x} 2x\,dx$$

Mit den Stammfunktionen $\int dy = \int 1\,dy = y$ und $\int 2x\,dx = x^2$ folgt:

$$y - y_0 = x^2 - x_0^2$$

Das ergibt aufgelöst $y = x^2 - x_0^2 + y_0$, und mit den gegebenen Werten $x_0 = 1, \ y_0 = 0$ das

Ergebnis: $\qquad\qquad y = x^2 - 1.$ $\hfill \diamond$

Sie kennen die zeichnerische Lösung bereits von Seite 75.

Beispiel 22 $\qquad\qquad y' = 1 + y^2, \quad y(0) = 0, \qquad\qquad (x \in \mathbb{R}, \ y \in \mathbb{R}, \ x_0 = y_0 = 0)$:

$$\frac{dy}{dx} = 1 + y^2, \quad dy = (1 + y^2)\,dx, \quad \frac{1}{1 + y^2}\,dy = dx, \quad \int_{y_0}^{y} \frac{1}{1 + y^2}\,dy = \int_{x_0}^{x} 1\,dx,$$

$$\left[\tan^{-1} y \right]_{y_0}^{y} = \left[x \right]_{x_0}^{x}, \quad \tan^{-1} y - \tan^{-1} y_0 = x - x_0, \quad \tan^{-1} y = x. \text{ Daraus folgt das}$$

Ergebnis: $\qquad\qquad y = \tan x.$ $\hfill \diamond$

Sie kennen die zeichnerische Lösung bereits von Seite 76.

Beispiel 23 $\qquad\qquad y' = 1 + y, \quad y(0) = 0, \quad (x \in \mathbb{R}, \ y \in \,]-1; \infty[, \ x_0 = y_0 = 0)$:

Für $y \in \,]-1; \infty[$ bzw. $y > -1$ ist $g(y) = 1 + y \neq 0$. Das ist wichtig, weil wir zum Lösen durch $g(y) = 1 + y$ dividieren werden. Außerdem ist auch $y_0 \in \,]-1; \infty[$ erfüllt. Nun etwas weniger ausführlich, denn viele Schritte lassen sich zusammenfassen:

$$\frac{dy}{dx} = 1 + y, \quad \int_{0}^{y} \frac{1}{1 + y}\,dy = \int_{0}^{x} dx, \quad \ln(1 + y) - \ln(1 + 0) = x - 0, \quad 1 + y = e^x,$$

Ergebnis: $\qquad\qquad y = e^x - 1.$ $\hfill \diamond$

Sie kennen die zeichnerische Lösung bereits von Seite 77.

Zum Schluss das Beispiel $y' = 2x \cdot (y + 1), \ y(0) = 2$, und die allgemeine Zusammenfassung:

Mit F bzw. G sei allgemein eine Stammfunktion von f bzw. von $\dfrac{1}{g}$ bezeichnet:

<table>
<tr><td>

Beispiel 24 :

$y' = 2x \cdot (y+1)\,,\ \ y(0) = 2\,,$
$x \in \mathbb{R}\,,\ \ y \in\,]-1; \infty[\,.$

$y + 1 = 0$ nur für $y = -1$:

$y + 1 \neq 0$ gilt, weil $y + 1 > 0$
für $y \in\,]-1; \infty[$ bzw. $y > -1$.

Für Anfangswerte $x_0 = 0$ und $y_0 = 2$
ist $x_0 \in \mathbb{R}$ und $y_0 \in\,]-1; \infty[$ erfüllt.

Rechnung: $y' = \dfrac{dy}{dx} = 2x \cdot (y+1)$

$\qquad\qquad dy = 2x \cdot (y+1)\, dx$

$\qquad \dfrac{1}{y+1}\, dy = 2x\, dx$

(Trennung der Veränderlichen ist erfolgt!)

$$\int_{y_0}^{y} \frac{1}{y+1}\, dy = \int_{x_0}^{x} 2x\, dx$$

$$\Big[\ln(y+1)\Big]_{2}^{y} = \Big[x^2\Big]_{0}^{x}$$

$$\ln(y+1) - \ln 3 = x^2 - 0^2$$

$$\ln(y+1) = x^2 + \ln 3$$

Auflösen nach y (und vereinfachen):

$$y + 1 = e^{x^2 + \ln 3}$$
$$y + 1 = e^{x^2} \cdot e^{\ln 3}$$
$$y + 1 = e^{x^2} \cdot 3$$

Ergebnis: $\qquad y = 3 \cdot e^{x^2} - 1 \qquad \diamondsuit$

</td><td>

Allgemein :

$y' = f(x) \cdot g(y)\,,\ \ y(x_0) = y_0\,,$
$x \in\,]a; b[\,,\ \ y \in\,]c; d[\,.$

$g(y) = 0$ überprüfen:

Falls solche Nullstellen vorhanden,
y-Bereiche mit $g(y) \neq 0$ bestimmen.

Für die Anfangswerte x_0, y_0 den
zugehörigen y–Bereich auswählen.

Rechnung: $y' = \dfrac{dy}{dx} = f(x) \cdot g(y)$

$\qquad\qquad dy = f(x) \cdot g(y)\, dx$

$\qquad \dfrac{1}{g(y)}\, dy = f(x)\, dx$

(Trennung der Veränderlichen ist erfolgt!)

$$\int_{y_0}^{y} \frac{1}{g(y)}\, dy = \int_{x_0}^{x} f(x)\, dx$$

$$\Big[G(y)\Big]_{y_0}^{y} = \Big[F(x)\Big]_{x_0}^{x}$$

$$G(y) - G(y_0) = F(x) - F(x_0)$$

$$G(y) = F(x) + C$$

Auflösen nach y (und vereinfachen):

(Eventuell in mehreren Schritten,

falls rechnerisch überhaupt

elementar möglich.)

Ergebnis: $\qquad y = G^{-1}(F(x) + C)$

</td></tr>
</table>

<u>Anmerkung:</u> Sie erkennen, wie diese Lösungsmethode die 'Trennung der Veränderlichen',
also ein Produkt der Form $f(x) \cdot g(y)$ voraussetzt! Auch $y' = e^{x^2 - y^2}$ wäre 'separierbar', weil
$e^{x^2 - y^2} = e^{x^2} \cdot e^{-y^2}$. Hingegen ist zwar $y' = x^2 - y^2 = (x+y) \cdot (x-y)$, also 'faktorisierbar',
aber dieses Produkt besitzt nicht die geforderte getrennte Form $f(x) \cdot g(y)$.

4.6 Logistisches Wachstum – Michaelis-Menten-Gleichung

Natürliches Wachstum kennen wir bereits von den Ausführungen auf Seite 34 ff: Die Größe einer Population $M(t)$ lässt sich als Funktion der Zeit t beschreiben in der Form

$$M(t) \;=\; M_0 \cdot a^{\frac{t}{\Delta t}} \;=\; M_0 \cdot e^{\ln a \cdot \frac{t}{\Delta t}} \;=\; M_0 \cdot e^{r \cdot t} \qquad \left(\text{mit } r = \tfrac{\ln a}{\Delta t}\right).$$

Die Konstante r heißt in diesem Zusammenhang 'Reproduktions–' oder 'Wachstumsrate'. Sie ergibt sich auch als Differenz von Geburts- und Sterberate. Zu weiteren Einzelheiten, auch zum logistischen Wachstum, siehe Lehrbuch, Abschnitt 4 e).

Wir verwenden wieder y und x als gewohnte Bezeichnungen für die Variablen. Dann ist

$$y \;=\; M_0 \cdot e^{r \cdot x}$$

offensichtlich die Lösung der einfachen Anfangswertaufgabe

$$\boxed{y' \;=\; r \cdot y\,, \quad y(0) = M_0} \qquad\qquad (y' \text{ proportional zu } y).$$

Logistisches Wachstum Eine *dauernd* exponentiell wachsende Population ist unrealistisch. Sie wird durch Nahrungsverknappung und andere Faktoren begrenzt (*Logistik:* Nachschub). Die Geburtenrate wird mit wachsender Population geringer, die Sterberate wird steigen. Eine entsprechende Korrektur führt schließlich zu folgender Differenzialgleichung:

$$\boxed{y' \;=\; r \cdot y \cdot \left(1 - \frac{y}{K}\right), \quad y(0) = M_0} \qquad (r, K > 0 \text{ Konstanten}).$$

Auch mit Korrekturfaktor handelt es sich immernoch um eine Differenzialgleichung vom Typ

$$y' \;=\; g(y)\,, \text{ mit } g(y) = r \cdot y \cdot \left(1 - \tfrac{y}{K}\right),$$

wie wir sie bereits im vorigen Abschnitt diskutiert haben! Bestimmen wir also zuallererst die Nullstellen von $g(y)$ bzw. die speziellen Lösungen der Differenzialgleichung. Das Produkt $y \cdot (1 - \tfrac{y}{K})$ ist Null, wenn ein Faktor gleich Null ist. Wir erhalten mit den zwei Faktoren die

Nullstellen von $g(y)$: $y = 0$ und $y = K$.

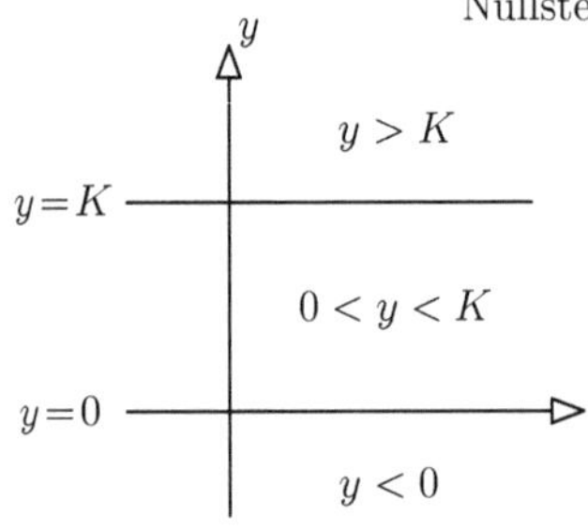

Der y–Bereich wird durch die zwei speziellen Lösungen in drei Teilbereiche aufgeteilt, vgl. Skizze:

Der Teilbereich $y < 0$ ist biologisch uninteressant, weil die Größe der Population nicht negativ sein kann.
Der Fall $y > K$ ergibt $y' < 0$, d. h. eine von Anfang an abnehmende bzw. überbesetzte Population.
Für eine *im Wachstum befindliche* Population y bleibt nur der Teilbereich $0 < y < K$, und auch $0 < y_0 < K$.

Wegen des speziellen Typs $y' = g(y)$ genügt bekanntlich zur Lösung einer beliebigen Anfangswertaufgabe eine 'Stammlösung', die nur passend in x–Richtung verschoben werden muss. Rechnerisch besonders einfach wird die Lösung für den Anfangswert $y(0) = K/2$!

Außerdem erhält man nach Partialbruchzerlegung: $\quad \dfrac{1}{g(y)} = \dfrac{1}{y \cdot \left(1 - \frac{y}{K}\right)} = \dfrac{1}{y} + \dfrac{\frac{1}{K}}{1 - \frac{y}{K}}\,.$

Mit diesen Hinweisen lösen wir nun leicht die folgende spezielle Anfangswertaufgabe:

Beispiel 25 $\qquad y' = r \cdot y \cdot \left(1 - \frac{y}{K}\right), \quad y(0) = \frac{K}{2}, \qquad (x \in \mathbb{R},\ 0 < y < K).$

Die einzelnen Lösungsschritte sind zwar alle elementar aber doch recht zahlreich:

$$\frac{dy}{dx} = r \cdot y \cdot \left(1 - \frac{y}{K}\right), \quad \frac{1}{y \cdot (1 - \frac{y}{K})}\, dy = r\, dx, \quad \int_{y_0}^{y} \left(\frac{1}{y} + \frac{\frac{1}{K}}{1 - \frac{y}{K}}\right) dy = \int_{x_0}^{x} r\, dx,$$

$$\left[\ln y\right]_{y_0}^{y} - \left[\ln\left(1 - \frac{y}{K}\right)\right]_{y_0}^{y} = \left[r x\right]_{x_0}^{x}, \quad \ln y - \ln\frac{K}{2} - \ln(1 - \frac{y}{K}) + \ln(1 - \frac{K/2}{K}) = r x,$$

$$(\ln y - \ln\tfrac{K-y}{K}) - (\ln\tfrac{K}{2} - \ln\tfrac{1}{2}) = r x, \quad \ln\tfrac{K \cdot y}{K-y} - \ln K = r x, \quad \ln\tfrac{y}{K-y} = r x, \quad \tfrac{y}{K-y} = e^{r x},$$

$$y = K \cdot e^{r x} - y \cdot e^{r x}, \quad y \cdot (1 + e^{r x}) = K \cdot e^{r x}, \quad y = K \cdot \frac{e^{r x}}{1 + e^{r x}} = K \cdot \frac{1}{\frac{1}{e^{r x}} + 1} = \frac{K}{e^{-r x} + 1}$$

$\underline{\text{Ergebnis:}} \quad y = \dfrac{K}{1 + e^{-r x}}, \quad x \in \mathbb{R}. \qquad\qquad\qquad\qquad\qquad\qquad \Diamond$

Kurvendiskussion Es gilt $0 < y < K$. Der Nenner des Funktionsausdrucks geht gegen 1 für $x \to \infty$, und er wird beliebig groß für $x \to -\infty$. Somit folgt genauer:

$$y \to K \quad \text{für}\ x \to \infty, \quad \text{und} \quad y \to 0 \quad \text{für}\ x \to -\infty.$$

Mit diesen Werten folgt aus der Differenzialgleichung für die Werte von y':

$$y' \to 0 \quad \text{für}\ x \to \infty, \quad \text{und} \quad y' \to 0 \quad \text{für}\ x \to -\infty.$$

Da beide Faktoren der Differenzialgleichung echt größer Null sind, gilt für alle x stets $y' > 0$. Die Funktion ist also für alle x streng monoton wachsend. Nun noch zur zweiten Ableitung:

$$y'' = (y')' = \left(ry \cdot \left(1 - \tfrac{y}{K}\right)\right)' = ry' \cdot (1 - \tfrac{y}{K}) + ry \cdot (-\tfrac{y'}{K}) = ry' \cdot (1 - \tfrac{2y}{K}).$$

Erstaunlicherweise gilt $y'' = 0$ genau dann wenn $\frac{2y}{K} = 1$ bzw. $y = \frac{K}{2}$! Genau an dieser Stelle wechselt y'' das Vorzeichen, d.h. y hat hier einen Wendepunkt (und y' ein Maximum)!

Logistisches Wachstum für
unterschiedliche Anfangswerte $y(0)$.
Die mittlere Kurve zeigt Beispiel 25:

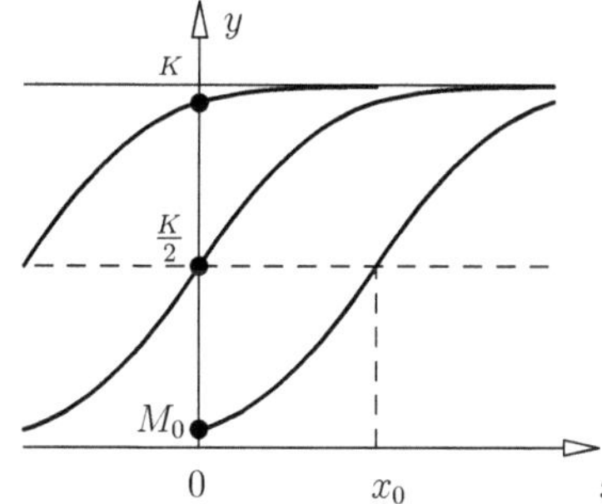

Erreicht das Wachstum (Steigung y') seinen größten Wert, ist die Population y genau auf der Hälfte ihres theoretischen Endwertes K angelangt! Das bis dahin beschleunigte Wachstum beginnt sich von diesem Punkt an abzuschwächen.

Lösen wir die Differenzialgleichung für einen *beliebigen* Anfangswert $y(0) = M_0$, $(0 < M_0 < K)$,

so folgt: $\quad y = \dfrac{K}{1 + e^{-r(x - x_0)}} = \dfrac{K}{1 + \dfrac{K - M_0}{M_0} \cdot e^{-rx}} \quad$ mit $\quad x_0 = \dfrac{1}{r} \cdot \ln\left(\dfrac{K - M_0}{M_0}\right)$, vgl. Skizze.

Die Michaelis - Menten - Gleichung

Ob zum Beispiel Kohlenmonoxid oder Alkohol im Blut, beide Stoffe sind giftig und müssen abgebaut werden. Die Fähigkeit zum Abbau solcher Stoffe verdanken wir hochspezialisierten Biokatalysatoren, den *Enzymen*.

Angenommen die Konzentration S der betreffenden Substanz verringert sich um ΔS während einer kurzen Zeitspanne Δt. Dann ist $\frac{\Delta S}{\Delta t}$ ein Maß für die Geschwindigkeit des Abbaus! (Die Einheit mol/m^3 pro Sekunde wird meistens umgerechnet zu millimol/L pro Stunde.)

$$ v_{\mathrm{S}} = \lim_{\Delta t \to 0} \frac{\Delta S}{\Delta t} = \frac{dS}{dt} $$

S sei hier die Bezeichnung für die Stoffmengenkonzentration, üblich ist auch [S] bzw. c(S).

Anstelle von S kann man auch die Konzentration P des Abbauproduktes betrachten, die natürlich zunimmt. Daher ist $v_{\mathrm{P}} = \frac{dP}{dt}$ positiv, $v_{\mathrm{S}} = \frac{dS}{dt}$ dagegen negativ. Abgesehen vom Vorzeichen sind ΔP und ΔS stoffmengenmäßig zumeist gleich groß, so dass gilt $v_{\mathrm{P}} = -v_{\mathrm{S}}$.

Wählen wir zum Beispiel den *Alkoholabbau*, mit Einheiten wie sie im Alltag üblich sind:

Alkoholabbau: $\qquad \dfrac{dS}{dt} = -\dfrac{0,18 \cdot S}{0,08 + S} \qquad$ (S in Promille, t in Stunden).

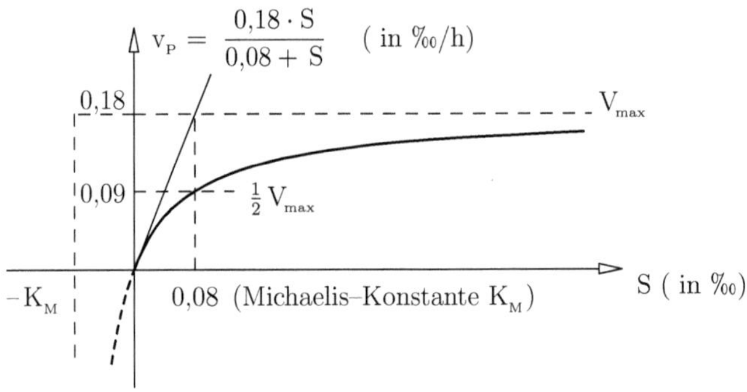

Für große Werte von S kann 0,08 vernachlässigt und der Nenner zu S vereinfacht werden. Dann erhält man für v_{P} den größtmöglichen Wert, nämlich: $V_{\max} = 0,18$ Promille/Stunde. Die Bildung von P bzw. der Abbau von S sind dann am größten.

Bei S = 0,08 Promille beträgt v_{P} nur noch:

$$ \frac{0,18 \cdot 0,08}{0,08 + 0,08} = 0,18 \cdot \frac{0,08}{0,08 + 0,08} = V_{\max} \cdot \frac{1}{2} $$

Die Michaelis–Konstante, hier $K_{\mathrm{M}} = 0,08$, ist charakteristisch für die betreffende Substanz.

Für noch kleinere Werte von S kann der Nenner $0,08 + S$ durch 0,08 ersetzt werden. Es gilt dann näherungsweise $v_{\mathrm{P}} = \frac{0,18}{0,08} \cdot S = 2,25 \cdot S$. Diese Gerade entspricht dem Verlauf der Tangente im Nullpunkt, (vgl. Skizze). Hier ist die Steigung der Kurve am größten.

Man beachte bei der Skizze $v_{\mathrm{P}} = -v_{\mathrm{S}}$, also ohne das negative Vorzeichen. Insgesamt handelt es sich bei dieser Kurve um eine verschobene Hyperbel, wie der gestrichelte Verlauf für S < 0 in der Skizze andeuten soll. Zur Kurvendiskussion für $S \geq 0$ siehe Aufgabe 7, Seite 192/193.

Beispiel 26 Falls Sie nach einer 'berauschenden' Feier noch $S_0 = 1$ Promille im Blut haben, wie sieht dann anschließend der *zeitliche Verlauf* von S aus? Die Anfangswertaufgabe lautet:

$$\frac{dS}{dt} = -\frac{0,18 \cdot S}{0,08 + S}, \quad S(0) = S_0, \qquad \text{(S in Promille, t in Stunden)}.$$

Die Nullstelle $S = 0$ von $g(S)$ ist uninteressant, für die gesuchte Lösung gilt natürlich $S > 0$:

$$\int_0^t dt = -\int_{S_0}^S \frac{0,08 + S}{0,18 \cdot S}\,dS = -\int_{S_0}^S \frac{0,08}{0,18 \cdot S}\,dS - \int_{S_0}^S \frac{S}{0,18 \cdot S}\,dS$$

$$= -\int_{S_0}^S \frac{0,4}{S}\,dS - \int_{S_0}^S 5,6\,dS = -0,4 \cdot \ln S + 0,4 \cdot \ln S_0 - 5,6 \cdot S + 5,6 \cdot S_0$$

$\underline{\text{Ergebnis:}} \qquad t = 0,4 \cdot \ln \dfrac{S_0}{S} + 5,6 \cdot (S_0 - S) \qquad$ (Skizze unten links für $S_0 = 1$).

Diese Gleichung der Form $t = G(S)$ können wir allerdings nicht nach S auflösen, da wir keine elementare Umkehrfunktion G^{-1} finden! Aber durch Spiegeln von $t = G(S)$ an der Winkelhalbierenden lässt sich die Umkehrung $S = G^{-1}(t)$ als Funktion der Zeit darstellen, vgl. rechts! (Durch Verschieben in t–Richtung lässt sich jeder andere Anfangswert erreichen.)

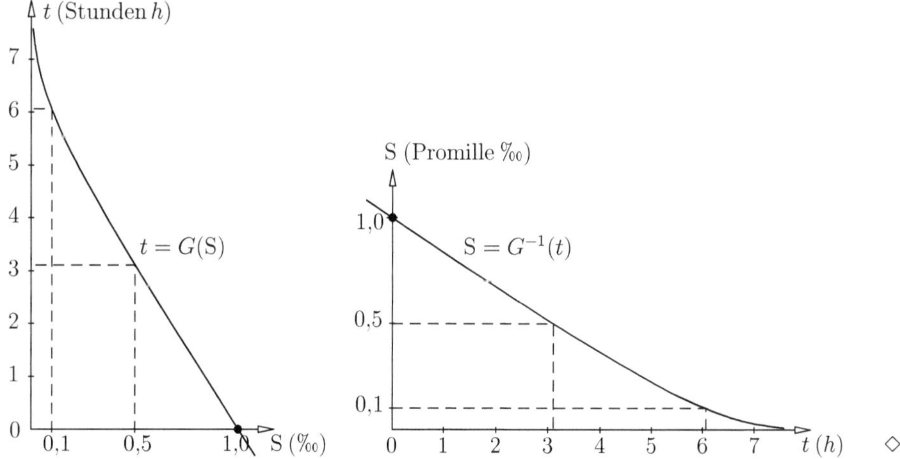

Der Abbau von Alkohol ist nur ein Spezialfall der

Michaelis - Menten - Gleichung $\qquad \boxed{v_S = -\dfrac{V_{\max} \cdot S}{K_M + S}} \qquad \left(\text{mit } v_S = \dfrac{dS}{dt}\right)$

K_M heißt Michaelis–Konstante und ist charakteristisch für die betreffende Enzym–Reaktion! K_M ist diejenige Substratkonzentration S, bei der $v_s = -\frac{1}{2}V_{\max}$ beträgt. Wir haben für Alkohol (Ethanol) die Werte $V_{\max} = 4,0\,\frac{mmol}{L \cdot h}$ und $K_M = 1,7\,\frac{mmol}{L}$ gewählt, um den Alkoholabbau durch Alkohol-Dehydrogenase (ADH) zu beschreiben. Als allgemeine Lösung erhält man, siehe Aufgabe 18, Seite 196:

$$\boxed{t = \frac{K_M}{V_{\max}} \cdot \ln \frac{S_0}{S} + \frac{1}{V_{\max}} \cdot (S_0 - S)} \qquad (S(0) = S_0)$$

4.7 Partielle Ableitungen

Einführung Die Theorie der Funktionen mehrerer Veränderlicher ist in einem 1-semestrigen Kurs nicht unterzubringen. Wir wollen hier zumindest das partielle Differenzieren behandeln.

Im Folgenden seien $a, b, \ldots$ irgendwelche Konstanten wie zum Beispiel $a = 3$, $b = 4$, $e = 2{,}71828\ldots$ usw. Lassen Sie sich durch kompliziertere Ausdrücke nicht aus der Ruhe bringen und überlegen Sie: Dann sind auch a^2 oder e^b Konstante und beim Differenzieren dann auch als solche zu behandeln. Wegen $(e^x)' = e^x$ folgt also beispielsweise:

$\frac{d}{dx}(9 \cdot e^x) = 9 \cdot e^x$, $\frac{d}{dx}(3^2 \cdot e^x) = 3^2 \cdot e^x$, $\frac{d}{dx}(a^2 \cdot e^x) = a^2 \cdot e^x$. Ob die Konstante als 9 notiert wird oder als 3^2, oder allgemein als a^2, ist natürlich gleichgültig. Die Klammern um das Produkt lässt man oft weg. Aber halten wir fest:

$$(1) \qquad\qquad \frac{d}{dx}\,(a^2 \cdot e^x) \;=\; a^2 \cdot e^x \qquad\qquad \text{(weil } a \text{ konstant).}$$

Sie werden gleich den Sinn dieser Übung erfahren. Zuvor noch als Beispiel: $\frac{d}{dt}\,t^2 \cdot 16 = 2t \cdot 16$, $\frac{d}{dt}\,t^2 \cdot 2^4 = 2t \cdot 2^4$, $\frac{d}{dt}\,t^2 \cdot e^4 = 2t \cdot e^4$, $\frac{d}{dt}\,t^2 \cdot e^b = 2t \cdot e^b$. Wir notieren letzteres:

$$(2) \qquad\qquad \frac{d}{dt}\,(t^2 \cdot e^b) \;=\; 2t \cdot e^b \qquad\qquad \text{(weil } b \text{ konstant).}$$

Recht häufig hat es der Naturwissenschaftler mit mehreren Variablen zu tun. Beispielsweise in der Meteorologie ist der Luftdruck eine Funktion des Ortes *und* der Zeit. Wir wählen zunächst ein einfaches Übungsbeispiel mit nur einer Ortskoordinaten: Diskutieren wir also die Funktion

$$f(x, t) \;=\; t^2 \cdot e^x$$

wobei x die Rolle des Ortes übernehmen soll und t hierbei die Zeit bezeichne.

Es ist zum Beispiel sinnvoll, $f(x, t)$ beziehungsweise den Luftdruck zu einem festen Zeitpunkt t zu betrachten. Der Luftdruck ändert sich dann *immer noch* als Funktion des Ortes, was sich durch Ableiten $\frac{d}{dx}$ nach x bestimmen lässt! In disem Falle spielt dann aber t nur noch die Rolle einer Konstanten!

Ebenso sinnvoll ist es, den Luftdruck an einem festen Ort x zu betrachten. Der Luftdruck ändert sich dann als Funktion der Zeit, was sich durch Ableiten $\frac{d}{dt}$ nach t ermitteln lässt. In diesem Falle spielt x die Rolle einer Konstanten!

Abgesehen vom Taschenrechner wird diese spezielle Art des Differenzierens bei Funktionen mit mehreren Veränderlichen immer durch eine spezielle Bezeichnungsweise hervorgehoben! Statt $\frac{d}{dx}$ benutzt man $\frac{\partial}{\partial x}$, anstelle $\frac{d}{dt}$ entsprechend $\frac{\partial}{\partial t}$. Wir erhalten somit, analog zu oben:

$$(1) \qquad\qquad \frac{\partial}{\partial x}\,(t^2 \cdot e^x) \;=\; t^2 \cdot e^x \qquad\qquad \text{(weil } t \text{ konstant).}$$

$$(2) \qquad\qquad \frac{\partial}{\partial t}\,(t^2 \cdot e^x) \;=\; 2t \cdot e^x \qquad\qquad \text{(weil } x \text{ konstant).}$$

Diese Vorgehensweise heißt auch *partielles Differenzieren*. Das Ergebnis sind die *partiellen Ableitungen* nach den einzelnen Variablen.

Selbstverständlich ist auch ein mehrmaliges Ableiten möglich. Und neu in diesem Falle sind *gemischte Ableitungen* nach x und nach t:

Beispiel 27 Wir bestimmen von $f(x,t) = t^2 \cdot e^x$ einige höhere und gemischte Ableitungen:

(a) $\frac{\partial}{\partial x}\frac{\partial}{\partial x} f(x,t)$ und $\frac{\partial}{\partial t}\frac{\partial}{\partial t} f(x,t)$, (b) $\frac{\partial}{\partial t}\frac{\partial}{\partial x} f(x,t)$ und $\frac{\partial}{\partial x}\frac{\partial}{\partial t} f(x,t)$, für bel. $x, t \in \mathbb{R}$.

(Im Fall (b) bedeutet $\frac{\partial}{\partial t}\frac{\partial}{\partial x}$ zuerst nach x und dann nach t ableiten). Wir erhalten also:

(a) $\frac{\partial}{\partial x}\frac{\partial}{\partial x} (t^2 \cdot e^x) = \frac{\partial}{\partial x} (t^2 \cdot e^x) = t^2 \cdot e^x$ $\quad$ $\frac{\partial}{\partial t}\frac{\partial}{\partial t} (t^2 \cdot e^x) = \frac{\partial}{\partial t} (2t \cdot e^x) = 2\,e^x$

(b) $\frac{\partial}{\partial t}\frac{\partial}{\partial x} (t^2 \cdot e^x) = \frac{\partial}{\partial t} (t^2 \cdot e^x) = 2t \cdot e^x$ $\quad$ $\frac{\partial}{\partial x}\frac{\partial}{\partial t} (t^2 \cdot e^x) = \frac{\partial}{\partial x} (2t \cdot e^x) = 2t \cdot e^x$ $\diamond$

Als abkürzende Schreibweisen sind zum Beispiel f_x und f_t anstelle von $\frac{\partial f}{\partial x}$ und $\frac{\partial f}{\partial t}$ üblich. Interessant ist das Ergebnis von (b), nämlich: $f_{tx} = f_{xt}$. Das gilt allgemein, sofern f und die betreffenden Ableitungen *stetig* sind. Und das gilt auch für mehrmaliges Ableiten, also zum Beispiel $f_{ttxx} = f_{xttxx} = f_{txtxx} = \ldots = f_{xxxtt}$ Da aber das Addieren, Subtrahieren, Multiplizieren, Dividieren, Exponieren und Verketten von stetigen Funktionen wieder eine stetige Funktion ergibt, ist die erforderliche Voraussetzung praktisch immer erfüllt (s. S. 86). Natürlich muss die Anzahl der jeweiligen Ableitungen übereinstimmen, doch ansonsten gilt auch bei mehr als zwei Variablen für gemischte Ableitungen der *Satz von Schwarz*:

> Das Ergebnis ist unabhängig von der Reihenfolge beim Differenzieren

Das ist recht nützlich, denn das partielle Differenzieren ist mühsam genug. Es erfordert vor allem Konzentration. Falls Sie Schwierigkeiten haben, ersetzen Sie doch zunächst die Variablen, nach denen nicht differenziert wird, konkret oder gedanklich durch Zahlen oder Bezeichnungen wie etwa $a, b, c \ldots$ Produktregel, Kettenregel usw. finden nämlich weiterhin Anwendung wie bisher!

Beispiel 28 Wir bestimmen die partiellen Ableitungen (i) $f_x(x,t)$ sowie (ii) $f_t(x,t)$ von

$$f(x,t) = \sin(x^2 + \omega t), \qquad\qquad \omega \ (\text{„omega“}) \text{ eine Konstante.}$$

(i) Bei der Ableitung nach x ist ωt wie eine Konstante zu behandeln. Zur Anwendung der Kettenregel (5) setzen wir nun $v = x^2 + \omega t$. Die äußere Funktion $u = \sin v$ ergibt nach v abgeleitet $\cos v = \cos(x^2 + \omega t)$. Die innere Ableitung von $v = x^2 + \omega t$ nach x ergibt als Faktor nur $2x$. Insgesamt erhalten wir also das

Ergebnis: $\quad f_x(x,t) = \dfrac{\partial}{\partial x} (\underbrace{\sin}_{u} (\underbrace{x^2 + \omega t}_{(\,v(x)\,)})) = (\cos(x^2 + \omega t)) \cdot 2x$

Man schreibt die Kettenregel hierfür wieder kurz und einprägsam:

$$\frac{\partial u}{\partial x} = \frac{\partial u}{\partial v} \cdot \frac{\partial v}{\partial x}$$

(ii) Im Fall f_t ist x^2 wie eine Konstante zu behandeln, und ω ist nur ein konstanter Faktor. Beim Differenzieren setzen wir natürlich einfach wieder $v = x^2 + \omega t$. Die äußere Ableitung ergibt dann auch wieder $\cos v = \cos(x^2 + \omega t)$. Die innere Ableitung von v nach t ergibt aber nur den Faktor ω. In diesem Falle lautet also das

Ergebnis: $\quad f_t(x,t) = \dfrac{\partial}{\partial t} (\underbrace{\sin}_{u} (\underbrace{x^2 + \omega t}_{(\,v(t)\,)})) = (\cos(x^2 + \omega t)) \cdot \omega$

$$\frac{\partial u}{\partial t} = \frac{\partial u}{\partial v} \cdot \frac{\partial v}{\partial t}$$

$\diamond$

Für höhere partielle Ableitungen sind wiederum abkürzende Schreibweisen üblich wie z. B. (vergleichen Sie mit der analogen abkürzenden Notation cm^3 anstelle von $\mathrm{cm\,cm\,cm}$):

$$\frac{\partial^5}{\partial x^3 \cdot \partial y^2} \quad \text{oder} \quad \frac{\partial^3}{\partial x^3}\frac{\partial^2}{\partial y^2} \quad \text{anstelle von} \quad \frac{\partial}{\partial x}\frac{\partial}{\partial x}\frac{\partial}{\partial x}\frac{\partial}{\partial y}\frac{\partial}{\partial y}$$

Entsprechendes gilt natürlich auch bei Funktionen von mehr als zwei Variablen.

Beispiel 29 Gesucht ist eine Stoffmengenkonzentration $c(x,t)$ als Funktion des Ortes x und der Zeit $t > 0$, welche die 'Diffusionsgleichung' erfüllt:

$$\frac{\partial}{\partial t} c(x,t) = D \cdot \frac{\partial^2}{\partial x^2} c(x,t) \qquad\qquad (D \text{ der 'Diffusionskoeffizient'}).$$

Wir zeigen, dass die 'Gauß-Funktion' $c(x,t) = \frac{1}{\sqrt{t}} \cdot e^{-\frac{x^2}{4Dt}} = t^{-\frac{1}{2}} \cdot e^{-\frac{x^2}{4Dt}}$ eine Lösung ist!
Der Beweis der Gleichheit der beiden Seiten (i) $\frac{\partial}{\partial t} c$ und (ii) $D \cdot \frac{\partial^2}{\partial x^2} c$ ist allerdings mühsam:

(i) $\displaystyle \frac{\partial}{\partial t} c = -\frac{1}{2} \cdot t^{-\frac{3}{2}} \cdot e^{-\frac{x^2}{4Dt}} + t^{-\frac{1}{2}} \cdot e^{-\frac{x^2}{4Dt}} \cdot \frac{x^2}{4D} \cdot t^{-2}$

$\displaystyle \qquad = t^{-\frac{1}{2}} \cdot e^{-\frac{x^2}{4Dt}} \cdot \left(-\frac{1}{2} \cdot t^{-1} + \frac{x^2}{4D} \cdot t^{-2} \right)$

(ii) $\displaystyle \frac{\partial}{\partial x} c = t^{-\frac{1}{2}} \cdot e^{-\frac{x^2}{4Dt}} \cdot 2x \cdot \left(-\frac{1}{4Dt}\right) = \frac{1}{D} \cdot t^{-\frac{1}{2}} \cdot e^{-\frac{x^2}{4Dt}} \cdot x \cdot \left(-\frac{1}{2}\right) \cdot t^{-1}$

$\displaystyle \quad \frac{\partial^2}{\partial x^2} c = \frac{1}{D} \cdot t^{-\frac{1}{2}} \cdot e^{-\frac{x^2}{4Dt}} \cdot \left(-\frac{1}{2}\right) \cdot t^{-1} + \frac{1}{D} \cdot t^{-\frac{1}{2}} \cdot e^{-\frac{x^2}{4Dt}} \cdot x \cdot \left(-\frac{1}{2}\right) \cdot t^{-1} \cdot \frac{-2x}{4Dt}$

Nach Multiplikation mit D folgt, vergleichen Sie zum Schluss mit dem Ergebnis von Teil (i):

$$D \cdot \frac{\partial^2}{\partial x^2} c = t^{-\frac{1}{2}} \cdot e^{-\frac{x^2}{4Dt}} \cdot \left(-\frac{1}{2}\right) \cdot t^{-1} + t^{-\frac{1}{2}} \cdot e^{-\frac{x^2}{4Dt}} \cdot x \cdot \left(-\frac{1}{2}\right) \cdot t^{-1} \cdot \frac{-2x}{4Dt}$$

$$= t^{-\frac{1}{2}} \cdot e^{-\frac{x^2}{4Dt}} \cdot \left(-\frac{1}{2} \cdot t^{-1} + x \cdot \left(-\frac{1}{2}\right) \cdot t^{-1} \cdot \frac{-2x}{4Dt} \right)$$

$$= t^{-\frac{1}{2}} \cdot e^{-\frac{x^2}{4Dt}} \cdot \left(-\frac{1}{2} \cdot t^{-1} + \frac{x^2}{4D} \cdot t^{-2} \right) \quad \text{Was zu beweisen war!}$$

Auch jedes konstante Vielfache von c ist offensichtlich wieder eine Lösung der Gleichung, ebenso jede in x–Richtung verschobene Lösung wie $c(x,t) = \frac{1}{\sqrt{t}} \cdot e^{-\frac{(x-\mu)^2}{4Dt}}$. $\qquad \diamond$

Stetigkeit Auf der vorigen Seite war wieder von *stetigen* Funktionen die Rede. Leider folgt bei Funktionen mehrerer Variablen aus der Existenz der partiellen Ableitungen noch nicht die Stetigkeit dieser Funktion (vgl. dagegen S. 59). Trotzdem ist die Situation recht einfach:

Zunächst einmal sind alle elementaren Funktionen des Taschenrechners, also $\sin x$, $\tan x$, $\sqrt{x}$, x, x^2, e^x, ..., und konstante Funktionen auf ihrem gesamten *Definitionsbereich* stetig. Und das gilt auch für alle Funktionsausdrücke, die sich durch Addition/Subtraktion, Multiplikation/Division und Verkettung, *auch in mehreren Variablen*, daraus bilden lassen! So ist zum Beispiel die folgende Funktion $h(x,y)$ auf ihrem gesamten Definitionsbereich stetig:

$$h(x,y) = \frac{\sin(x \cdot y + 5) - 2e^{x+y} + x^3 \cdot y^2 - 1}{x^2 + y^2 + 4} \qquad (\text{Definitionsbereich alle } x,y \in \mathbb{R}).$$

Stammfunktion Bei mehreren Variablen stellt sich eine ganz analoge Frage:

Wir denken uns die partiellen Ableitungen als vorgegeben:
Existiert nun auch eine Funktion mit diesen partiellen Ableitungen?

Beispiel 30 Gibt es eine Funktion $F(x,y)$ mit der Eigenschaft:

$$\frac{\partial}{\partial x} F(x,y) = 2xy + y\,, \qquad \frac{\partial}{\partial y} F(x,y) = x^2 + 2x\,, \qquad \text{(für alle } x,y \in \mathbb{R}).$$

Entscheidend ist die Idee, hiermit die gemischten Ableitungen zu bestimmen:

$$\frac{\partial}{\partial y}\frac{\partial}{\partial x} F(x,y) = \frac{\partial}{\partial y}(2xy + y) = 2x + \mathbf{1}\,, \qquad \frac{\partial}{\partial x}\frac{\partial}{\partial y} F(x,y) = \frac{\partial}{\partial x}(x^2 + 2x) = 2x + \mathbf{2}\,.$$

Da es beim Differenzieren nicht auf die Reihenfolge der Variablen ankommt, müssten diese gemischten Ableitungen aber gleich sein! Eine Funktion $F(x,y)$ mit den hier vorgegebenen partiellen Ableitungen kann es folglich gar nicht geben! $\diamond$

Beispiel 31 Gibt es eine Funktion $F(x,y)$ mit der Eigenschaft:

$$\frac{\partial}{\partial x} F(x,y) = 2xy + y\,, \qquad \frac{\partial}{\partial y} F(x,y) = x^2 + x\,, \qquad \text{(für alle } x,y \in \mathbb{R}).$$

In diesem Falle stimmen die gemischten Ableitungen überein:

$$\frac{\partial}{\partial y}\frac{\partial}{\partial x} F(x,y) = \frac{\partial}{\partial y}(2xy + y) = 2x + 1\,, \qquad \frac{\partial}{\partial x}\frac{\partial}{\partial y} F(x,y) = \frac{\partial}{\partial x}(x^2 + x) = 2x + 1\,.$$

Der folgende Satz hierzu besagt, dass es in diesem Fall eine Funktion $F(x,y)$ mit den vorgegebenen Ableitungen gibt (überprüfen Sie zum Beispiel $F(x,y) = x^2 \cdot y + x \cdot y$). $\diamond$

Im Fall von $n = 2$ Variablen x, y gibt es eine Funktion F mit der Eigenschaft

$$\frac{\partial F(x,y)}{\partial x} = f_1(x,y) \quad und \quad \frac{\partial F(x,y)}{\partial y} = f_2(x,y) \ \ genau\ dann,\ wenn\ gilt:$$

$$\boxed{\frac{\partial f_2}{\partial x} = \frac{\partial f_1}{\partial y}} \qquad\qquad (\mathbf{n = 2})$$

Im Fall von $n = 3$ Variablen x_1, x_2, x_3 gibt es eine Funktion F mit der Eigenschaft

$$\frac{\partial F(x_1, x_2, x_3)}{\partial x_1} = f_1(x_1, x_2, x_3), \quad \frac{\partial F(x_1, x_2, x_3)}{\partial x_2} = f_2(x_1, x_2, x_3), \quad \frac{\partial F(x_1, x_2, x_3)}{\partial x_3} = f_3(x_1, x_2, x_3)$$

genau dann, wenn gilt:

$$\boxed{\frac{\partial f_2}{\partial x_1} = \frac{\partial f_1}{\partial x_2} \qquad \frac{\partial f_3}{\partial x_1} = \frac{\partial f_1}{\partial x_3} \qquad \frac{\partial f_3}{\partial x_2} = \frac{\partial f_2}{\partial x_3}} \qquad (\mathbf{n = 3})$$

Zusätzlich müssen alle partiellen Ableitungen der Funktionen f_1, f_2 bzw. f_1, f_2, f_3 stetig sein auf einem einfach zusammenhängenden Gebiet. Ein *einfach zusammenhängendes Gebiet* ist z.B. die gesamte Ebene (alle $x, y \in \mathbb{R}$), siehe Beispiele 30 und 31, aber auch Kreis oder Rechteck oder andere elementare Teilmengen. Bei drei Variablen ist z.B. der gesamte Raum (alle $x, y, z \in \mathbb{R}$), jede Kugel oder jeder Quader einfach zusammenhängend. Die allgemeine Definition geht über den Rahmen dieser Darstellung hinaus.

Satz von Taylor für mehrere Variable

Wir beschränken uns exemplarisch auf den Fall $z = f(x, y)$ einer Funktion mit *zwei* Variablen. Der untere Index x bzw. y stehe wieder als Abkürzung für das partielle Differenzieren nach x bzw. y, und sämtliche partiellen Ableitungen seien stetig. Für viele Anwendungen genügt der Anfang der Taylorentwicklung in folgenden zwei Versionen:

$$
\begin{aligned}
\text{(a)} \quad & f(x, y) = f(x_0, y_0) + R_1\,, \\
& R_1 = f_x(\xi, \eta) \cdot (x - x_0) + f_y(\xi, \eta) \cdot (y - y_0)\,. \\
\text{(b)} \quad & f(x, y) = f(x_0, y_0) + f_x(x_0, y_0) \cdot (x - x_0) + f_y(x_0, y_0) \cdot (y - y_0) + R_2\,, \\
& R_2 = \tfrac{1}{2} \cdot \Big(f_{xx}(\xi, \eta) \cdot (x - x_0)^2 + 2 f_{xy}(\xi, \eta) \cdot (x - x_0)(y - y_0) + f_{yy}(\xi, \eta) \cdot (y - y_0)^2 \Big).
\end{aligned}
$$

mit nicht näher bekannten Werten ξ zwischen x und x_0 bzw. η zwischen y und y_0.

Derartige Ausdrücke lassen sich mit Hilfe der Vektorschreibweise übersichtlicher formulieren (siehe Seite 102), oder mit Hilfe symbolischer Ausdrücke wie zum Beispiel am Schluss dieses Abschnitts.

Extremwertbestimmung   Beim Vorliegen eines Extremums an der Stelle (x_0, y_0) sind, wie mit Version (a) leicht zu beweisen, alle partiellen Ableitungen 1. Ordnung gleich Null, also hier:
$$f_x(x_0, y_0) = 0 \quad \text{und} \quad f_y(x_0, y_0) = 0\,.$$

Dies ist notwendig für das Vorliegen eines Extremums, aber wiederum nicht ausreichend! Man benötigt auch hier zusätzliche ergänzende Informationen. Gemäß (b) folgt zunächst:

$$f(x, y) = f(x_0, y_0) + R_2\,.$$

Gilt nun z.B. $R_2 > 0$ für alle Punkte (x, y) einer (genügend kleinen) Umgebung von (x_0, y_0), so folgt für diese: $f(x, y) > f(x_0, y_0)$, also ein Minimum an der Stelle (x_0, y_0)! Und da die (x, y)-Werte nur genügend nahe bei (x_0, y_0) liegen müssen, unterscheiden sich die Ableitungen 2. Ordnung an der Stelle (ξ, η) auch nur beliebig wenig von den Werten an der Stelle (x_0, y_0). Dadurch vereinfacht sich die Zusatzbedingung $R_2 > 0$ zu:

$$f_{xx}(x_0, y_0) \cdot (x - x_0)^2 + 2 f_{xy}(x_0, y_0) \cdot (x - x_0)(y - y_0) + f_{yy}(x_0, y_0) \cdot (y - y_0)^2 > 0\,, \quad \text{(Minimum)}$$

für $x \neq x_0$, $y \neq y_0$. (Analog mit '< 0' für Maximum).

Dieser zusätzliche Nachweis hier ist viel mühsamer als bei Funktionen mit einer Variablen.

Beispiel 32 $f(x, y) = x^2 - 2x - 2xy + 2y^2 + 5$, $(x \in \mathbb{R},\ y \in \mathbb{R})$, besitzt ein relatives Minimum:

Die partiellen Ableitungen ergeben hier
$$f_x(x, y) = 2x - 2 - 2y \quad \text{und} \quad f_y(x, y) = -2x + 4y\,.$$

Zunächst muss gelten $f_x(x_0, y_0) = f_y(x_0, y_0) = 0$. Das bedeutet:

$$
\begin{array}{rcl}
2x_0 - 2 - 2y_0 &=& 0 \\
-2x_0 + 4y_0 &=& 0
\end{array}
\quad \Leftrightarrow \quad
\begin{array}{rcl}
x_0 - y_0 &=& 1 \\
-x_0 + 2y_0 &=& 0
\end{array}
$$

Dieses Gleichungssystem löst man wie üblich und stellt fest: Ein Extremum ist nur möglich für den Punkt
$$(x_0; y_0) = (2; 1),$$
ein sogenannter 'kritischer Punkt'.

Für die Werte der Ableitungen 2. Ordnung erhält man:

$$f_{xx}(x_0, y_0) = 2\,, \quad f_{xy}(x_0, y_0) = -2\,, \quad f_{yy}(x_0, y_0) = 4\,.$$

Hinreichend für ein lokales Minimum an der Stelle $(x_0; y_0)$ wäre also:

$$2 \cdot (x - x_0)^2 - 4(x - x_0)(y - y_0) + 4(y - y_0)^2 > 0 \qquad \Leftrightarrow$$

$$(x - x_0)^2 - 2(x - x_0)(y - y_0) + (y - y_0)^2 + (y - y_0)^2 > 0 \qquad \Leftrightarrow$$

$$\underbrace{\left((x - x_0) - (y - y_0)\right)^2}_{\geq 0} + \underbrace{(y - y_0)^2}_{>0} > 0 \qquad \text{(für alle } x \neq x_0\,,\ y \neq y_0).$$

Diese hinreichende Bedingung für ein Minimum ist offensichtlich erfüllt!

<u>Ergebnis:</u> Die Funktion $f(x, y) = x^2 - 2x - 2xy + 2y^2 + 5$ besitzt an der Stelle $(x_0; y_0) = (2; 1)$ ein relatives Minimum. Weitere relative (= lokale) Extrema gibt es nicht, da $f(x, y)$ keine weiteren kritischen Punkte besitzt. $\diamond$

Symbolische Kurzschreibweise Mit den Abkürzungen $h = x - x_0$ und $k = y - y_0$ und einer geschickten Symbolik erhalten wir den Satz von Taylor auch in der folgenden symbolischen Kurzform. Vergleichen Sie mit der vorigen ausführlichen Formulierung:

(a) $f(x, y) = f(x_0, y_0) + \left(h \cdot \frac{\partial}{\partial x} + k \cdot \frac{\partial}{\partial y}\right) f(\xi, \eta)$

(b) $f(x, y) = f(x_0, y_0) + \frac{1}{1!}\left(h \cdot \frac{\partial}{\partial x} + k \cdot \frac{\partial}{\partial y}\right) f(x_0, y_0) + \frac{1}{2!}\left(h \cdot \frac{\partial}{\partial x} + k \cdot \frac{\partial}{\partial y}\right)^2 f(\xi, \eta)$

Nun erkennen Sie wahrscheinlich auch den nächsten Schritt:

(c) $f(x, y) = f(x_0, y_0) + \frac{1}{1!}\left(h \cdot \frac{\partial}{\partial x} + k \cdot \frac{\partial}{\partial y}\right) f(x_0, y_0) + \frac{1}{2!}\left(h \cdot \frac{\partial}{\partial x} + k \cdot \frac{\partial}{\partial y}\right)^2 f(x, y)$

$$+ \frac{1}{3!}\left(h \cdot \frac{\partial}{\partial x} + k \cdot \frac{\partial}{\partial y}\right)^3 f(\xi, \eta)$$

Hierbei nutzt man symbolisch den Binomischen Lehrsatz. Zum Beispiel bedeutet:

$$\left(h \cdot \frac{\partial}{\partial x} + k \cdot \frac{\partial}{\partial y}\right)^3 f(\xi, \eta) = h^3 \cdot f_{xxx}(\xi, \eta) + 3h^2 k \cdot f_{xxy}(\xi, \eta) + 3hk^2 \cdot f_{xyy}(\xi, \eta) + k^3 \cdot f_{yyy}(\xi, \eta).$$

Vergleichen Sie: $(a + b)^3 = a^3 + 3a^2 b + 3ab^2 + b^3$.

Mit dieser abkürzenden Schreibweise lässt sich der Satz von Taylor auch leicht für mehr als zwei Variable formulieren!

5.1 Vektoralgebra

Alles nur Schiebung Wie in der Physik wollen wir vereinfachend Größen 'ohne Richtung' als *Skalare* bezeichnen und solche 'mit Richtung' als *Vektoren*. Betrachten wir zum Beispiel eine Translation (Verschiebung) der Zeichenebene! Länge und Richtung der Verschiebung sind für alle Punkte P gleich. Daher genügt die Angabe eines einzigen Richtungsvektors $\vec{v}$, der die Translation repräsentiert und veranschaulicht:

$$\vec{v} = \vec{PQ}$$

Die Länge eines solchen geometrischen Vektors $\vec{v}$ bezeichnet man auch als seinen *Betrag*, ausfürlich notiert als $|\vec{v}|$, oder einfach nur v.

Die entgegengesetzte Verschiebung lässt sich durch einen Vektor mit gleicher Länge aber entgegengesetzter Richtung veranschaulichen. Man nennt ihn *Gegenvektor* oder inversen Vektor:

$$-\vec{v} = \vec{QP}$$

Beide Translationen zusammen ergeben eine 'Nulltranslation', symbolisiert durch den *Nullvektor* $\vec{0} = \vec{PP}$. Sein Betrag ist Null, man ordnet ihm keine Richtung zu. Halten wir fest:

$$-\vec{v} + \vec{v} = \vec{0}$$

Beispiel 1 (Kräftegleichgewicht) Kräfte unterscheiden sich durch Größe und Richtung, was ihre Vektornatur offenbart! Daher heben sich z. B. zwei gleichgroße, aber entgegengesetzt gerichtete Kräfte auf. Hängt eine Masse an einer Spiralfeder, wird die Feder so weit gedehnt, bis die rückwirkende Federkraft $\vec{F}$ betragsmäßig der Gewichtskraft $\vec{G}$ entspricht. Es handelt sich also um Vektor und Gegenvektor:

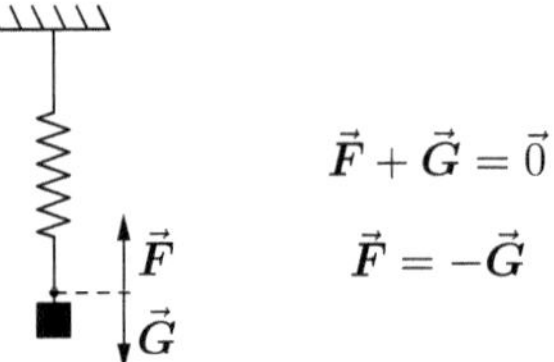

$$\vec{F} + \vec{G} = \vec{0}$$
$$\vec{F} = -\vec{G}$$

$\diamond$

Addition und Zerlegung Betrachten wir zwei beliebige Translationen mit den zugehörigen Vektoren $\vec{p}$ und $\vec{q}$:

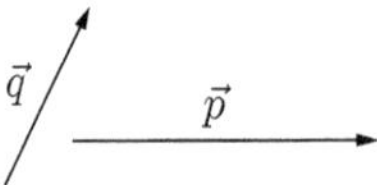

Hintereinander ausgeführt ergeben die zwei Translationen $\vec{p}$ und $\vec{q}$ wieder eine Translation. Den entsprechenden Vektor bezeichnet man als $\vec{p} + \vec{q}$. Offensichtlich gilt $\vec{p} + \vec{q} = \vec{q} + \vec{p}$:

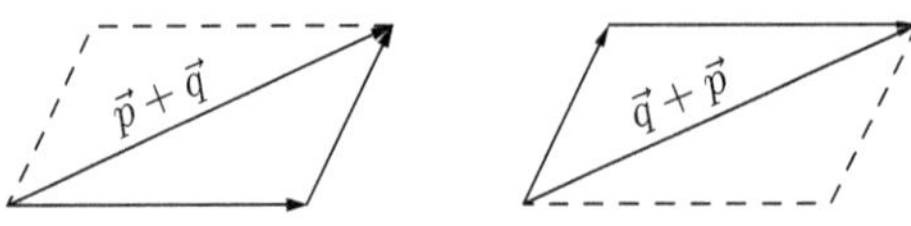

Trivialerweise gilt $\vec{0} + \vec{p} = \vec{p}$. Da allgemein die Hintereinanderausführung von Abbildungen assoziativ ist, gilt für die Addition von drei Vektoren auch $(\vec{p} + \vec{q}) + \vec{r} = \vec{p} + (\vec{q} + \vec{r})$. Man verzichtet daher oft auf die Klammern. Für die Addition gilt also zusammenfassend, wenn $\vec{p}, \vec{q}, \vec{r}$ beliebig gewählte Vektoren bezeichnen:

$$\begin{aligned}
\vec{p} + (\vec{q} + \vec{r}) &= (\vec{p} + \vec{q}) + \vec{r} \\
\vec{0} + \vec{p} &= \vec{p} \\
-\vec{p} + \vec{p} &= \vec{0}. \\
\vec{p} + \vec{q} &= \vec{q} + \vec{p}
\end{aligned}$$

Anstelle $\vec{p} + (-\vec{q})$ schreibt man kürzer $\vec{p} - \vec{q}$, vergleiche folgende Skizze! Wegen $\vec{p} - \vec{q} = -\vec{q} + \vec{p}$ kann man auch zuerst $-\vec{q}$ bilden, dann $\vec{p}$ addieren, (gestrichelt gezeichnet):

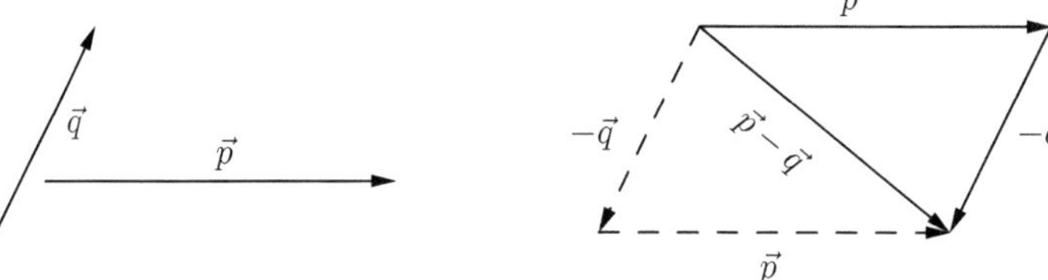

Auch Geschwindigkeiten lassen sich durch Angabe von Richtung und Betrag ($= L\ddot{a}nge$) charakterisieren, besitzen also Vektornatur. Und wie bei Kräften können Sie der betreffenden Einheit, zum Beispiel $\frac{km}{h}$, eine entsprechende $L\ddot{a}ngen$einheit zuordnen, etwa cm oder $inch$ oder wie auch immer. Das ermöglicht die zeichnerische Lösung von entsprechenden Aufgaben·

Beispiel 2 Als einigermaßen guter Schwimmer beträgt Ihre Geschwindigkeit $v = 3{,}0$ km/h. Sie wollen von Punkt A nach B am anderen Ufer des Flusses! Die Strömungsgeschwindigkeit des Wassers beträgt $w = 1{,}5$ km/h. Falls Sie also mit $\alpha = 90°$ auf B zuschwimmen wollen, werden Sie abgetrieben! Die beiden Geschwindigkeiten $\vec{v}$ und $\vec{w}$ addieren sich vektoriell. Folglich bestimmt $\vec{u} = \vec{v} + \vec{w}$ Ihre eigentliche Geschwindigkeit und Richtung:

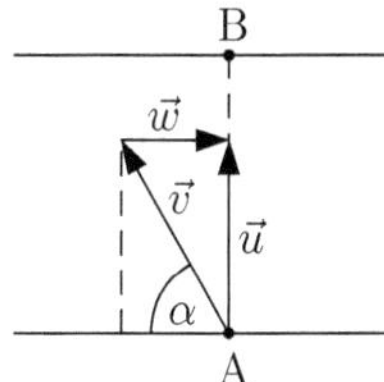

(i) Welchen Winkel α müssen Sie einhalten, um von A aus direkt bei B gegenüber anzukommen?

(ii) Mit welcher Geschwindigkeit kommen Sie vorwärts?

Die obige Skizze gilt für den vorliegenden Fall $w < v$. Hier gilt also:

(i) $\quad \cos \alpha = \dfrac{w}{v} = \dfrac{1{,}5 \, km/h}{3 \, km/h} = \dfrac{1}{2}$ und folglich $\alpha = \cos^{-1} \dfrac{1}{2} = 60°$.

(ii) $\quad \sin \alpha = \dfrac{u}{v}$ bzw. $u = v \cdot \sin \alpha$ oder 'Pythagoras' $u = \sqrt{v^2 - w^2}$ ergibt $u = 2{,}6$ km/h.

Ergebnis: Der erforderliche 'Anstellwinkel' α beträgt $60°$.
    Die Geschwindigkeit beim Schwimmen sinkt auf $2{,}6$ km/h. $\qquad\qquad \diamond$

Beispiel 3 Häufig stellt sich die umgekehrte Aufgabe, nämlich einen Vektor in Summanden zu zerlegen. Die schiefe Ebene ist das Paradebeispiel für solch eine Zerlegung von Kräften:

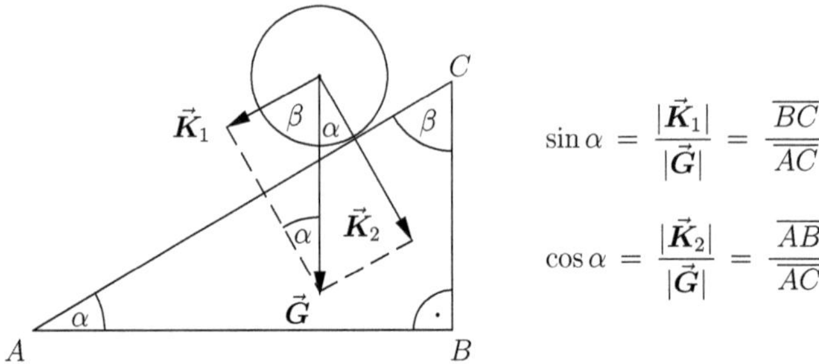

$$\sin \alpha = \frac{|\vec{K}_1|}{|\vec{G}|} = \frac{\overline{BC}}{\overline{AC}}$$

$$\cos \alpha = \frac{|\vec{K}_2|}{|\vec{G}|} = \frac{\overline{AB}}{\overline{AC}}$$

Eine darauf lastende Gewichtskraft $\vec{G}$ lässt sich in eine Komponente $\vec{K}_1$ parallel zur Ebene und eine Komponente $\vec{K}_2$ senkrecht zu dieser Ebene zerlegen. $\vec{K}_1$ treibt den Gegenstand an, $\vec{K}_2$ hält ihn auf der Unterlage.

Wo aber findet man den Winkel α im Kräfteparallelogramm wieder? Beginnen Sie einfach mit dem oberen Dreieckswinkel, der hier mit β bezeichnet wurde! Sie finden β auch zwischen $\vec{G}$ und $\vec{K}_1$, denn $\vec{G}$ ist parallel zur Strecke $\overline{BC}$, und $\vec{K}_1$ ist parallel zur schiefen Ebene! Der Nachbarwinkel muss α sein, denn beide ergänzen sich zu 90°. Sie finden α noch einmal als Wechselwinkel neben $\vec{G}$ eingezeichnet. $\diamond$

Einmischung von außen Sinnvoll und praktisch ist eine Multiplikation mit reellen Zahlen. Da diese jedoch nicht zum Bereich der Vektoren gehören, sozusagen außerhalb davon liegen, spricht man hierbei von einer 'äußeren' Verknüpfung.

Zum Beispiel versteht man unter $2 \cdot \vec{p}$ den Vektor mit gleicher Richtung wie $\vec{p}$, aber mit doppelter Länge, zum Beispiel wenn Sie eine Geschwindigkeit oder Kraft verdoppeln. Entsprechend ist $c \cdot \vec{p}$ der Vektor mit c–facher Länge aber gleicher Richtung, falls $c > 0$. Außerdem sei $c \cdot \vec{p} = \vec{0}$, falls $c = 0$.

Für $2 \cdot (-\vec{p})$ schreiben wir $(-2) \cdot \vec{p}$, kurz $-2 \cdot \vec{p}$. Allgemein bedeute $c \cdot (-\vec{p})$ das gleiche wie $(-c) \cdot \vec{p}$ oder kurz $-c \cdot \vec{p}$. Hiermit ist schließlich die Multiplikation für alle reellen Zahlen und Vektoren definiert.

Da es sich aber nicht um die übliche Multiplikation von reellen Zahlen handelt, müsste man korrekterweise auch ein eigenes Zeichen verwenden. Zum Glück vertragen sich jedoch beide Arten von Multiplikationen komplikationslos.

Zum Beispiel gilt $2 \cdot (3 \cdot \vec{p}) = (2 \cdot 3) \cdot \vec{p}$, und allgemein $c \cdot (d \cdot \vec{p}) = (c \cdot d) \cdot \vec{p}$. Zusammenfassend gilt für beliebige reelle Zahlen c, d und Vektoren $\vec{p}, \vec{q}$:

$$
\begin{aligned}
c \cdot (d \cdot \vec{p}) &= (c \cdot d) \cdot \vec{p} \\
1 \cdot \vec{p} &= \vec{p} \\
c \cdot (\vec{p} + \vec{q}) &= c \cdot \vec{p} + c \cdot \vec{q} \\
(c + d) \cdot \vec{p} &= c \cdot \vec{p} + d \cdot \vec{p}
\end{aligned}
$$

Basis und Dimension *Mit nur zwei Vektoren* $\vec{v}_1$ *und* $\vec{v}_2$ wie in der Skizze lässt sich *jeder Vektor* $\vec{v}$ *der Ebene* als sogenannte *Linearkombination*

$$\vec{v} = c_1 \cdot \vec{v}_1 + c_2 \cdot \vec{v}_2 \qquad\qquad (\vec{v_1}, \vec{v_2} \text{ fest gewählt, } c_1, c_2 \in \mathbb{R})$$

darstellen. Diese Zerlegung in ein Parallelogramm ist hier offensichtlich *eindeutig*, also auf genau eine Art und Weise möglich, so wie bei $\vec{a}$ und $\vec{b}$ in der Skizze! Man spricht in diesem Falle von Basisvektoren oder kurz von einer *Basis*.

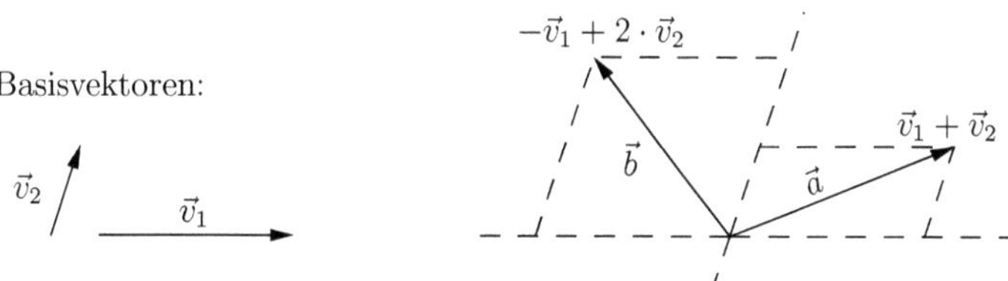

Es gibt zwar viele Möglichkeiten für eine Basis, jedoch ist die *Anzahl der Basisvektoren* stets eindeutig bestimmt. Man bezeichnet sie als *Dimension*.

Auch ohne Spitzen Verabschieden Sie sich bitte von der Schulvorstellung, dass Vektoren *immer* Pfeile sein müssen. Allerdings sind diese Beispiele für geometrische und physikalische Probleme von besonderer Bedeutung.

Um rechnen zu können, bedarf es keiner Anschauung, sondern nur gültiger Rechenregeln! Sind für die Elemente irgendeiner Menge V eine Addition sowie eine Multiplikation mit reellen Zahlen definiert, welche die Regeln auf Seite 91 und Seite 92 erfüllen, so nennt man V einen *Linearen Raum* oder auch *Vektorraum*. Die Elemente von V nennt man entsprechend Vektoren, weil der rechnerische Umgang mit diesen gemäß der genannten Regeln erfolgt.

Fest gewählte Vektoren $\vec{v}_1, \vec{v}_2, \ldots, \vec{v}_n \in V$, mit denen sich *jeder* Vektor $\vec{v} \in V$ *eindeutig* als Linearkombination $\vec{v} = c_1 \cdot \vec{v}_1 + c_2 \cdot \vec{v}_2 + \ldots + c_n \cdot \vec{v}_n$ darstellen lässt (das heißt: für die Darstellung von $\vec{v} \in V$ gibt es immer nur eine Möglichkeit), bezeichnet man als eine *Basis* von V. Manche Aufgabenstellungen erfordern eine geschickt gewählte Basis.

Die *Anzahl der Basisvektoren* eines Vektorraumes V ist stets eindeutig bestimmt, also unabhängig von der Wahl der Basis! Man bezeichnet die Anzahl der Basisvektoren daher kurz als die *Dimension* von V. Für die Zeichenebene erhalten wir die Dimension zwei, der Anschauungsraum besitzt die Dimension drei.

5.2 Der Vektorraum $\mathbb{R}^n$

In vielen Anwendungen werden reelle Zahlen zu n–Tupeln *zusammengefasst*, was sowohl die Formulierung als auch die Lösung entsprechender Aufgaben vereinfacht. Die natürliche Zahl n ist dabei je nach Aufgabenstellung fest vorgegeben. Wir beginnen mit dem $\mathbb{R}^2$, gesprochen 'R hoch 2' oder kurz 'R zwei'. Hiermit bezeichnet man die Menge aller *Zahlenpaare*

$$\begin{pmatrix} x \\ y \end{pmatrix} \qquad \text{konkrete Beispiele:} \qquad \begin{pmatrix} 3 \\ -1 \end{pmatrix}, \quad \begin{pmatrix} 2 \\ 0 \end{pmatrix}, \quad \begin{pmatrix} 1 \\ 0 \end{pmatrix}, \quad \begin{pmatrix} 0 \\ 0 \end{pmatrix}, \quad \text{etc.}$$

Entsprechend versteht man unter dem $\mathbb{R}^3$ die Menge aller *Zahlentripel*

$$\begin{pmatrix} x \\ y \\ z \end{pmatrix} \qquad \text{konkrete Beispiele:} \qquad \begin{pmatrix} 3 \\ -1 \\ 2 \end{pmatrix}, \quad \begin{pmatrix} 2 \\ 0 \\ 1 \end{pmatrix}, \quad \begin{pmatrix} 1 \\ 0 \\ 0 \end{pmatrix}, \quad \begin{pmatrix} 0 \\ 0 \\ 0 \end{pmatrix}, \quad \text{etc.}$$

Im allgemeinen Fall ist man mit x, y, z am Ende des Alphabets angelangt und beginnt zu nummerieren. Für beliebig aber fest gewähltes n bezeichnet $\mathbb{R}^n$ die Menge aller n–Tupel

$$\begin{pmatrix} x_1 \\ x_2 \\ \vdots \\ x_n \end{pmatrix} \qquad \text{konkrete Beispiele:} \qquad \begin{pmatrix} 3 \\ -1 \\ \vdots \\ 4 \end{pmatrix}, \quad \begin{pmatrix} 2 \\ 0 \\ \vdots \\ -1 \end{pmatrix}, \quad \begin{pmatrix} 1 \\ 0 \\ \vdots \\ 0 \end{pmatrix}, \quad \begin{pmatrix} 0 \\ 0 \\ \vdots \\ 0 \end{pmatrix}, \quad \text{etc.}$$

Man nennt die Zahl x_i ($i = 1, 2, \ldots, n$) auch die i-te *Koordinate* (oder Komponente). Die Zahlenpaare, Tripel oder allgemein n–Tupel erfordern keine anschauliche Interpretation! Das gilt auch für den rechnerischen Umgang, den wir nun festlegen wollen.

Die Addition von Elementen des $\mathbb{R}^n$ sei *koordinatenweise* definiert:

$$\begin{pmatrix} x_1 \\ x_2 \\ \vdots \\ x_n \end{pmatrix} + \begin{pmatrix} y_1 \\ y_2 \\ \vdots \\ y_n \end{pmatrix} = \begin{pmatrix} x_1 + y_1 \\ x_2 + y_2 \\ \vdots \\ x_n + y_n \end{pmatrix} \qquad \text{Beispiel:} \qquad \begin{pmatrix} 3 \\ -1 \\ \vdots \\ 4 \end{pmatrix} + \begin{pmatrix} 2 \\ 0 \\ \vdots \\ -1 \end{pmatrix} = \begin{pmatrix} 5 \\ -1 \\ \vdots \\ 3 \end{pmatrix}$$

Wie bei den reellen Zahlen hängt das Ergebnis nicht von der Reihenfolge der Summanden ab. Bezeichnen $\vec{p}, \vec{q}, \vec{r} \in \mathbb{R}^n$ beliebig gewählte n–Tupel, so gilt allgemein, vergleiche S. 91, oben:

$$\boxed{\begin{aligned} \vec{p} + (\vec{q} + \vec{r}) &= (\vec{p} + \vec{q}) + \vec{r} \\ \vec{0} + \vec{p} &= \vec{p} \\ -\vec{p} + \vec{p} &= \vec{0}. \\ \vec{p} + \vec{q} &= \vec{q} + \vec{p} \end{aligned}}$$

Hierbei bezeichnet $\vec{0}$ abkürzend das n–Tupel aus lauter Nullen. Addiert man $\vec{0}$ zu einem anderen n–Tupel $\vec{p} \in \mathbb{R}^n$, so bleibt $\vec{p}$ offensichtlich unverändert. Und $-\vec{p}$ bezeichnet das n–Tupel aus den einzelnen Koordinaten von $\vec{p}$, aber mit entgegengesetztem Vorzeichen! Man könnte auch sagen: Die Koordinaten von $\vec{p}$ mit der Zahl -1 multipliziert ergeben $-\vec{p}$. Womit wir auch bereits bei der Multiplikation mit reellen Zahlen angekommen sind, die einfach wieder nur *koordinatenweise* definiert ist:

$$c \cdot \begin{pmatrix} x_1 \\ x_2 \\ \vdots \\ x_n \end{pmatrix} = \begin{pmatrix} c \cdot x_1 \\ c \cdot x_2 \\ \vdots \\ c \cdot x_n \end{pmatrix}, \ c \in \mathbb{R}. \quad \text{Beispiele:} \quad 3 \cdot \begin{pmatrix} 1 \\ 0 \\ \vdots \\ -2 \end{pmatrix} = \begin{pmatrix} 3 \\ 0 \\ \vdots \\ -6 \end{pmatrix}, \quad -1 \cdot \begin{pmatrix} 1 \\ 0 \\ \vdots \\ -2 \end{pmatrix} = \begin{pmatrix} -1 \\ 0 \\ \vdots \\ 2 \end{pmatrix}.$$

Man prüft leicht nach, dass für beliebige Elemente $c, d \in \mathbb{R}$ und $\vec{p}, \vec{q} \in \mathbb{R}^n$ gilt, vgl. S. 92:

$$\begin{array}{rcl} c \cdot (d \cdot \vec{p}) &=& (c \cdot d) \cdot \vec{p} \\ 1 \cdot \vec{p} &=& \vec{p} \\ c \cdot (\vec{p} + \vec{q}) &=& c \cdot \vec{p} + c \cdot \vec{q} \\ (c + d) \cdot \vec{p} &=& c \cdot \vec{p} + d \cdot \vec{p} \end{array}$$

Wie wir aus dem vorigen Abschnitt wissen, sind alle für einen 'Vektorraum' erforderlichen Rechenregeln erfüllt: Die Menge $V = \mathbb{R}^n$ zusammen mit der oben erklärten Addition und Multiplikation bildet einen Vektorraum, und die n–Tupel dürfen wir als Vektoren bezeichnen!

Ebene $\mathbf{R}^2$ und Raum $\mathbf{R}^3$

Zumindest im Fall $n = 2$ bzw. $n = 3$ ist eine Veranschaulichung des $\mathbb{R}^n$ als *Zeichenebene* bzw. als *Anschauungsraum* möglich! Hierzu zeichnen wir uns im Falle des $\mathbb{R}^2$ ein übliches x, y–Koordinatensystem und interpretieren die erste Koordinate des Vektors als x–Koordinate, die zweite Koordinate entsprechend als y–Koordinate.

Die Skizze illustriert die Addition zweier Vektoren $\vec{a}, \vec{b} \in \mathbb{R}^2$. Anschaulich geschieht das wieder durch Hintereinanderlegen der Pfeile, rechnerisch durch *koordinatenweise* Addition. Im $\mathbb{R}^3$ werden die Punkte bzw. die Vektoren analog durch *drei* Koordinaten beschrieben.

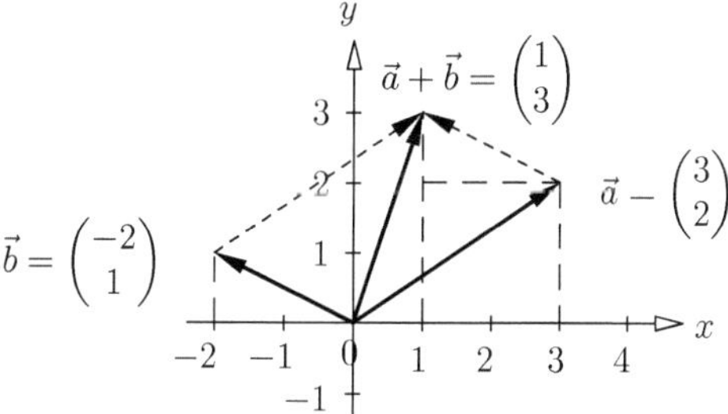

Die einfachsten Anwendungen sind geometrischer Natur: Für die vektorielle *Darstellung einer Geraden* in der Ebene $\mathbb{R}^2$ oder allgemein im $\mathbb{R}^n$ gibt es mehrere Möglichkeiten. Beachten wir zunächst, dass eine Gerade bereits durch Angabe zweier Punkte des $\mathbb{R}^n$ festgelegt ist. Bezeichnen wir die beiden zugehörigen Ortsvektoren mit $\vec{s_0}$ und $\vec{s_1}$, dann lässt sich diese Gerade zum Beispiel in 'Parameterform' oder 'Parameterdarstellung' beschreiben:

$$\boxed{\text{Gerade:} \quad \vec{v} = \vec{s_0} + t \cdot \vec{r}} \quad \text{mit } \vec{r} = \vec{s_1} - \vec{s_0} \ (= -\vec{s_0} + \vec{s_1}), \quad \text{Parameter } t \in \mathbb{R} \text{ beliebig.}$$

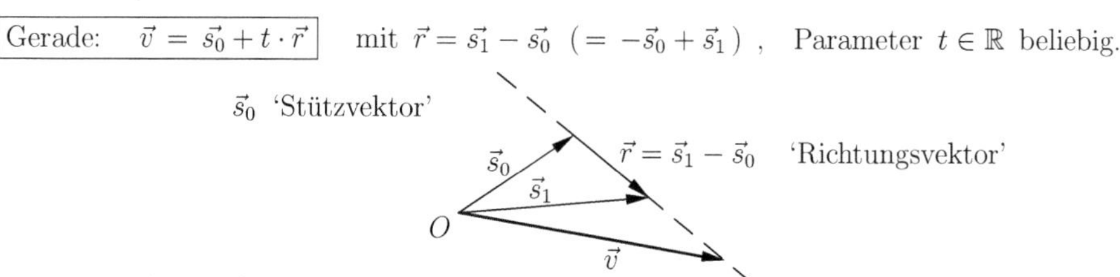

Die durch $\vec{s_0}$ und $\vec{s_1}$ festgelegte Gerade:

Einsetzen von $t = 0$ ergibt $\vec{v} = \vec{s_0}$. Für $t = 1$ erhalten Sie $\vec{v} = \vec{s_0} + 1 \cdot (\vec{s_1} - \vec{s_0}) = \vec{s_1}$, und $t = 2$ liefert den hier eingezeichneten Punkt $\vec{v}$ auf der Geraden. Mit wachsendem t bewegen Sie sich entlang der Geraden! Den Parameter t kann man auch als Zeitangabe interpretieren. (Anstelle $\vec{s_0}$ wäre auch $\vec{s_1}$ als 'Stützvektor' möglich, oder $\vec{r} = \vec{s_0} - \vec{s_1}$ als 'Richtungsvektor'.)

Beispiel 4 Wir skizzieren die durch $\vec{s_0} = \begin{pmatrix} 0{,}5 \\ 2 \end{pmatrix}$ und $\vec{s_1} = \begin{pmatrix} 1 \\ 1 \end{pmatrix}$. festgelegte Gerade:

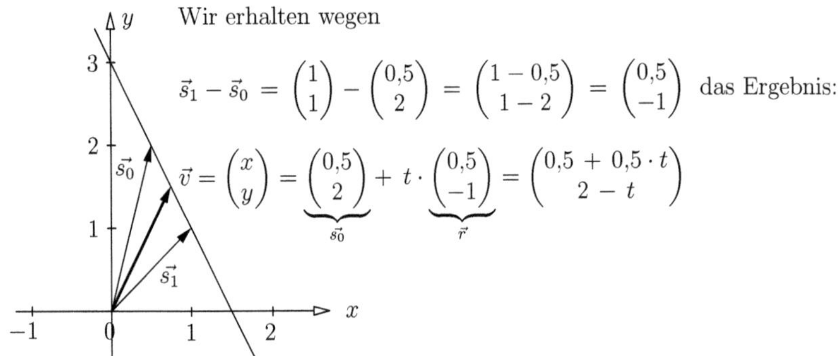

Wir erhalten wegen

$$\vec{s_1} - \vec{s_0} = \begin{pmatrix} 1 \\ 1 \end{pmatrix} - \begin{pmatrix} 0{,}5 \\ 2 \end{pmatrix} = \begin{pmatrix} 1 - 0{,}5 \\ 1 - 2 \end{pmatrix} = \begin{pmatrix} 0{,}5 \\ -1 \end{pmatrix}$$ das Ergebnis:

$$\vec{v} = \begin{pmatrix} x \\ y \end{pmatrix} = \underbrace{\begin{pmatrix} 0{,}5 \\ 2 \end{pmatrix}}_{\vec{s_0}} + t \cdot \underbrace{\begin{pmatrix} 0{,}5 \\ -1 \end{pmatrix}}_{\vec{r}} = \begin{pmatrix} 0{,}5 + 0{,}5 \cdot t \\ 2 - t \end{pmatrix}$$

$\Diamond$

Beispiel 5 Liegt einer der beiden Punkte $P = (\,3\,|\,-3\,)$ oder $Q = (\,3\,|\,-4\,)$ auf der soeben errechneten Geraden, gegebenenfalls für welchen Wert $t \in \mathbb{R}$?

Für den Punkt P mit $x = 3$ und $y = -3$ müsste es einen Wert $t \in \mathbb{R}$ geben, so dass gilt:

$$\begin{pmatrix} 3 \\ -3 \end{pmatrix} = \begin{pmatrix} 0{,}5 + 0{,}5 \cdot t \\ 2 - t \end{pmatrix}$$

Das bedeutet $3 = 0{,}5 + 0{,}5 \cdot t$ <u>und</u> $-3 = 2 - t$ für denselben Wert $t \in \mathbb{R}$! In der Tat sind mit $t = 5$ als Lösung beide Gleichungen erfüllt! Folglich liegt P auf der Geraden!

Im Falle Q müsste gelten: $3 = 0{,}5 + 0{,}5 \cdot t$ <u>und</u> $-4 = 2 - t$. Die erste Gleichung ist nur erfüllt für $t = 5$, die zweite aber nur für $t = 6$. Der Punkt Q liegt *nicht* auf der Geraden. $\Diamond$

Beispiel 6 Zur Festlegung einer *Ebene* im Raum $\mathbb{R}^3$ oder allgemein im $\mathbb{R}^n$ benötigen Sie drei Punkte $\vec{s_0}, \vec{s_1}, \vec{s_2}$. Wählen wir zum Beispiel $\vec{s_0}$ als 'Stützpunkt', vgl. Skizze, sowie $\vec{r_1} = \vec{s_1} - \vec{s_0}$ und $\vec{r_2} = \vec{s_2} - \vec{s_0}$ für die hier notwendigen *zwei* Richtungsvektoren und Parameter:

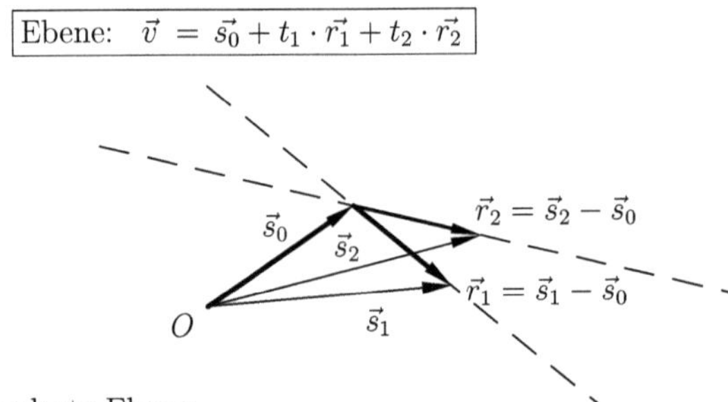

Durch $\vec{s_0}, \vec{s_1}, \vec{s_2}$ festgelegte Ebene: $\Diamond$

Betrag eines Vektors Unter dem Betrag eines Vektors in der Ebene $\mathbb{R}^2$ oder im Raum $\mathbb{R}^3$ versteht man seine geometrische Länge. Zum Beispiel beträgt die Länge $|\vec{a}|$ des Vektors $\vec{a}$ auf Seite 95 gemäß 'Pythagoras':

$$|\vec{a}| = \sqrt{3^2 + 2^2} = \sqrt{13} \quad \text{für} \quad \vec{a} = \begin{pmatrix} 3 \\ 2 \end{pmatrix} \in \mathbb{R}^2$$

und ebenso $|\vec{b}| = \sqrt{(-2)^2 + 1^2} = \sqrt{5}$ für $\vec{b}$. Analog liefert 'Pythagoras'

$$|\vec{v}| = \sqrt{3^2 + 2^2 + (-2)^2} \quad \text{für} \quad \vec{v} = \begin{pmatrix} 3 \\ 2 \\ -2 \end{pmatrix} \in \mathbb{R}^3$$

Allgemein definiert man daher sinnvollerweise:

$$\boxed{|\vec{v}| = \sqrt{x_1^2 + x_2^2 + \ldots + x_n^2}} \quad \text{für} \quad \vec{v} = \begin{pmatrix} x_1 \\ x_2 \\ \vdots \\ x_n \end{pmatrix} \in \mathbb{R}^n$$

Der obige Vektor $\vec{a}$ hat den Betrag $|\vec{a}| = \sqrt{3^2 + 2^2} = \sqrt{13}$. Der 5–fache Vektor $5 \cdot \vec{a}$ besitzt natürlich die 5–fache Länge. Das gilt auch für $(-5) \cdot \vec{a} = -5 \cdot \vec{a}$:

$$-5 \cdot \vec{a} = \begin{pmatrix} -5 \cdot 3 \\ -5 \cdot 2 \end{pmatrix} = \begin{pmatrix} -15 \\ -10 \end{pmatrix}, \text{ somit } |-5 \cdot \vec{a}| = \sqrt{(-5 \cdot 3)^2 + (-5 \cdot 2)^2} =$$

$$= \sqrt{(-5)^2 \cdot 3^2 + (-5)^2 \cdot 2^2} = \sqrt{(-5)^2 \cdot (3^2 + 2^2)} = 5 \cdot \sqrt{3^2 + 2^2} = |-5| \cdot |\vec{a}|$$

Allgemein gilt für jeden beliebigen Vektor $\vec{v} \in \mathbb{R}^n$ und $c \in \mathbb{R}$ die Regel:

$$\boxed{|c \cdot \vec{v}| = |c| \cdot |\vec{v}|}$$

Beispiel 7 Der Vektor $\vec{w} = \begin{pmatrix} \sin t \\ \cos t \end{pmatrix}$ hat für jeden Winkel $t \in \mathbb{R}$ die Länge

$$|\vec{w}| = \sqrt{(\sin t)^2 + (\cos t)^2} = 1.$$

Folglich beträgt die Länge aller Vektoren der Form

$$\vec{v} = \begin{pmatrix} 3 \cdot \sin t \\ 3 \cdot \cos t \end{pmatrix} = 3 \cdot \begin{pmatrix} \sin t \\ \cos t \end{pmatrix} = 3 \cdot \vec{w} :$$

$$|\vec{v}| = |3 \cdot \vec{w}| = |3| \cdot |\vec{w}| = 3 \cdot 1 = 3.$$

Alle Vektoren $\vec{v}$ der Länge $|\vec{v}| = 3$ bilden einen Kreis mit Radius $r = 3$. Eingezeichnet sehen Sie den Vektor $\vec{v}$ für den Winkel $t = \frac{\pi}{4} = 45°$.

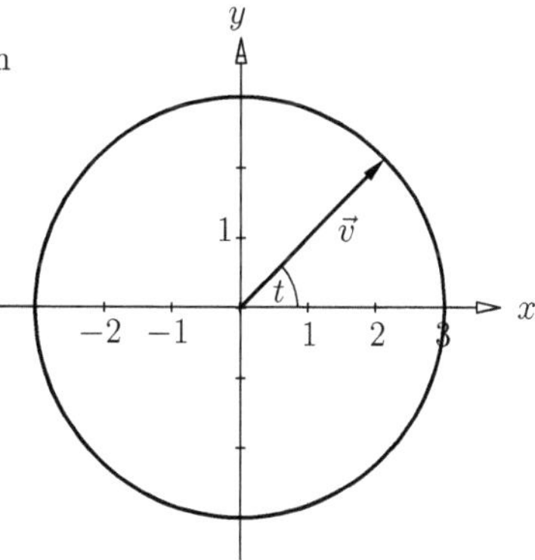

$\diamondsuit$

5.3 Skalarprodukt im $\mathbb{R}^n$

Definition Beim Produkt von Vektoren gibt es zwei verschiedene Arten, wie es bereits die Bezeichnung erkennen lässt: Beim Skalarprodukt ist das Ergebnis immer ein Skalar, also eine reelle Zahl, beim Vektorprodukt ein Vektor. Letzteres wird im Abschnitt 5.5 behandelt.

> Für je zwei Vektoren $\vec{a}$ und $\vec{b} \in \mathbb{R}^n$ mit den Koordinaten $a_1, a_2, \ldots, a_n$ und $b_1, b_2, \ldots, b_n$ nennen wir die folgende Summe der Produkte
> $$a_1 \cdot b_1 + a_2 \cdot b_2 + \ldots + a_n \cdot b_n$$
> das *Skalarprodukt* von $\vec{a}$ und $\vec{b}$. Wir schreiben hierfür abkürzend $\vec{a} \bullet \vec{b}$.

Beispielsweise ergibt das Skalarprodukt von

$$\vec{a} = \begin{pmatrix} -1 \\ 1 \\ -1 \end{pmatrix} \text{ und } \vec{b} = \begin{pmatrix} 1 \\ -2 \\ 4 \end{pmatrix} : \quad \vec{a} \bullet \vec{b} = (-1) \cdot 1 + 1 \cdot (-2) + (-1) \cdot 4 = -7.$$

Generell sei angemerkt, dass es keine Umkehrung der Multiplikation, also *keine Division* von Vektoren gibt. Ansonsten aber verhält sich das Skalarprodukt ganz so, wie Sie es auch von einem 'normalen Produkt' gewohnt sind: Für alle $\vec{x}, \vec{y}, \vec{z} \in \mathbb{R}^n$ und $c \in \mathbb{R}$ folgt:

$$\begin{aligned}
(\vec{x} + \vec{y}) \bullet \vec{z} &= \vec{x} \bullet \vec{z} + \vec{y} \bullet \vec{z} \\
\vec{x} \bullet (\vec{y} + \vec{z}) &= \vec{x} \bullet \vec{y} + \vec{x} \bullet \vec{z} \\
(c \cdot \vec{x}) \bullet \vec{y} &= c \cdot (\vec{x} \bullet \vec{y}) \\
\vec{x} \bullet (c \cdot \vec{y}) &= c \cdot (\vec{x} \bullet \vec{y}) \\
\vec{x} \bullet \vec{y} &= \vec{y} \bullet \vec{x} \\
\vec{x} \bullet \vec{x} &= |\vec{x}|^2
\end{aligned}$$

Das Skalarprodukt hängt nur ab von der Länge der beiden Vektoren $\vec{a}, \vec{b}$ und von dem Winkel $\alpha = \angle(\vec{a}, \vec{b})$ zwischen beiden Vektoren ($0 \leq \alpha \leq 180°$), (Beweis siehe Lehrbuch):

> Für alle $\vec{a}, \vec{b} \in \mathbb{R}^2$ und $\vec{a}, \vec{b} \in \mathbb{R}^3$ gilt: $\quad \vec{a} \bullet \vec{b} = |\vec{a}| \cdot |\vec{b}| \cdot \cos\alpha, \quad \alpha = \angle(\vec{a}, \vec{b}).$

Beispiel 8 $\quad \vec{a} = \begin{pmatrix} 2 \\ 1 \end{pmatrix}, \vec{b} = \begin{pmatrix} -2 \\ 4 \end{pmatrix} \in \mathbb{R}^2:$

$$\vec{a} \bullet \vec{b} = 2 \cdot (-2) + 1 \cdot 4 = 0$$

Es folgt $\cos\alpha = 0$, $\alpha = 90°$.

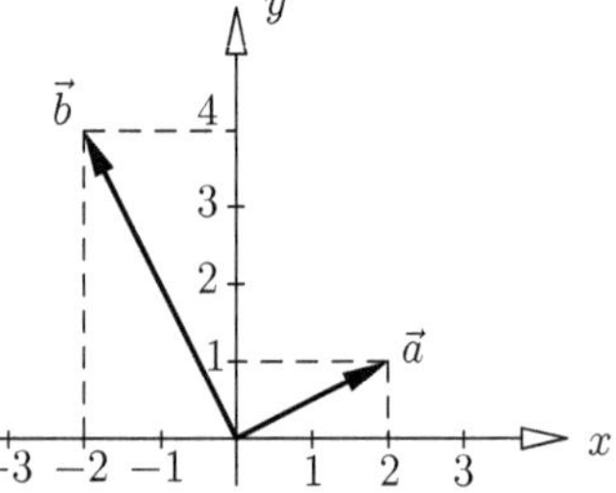

$\diamond$

Merke: *Für zwei Vektoren $\vec{a}, \vec{b} \neq \vec{0}$ ist das Skalarprodukt genau dann gleich Null, wenn die beiden Vektoren orthogonal (senkrecht) zueinander sind.*

$$\boxed{\vec{a} \bullet \vec{b} = 0 \quad \Leftrightarrow \quad \vec{a} \perp \vec{b}}$$

Besonders nützlich ist das im $\mathbb{R}^3$, denn hier ist ein zeichnerischer Nachweis recht schwierig!

Orthogonalbasis Die wohl einfachste *Basis des* $\mathbb{R}^n$ bilden die folgenden n Vektoren

$$\vec{e_1} = \begin{pmatrix} 1 \\ 0 \\ \vdots \\ 0 \end{pmatrix}, \quad \vec{e_2} = \begin{pmatrix} 0 \\ 1 \\ \vdots \\ 0 \end{pmatrix}, \quad \ldots \quad \vec{e_n} = \begin{pmatrix} 0 \\ 0 \\ \vdots \\ 1 \end{pmatrix}.$$

Warum bilden sie eine Basis des Vektorraumes $V = \mathbb{R}^n$? Charakteristisch für eine Basis ist:
Jeder Vektor $\vec{v} \in V$ lässt sich auf *genau eine* Weise als Linearkombination darstellen!
Man sieht hier sofort, dass eine solche Darstellung nur auf folgende Art und Weise möglich ist:

$$\begin{pmatrix} v_1 \\ v_2 \\ \vdots \\ v_n \end{pmatrix} = v_1 \cdot \begin{pmatrix} 1 \\ 0 \\ \vdots \\ 0 \end{pmatrix} + v_2 \cdot \begin{pmatrix} 0 \\ 1 \\ \vdots \\ 0 \end{pmatrix} + \ldots + v_n \cdot \begin{pmatrix} 0 \\ 0 \\ \vdots \\ 1 \end{pmatrix}$$

Kurzschreibweise: $\quad \vec{v} = v_1 \cdot \vec{e_1} + v_2 \cdot \vec{e_2} + \ldots + v_n \cdot \vec{e_n}$

Die *Dimension* des Vektorraumes $\mathbb{R}^n$ beträgt also n. Hier ein einfaches Beispiel für den $\mathbb{R}^3$:

$$\begin{pmatrix} 2 \\ -3 \\ 5 \end{pmatrix} = 2 \cdot \begin{pmatrix} 1 \\ 0 \\ 0 \end{pmatrix} - 3 \cdot \begin{pmatrix} 0 \\ 1 \\ 0 \end{pmatrix} + 5 \cdot \begin{pmatrix} 0 \\ 0 \\ 1 \end{pmatrix} = 2 \cdot \vec{e_1} - 3 \cdot \vec{e_2} + 5 \cdot \vec{e_3}$$

Die $\vec{e_1}, \vec{e_2}, \ldots, \vec{e_n} \in \mathbb{R}^n$ bilden die *kanonische* (natürliche) Basis des $\mathbb{R}^n$. Sie weist weitere Besonderheiten auf: Alle Basisvektoren stehen zueinander senkrecht, denn offensichtlich ist $\vec{e_i} \bullet \vec{e_j} = 0$, sofern $i \neq j$. Eine Basis mit dieser Eigenschaft heißt *Orthogonalbasis*. Zusätzlich haben alle $\vec{e_i}$ die 'genormte' Länge 1, was man dann als *Orthonormalbasis* bezeichnet. Die $\vec{e_1}, \vec{e_2}, \ldots, \vec{e_n} \in \mathbb{R}^n$ nennt man auch kurz die 'Einheitsvektoren des $\mathbb{R}^n$'.

Beispiel 9 $V = \mathbb{R}^2$: $\vec{e_1} = \begin{pmatrix} 1 \\ 0 \end{pmatrix}$ liegt wegen $y = 0$ auf der x–Achse, mit der Koordinate $x = 1$.
Entsprechend liegt $\vec{e_2}$ wegen $x = 0$ auf der y–Achse mit der Koordinate $y = 1$, siehe Skizze:

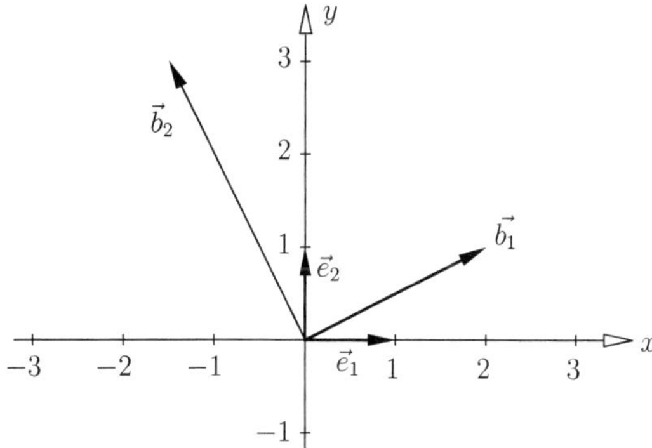

Auch $\vec{b_1}$ und $\vec{b_2}$ bilden eine Orthogonalbasis von $V = \mathbb{R}^2$. Dividiert durch ihren Betrag hätten $\vec{n_1} = \dfrac{\vec{b_1}}{|\vec{b_1}|}$ und $\vec{n_2} = \dfrac{\vec{b_2}}{|\vec{b_2}|}$ zusätzlich die Länge 1 und wären eine Orthonormalbasis! $\qquad \diamond$

Geschwindigkeit und Beschleunigung Ändert sich der Ortsvektor

$$\vec{s}(t) = \begin{pmatrix} x(t) \\ y(t) \end{pmatrix}$$

eines Punktes in der x, y – Ebene in Abhängigkeit von der Zeit t, erhält man seine momentane Geschwindigkeit $\vec{v}(t)$ durch *komponentenweises* Differenzieren nach t:

$$\vec{v}(t) = \begin{pmatrix} \frac{d}{dt}\, x(t) \\ \frac{d}{dt}\, y(t) \end{pmatrix}$$

Die Ableitung nach t wird in der Physik oft durch einen Punkt gekennzeichnet, also kurz:

$$\vec{v}(t) = \begin{pmatrix} \dot{x}(t) \\ \dot{y}(t) \end{pmatrix}$$

Die Beschleunigung ist wiederum die zeitliche Änderung der Geschwindigkeit. Entsprechend erhält man durch Differenzieren der Geschwindigkeit $\vec{v}(t)$ nach t die Beschleunigung $\vec{b}(t)$:

$$\vec{b}(t) = \begin{pmatrix} \ddot{x}(t) \\ \ddot{y}(t) \end{pmatrix}$$

Und für die auf einen Körper der Masse m wirkende Kraft gilt bekanntlich: $\vec{K}(t) = m \cdot \vec{b}(t)$.

(Bei Bewegungen im Raum $\mathbb{R}^3$ sind analog *drei* Koordinatenfunktionen $x(t)$, $y(t)$, $z(t)$ nach t zu differenzieren, um den Geschwindigkeits– und den Beschleunigungsvektor zu bestimmen.)

Beispiel 10 Ein Punkt mit der Masse m bewege sich in der x, y–Ebene gemäß

$$x(t) = r \cdot \cos \tfrac{\pi \cdot t}{6}, \quad y(t) = r \cdot \sin \tfrac{\pi \cdot t}{6}, \qquad\qquad (r \text{ konstant}).$$

Für $\vec{s}(t) = \begin{pmatrix} x(t) \\ y(t) \end{pmatrix} = \begin{pmatrix} r \cdot \cos \tfrac{\pi \cdot t}{6} \\ r \cdot \sin \tfrac{\pi \cdot t}{6} \end{pmatrix} = r \cdot \begin{pmatrix} \cos \tfrac{\pi \cdot t}{6} \\ \sin \tfrac{\pi \cdot t}{6} \end{pmatrix}$ folgt:

$$|\vec{s}(t)| = r \cdot \sqrt{(\cos \tfrac{\pi \cdot t}{6})^2 + (\sin \tfrac{\pi \cdot t}{6})^2} = r \cdot \sqrt{1} = r$$

Der Massepunkt m bewegt sich folglich auf einer Kreisbahn mit dem Radius r!

$\vec{v}(t) = \begin{pmatrix} \dot{x}(t) \\ \dot{y}(t) \end{pmatrix} = \begin{pmatrix} -\tfrac{r \cdot \pi}{6} \cdot \sin \tfrac{\pi \cdot t}{6} \\ \tfrac{r \cdot \pi}{6} \cdot \cos \tfrac{\pi \cdot t}{6} \end{pmatrix} = \tfrac{r \cdot \pi}{6} \cdot \begin{pmatrix} -\sin \tfrac{\pi \cdot t}{6} \\ \cos \tfrac{\pi \cdot t}{6} \end{pmatrix}$ steht senkrecht zu $\vec{s}(t)$.

$\vec{b}(t) = \begin{pmatrix} \ddot{x}(t) \\ \ddot{y}(t) \end{pmatrix} = \begin{pmatrix} -\tfrac{r \cdot \pi^2}{36} \cdot \cos \tfrac{\pi \cdot t}{6} \\ -\tfrac{r \cdot \pi^2}{36} \cdot \sin \tfrac{\pi \cdot t}{6} \end{pmatrix} = \tfrac{r \cdot \pi^2}{36} \cdot \begin{pmatrix} -\cos \tfrac{\pi \cdot t}{6} \\ -\sin \tfrac{\pi \cdot t}{6} \end{pmatrix}$ steht senkrecht zu $\vec{v}(t)$ und ist

entgegengesetzt gerichtet zu $\vec{s}(t)$. Es gilt konstant: $|\vec{v}(t)| = \tfrac{r \cdot \pi}{6}$ und $|\vec{b}(t)| = \tfrac{r \cdot \pi^2}{36}$.

Skizze:

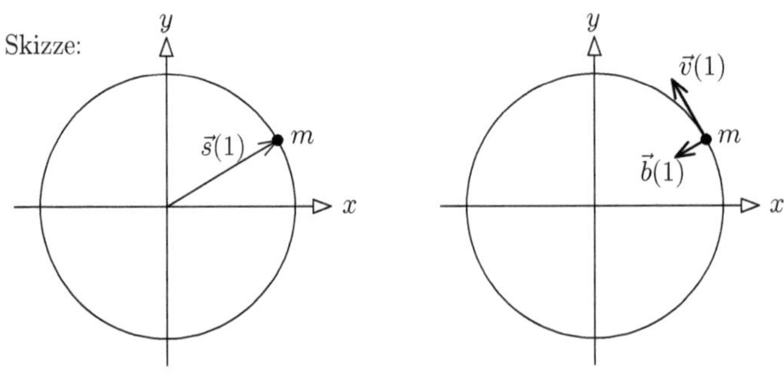

$\diamond$

Gradient Als Gradient $\operatorname{grad} f$ einer Funktion f mehrerer Veränderlicher bezeichnet man die *Zusammenfassung ihrer partiellen Ableitungen* zu einem n–Tupel des $\mathbb{R}^n$, Beispiel:

$$f(x,y) = x^2 + 3y: \qquad \operatorname{grad} f(x,y) = \begin{pmatrix} f_x(x,y) \\ f_y(x,y) \end{pmatrix} = \begin{pmatrix} 2x \\ 3 \end{pmatrix}$$

Anstelle der abkürzenden Notation f_x, f_y ist natürlich auch $\frac{\partial f}{\partial x}$, $\frac{\partial f}{\partial y}$ üblich, anstelle von x, y auch x_1, x_2 usw. Für konkrete Werte von x, y erhalten wir konkrete Vektoren des $\mathbb{R}^2$, und im Falle von n Variablen erhalten wir Vektoren des $\mathbb{R}^n$.

Beispiel 11 Gegeben sei eine Temperaturverteilung T in der x, y–Ebene:

$$T = f(x,y) \ \text{ mit } \ f(x,y) = \frac{100}{1 + x^2 + y^2}$$

Es ist nicht schwierig, sich diese Funktion vorzustellen. Im Nullpunkt beträgt $f(0,0) = 100$. Für x, y-Werte, die gemäß $x^2 + y^2 = r^2$ auf einem Kreis liegen, sind die Funktionswerte alle gleich $\frac{100}{1+r^2}$, sie sind auf demselben Niveau. Man spricht von 'Niveaulinien', vergleichbar mit den 'Isobaren' der Wetterkarte, den Linien gleichen Luftdrucks. Mit wachsendem Radius r bzw. mit wachsendem Abstand vom Nullpunkt sinken hier die Temperaturwerte gegen Null:

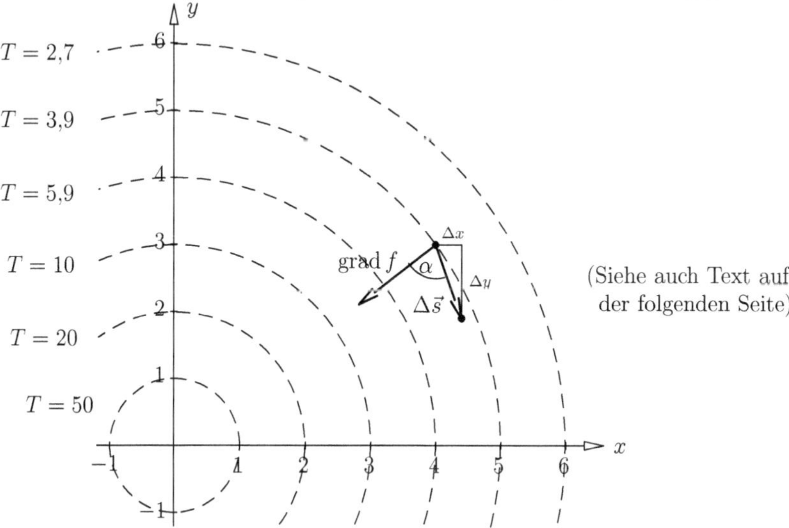

In der Skizze wurde der Gradient an der Stelle $x=4$, $y=3$ ausgerechnet und eingezeichnet. Überprüfen wir:

$$f_x(x,y) = \frac{\partial}{\partial x}\left(\frac{100}{1 + x^2 + y^2}\right) = -\frac{2x \cdot 100}{(1 + x^2 + y^2)^2} \quad \Rightarrow \quad f_x(4,3) = -\frac{8 \cdot 100}{(1 + 16 + 9)^2} = -1{,}18$$

$$f_y(x,y) = \frac{\partial}{\partial y}\left(\frac{100}{1 + x^2 + y^2}\right) = -\frac{2y \cdot 100}{(1 + x^2 + y^2)^2} \quad \Rightarrow \quad f_y(4,3) = -\frac{6 \cdot 100}{(1 + 16 + 9)^2} = -0{,}89$$

Ergebnis: $\qquad \operatorname{grad} f(4,3) = -\begin{pmatrix} 1{,}18 \\ 0{,}89 \end{pmatrix}$ $\hfill \diamond$

Der Gradientenvektor steht immer senkrecht zur Niveaulinie! Zur Erklärung nutzen wir die Taylorentwicklung für mehrere Variable:, vgl. Seite 88:

$$\boxed{f(x,y) = f(x_0,y_0) + \Big(f_x(\xi,\eta)\cdot(x-x_0) + f_y(\xi,\eta)\cdot(y-y_0)\Big)}$$

mit nicht näher bekannten Werten ξ zwischen x und x_0 bzw. η zwischen y und y_0.

Für die Praxis ist es oft wichtig zu wissen, wie sich geringe Änderungen der Werte x und y auf die Funktionswerte $z = f(x,y)$ auswirken! Gegeben seien also recht *kleine* Änderungen

$$x - x_0 = \Delta x \quad \text{und} \quad y - y_0 = \Delta y.$$

Schreiben wir analog $f(x,y) - f(x_0,y_0) = \Delta z$, erhalten wir mit der obigen Taylorentwicklung

$$\Delta z = f_x(\xi,\eta)\cdot\Delta x + f_y(\xi,\eta)\cdot\Delta y.$$

Da ξ nahe x und x_0, η nahe y und y_0, gilt auch $f_x(\xi,\eta) \approx f_x(x,y)$ und $f_y(\xi,\eta) \approx f_y(x,y)$, wodurch die Abschätzung die einfache Form erhält:

$$\boxed{\Delta z = f_x(x,y)\cdot\Delta x + f_y(x,y)\cdot\Delta y}$$

Wirklich elegant und aussagekräftig wird es, wenn wir die Vektorschreibweise benutzen und abkürzend notieren:

$$\begin{pmatrix}\Delta x\\\Delta y\end{pmatrix} = \Delta\vec{s} \quad \text{und} \quad \begin{pmatrix}f_x(x,y)\\f_y(x,y)\end{pmatrix} = \operatorname{grad} f$$

Dann erhält die vorige Abschätzung gemäß Taylor die folgende interessante Form:

$$\boxed{\Delta z = \begin{pmatrix}f_x(x,y)\\f_y(x,y)\end{pmatrix} \bullet \begin{pmatrix}\Delta x\\\Delta y\end{pmatrix} = \operatorname{grad} f \bullet \Delta\vec{s}}$$

Die Funktionswertänderung lässt sich also mit dem Skalarprodukt ausdrücken! Der Vektor $\Delta\vec{s}$ ist hierbei natürlich sehr klein zu wählen! Entscheidend für unsere Betrachtungen ist vor allem seine *Richtung*:

Zeigt die Richtung von $\Delta\vec{s}$ tangential zu den Niveaulinien, bewegt man sich auf den Linien gleicher Funktionswerte! Das bedeutet dann $\Delta z = 0$, also $\operatorname{grad} f \bullet \vec{\Delta s} = 0$, woraus folgt:

$$\operatorname{grad} f \text{ *steht senkrecht zu den Niveaulinien*!}$$

Der Zuwachs Δz wird am größten, wenn das Skalarprodukt $\operatorname{grad} f \bullet \vec{\Delta s}$ am größten ist. Das ist aber genau dann der Fall, wenn $\vec{\Delta s}$ in die gleiche Richtung zeigt wie der Gradient! Für den größten Zuwachs muss man sich also 'nach dem Gradienten richten'.

Der Gradient zeigt immer in die Richtung des steilsten Anstiegs!

Der Gradient $\operatorname{grad} f$ ist eine 'vektorwertige Funktion'. Jedem Punkt des Definitionsbereichs ist ein Vektor zugeordnet. Solche Funktionen spielen in der Physik eine wichtige Rolle. Das Gravitationsfeld der Erde ist ein solches Beispiel, ebenso Strömungen in der Luft oder im Wasser, Diffusionsvorgänge etc.

Beispiel 12 Sicherlich kennen Sie das physikalische Gesetz 'Arbeit ist gleich Kraft mal Weg':

Arbeit A = Kraft K (in Wegrichtung) mal zurückgelegtem Weg s.

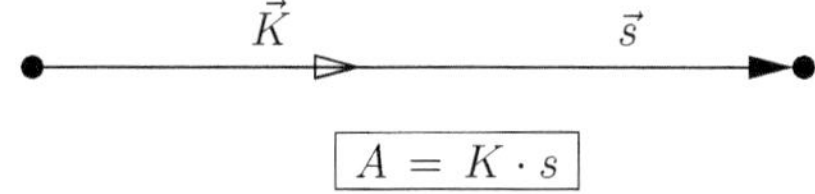

$$A = K \cdot s$$

Ein einfaches Beispiel, denken Sie sich die Skizze um 90° gedreht:

Sie heben eine Masse $M = 1$ kg um die Strecke $s = 1$ m nach oben.
Die Gewichtskraft beträgt hierbei $K = M \cdot g = 9{,}81$ N (Newton).

Das ergibt als geleistete Arbeit:

$$A = 9{,}81\,\text{N} \cdot 1\,\text{m} = 9{,}81 \text{ Nm (Newtonmeter)} = 9{,}81 \text{ J (Joule)}.$$

Und wenn eine Kraft $\vec{K}$ *nicht genau* in Wegrichtung zeigt? Dann wirkt genau der *Anteil* $\vec{K}_{\vec{s}}$, der in Wegrichtung $\vec{s}$ zeigt: $A = K_{\vec{s}} \cdot s$, (siehe Skizze):

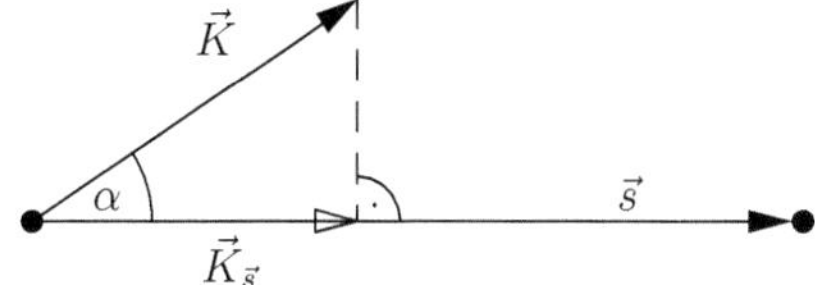

Sie erkennen sofort: $\dfrac{K_{\vec{s}}}{K} = \cos\alpha$, also $K_{\vec{s}} = K \cdot \cos\alpha$. Und hiermit folgt weiter:

$$A = K_{\vec{s}} \cdot s = K \cdot \cos\alpha \cdot s = K \cdot s \cdot \cos\alpha = \vec{K} \bullet \vec{s}$$

(Man nennt $\vec{K}_{\vec{s}}$ die (senkrechte) Projektion oder auch die Komponente von $\vec{K}$ in Richtung $\vec{s}$.)

Merke: *Arbeit im physikalischen Sinne ist gleich dem Skalarprodukt 'Kraft mal Weg'!*

$$A = \vec{K} \bullet \vec{s}$$

Diese Regel gilt auch, wenn der hier skizzierte Winkel α größer ist als neunzig Grad. Dann ist der Kosinus und somit das Skalarprodukt negativ: Die Arbeit in entgegengesetzter Richtung erhält dann auch entgegengesetztes Vorzeichen! $\diamond$

5.4 Matrizenrechnung

Definition Eine $m \times n$ Matrix $A = (a_{ik})$ ist ein Zahlenschema mit genau m Zeilen und n Spalten. Mit $a_{ik} \in \mathbb{R}$ bezeichnet man die Zahl in der i–ten Zeile und k–ten Spalte[*]. Beispiel:

$$\begin{pmatrix} 3 & -\frac{1}{5} & 0 \\ \sqrt{2} & 1 & \pi \end{pmatrix} \quad \text{ist eine } 2 \times 3 \text{ Matrix mit den Elementen}$$
$$a_{11} = 3,\ a_{12} = -\tfrac{1}{5},\ a_{13} = 0,\ a_{21} = \sqrt{2},\ a_{22} = 1,\ a_{23} = \pi.$$

Wichtige Spezialfälle sind $m = 1$ (= Zeilenvektor) oder $n = 1$ (= Spaltenvektor), Beispiele: $(-2\ 1\ 0)$ ist eine 1×3 Matrix, $\begin{pmatrix} 4 \\ 0 \end{pmatrix}$ eine 2×1 Matrix. Eine Zahl wie 3 ist vom Typ 1×1.

Zeile mal Spalte Zur Multiplikation zweier Matrizen benötigen Sie (mindestens) eine Zeile und eine Spalte *derselben Größe*. Die folgende Beispiele sind selbsterklärend:

$$(2\ \ 4) \cdot \begin{pmatrix} 5 \\ 3 \end{pmatrix} = 2 \cdot 5 + 4 \cdot 3$$

$$(4\ \ 2) \cdot \begin{pmatrix} 5 \\ 3 \end{pmatrix} = 4 \cdot 5 + 2 \cdot 3$$

$$(2\ \ 2) \cdot \begin{pmatrix} 5 \\ 3 \end{pmatrix} = 2 \cdot 5 + 2 \cdot 3$$

Das gilt analog für die entsprechend zeilenweise zusammengefasste Matrix:

$$\begin{pmatrix} 2 & 4 \\ 4 & 2 \\ 2 & 2 \end{pmatrix} \cdot \begin{pmatrix} 5 \\ 3 \end{pmatrix} = \begin{pmatrix} 2 \cdot 5 + 4 \cdot 3 \\ 4 \cdot 5 + 2 \cdot 3 \\ 2 \cdot 5 + 2 \cdot 3 \end{pmatrix}$$

Die entstandenen Summen lassen sich in diesem Fall natürlich konkret ausrechnen:

$$\begin{pmatrix} 2 & 4 \\ 4 & 2 \\ 2 & 2 \end{pmatrix} \cdot \begin{pmatrix} 5 \\ 3 \end{pmatrix} = \begin{pmatrix} 22 \\ 26 \\ 16 \end{pmatrix} \quad \text{Analog erhalten wir z. B. auch:}$$

$$\begin{pmatrix} 2 & 4 \\ 4 & 2 \\ 2 & 2 \end{pmatrix} \cdot \begin{pmatrix} 3 \\ -1 \end{pmatrix} = \begin{pmatrix} 2 \\ 10 \\ 4 \end{pmatrix}$$

Das lässt sich wiederum auf die entsprechend spaltenweise gebildete Matrix erweitern:

$$\begin{pmatrix} 2 & 4 \\ 4 & 2 \\ 2 & 2 \end{pmatrix} \cdot \begin{pmatrix} 5 & 3 \\ 3 & -1 \end{pmatrix} = \begin{pmatrix} 22 & 2 \\ 26 & 10 \\ 16 & 4 \end{pmatrix}$$

Bei der Multiplikation solcher Matrizen $A \cdot B$ hilft folgendes Rechenschema:

Anfangsschema:		5	3		*Zeilenvektor von A*			5	3
(unten A, oben B)		3	−1		mal			3	−1
	2	4	· ·		*Spaltenvektor von B*		2	4	22	2
	4	2	· ·		ergibt:		4	2	26	10
	2	2	· ·				2	2	16	4

---

[*]Als Eselsbrücke zum Merken der Reihenfolge: *Erst die Zeile, dann die Spalte, ob ich das wohl je behalte!* Die Bezeichnung für den Zeilen– und den Spaltenindex, hier i und k, ist natürlich frei wählbar.

Das Ergebnis der jeweiligen Multiplikation wird einfach im Schnittpunkt der entsprechenden Zeile und Spalte eingetragen. Man erkennt auch sofort, ob die Multiplikation $A \cdot B$, so wie in diesem Beispiel, überhaupt möglich ist, und wie viele Zeilen und Spalten dann die Ergebnismatrix besitzt. Nicht möglich wäre für dieses Beispiel die Multiplikation $B \cdot A$!

Sind beide Multiplikationen möglich, so gilt aber im allgemeinen $A \cdot B \neq B \cdot A$!

Sehr nützlich ist stets die Gültigkeit der Assoziativität. Für beliebige Matrizen A, B, C gilt, sofern die betreffenden Multiplikationen auch durchführbar sind:

$$\boxed{A \cdot (B \cdot C) = (A \cdot B) \cdot C}$$

Aufgrund dieser Regel verzichtet man oft auf eine Klammersetzung.

Vereinbarung: Die zitierte Assoziativität macht natürlich nur Sinn unter der Voraussetzung, dass die betreffenden Multiplikationen auch durchführbar sind, d.h.: Die jeweiligen Matrizen besitzen das zueinander passende Format. Um dies nicht ständig wiederholen zu müssen, setzen wir das im Folgenden stets voraus!

Die Einheitsmatrix Sie kennen die Sonderrolle der Eins für Zahlbereiche. Für jede Zahl a gilt $1 \cdot a = a$ und $a \cdot 1 = a$. Eine quadratische Matrix E mit Einsen in der Hauptdiagonalen und ansonsten lauter Nullen nennt man 'Einheitsmatrix'. Nur diese besitzt die Eigenschaft

$$\boxed{E \cdot A = A \quad \text{und} \quad A \cdot E = A}$$

(für jede Matrix A). Beispiel, achten Sie auf die jeweilige Größe der quadratischen Matrix E :

$$\begin{pmatrix} 1 & 0 & 0 \\ 0 & 1 & 0 \\ 0 & 0 & 1 \end{pmatrix} \cdot \begin{pmatrix} 1 & 2 \\ 3 & 4 \\ 5 & 6 \end{pmatrix} = \begin{pmatrix} 1 & 2 \\ 3 & 4 \\ 5 & 6 \end{pmatrix} \quad \text{und} \quad \begin{pmatrix} 1 & 2 \\ 3 & 4 \\ 5 & 6 \end{pmatrix} \cdot \begin{pmatrix} 1 & 0 \\ 0 & 1 \end{pmatrix} = \begin{pmatrix} 1 & 2 \\ 3 & 4 \\ 5 & 6 \end{pmatrix}$$

Lineare Abbildungen Gegeben sei eine $m \times n$ Matrix A. Diese Matrix definiert dann durch

$$\boxed{A \cdot \vec{x} = \vec{y}}$$

eine 'lineare Abbildung' $L : \mathbb{R}^n \to \mathbb{R}^m$. Sie ordnet nämlich jedem $\vec{x} \in \mathbb{R}^n$ genau ein $\vec{y} \in \mathbb{R}^m$ zu!

Beispiel 13 Sei $A = \begin{pmatrix} 1 & 0 & 0 \\ 1 & 3 & 9 \\ 1 & 1 & 1 \end{pmatrix}$ und $\vec{x} = \begin{pmatrix} 0 \\ -2 \\ 1 \end{pmatrix}$. Das Bild von $\vec{x}$ ist also:

$$\begin{pmatrix} 1 & 0 & 0 \\ 1 & 3 & 9 \\ 1 & 1 & 1 \end{pmatrix} \cdot \begin{pmatrix} 0 \\ -2 \\ 1 \end{pmatrix} = \begin{pmatrix} 0 \\ 3 \\ -1 \end{pmatrix} \qquad \diamond$$

Anmerkungen: Im einfachsten Fall $m = n = 1$ vereinfacht sich die Vorschrift zu $a \cdot x = y$, mit $x, y \in \mathbb{R}$, $a \in \mathbb{R}$ eine fest vorgegebene Zahl. Anschaulich ist das eine Gerade (*Linie*), was hier zur Erklärung von *linear* genügen soll. Die Linearität ist also insbesondere eine Verallgemeinerung von Proportionalität und Dreisatz (siehe dort).

Sind zwei lineare Abbildungen L_1, L_2 gegeben und A, B die zugehörigen Matrizen, dann führt die Hintereinanderausführung (Verkettung) von L_1 und L_2 zur Multiplikation von A und B:

$$L_2(L_1(\vec{x})) = B \cdot (A \cdot \vec{x})) = (B \cdot A) \cdot \vec{x}.$$

Die Multiplikation von Matrizen entspricht also der Verkettung der zugehörigen Abbildungen!

Inverse Matrix Ist die durch A definierte lineare Abbildung L umkehrbar, so muss $m=n$ sein, und L^{-1} ist ebenfalls linear! Die zugehörige Matrix wird inverse Matrix A^{-1} genannt. Für diese folgt:

$$\boxed{A^{-1} \cdot A = E \quad \text{und} \quad A \cdot A^{-1} = E}$$

A^{-1} ist durch diese Eigenschaft eindeutig bestimmt! Wegen $m=n$ müssen die Matrizen A und A^{-1} natürlich quadratisch sein (aber nicht alle quadratischen Matrizen sind umkehrbar):

Beispiel 14 Rechnen Sie nach: Für $A = \begin{pmatrix} 1 & 0 & 0 \\ 1 & 3 & 9 \\ 1 & 1 & 1 \end{pmatrix}$ gilt $A^{-1} = \begin{pmatrix} 1 & 0 & 0 \\ -\frac{4}{3} & -\frac{1}{6} & \frac{3}{2} \\ \frac{1}{3} & \frac{1}{6} & -\frac{1}{2} \end{pmatrix}$ $\diamond$

Lineare Gleichungssysteme Die $m \times n$ Matrix A und der Vektor $\vec{b} \in \mathbb{R}^m$ seien fest vorgegeben! Dann nennt man

$$\boxed{A \cdot \vec{x} = \vec{b}}$$

ein lineares Gleichungssystem. Jeder Vektor $\vec{x} \in \mathbb{R}^n$, der mit A auf $\vec{b} \in \mathbb{R}^m$ abgebildet wird, heißt Lösungsvektor oder kurz Lösung des Gleichungssystems.

(Man kann zeigen: Ein solches Gleichungssystem besitzt gar keine Lösung, oder genau eine Lösung, oder unendlich viele Lösungen. Weitere Möglichkeiten, z.B. 3 Lösungen, gibt es nicht.)

Beispiel 15 Für $A = \begin{pmatrix} 1 & 0 & 0 \\ 1 & 3 & 9 \\ 1 & 1 & 1 \end{pmatrix}$ und $\vec{b} = \begin{pmatrix} 0 \\ 3 \\ -1 \end{pmatrix}$ erhalten wir das Gleichungssystem:

$$A \cdot \vec{x} = \vec{b} \quad \Leftrightarrow \quad \begin{pmatrix} 1 & 0 & 0 \\ 1 & 3 & 9 \\ 1 & 1 & 1 \end{pmatrix} \cdot \begin{pmatrix} x_1 \\ x_2 \\ x_3 \end{pmatrix} = \begin{pmatrix} 0 \\ 3 \\ -1 \end{pmatrix} \quad \Leftrightarrow \quad \begin{array}{rcrcrcr} x_1 & + & 0 \cdot x_2 & + & 0 \cdot x_3 & = & 0 \\ x_1 & + & 3 \cdot x_2 & + & 9 \cdot x_3 & = & 3 \\ x_1 & + & x_2 & + & x_3 & = & -1 \end{array}$$

Von Beispiel 13 kennen wir bereits die Lösung: $\vec{x} = \begin{pmatrix} 0 \\ -2 \\ 1 \end{pmatrix}$ und es gibt auch nur diese eine.

Ist nämlich die Matrix A umkehrbar, dann besitzt das Gleichungssystem genau eine Lösung:

$$A \cdot \vec{x} = \vec{b} \quad \Leftrightarrow \quad A^{-1} \cdot A \cdot \vec{x} = A^{-1} \cdot \vec{b} \quad \Leftrightarrow \quad E \cdot \vec{x} = A^{-1} \cdot \vec{b} \quad \Leftrightarrow \quad \vec{x} = A^{-1} \cdot \vec{b}$$

Und da wir A^{-1} von Beispiel 14 bereits kennen, ließe sich die Lösung auch hiermit bestimmen:

$$\vec{x} = A^{-1} \cdot \vec{b} = \begin{pmatrix} 1 & 0 & 0 \\ -\frac{4}{3} & -\frac{1}{6} & \frac{3}{2} \\ \frac{1}{3} & \frac{1}{6} & -\frac{1}{2} \end{pmatrix} \cdot \begin{pmatrix} 0 \\ 3 \\ -1 \end{pmatrix} = \begin{pmatrix} 0 \\ -2 \\ 1 \end{pmatrix} \qquad \diamond$$

Das Gaußsche Eliminationsverfahren zur Lösung von Gleichungssystemen benutzt jeder Rechner. Es kann hier nur kurz skizziert werden. Auch die inverse Matrix lässt sich damit bestimmen. Ausführlich wird das Verfahren im Lehr– und im Übungsbuch behandelt.

Folgende Umformungen lassen die Lösungsmenge eines Gleichungssystems unverändert:

(i) Multiplikation einer Gleichung mit einer Konstanten ($\neq 0$).

(ii) Addition eines konstanten Vielfachen einer Gleichung zu einer anderen.

(iii) Änderungen der Reihenfolge der Gleichungen.

Beispiel 16 Wir lösen zunächst das Gleichungssystem von Beispiel 15, siehe *linke* Hälfte:

A			$\vec{b}$	
1	0	0	0	$\cdot(-1)$
1	3	9	3	$+\downarrow$
1	1	1	-1	
1	0	0	0	
0	3	9	3	$\cdot\frac{1}{3}$
0	1	1	-1	
1	0	0	0	
0	1	3	1	$\cdot(-1)$
0	1	1	-1	$+\downarrow$
1	0	0	0	
0	1	3	1	
0	0	-2	-2	$\cdot(-\frac{1}{2})$
1	0	0	0	
0	1	3	1	$+\uparrow$
0	0	1	1	$\cdot(-3)$
1	0	0	0	
0	1	0	-2	
0	0	1	1	
	E		$\vec{x}$	

Kommentar:

Das (-1)–fache addiert zur 2. Gleichung und zur 3. Gleichung ergibt:

Das (-1)–fache addiert zur 3. Gleichung ergibt:

Das (-3)–fache addiert zur 2. Gleichung ergibt:

Ergebnis!

A			E			
1	0	0	1	0	0	$\cdot(-1)$
1	3	9	0	1	0	$+\downarrow$
1	1	1	0	0	1	
1	0	0	1	0	0	
0	3	9	-1	1	0	$\cdot\frac{1}{3}$
0	1	1	-1	0	1	
1	0	0	1	0	0	
0	1	3	$-\frac{1}{3}$	$\frac{1}{3}$	0	$\cdot(-1)$
0	1	1	-1	0	1	$+\downarrow$
1	0	0	1	0	0	
0	1	3	$-\frac{1}{3}$	$\frac{1}{3}$	0	
0	0	-2	$-\frac{2}{3}$	$-\frac{1}{3}$	1	$\cdot(-\frac{1}{2})$
1	0	0	1	0	0	
0	1	3	$-\frac{1}{3}$	$\frac{1}{3}$	0	$+\uparrow$
0	0	1	$\frac{1}{3}$	$\frac{1}{6}$	$-\frac{1}{2}$	$\cdot(-3)$
1	0	0	1	0	0	
0	1	0	$-\frac{4}{3}$	$-\frac{1}{6}$	$\frac{3}{2}$	
0	0	1	$\frac{1}{3}$	$\frac{1}{6}$	$-\frac{1}{2}$	
	E			A^{-1}		

Mit denselben Rechenschritten lässt sich die zu A inverse Matrix A^{-1} bestimmen, siehe *rechts*! Hierzu eine kurze Erklärung: Gesucht ist die 3×3 Matrix A^{-1} mit der Eigenschaft $A \cdot A^{-1} = E$:

Bezeichnen wir die Spaltenvektoren von A^{-1} mit $\vec{x}$, $\vec{z}$, $\vec{u}$ und ihre entsprechenden Koordinaten mit den unteren Indizes $_1$, $_2$, $_3$, so erhalten wir ausführlich notiert:

$$A \cdot A^{-1} = \begin{pmatrix} 1 & 0 & 0 \\ 1 & 3 & 9 \\ 1 & 1 & 1 \end{pmatrix} \cdot \begin{pmatrix} x_1 & z_1 & u_1 \\ x_2 & z_2 & u_2 \\ x_3 & z_3 & u_3 \end{pmatrix} = \begin{pmatrix} 1 & 0 & 0 \\ 0 & 1 & 0 \\ 0 & 0 & 1 \end{pmatrix} = E$$

Rechnen Sie dieses Matrixprodukt nun spaltenweise aus, also A mal 1. Spalte von A^{-1}, A mal 2. Spalte von A^{-1}, A mal 3. Spalte von A^{-1}, so ergibt sich der Reihe nach:

$$\begin{pmatrix} 1 & 0 & 0 \\ 1 & 3 & 9 \\ 1 & 1 & 1 \end{pmatrix} \cdot \begin{pmatrix} x_1 \\ x_2 \\ x_3 \end{pmatrix} = \begin{pmatrix} 1 \\ 0 \\ 0 \end{pmatrix}; \quad \begin{pmatrix} 1 & 0 & 0 \\ 1 & 3 & 9 \\ 1 & 1 & 1 \end{pmatrix} \cdot \begin{pmatrix} z_1 \\ z_2 \\ z_3 \end{pmatrix} = \begin{pmatrix} 0 \\ 1 \\ 0 \end{pmatrix}; \quad \begin{pmatrix} 1 & 0 & 0 \\ 1 & 3 & 9 \\ 1 & 1 & 1 \end{pmatrix} \cdot \begin{pmatrix} u_1 \\ u_2 \\ u_3 \end{pmatrix} = \begin{pmatrix} 0 \\ 0 \\ 1 \end{pmatrix}.$$

Bezeichnen wir die Spaltenvektoren von E mit $\vec{e_1}$, $\vec{e_2}$, $\vec{e_3}$, so erhalten wir in Kurzschreibweise:

$$A \cdot \vec{x} = \vec{e_1}; \qquad A \cdot \vec{z} = \vec{e_2}; \qquad A \cdot \vec{u} = \vec{e_3}\,.$$

Das sind zwar *drei* Gleichungssysteme, aber immer mit derselben Matrix A! Diese lassen sich einzeln der Reihe nach lösen, analog wie auf der linken Seite. Da Sie die Rechenschritte aber jedes mal wiederholen können, geht das auch so wie rechts *simultan* nebeneinander! $\diamond$

Beispiel 17 Gleichungssysteme ergeben sich bei ganz verschiedenen Aufgabenstellungen! Wählen wir als Beispiel die Interpolation. Durch *zwei* Punkte ist eine Gerade festgelegt, durch *drei* Punkte eine Parabel $y = c_0 + c_1 \cdot x + c_3 \cdot x^2$. Vergleichen Sie hierzu S. 27. Allgemein ist ein Polynom vom Grade n durch Angabe von $n + 1$ Punkten festgelegt. Man nennt es das Interpolationspolynom zu den vorgegebenen Punkten. Durch Einsetzen der gegebenen Werte erhält man genau so viele (lineare) Gleichungen wie Unbekannte, Bsp.:

Wir bestimmen die durch 3 Punkte eindeutig bestimmte Parabel $y = c_0 + c_1 \cdot x + c_2 \cdot x^2$!

Gegeben sei die folgende Funktionswert–Tabelle:

$$\begin{array}{c||c|c|c} x & 0 & 3 & 1 \\ \hline y & 0 & 3 & -1 \end{array}$$

(Skizze links unten).

Einsetzen der x–Werte in $c_0 + c_1 \cdot x + c_2 \cdot x^2$ ergibt die in der Tabelle angegebenen y–Werte:

$$\begin{array}{lrcrcrcr} x = 0 : & c_0 & + & c_1 \cdot 0 & + & c_2 \cdot 0 & = & 0 \\ x = 3 : & c_0 & + & c_1 \cdot 3 & + & c_2 \cdot 9 & = & 3 \\ x = 1 : & c_0 & + & c_1 & + & c_2 & = & -1 \end{array} \quad \Leftrightarrow \quad \begin{pmatrix} 1 & 0 & 0 \\ 1 & 3 & 9 \\ 1 & 1 & 1 \end{pmatrix} \cdot \begin{pmatrix} c_0 \\ c_1 \\ c_2 \end{pmatrix} = \begin{pmatrix} 0 \\ 3 \\ -1 \end{pmatrix}$$

Die Lösung kennen wir bereits durch die vorigen Beispiele, nämlich $c_0 = 0$, $c_1 = -2$, $c_2 = 1$.

Ergebnis: Die Gleichung der gesuchten Parabel lautet $y = -2x + x^2$.

Skizze:

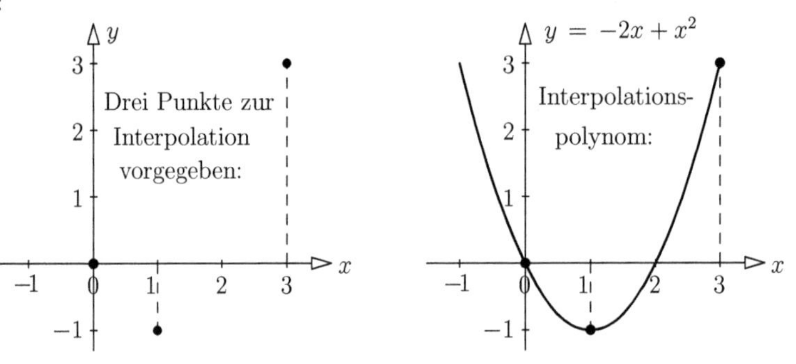

Transponieren Das Vertauschen von Spalten und Zeilen einer Matrix heißt Transponieren. Beispiel:

$$A = \begin{pmatrix} 1 & 2 \\ 3 & 4 \\ 5 & 6 \end{pmatrix}, \quad \text{transponierte Matrix:} \quad A^T = \begin{pmatrix} 1 & 3 & 5 \\ 2 & 4 & 6 \end{pmatrix}.$$

Durch Transponieren lässt sich zum Beispiel das Skalarprodukt als Matrixprodukt schreiben. Es gilt nämlich allgemein:

$$\boxed{\vec{a} \bullet \vec{b} = \vec{a}^{\,T} \cdot \vec{b}}$$

Beispiel:

$$\begin{pmatrix} -2 \\ 1 \\ 0 \end{pmatrix} \bullet \begin{pmatrix} 1 \\ 3 \\ -1 \end{pmatrix} = -2 \cdot 1 + 1 \cdot 3 + 0 \cdot (-1) = (-2 \ 1 \ 0) \cdot \begin{pmatrix} 1 \\ 3 \\ -1 \end{pmatrix}.$$

Wir erwähnen noch die Regeln: $(A^T)^T = A$, $(A + B)^T = A^T + B^T$, $(A \cdot B)^T = B^T \cdot A^T$. Ebenso lässt sich allgemein nachrechnen: $\vec{x} \bullet (A \cdot \vec{y}) = (A^T \cdot \vec{x}) \bullet \vec{y}$.

Die Addition von Matrizen *gleicher Größe* ist elementweise definiert, ein einfaches Beispiel:

$$\begin{pmatrix} 2 & 2 \\ 0 & 3 \\ -1 & 0 \end{pmatrix} + \begin{pmatrix} 3 & -2 \\ 0 & 1 \\ -4 & 6 \end{pmatrix} = \begin{pmatrix} 5 & 0 \\ 0 & 4 \\ -5 & 6 \end{pmatrix}$$

Ebenso ist die Multiplikation von Matrizen mit reellen Zahlen $c \in \mathbb{R}$ elementweise definiert:

$$3 \cdot \begin{pmatrix} 2 & 2 \\ 0 & 3 \\ -1 & 0 \end{pmatrix} = \begin{pmatrix} 6 & 6 \\ 0 & 9 \\ -3 & 0 \end{pmatrix}$$

Diese Multiplikation 'verträgt' sich auf natürliche Weise mit der Multiplikation von Matrizen:

$$c \cdot (A \cdot B) = (c \cdot A) \cdot B = A \cdot (c \cdot B)$$

Man bezeichnet $(-1) \cdot A$ mit $-A$, und die Matrix aus lauter Nullen kurz als Nullmatrix $\mathbf{0}$.

Beispiel 18 Für $A = \begin{pmatrix} 1 & 2 \\ 4 & 3 \end{pmatrix}$ gilt: $A^2 - 4A - 5E = \mathbf{0}$:

$$A^2 - 4A - 5E = \begin{pmatrix} 1 & 2 \\ 4 & 3 \end{pmatrix} \cdot \begin{pmatrix} 1 & 2 \\ 4 & 3 \end{pmatrix} - 4 \cdot \begin{pmatrix} 1 & 2 \\ 4 & 3 \end{pmatrix} - 5 \cdot \begin{pmatrix} 1 & 0 \\ 0 & 1 \end{pmatrix}$$

$$= \begin{pmatrix} 9 & 8 \\ 16 & 17 \end{pmatrix} - \begin{pmatrix} 4 & 8 \\ 16 & 12 \end{pmatrix} \begin{pmatrix} 5 & 0 \\ 0 & 5 \end{pmatrix}$$

$$= \begin{pmatrix} 9-4-5 & 8-8-0 \\ 16-16-0 & 17-12-5 \end{pmatrix} = \begin{pmatrix} 0 & 0 \\ 0 & 0 \end{pmatrix} = \mathbf{0} \qquad \diamond$$

Schließlich sei noch erwähnt:

Satz *Die Menge der $n \times m$ Matrizen bildet einen Vektorraum (der Dimension $n \cdot m$).*

Es gelten nämlich die für einen Vektorraum charakteristischen Rechenregeln:

$$\begin{aligned}
A + (B + C) &= (A + B) + C \\
\mathbf{0} + A &= A \\
-A + A &= \mathbf{0} \\
A + B &= B + A \\
c \cdot (d \cdot A) &= (c \cdot d) \cdot A \\
1 \cdot A &= A \\
c \cdot (A + B) &= c \cdot A + c \cdot B \\
(c + d) \cdot A &= c \cdot A + d \cdot A
\end{aligned}$$

Sie kennen diese Regeln bereits alle von Seite 91 und Seite 92, nur diesmal mit $A, B, C, \ldots$ anstelle von $\vec{p}, \vec{q}, \vec{r}, \ldots$

5.5 Das Vektorprodukt im $\mathbb{R}^3$

Definition Wir behandeln hier das Vektorprodukt $\vec{a} \times \vec{b}$ für den Fall $\vec{a}, \vec{b} \in \mathbb{R}^3$. Allgemein ist das Produkt $\vec{a} \times \vec{b}$ für $\vec{a}, \vec{b} \in \mathbb{R}^n$ ein Vektor mit $\frac{1}{2} \cdot n \cdot (n-1)$ Koordinaten! Nur im speziellen Fall $n = 3$ ist also das Ergebnis wieder ein Vektor des $\mathbb{R}^3$. Allerdings ist es auch der wichtigste Fall mit vielen praktischen Anwendungen! Doch erst einmal zur Definition des Vektor- oder Kreuzprodukts:

Unter dem *Vektor– oder Kreuzprodukt* $\vec{a} \times \vec{b}$ zweier Vektoren $\vec{a}, \vec{b} \in \mathbb{R}^3$ mit den Koordinaten a_1, a_2, a_3 bzw. b_1, b_2, b_3 versteht man den Vektor

$$\begin{pmatrix} a_1 \\ a_2 \\ a_3 \end{pmatrix} \times \begin{pmatrix} b_1 \\ b_2 \\ b_3 \end{pmatrix} = \begin{pmatrix} a_2 \cdot b_3 - a_3 \cdot b_2 \\ a_3 \cdot b_1 - a_1 \cdot b_3 \\ a_1 \cdot b_2 - a_2 \cdot b_1 \end{pmatrix}$$

Für jede Koordinate sind also zwei Produkte zu bilden und zu subtrahieren! Die betreffenden Faktoren sind in folgendem Schema durch Linien verbunden, und zwar 'über Kreuz':

Die Pfeile markieren das jeweils erste Produkt, von dem dann das zweite zu subtrahieren ist!

Beispiel 19 (i) $\begin{pmatrix} 1 \\ -2 \\ 3 \end{pmatrix} \times \begin{pmatrix} 1 \\ -2 \\ 3 \end{pmatrix} = \begin{pmatrix} (-2) \cdot 3 - 3 \cdot (-2) \\ 3 \cdot 1 - 1 \cdot 3 \\ 1 \cdot (-2) - (-2) \cdot 1 \end{pmatrix} = \begin{pmatrix} 0 \\ 0 \\ 0 \end{pmatrix}$

(ii) $\begin{pmatrix} 3 \\ 4 \\ 0 \end{pmatrix} \times \begin{pmatrix} 1 \\ 5 \\ 2 \end{pmatrix} = \begin{pmatrix} 4 \cdot 2 - 0 \cdot 5 \\ 0 \cdot 1 - 3 \cdot 2 \\ 3 \cdot 5 - 4 \cdot 1 \end{pmatrix} = \begin{pmatrix} 8 \\ -6 \\ 11 \end{pmatrix}$ (iii) $\begin{pmatrix} 1 \\ 5 \\ 2 \end{pmatrix} \times \begin{pmatrix} 3 \\ 4 \\ 0 \end{pmatrix} = \begin{pmatrix} 5 \cdot 0 - 2 \cdot 4 \\ 2 \cdot 3 - 1 \cdot 0 \\ 1 \cdot 4 - 5 \cdot 3 \end{pmatrix} = \begin{pmatrix} -8 \\ 6 \\ -11 \end{pmatrix}$

$\diamond$

Sicherlich sind Ihnen die ungewöhnlichen Eigenschaften dieses Produkts schon aufgefallen!

Durch Vertauschen der beiden Faktoren ändert das Ergebnis sein Vorzeichen, was bedeutet: Das Vektorprodukt ist *antikommutativ*. Es gilt immer $\vec{b} \times \vec{a} = -(\vec{a} \times \vec{b})$, vgl. (ii) und (iii). Daraus folgt speziell für $\vec{b} = \vec{a}$ auch: $\vec{a} \times \vec{a} = -(\vec{a} \times \vec{a})$, also *muss* $\vec{a} \times \vec{a} = \vec{0}$ sein, vgl. (i).

Konstante Faktoren $k \in \mathbb{R}$ darf man ausklammern. Insgesamt gelten nur folgende Regeln:

$$\boxed{\begin{aligned} (k \cdot \vec{a}) \times \vec{b} &= \vec{a} \times (k \cdot \vec{b}) = k \cdot (\vec{a} \times \vec{b}) \\ (\vec{a} \pm \vec{b}) \times \vec{c} &= \vec{a} \times \vec{c} \pm \vec{b} \times \vec{c} \\ \vec{a} \times (\vec{b} \pm \vec{c}) &= \vec{a} \times \vec{b} \pm \vec{a} \times \vec{c} \\ \vec{b} \times \vec{a} &= -(\vec{a} \times \vec{b}) \end{aligned}}$$

Im allgemeinen gilt $(\vec{a} \times \vec{b}) \times \vec{c} \neq \vec{a} \times (\vec{b} \times \vec{c})$, das Vektorprodukt ist auch nicht assoziativ!

Solche Unanehmlichkeiten kennen Sie bereits vom Exponieren a^b, auch $a \wedge b$ geschrieben: So gilt zum Beispiel $2 \wedge 3 \neq 3 \wedge 2$, und es ist $(3 \wedge 3) \wedge 3 \neq 3 \wedge (3 \wedge 3)$.

Geometrische Beschreibung des Vektorprodukts

Der Ergebnisvektor $\vec{a} \times \vec{b}$ steht senkrecht auf den beiden Ausgangsvektoren $\vec{a}$ und $\vec{b}$! Das Skalarprodukt der betreffenden Vektoren ergibt nämlich den Wert Null. Überprüfen Sie:

$$\vec{a} \bullet (\vec{a} \times \vec{b}) \;=\; \begin{pmatrix} a_1 \\ a_2 \\ a_3 \end{pmatrix} \bullet \begin{pmatrix} a_2 \cdot b_3 - a_3 \cdot b_2 \\ a_3 \cdot b_1 - a_1 \cdot b_3 \\ a_1 \cdot b_2 - a_2 \cdot b_1 \end{pmatrix} \;=\;$$

$$a_1 \cdot (a_2 \cdot b_3 - a_3 \cdot b_2) + a_2 \cdot (a_3 \cdot b_1 - a_1 \cdot b_3) + a_3 \cdot (a_1 \cdot b_2 - a_2 \cdot b_1) =$$

$$a_1 \cdot a_2 \cdot b_3 \;-\; a_1 \cdot a_3 \cdot b_2 \;+\; a_2 \cdot a_3 \cdot b_1 \;-\; a_1 \cdot a_2 \cdot b_3 \;+\; a_1 \cdot a_3 \cdot b_2 \;-\; a_2 \cdot a_3 \cdot b_1 \;=\; 0.$$

Ganz analog ergibt:

$$\vec{b} \bullet (\vec{a} \times \vec{b}) \;=\; b_1 \cdot (a_2 \cdot b_3 - a_3 \cdot b_2) + b_2 \cdot (a_3 \cdot b_1 - a_1 \cdot b_3) + b_3 \cdot (a_1 \cdot b_2 - a_2 \cdot b_1) =$$

$$a_2 \cdot b_1 \cdot b_3 \;-\; a_3 \cdot b_1 \cdot b_2 \;+\; a_3 \cdot b_1 \cdot b_2 \;-\; a_1 \cdot b_2 \cdot b_3 \;+\; a_1 \cdot b_2 \cdot b_3 \;-\; a_2 \cdot b_1 \cdot b_3 \;=\; 0.$$

Rechte-Hand-Regel Lassen Sie doch einmal Ihren *Daumen* in Richtung von $\vec{a}$ und den *Zeigefinger* in Richtung von $\vec{b}$ zeigen, dann wird mit vorigem Ergebnis auch sofort klar:

$\vec{a} \times \vec{b}$ steht sogar senkrecht auf der von $\vec{a}$ und $\vec{b}$ aufgespannten Ebene. Doch dafür gibt es *zwei* mögliche Richtungen! Zeigt der Daumen in Richtung $\vec{a}$, der Zeigefinger in Richtung $\vec{b}$, so gilt:

Falls Sie den Daumen und den Zeigefinger der *rechten* (!) Hand nehmen, so zeigt der senkrecht aufgerichtete Mittelfinger in die Richtung von $\vec{a} \times \vec{b}$. (Linke Hand: Umgekehrte Richtung.)

Die Richtung ist also mit der sog. 'Rechten Hand - Regel' festgelegt (Beweis siehe Lehrbuch)!

Wir kennen die Richtung - fehlt zur Beschreibung des Vektors $\vec{a} \times \vec{b}$ noch seine Länge (Betrag): Für den Betrag von $\vec{a} \times \vec{b}$ gilt gemäß Lehrbuch:

$$|\vec{a} \times \vec{b}| \;=\; |\vec{a}| \cdot |\vec{b}| \cdot \sin\alpha\,, \hspace{3cm} (0 \le \alpha \le 180°)\,,$$

wobei α den von $\vec{a}$ und $\vec{b}$ eingeschlossenen Winkel bezeichnet. Anschaulich ist das die *Fläche* des von $\vec{a}$ und $\vec{b}$ aufgespannten Parallelogramms '*Grundseite* $a = |\vec{a}|$ *mal Höhe* $h = |\vec{b}| \cdot \sin\alpha$':

Fläche F des Parallelogramms mit den Seiten $a = |\vec{a}|$, $b = |\vec{b}|$:

$$F = |\vec{a}| \cdot |\vec{b}| \cdot \sin\alpha$$

Speziell folgt: Falls $\vec{a}$ und $\vec{b}$ in die gleiche oder in die entgegengesetzte Richtung zeigen, ist die Fläche $F = |\vec{a} \times \vec{b}|$ des Parallelogramms gleich 0, in diesem Falle also $\vec{a} \times \vec{b} = \vec{0}$.

Lorentz-Kraft Falls Sie mit elektrischem Strom etwas in Bewegung setzen wie Küchenmixer, Bohrmaschine, Kühlschrankkompressor oder ein Elektro–Auto, dann wirkt die Lorentz–Kraft:

$$\vec{K} \;=\; I \cdot (\vec{s} \times \vec{B})\,, \hspace{3cm} (I \text{ die Stromstärke}),$$

$\vec{s}$ Draht der Länge s in Richtung $\vec{I}$, $\vec{B}$ die magnetische Flussdichte. Vom Physikunterricht wissen Sie: Zeigt der Daumen der rechten Hand in Stromrichtung, der Zeigefinger in Richtung Magnetfeld, so wirkt auf den Draht eine Kraft in Richtung des aufgerichteten Mittelfingers.

Vektorfelder

Fassen wir drei Funktionen $f_1(x, y, z)$, $f_2(x, y, z)$, $f_3(x, y, z)$ zu einem Vektor $\vec{f}$ zusammen, erhalten wir eine vektorwertige Funktion, ein sogenanntes (3–dimensionales) *Vektorfeld*:

$$\vec{f}(x, y, z) = \begin{pmatrix} f_1(x, y, z) \\ f_2(x, y, z) \\ f_3(x, y, z) \end{pmatrix} \quad \text{oder kurz:} \quad \vec{f} = \begin{pmatrix} f_1 \\ f_2 \\ f_3 \end{pmatrix}$$

Jedem Punkt $P = (x|y|z)$ des Raumes wird also ein Vektor $\vec{f}$ zugeordnet! Als Beispiele seien genannt: Die Luftströmungen in unserer Atmosphäre, das Gravitationsfeld der Erde oder der Gradient $grad\, F$ einer Funktion $F(x, y, z)$.

Bei der Untersuchung von Vektorfeldern spielt die *Rotation* $rot\, \vec{f}$ des Feldes eine große Rolle. Die Definition erscheint kompliziert! Vereinfachend notieren wir f_1 anstelle $f_1(x, y, z)$, usw.:

$$rot\, \vec{f} = \begin{pmatrix} \frac{\partial}{\partial y} f_3 - \frac{\partial}{\partial z} f_2 \\ \frac{\partial}{\partial z} f_1 - \frac{\partial}{\partial x} f_3 \\ \frac{\partial}{\partial x} f_2 - \frac{\partial}{\partial y} f_1 \end{pmatrix} \quad \begin{array}{l} \text{Zur weiteren Vereinfachung benutzen} \\ \text{wir den } symbolischen\ Vektor\ \nabla\ (nabla). \\ \text{Für drei Variable } x, y, z \text{ lautet dieser:} \end{array} \quad \nabla = \begin{pmatrix} \frac{\partial}{\partial x} \\ \frac{\partial}{\partial y} \\ \frac{\partial}{\partial z} \end{pmatrix}$$

Behandeln wir ∇ nun wie einen Vektor des $\mathbb{R}^3$. Dann erhalten wir mit diesem *Nabla –* oder auch *Hamilton – Operator* rein formal:

$$\begin{pmatrix} \frac{\partial}{\partial x} \\ \frac{\partial}{\partial y} \\ \frac{\partial}{\partial z} \end{pmatrix} \times \begin{pmatrix} f_1 \\ f_2 \\ f_3 \end{pmatrix} = \begin{pmatrix} \frac{\partial}{\partial y} f_3 - \frac{\partial}{\partial z} f_2 \\ \frac{\partial}{\partial z} f_1 - \frac{\partial}{\partial x} f_3 \\ \frac{\partial}{\partial x} f_2 - \frac{\partial}{\partial y} f_1 \end{pmatrix} \quad \text{oder kurz:} \quad \boxed{\nabla \times \vec{f} = rot\, \vec{f}}$$

Beispiel 20 $\begin{pmatrix} f_1 \\ f_2 \\ f_3 \end{pmatrix} = \begin{pmatrix} y \cdot z \\ x \cdot z \\ x \cdot y \end{pmatrix} : \begin{pmatrix} \frac{\partial}{\partial x} \\ \frac{\partial}{\partial y} \\ \frac{\partial}{\partial z} \end{pmatrix} \times \begin{pmatrix} y \cdot z \\ x \cdot z \\ x \cdot y \end{pmatrix} = \begin{pmatrix} x - x \\ y - y \\ z - z \end{pmatrix} = \begin{pmatrix} 0 \\ 0 \\ 0 \end{pmatrix} \Rightarrow rot\, \vec{f} = \vec{0}. \quad \diamond$

Die Rotation ergibt keineswegs immer ein solch einfaches Ergebnis wie soeben! Erklärung:

$rot\, \vec{f} = \vec{0}$ heißt nämlich: $\begin{pmatrix} \frac{\partial}{\partial y} f_3 - \frac{\partial}{\partial z} f_2 \\ \frac{\partial}{\partial z} f_1 - \frac{\partial}{\partial x} f_3 \\ \frac{\partial}{\partial x} f_2 - \frac{\partial}{\partial y} f_1 \end{pmatrix} = \begin{pmatrix} 0 \\ 0 \\ 0 \end{pmatrix}$. Somit ist also jede Komponente

einzeln gleich Null:
$$\begin{aligned} \frac{\partial}{\partial y} f_3 - \frac{\partial}{\partial z} f_2 &= 0 & & & \frac{\partial}{\partial y} f_3 &= \frac{\partial}{\partial z} f_2 \\ \frac{\partial}{\partial z} f_1 - \frac{\partial}{\partial x} f_3 &= 0 & \text{bzw.} & & \frac{\partial}{\partial z} f_1 &= \frac{\partial}{\partial x} f_3 \\ \frac{\partial}{\partial x} f_2 - \frac{\partial}{\partial y} f_1 &= 0 & & & \frac{\partial}{\partial x} f_2 &= \frac{\partial}{\partial y} f_1 \end{aligned}$$

Von den Erläuterungen unten auf Seite 87 speziell für den Fall $n = 3$ erkennen wir nun den entscheidenden Grund für das vorige Ergebnis!

$rot\, \vec{f} = \vec{0}$ bedeutet: Es existiert eine ('Stamm-') Funktion $F(x, y, z)$ mit der Eigenschaft

$$\begin{aligned} \frac{\partial}{\partial x} F &= f_1 \\ \frac{\partial}{\partial y} F &= f_2 \qquad \text{In Kurzschreibweise:} \quad \nabla F = \vec{f} \qquad (\text{bzw.}\ grad\, F = \vec{f}\,). \\ \frac{\partial}{\partial z} F &= f_3 \end{aligned}$$

Das Spatprodukt $[\vec{a}, \vec{b}, \vec{c}] = (\vec{a} \times \vec{b}) \bullet \vec{c}$

Vektorprodukt und Skalarprodukt *zusammen* bilden das sog. *Spatprodukt*. Es wird auch als *gemischtes Produkt* bezeichnet. Das Ergebnis ist entsprechend wie beim Skalarprodukt eine (positive oder negative) reelle Zahl. Analog wie zwei Vektoren $\vec{a}$ und $\vec{b}$ ein Parallelogramm 'aufspannen' erhält man bei drei Vektoren einen sogenannten *Spat*. Für das Volumen dieses Spats gilt $V = |(\vec{a} \times \vec{b}) \bullet \vec{c}|$, was zur Bezeichnung Spatprodukt geführt hat.

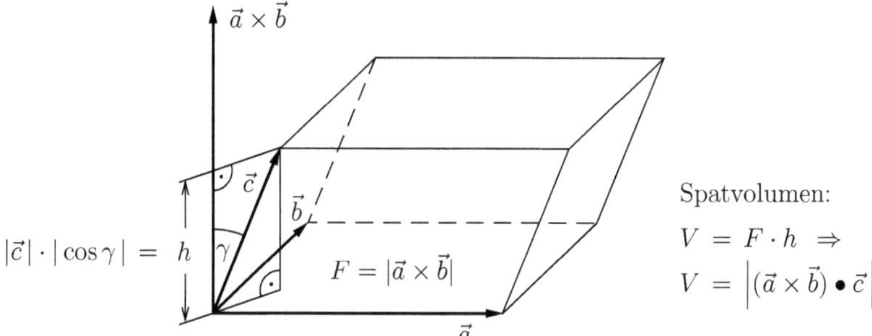

Mit Hilfe der Koordinaten von $\vec{a}$, $\vec{b}$ und $\vec{c}$ erhält man explizit für $[\vec{a}, \vec{b}, \vec{c}] = (\vec{a} \times \vec{b}) \bullet \vec{c}$:

$$[\vec{a}, \vec{b}, \vec{c}] = (a_1 \cdot b_2 \cdot c_3 + a_2 \cdot b_3 \cdot c_1 + a_3 \cdot b_1 \cdot c_2) - (a_3 \cdot b_2 \cdot c_1 + a_2 \cdot b_1 \cdot c_3 + a_1 \cdot b_3 \cdot c_2)$$

Rechenregeln: Es ist egal, wo man sein 'Kreuzchen setzt':

(1) $\qquad\qquad [\vec{a}, \vec{b}, \vec{c}] = (\vec{a} \times \vec{b}) \bullet \vec{c} = \vec{a} \bullet (\vec{b} \times \vec{c})$

Das Spatprodukt ändert sich auch nicht, wenn man die Faktoren *zyklisch* vertauscht:

(2) $\qquad [\vec{a}, \vec{b}, \vec{c}] = [\vec{b}, \vec{c}, \vec{a}] = [\vec{c}, \vec{a}, \vec{b}]$

Ansonsten ändert sich nur das Vorzeichen: $[\vec{a}, \vec{b}, \vec{c}] = -[\vec{b}, \vec{a}, \vec{c}] = -[\vec{a}, \vec{c}, \vec{b}] = -[\vec{c}, \vec{b}, \vec{a}]$.

Beispiel 21 Obwohl wir das Skalarprodukt und Vektorprodukt bereits kennen, wollen wir für das Spatprodukt wenigstens ein konkretes Beispiel ausrechnen. Gegeben seien

$$\vec{a} = \begin{pmatrix} 1 \\ 0 \\ 3 \end{pmatrix}, \ \vec{b} = \begin{pmatrix} 4 \\ -2 \\ -1 \end{pmatrix}, \ \vec{c} = \begin{pmatrix} 0 \\ 1 \\ 7 \end{pmatrix}.$$

Wir nutzen $[\vec{a}, \vec{b}, \vec{c}] = (\vec{a} \times \vec{b}) \bullet \vec{c}$ und bestimmen zunächst

$$\vec{a} \times \vec{b} = \begin{pmatrix} 1 \\ 0 \\ 3 \end{pmatrix} \times \begin{pmatrix} 4 \\ -2 \\ -1 \end{pmatrix} = \begin{pmatrix} 6 \\ 13 \\ -2 \end{pmatrix}.$$

Hiermit erhalten wir nun sofort:

$$(\vec{a} \times \vec{b}) \bullet \vec{c} = \begin{pmatrix} 6 \\ 13 \\ -2 \end{pmatrix} \bullet \begin{pmatrix} 0 \\ 1 \\ 7 \end{pmatrix} = 13 - 14 = -1.$$

Ergebnis: $[\vec{a}, \vec{b}, \vec{c}] = -1$. $\qquad\qquad\qquad\qquad\qquad\qquad\qquad\qquad\qquad \diamond$

3–reihige Determinanten

Vielleicht kennen Sie die zugehörige Rechenvorschrift noch auswendig vom Schulunterricht? Verwechseln Sie die 'Determinantenstriche' $|\dots|$ jedenfalls bitte nicht mit Betragsstrichen:

$$\begin{vmatrix} a_1 & b_1 & c_1 \\ a_2 & b_2 & c_2 \\ a_3 & b_3 & c_3 \end{vmatrix} = (a_1 \cdot b_2 \cdot c_3 + a_2 \cdot b_3 \cdot c_1 + a_3 \cdot b_1 \cdot c_2) - (a_3 \cdot b_2 \cdot c_1 + a_2 \cdot b_1 \cdot c_3 + a_1 \cdot b_3 \cdot c_2)$$

Es sind 6 Produkte aus je 3 Faktoren zu summieren, die Hälfte mit umgedrehtem Vorzeichen (für Experten: $6 = 3!$ Permutationen, die Hälfte ungerade).

Bei Bildung der Produkte ist zu beachten: Je ein Faktor von jeder Spalte mit jeweils verschiedenen Indizes. Das ist alles etwas schwierig zu beschreiben. Vermutlich werden Sie aber anschaulich ein gewisses Muster erkennen können:

$$\begin{array}{ccc} \boldsymbol{a_1} & b_1 & c_1 \\ a_2 & \boldsymbol{b_2} & c_2 \\ a_3 & b_3 & \boldsymbol{c_3} \end{array} \qquad \begin{array}{ccc} a_1 & b_1 & \boldsymbol{c_1} \\ \boldsymbol{a_2} & b_2 & c_2 \\ a_3 & \boldsymbol{b_3} & c_3 \end{array} \qquad \begin{array}{ccc} a_1 & \boldsymbol{b_1} & c_1 \\ a_2 & b_2 & \boldsymbol{c_2} \\ \boldsymbol{a_3} & b_3 & c_3 \end{array}$$

$$a_1 \cdot b_2 \cdot c_3 \qquad + \qquad a_2 \cdot b_3 \cdot c_1 \qquad + \qquad a_3 \cdot b_1 \cdot c_2$$

Die nachfolgende Summe in 'Gegenrichtung' ist anschließend zu subtrahieren:

$$\begin{array}{ccc} a_1 & b_1 & \boldsymbol{c_1} \\ a_2 & \boldsymbol{b_2} & c_2 \\ \boldsymbol{a_3} & b_3 & c_3 \end{array} \qquad \begin{array}{ccc} a_1 & \boldsymbol{b_1} & c_1 \\ \boldsymbol{a_2} & b_2 & c_2 \\ a_3 & b_3 & \boldsymbol{c_3} \end{array} \qquad \begin{array}{ccc} \boldsymbol{a_1} & b_1 & c_1 \\ a_2 & b_2 & \boldsymbol{c_2} \\ a_3 & \boldsymbol{b_3} & c_3 \end{array}$$

$$a_3 \cdot b_2 \cdot c_1 \qquad + \qquad a_2 \cdot b_1 \cdot c_3 \qquad + \qquad a_1 \cdot b_3 \cdot c_2$$

<u>Ergebnis:</u> $(a_1 \cdot b_2 \cdot c_3 + a_2 \cdot b_3 \cdot c_1 + a_3 \cdot b_1 \cdot c_2) - (a_3 \cdot b_2 \cdot c_1 + a_2 \cdot b_1 \cdot c_3 + a_1 \cdot b_3 \cdot c_2)$

Das ist aber genau dasselbe Ergebnis wie beim Spatprodukt, folglich gilt:

$$\boxed{\underset{\text{Spatprodukt}}{[\vec{a},\vec{b},\vec{c}]} = \underset{\text{Determinante}}{|\vec{a},\vec{b},\vec{c}|}} \qquad \textit{ausführlich:}\ [\vec{a},\vec{b},\vec{c}] = \begin{vmatrix} a_1 & b_1 & c_1 \\ a_2 & b_2 & c_2 \\ a_3 & b_3 & c_3 \end{vmatrix}$$

Beispiel 22   Wir bestimmen $\begin{vmatrix} 1 & 4 & 0 \\ 0 & -2 & 1 \\ 3 & -1 & 7 \end{vmatrix}$

Die beschriebene Vorgehensweise liefert hierfür konkret:

$$[\vec{a},\vec{b},\vec{c}] = |\vec{a},\vec{b},\vec{c}|$$
$$= \Big(1 \cdot (-2) \cdot 7 + 0 \cdot (-1) \cdot 0 + 3 \cdot 4 \cdot 1\Big) - \Big(3 \cdot (-2) \cdot 0 + 0 \cdot 4 \cdot 7 + 1 \cdot (-1) \cdot 1\Big)$$
$$= (-14 + 0 + 12) - (0 + 0 - 1) = -2 + 1 = -1 \qquad\qquad \diamond$$

Dieses Ergebnis kennen wir natürlich bereits von Beispiel 21.

5.6 Methode der kleinsten Quadrate

Einführung Das Gaußsche 'Kleinste-Quadrate-Problem' ist eine Minimumaufgabe, die sich mit den üblichen Methoden der Differenzialrechnung lösen lässt (vgl. Übungsbuch Abschnitt 4f, Beispiele 19 - 21). Das erforderliche lineare Gleichungssystem erhält man aber auch sehr elegant mit den Methoden der linearen Algebra. Wir wählen wieder die $n = 4$ Messwerte

Beispiel 23

$$\begin{array}{c||c||c||c}
x_1 = -1{,}0 & x_2 = 0{,}0 & x_3 = 1{,}0 & x_4 = 2{,}0 \\ \hline
y_1 = 0{,}5 & y_2 = 2{,}4 & y_3 = 3{,}3 & y_4 = 3{,}8
\end{array}$$

(Mittelwert $\overline{x} = 0{,}5$).
(Mittelwert $\overline{y} = 2{,}5$).

Sie erkennen die Messpunkte '•' in der Skizze. Den Punkt $P = (\overline{x}; \overline{y})$ diskutieren wir später. Wir suchen zunächst einmal eine Gerade

Ansatz:

$$y = \underbrace{a_0 + a_1 \cdot x}_{p(x)}$$

d.h. *konkrete Werte für a_0 und a_1*, so dass die Gerade die Messwerte 'am besten' beschreibt!

Ganz allgemein sucht man oft ein Polynom $p(x) = a_0 + a_1 \cdot x + \ldots + a_k \cdot x^k$. Doch eine Gerade, also ein Polynom vom Grad $k = 1$, ist der wohl wichtigste und auch häufigste Anwendungsfall:

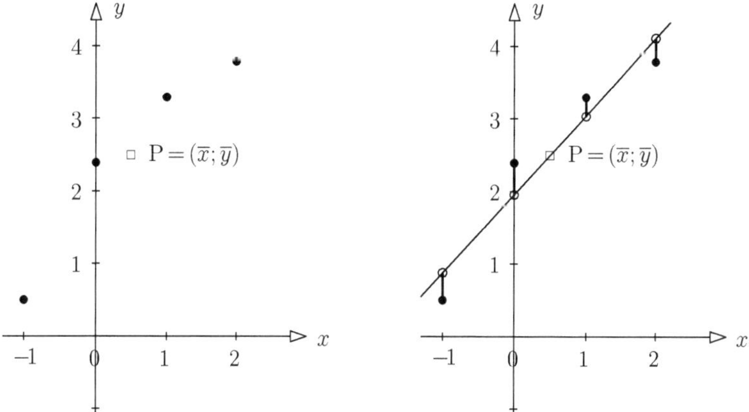

Das Problem ist, dass keine Gerade durch alle vier Punkte verläuft. Die vier Bedingungen

$$p(x_1) = y_1, \qquad p(x_2) = y_2, \qquad p(x_3) = y_3, \qquad p(x_4) = y_4,$$

sind nur näherungsweise erfüllt. Die eigentlichen Funktionswerte der Geraden

$$p(x_1) = a_0 + a_1 \cdot x_1, \quad p(x_2) = a_0 + a_1 \cdot x_2, \quad p(x_3) = a_0 + a_1 \cdot x_3, \quad p(x_4) = a_0 + a_1 \cdot x_4$$

sind in der rechten Skizze durch kleine Kreise 'o' markiert. Sie erkennen auch die vier dick markierten Abweichungen von den vier Werten y_1, y_2, y_3, y_4. Und genau diese Differenzen

$$d_1 = (a_0 + a_1 \cdot x_1) - y_1, \quad d_2 = (a_0 + a_1 \cdot x_2) - y_2, \quad d_3 = (a_0 + a_1 \cdot x_3) - y_3, \quad d_4 = (a_0 + a_1 \cdot x_4) - y_4,$$

gilt es zu minimieren! In Matrixschreibweise formuliert:

$$
\begin{aligned}
d_1 &= (a_0 + a_1 \cdot x_1) - y_1 \\
d_2 &= (a_0 + a_1 \cdot x_2) - y_2 \\
d_3 &= (a_0 + a_1 \cdot x_3) - y_3 \\
d_4 &= (a_0 + a_1 \cdot x_4) - y_4
\end{aligned}
\quad \Leftrightarrow \quad
\underbrace{\begin{pmatrix} d_1 \\ d_2 \\ d_3 \\ d_4 \end{pmatrix}}_{\vec{d}}
=
\underbrace{\begin{pmatrix} 1 & x_1 \\ 1 & x_2 \\ 1 & x_3 \\ 1 & x_4 \end{pmatrix}}_{A}
\cdot
\underbrace{\begin{pmatrix} a_0 \\ a_1 \end{pmatrix}}_{\vec{z}}
-
\underbrace{\begin{pmatrix} y_1 \\ y_2 \\ y_3 \\ y_4 \end{pmatrix}}_{\vec{y}}
$$

Somit kurz zusammengefasst: $\qquad \vec{d} = A \cdot \vec{z} - \vec{y} \qquad$ A und $\vec{y}$ sind vorgegeben!

<u>Aufgabe</u>: *Gesucht ist* $\vec{z} = \begin{pmatrix} a_0 \\ a_1 \end{pmatrix}$, *so dass der Differenzvektor* $\vec{d}$ *(betragsmäßig) minimal wird!*

Nach einem Satz der linearen Algebra (siehe Ende des Abschnitts) ist das genau dann der Fall, wenn der Vektor $\vec{z}$ das folgende Gleichungssystem löst (A^T die transponierte Matrix, s. S. 108):

$$\boxed{(A^T \cdot A) \cdot \vec{z} = A^T \cdot \vec{y}}$$

Transponieren heißt Vertauschen der Zeilen und Spalten von A, also $A^T = \begin{pmatrix} 1 & 1 & 1 & 1 \\ x_1 & x_2 & x_3 & x_4 \end{pmatrix}$

Die erforderliche Matrix $A^T \cdot A$ lässt sich leicht ausrechnen (vgl. 5.4 Aufg. 8 (i), S. 202). Als Gleichungssytem $(A^T \cdot A) \cdot \vec{z} = A^T \cdot \vec{y}$ erhält man für die gegebenen x– und y–Werte:

$$
\begin{pmatrix} 4 & 2 \\ 2 & 6 \end{pmatrix} \cdot \begin{pmatrix} a_0 \\ a_1 \end{pmatrix} = \begin{pmatrix} 10,0 \\ 10,4 \end{pmatrix}
\quad \Leftrightarrow \quad
\begin{aligned}
4\,a_0 &+ 2\,a_1 &= 10,0 \\
2\,a_0 &+ 6\,a_1 &= 10,4
\end{aligned}
$$

Das liefert $a_1 = 1{,}08$ und $a_0 = 1{,}96$, und somit die Geradengleichung $y = 1{,}08 \cdot x + 1{,}96$. Diese 'Gaußsche Regressionsgerade' ist auf Seite 115 in der rechten Skizze zu sehen.

Die Gaußsche Regressionsgerade Die Verallgemeinerung von A und A^T im Falle von n Punkten ist offensichtlich. Als Gleichungssytem $(A^T \cdot A) \cdot \vec{z} = A^T \cdot \vec{y}$ erhält man mit dem

Ansatz: $y = a_0 + a_1 \cdot x$

$$
\boxed{
\begin{aligned}
n \cdot a_0 \quad &+ \left(\sum_{i=1}^{n} x_i \right) \cdot a_1 &= \sum_{i=1}^{n} y_i \\
\left(\sum_{i=1}^{n} x_i \right) \cdot a_0 \quad &+ \left(\sum_{i=1}^{n} x_i^2 \right) \cdot a_1 &= \sum_{i=1}^{n} x_i \cdot y_i
\end{aligned}
}
$$

Wie üblich löst man zum Beispiel die erste Gleichung nach a_0 auf und setzt das Ergebnis in die zweite Gleichung ein. Damit erhalten wir aber nun endlich die

Lösung:

$$
\boxed{
\begin{aligned}
a_1 &= \frac{\left(\sum_{i=1}^{n} x_i \cdot y_i \right) - \dfrac{1}{n} \cdot \left(\sum_{i=1}^{n} x_i \right) \cdot \left(\sum_{i=1}^{n} y_i \right)}{\left(\sum_{i=1}^{n} x_i^2 \right) - \dfrac{1}{n} \cdot \left(\sum_{i=1}^{n} x_i \right)^2} \\[2ex]
a_0 &= \frac{1}{n} \cdot \sum_{i=1}^{n} y_i - a_1 \cdot \frac{1}{n} \cdot \sum_{i=1}^{n} x_i
\end{aligned}
}
$$

$\diamond$

Anmerkungen:

1. In der Praxis errechnet man die erforderlichen Werte meistens mit einer kleinen Tabelle und bestimmt hiermit sofort a_1 und a_0, wie auf der vorigen Seite unten angegeben, (zur Umformulierung dieser Lösung mittels Varianz und Covarianz vergleiche Seite 162):

Bsp. 23: i	x_i	y_i	$x_i \cdot y_i$	x_i^2
1	-1	0,5	$-0,5$	1
2	0	2,4	0	0
3	1	3,3	3,3	1
$n=4$	2	3,8	7,6	4
$\sum$	2	10,0	10,4	6

$$\Rightarrow \quad a_1 = \frac{10,4 - \frac{1}{4} \cdot 2 \cdot 10}{6 - \frac{1}{4} \cdot 2^2} = \frac{5,4}{5} = 1,08$$

$$a_0 = \frac{1}{4} \cdot 10 - 1,08 \cdot \frac{1}{4} \cdot 2 = 1,96$$

2. Da man den Betrag $|\vec{d}| = \sqrt{d_1^2 + d_2^2 + \ldots d_n^2}$ minimiert, minimiert man natürlich auch $|\vec{d}|^2 = d_1^2 + d_2^2 + \ldots d_n^2$. Das erklärt die Bezeichnung 'Methode der kleinsten Quadrate'.

3. Die Lösung für a_0 lässt sich auch schreiben als $a_0 = \overline{y} - a_1 \cdot \overline{x}$ bzw. $\overline{y} = a_0 + a_1 \cdot \overline{x}$. Anschaulich ausgedrückt: Die Gerade verläuft immer durch den Punkt $P = (\overline{x}; \overline{y})$. Man sollte $P = (\overline{x}; \overline{y})$ als Kontrollpunkt stets hinzufügen, in diesem Fall: $P = (0,5; 2,5)$.

4. Die Summe $d_1 + d_2 + \ldots + d_n$ der (nichtquadrierten) Abweichungen ergibt den Wert Null: $\sum d_i = \sum ((a_0 + a_1 \cdot x_i) - y_i) = n \cdot a_0 + a_1 \sum x_i - \sum y_i = 0$, weil $n \cdot a_0 + a_1 \sum x_i = \sum y_i$, (bzw. weil $a_0 + a_1 \cdot \overline{x} = \overline{y}$. Also nur deshalb, weil die Gerade durch $P = (\overline{x}; \overline{y})$ verläuft).

5. Beim Gleichungssystem notiert man $n \cdot a_0$ oft als $\left(\sum_{i=1}^{n} 1 \right) \cdot a_0$ oder $\left(\sum_{i=1}^{n} x_i^0 \right) \cdot a_0$.

Gaußsche Regression höherer Ordnung

Besteht die Vermutung, dass die Punktwolke eher einer parabelförmigen Gesetzmäßigkeit unterliegt, macht man den Ansatz: $y = a_0 + a_1 \cdot x + a_2 \cdot x^2$. Die Vorgehensweise ist völlig analog, und letztendlich interessiert man sich nur für das Gleichungssystem mit a_0, a_1, a_2 als Unbekannte. Gehen wir gleich noch einen Grad höher und wählen den

Ansatz: $y = a_0 + a_1 \cdot x + a_2 \cdot x^2 + a_3 \cdot x^3$

$$\left(\sum_{i=1}^{n} x_i^0 \right) \cdot a_0 + \left(\sum_{i=1}^{n} x_i \right) \cdot a_1 + \left(\sum_{i=1}^{n} x_i^2 \right) \cdot a_2 + \left(\sum_{i=1}^{n} x_i^3 \right) \cdot a_3 = \sum_{i=1}^{n} y_i$$

$$\left(\sum_{i=1}^{n} x_i \right) \cdot a_0 + \left(\sum_{i=1}^{n} x_i^2 \right) \cdot a_1 + \left(\sum_{i=1}^{n} x_i^3 \right) \cdot a_2 + \left(\sum_{i=1}^{n} x_i^4 \right) \cdot a_3 = \sum_{i=1}^{n} x_i \cdot y_i$$

$$\left(\sum_{i=1}^{n} x_i^2 \right) \cdot a_0 + \left(\sum_{i=1}^{n} x_i^3 \right) \cdot a_1 + \left(\sum_{i=1}^{n} x_i^4 \right) \cdot a_2 + \left(\sum_{i=1}^{n} x_i^5 \right) \cdot a_3 = \sum_{i=1}^{n} x_i^2 \cdot y_i \quad (\leftarrow)$$

$$\left(\sum_{i=1}^{n} x_i^3 \right) \cdot a_0 + \left(\sum_{i=1}^{n} x_i^4 \right) \cdot a_1 + \left(\sum_{i=1}^{n} x_i^5 \right) \cdot a_2 + \left(\sum_{i=1}^{n} x_i^6 \right) \cdot a_3 = \sum_{i=1}^{n} x_i^3 \cdot y_i \quad \leftarrow$$

$(\uparrow) \qquad \uparrow$

Anmerkungen:

1. Das Gleichungssystem für eine *Parabel* erhalten Sie, wenn Sie die letzte Spalte vor dem Gleichheitszeichen und die letzte Zeile dieses Gleichungssystems einfach streichen! Diese sind auf der vorigen Seite jeweils mit einem kleinen Pfeil gekennzeichnet worden. (Falls Sie das wiederholen, erhalten Sie das Gleichungssystem für die Gaußsche Gerade!)

2. Man beachte, wie bereits erwähnt: $\sum_{i=1}^{n} x_i^0 = \sum_{i=1}^{n} 1 = n$.

3. Die Lösung des Gleichungssystems geschieht meistens mit dem Gaußschen Verfahren.

4. Regressionen höherer Ordnung verlaufen in der Regel nicht durch den Punkt $P = (\overline{x}; \overline{y})$.

5. Geeignete Taschenrechner liefern das Regressionspolynom oft bereits auf Tastendruck. Für die hier noch folgenden Sonderfälle gilt das aber meistens nicht!

Gaußsche Regression für Sonderfälle

In Sonderfällen müssen Sie sich das Gleichungssystem selber herleiten, weshalb wir die einfache Vorgehensweise noch einmal ausführlich zeigen:

I. Im Falle einer Proportionalität gilt $a_0 = 0$, die Beschreibung lautet einfach nur $y = a_1 \cdot x$.

Die zumeist nur *näherungsweise* erfüllbaren Gleichungen sind hier (beachte $a_1 \cdot x_i = x_i \cdot a_1$):

$$
\begin{aligned}
a_1 \cdot x_1 &= y_1 \\
a_1 \cdot x_2 &= y_2 \\
&\vdots \\
a_1 \cdot x_n &= y_n
\end{aligned}
\quad\Leftrightarrow\quad
\underbrace{\begin{pmatrix} x_1 \\ x_2 \\ \vdots \\ x_n \end{pmatrix}}_{A} \cdot \underbrace{a_1}_{\vec{z}} = \underbrace{\begin{pmatrix} y_1 \\ y_2 \\ \vdots \\ y_n \end{pmatrix}}_{\vec{y}}
\quad\Leftrightarrow\quad A \cdot \vec{z} = \vec{y}
$$

Beide Seiten mit A^T multipliziert ergibt wieder $(A^T \cdot A) \cdot \vec{z} = A^T \cdot \vec{y}$. Und wegen $A^T = (x_1, x_2, \ldots, x_n)$ und $\vec{z} = a_1$ lautet das hier zu lösende Gleichungssystem für den

Ansatz: $y = a_1 \cdot x$

$$
\left(\sum_{i=1}^{n} x_i^2 \right) \cdot a_1 = \sum_{i=1}^{n} x_i \cdot y_i
$$

Die Lösung lässt sich hier natürlich sofort ablesen:

Lösung:
$$
a_1 = \frac{\displaystyle\sum_{i=1}^{n} x_i \cdot y_i}{\displaystyle\sum_{i=1}^{n} x_i^2}
$$

Im Falle einer Proportionalität gilt $a_0 = 0$, da die Gerade durch den Nullpunkt verläuft. Es gibt aber auch wichtige Anwendungen, bei denen Terme mit ungeraden Potenzen wie $a_1 \cdot x$ nicht auftreten können:

II. Angenommen Sie wissen, dass die Werte von y einer Darstellung der Form $y = a_0 + a_2 \cdot x^2$ genügen. Die zumeist nur näherungsweise erfüllbaren Gleichungen für die Messpunkte lauten in diesem Falle:

$$
\begin{aligned}
a_0 + a_2 \cdot x_1^2 &= y_1 \\
a_0 + a_2 \cdot x_2^2 &= y_2 \\
&\vdots \\
a_0 + a_2 \cdot x_n^2 &= y_n
\end{aligned}
\quad \Leftrightarrow \quad
\underbrace{\begin{pmatrix} 1 & x_1^2 \\ 1 & x_2^2 \\ \vdots & \vdots \\ 1 & x_n^2 \end{pmatrix}}_{A} \cdot \underbrace{\begin{pmatrix} a_0 \\ a_2 \end{pmatrix}}_{\vec{z}} = \underbrace{\begin{pmatrix} y_1 \\ y_2 \\ \vdots \\ y_n \end{pmatrix}}_{\vec{y}}
\quad \Leftrightarrow \quad A \cdot \vec{z} = \vec{y}
$$

Beide Seiten mit $A^T = \begin{pmatrix} 1 & 1 & \cdots & 1 \\ x_1^2 & x_2^2 & \cdots & x_n^2 \end{pmatrix}$ multipliziert ergibt wieder $(A^T \cdot A) \cdot \vec{z} = A^T \cdot \vec{y}$:

Ansatz: $y = a_0 + a_2 \cdot x^2$

$$
\boxed{
\begin{aligned}
n \cdot a_0 \;+\; \left(\sum_{i=1}^{n} x_i^2 \right) \cdot a_2 &= \sum_{i=1}^{n} y_i \\[2ex]
\left(\sum_{i=1}^{n} x_i^2 \right) \cdot a_0 \;+\; \left(\sum_{i=1}^{n} x_i^4 \right) \cdot a_2 &= \sum_{i=1}^{n} x_i^2 \cdot y_i
\end{aligned}
}
$$

Wie üblich lösen wir die erste Gleichung nach a_0 auf und setzen diesen Wert in die zweite Gleichung ein. Auf diese Weise erhalten wir die

$$
\textbf{Lösung:} \qquad
\boxed{
\begin{aligned}
a_2 &= \frac{\left(\sum_{i=1}^{n} x_i^2 \cdot y_i \right) - \dfrac{1}{n} \cdot \left(\sum_{i=1}^{n} x_i^2 \right) \cdot \left(\sum_{i=1}^{n} y_i \right)}{\left(\sum_{i=1}^{n} x_i^4 \right) - \dfrac{1}{n} \cdot \left(\sum_{i=1}^{n} x_i^2 \right)^2} \\[3ex]
a_0 &= \frac{1}{n} \cdot \sum_{i=1}^{n} y_i - a_2 \cdot \frac{1}{n} \cdot \sum_{i=1}^{n} x_i^2
\end{aligned}
}
$$

Weitere mögliche Sonderfälle wären Regressionen der Form $y = a_2 \cdot x^2$ oder $y = a_1 \cdot x + a_3 \cdot x^3$. Nach den vorigen Ausführungen werden Ihnen auch diese Fälle keine Probleme bereiten.

III. Exponentielle und Potenz–Zusammenhänge lassen sich durch Logarithmieren auf lineare Beziehungen zurückführen. Vergleichen Sie hierzu die Ausführungen auf den Seiten 45 – 46.

Messfehler werden dann wieder durch eine Gaußsche Regression ausgeglichen. Ein konkretes Beispiel dieser Art ist Aufg. 29, Seite 218. Eine Skizze der Lösung finden Sie auf Seite 220.

Die Theorie

Alle Herleitungen der Gleichungssysteme in diesem Abschnitt beruhen nur auf dem folgenden

Satz *Sei A eine $n \times m$ Matrix mit $n > m$ und $\vec{y} \in \mathbb{R}^n$: Der Vektor $\vec{z} \in \mathbb{R}^m$ minimiert den Betrag $|A \cdot \vec{z} - \vec{y}|$ genau dann, wenn $\vec{z}$ folgende Gleichung löst: $(A^T \cdot A) \cdot \vec{z} = A^T \cdot \vec{y}$.*

Das Minimum von $|A \cdot \vec{z} - \vec{y}|$ bedeutet auch das Minimum für $|A \cdot \vec{z} - \vec{y}|^2$. Letzteres hat den zusätzlichen Vorteil, die Beziehung $|\vec{x}|^2 = \vec{x} \bullet \vec{x}$ nutzen zu können, (vgl. Seite 98):

<u>Beweis:</u> (i) Sei $A^T \cdot A \cdot \vec{z} = A^T \cdot \vec{y}$ erfüllt, also $\vec{z}$ eine Lösung dieses Gleichungssystems. Das bedeutet: $A^T \cdot A \cdot \vec{z} - A^T \cdot \vec{y} = A^T \cdot (A \cdot \vec{z} - \vec{y}) = \vec{0}$. Die Spaltenvektoren $\vec{a}_1, \vec{a}_2, \ldots, \vec{a}_m$ von A (gleich Zeilen von A^T!) sind folglich orthogonal zum Vektor $(A \cdot \vec{z} - \vec{y}) \in \mathbb{R}^n$!

Wir werden nun zeigen, dass der Vektor $z \in \mathbb{R}^m$ den Wert von $|A \cdot \vec{z} - \vec{y}|^2$ minimiert, d.h.:

$$\text{Für jeden Vektor } \vec{u} \in \mathbb{R}^m \text{ gilt } |A \cdot \vec{u} - \vec{y}|^2 \geq |A \cdot \vec{z} - \vec{y}|^2 :$$

$$|A \cdot \vec{u} - \vec{y}|^2 = |A \cdot \vec{u} - A \cdot \vec{z} + A \cdot \vec{z} - \vec{y}|^2 = |A \cdot (\vec{u} - \vec{z}) + (A \cdot \vec{z} - \vec{y})|^2 =$$

$$\Big(A \cdot (\vec{u} - \vec{z}) + (A \cdot \vec{z} - \vec{y}) \Big) \bullet \Big(A \cdot (\vec{u} - \vec{z}) + (A \cdot \vec{z} - \vec{y}) \Big) =$$

$$\Big(A \cdot (\vec{u} - \vec{z}) \Big) \bullet \Big(A \cdot (\vec{u} - \vec{z}) \Big) + 2 \cdot \Big(A \cdot (\vec{u} - \vec{z}) \Big) \bullet \Big(A \cdot \vec{z} - \vec{y} \Big) + \Big(A \cdot \vec{z} - \vec{y} \Big) \bullet \Big(A \cdot \vec{z} - \vec{y} \Big) =$$

$$|A \cdot (\vec{u} - \vec{z})|^2 + |A \cdot \vec{z} - \vec{y}|^2 + 2 \cdot \Big(A \cdot (\vec{u} - \vec{z}) \Big) \bullet \Big(A \cdot \vec{z} - \vec{y} \Big)$$

Das Skalarprodukt ist aber gleich Null: Setzen wir abkürzend $\vec{u} - \vec{z} = \vec{v}$ mit den Koordinaten $v_1, v_2, \ldots, v_m$, so gilt hier: $A \cdot \vec{v} = \vec{a}_1 \cdot v_1 + \vec{a}_2 \cdot v_2 + \ldots + \vec{a}_m \cdot v_m$, vgl. Aufg. 6 zu 5.4, Seite 201. Und die Vektoren $\vec{a}_i$ sind nach Voraussetzung alle orthogonal zum Vektor $(A \cdot \vec{z} - \vec{y})$, s.o. Daher folgt:

$$\Big(A \cdot (\vec{u} - \vec{z}) \Big) \bullet \Big(A \cdot \vec{z} - \vec{y} \Big) = \left(\sum_{i=1}^{m} v_i \cdot \vec{a}_i \right) \bullet \Big(A \cdot \vec{z} - \vec{y} \Big) = \sum_{i=1}^{m} v_i \cdot \Big(\vec{a}_i \bullet (A \cdot \vec{z} - \vec{y}) \Big) = 0 \, .$$

Somit bleibt: $|A \cdot \vec{u} - \vec{y}|^2 = |A \cdot (\vec{u} - \vec{z})|^2 + |A \cdot \vec{z} - \vec{y}|^2 \geq |A \cdot \vec{z} - \vec{y}|^2$, was zu zeigen war.

(ii) Sei $(A^T \cdot A) \cdot \vec{z} = A^T \cdot \vec{y}$ *nicht* erfüllt, also $\vec{r} = A^T \cdot (A \cdot \vec{z}) - A^T \cdot \vec{y} = A^T \cdot (A \cdot \vec{z} - \vec{y}) \neq \vec{0}$.

Wir müssen nun zeigen, dass der Vektor $z \in \mathbb{R}^m$ den Wert von $|A \cdot \vec{z} - \vec{y}|^2$ *nicht* minimiert, d.h.:

$$\text{Es gibt einen Vektor } \vec{u} \in \mathbb{R}^m, \text{ für den gilt } |A \cdot \vec{u} - \vec{y}|^2 < |A \cdot \vec{z} - \vec{y}|^2 :$$

Wir wählen $\vec{u} = \vec{z} - \varepsilon \cdot \vec{r}$ mit einem Zahlenwert $\varepsilon > 0$ und zeigen, dass ε nur genügend klein gewählt werden muss:

$$|A \cdot \vec{u} - \vec{y}|^2 = |A \cdot (\vec{z} - \varepsilon \cdot \vec{r}) - \vec{y}|^2 = |A \cdot \vec{z} - \varepsilon \cdot A \cdot \vec{r} - \vec{y}|^2 = |(A \cdot \vec{z} - \vec{y}) - \varepsilon \cdot A \cdot \vec{r}|^2 =$$

$$\Big((A \cdot \vec{z} - \vec{y}) - \varepsilon \cdot A \cdot \vec{r} \Big) \bullet \Big((A \cdot \vec{z} - \vec{y}) - \varepsilon \cdot A \cdot \vec{r} \Big) =$$

$$(A \cdot \vec{z} - \vec{y}) \bullet (A \cdot \vec{z} - \vec{y}) + \varepsilon^2 \cdot (A \cdot \vec{r}) \bullet (A \cdot \vec{r}) - 2 \cdot \varepsilon \cdot (A \cdot \vec{z} - \vec{y}) \bullet (A \cdot \vec{r}) =$$

$$|A \cdot \vec{z} - \vec{y}|^2 + \varepsilon^2 \cdot |A \cdot \vec{r}|^2 - 2 \cdot \varepsilon \cdot (A \cdot \vec{z} - \vec{y}) \bullet (A \cdot \vec{r}) \, .$$

Nun gilt aber, vgl. S. 108: $(A \cdot \vec{z} - \vec{y}) \bullet (A \cdot \vec{r}) = A^T \cdot (A \cdot \vec{z} - \vec{y}) \bullet \vec{r} = \vec{r} \bullet \vec{r} = |\vec{r}|^2$, folglich:

$$|A \cdot \vec{u} - \vec{y}|^2 = |A \cdot \vec{z} - \vec{y}|^2 + \varepsilon^2 \cdot |A \cdot \vec{r}|^2 - 2 \cdot \varepsilon \cdot |\vec{r}|^2 = |A \cdot \vec{z} - \vec{y}|^2 - \varepsilon \cdot (2|\vec{r}|^2 - \varepsilon \cdot |A \cdot \vec{r}|^2)$$

Und der Ausdruck $(2|\vec{r}|^2 - \varepsilon \cdot |A \cdot \vec{r}|^2)$ ist für genügend kleines ε positiv! Somit folgt endlich:

$$|A \cdot \vec{u} - \vec{y}|^2 < |A \cdot \vec{z} - \vec{y}|^2, \text{ was zu beweisen war.} \qquad \checkmark$$

6.1 Elementare Wahrscheinlichkeitsrechnung

Grundbegriffe Gehört jedes Element einer Menge A auch zur Menge B, so nennt man A eine *Teilmenge* oder *Untermenge* von B, kurz: $A \subseteq B$. Es gelten die einfachen Regeln:

$$A \subseteq B \text{ und } B \subseteq C \;\Rightarrow\; A \subseteq C, \text{ sowie: } A \subseteq B \text{ und } B \subseteq A \;\Rightarrow\; A = B.$$

Die Elemente einer endlichen Menge werden mit geschweiften Klammern zusammengefasst. Die Menge $\emptyset = \{\}$ ohne ein Element nennt man die *leere Menge*. Die Anzahl der Elemente einer Menge M kennzeichnen wir mit $|M|$, z.B. gilt $|\emptyset| = 0$.

Die wichtigsten Mengenoperationen sind der Durchschnitt $A \cap B$ („A geschnitten B") und die Vereinigung $A \cup B$ („A vereinigt B") von Mengen. Das Ergebnis ist wieder eine Menge:

$A \cap B$ ist die Menge der Elemente, die zu <u>beiden</u> Mengen A und B gehören, kurz: zu A <u>und</u> B. Ergibt der Durchschnitt die leere Menge, so heißen die Mengen *disjunkt*.

$A \cup B$ ist die Menge der Elemente, die zu <u>mindestens einer</u> der Mengen A oder B gehören, kurz: zu A <u>oder</u> B (also *kein* entweder/oder).

Beispiele: $\{1,2,3\} \cup \{1,2,3,4\} = \{1,2,3,4\}$, $\{1,2,3\} \cap \{1,2,3,4\} = \{1,2,3\}$,
$\{1,2,3,4,5\} \cup \{3,4,5,6\} = \{1,2,3,4,5,6\}$, $\{3,4,5\} \cup \{3,4,5\} = \{3,4,5\}$,
$\{1,2,3,4,5\} \cap \{3,4,5,6\} = \{3,4,5\}$, $\{3,4,5\} \cap \{3,4,5\} = \{3,4,5\}$,
$\{1,2,3\} \cup \{4,5,6\} = \{1,2,3,4,5,6\}$, $\{1,2,3\} \cap \{4,5,6\} = \emptyset$.

Bei einem Experiment wie dem üblichen Würfeln bezeichnet man die Menge aller *Ergebnisse*

$$\Omega = \{1,2,3,4,5,6\} \qquad\qquad (\Omega \text{ „Omega"}).$$

als *Wahrscheinlichkeitsraum* oder *Ereignisraum* (in dem sich alles abspielt).

> Jede Teilmenge von Ω nennt man ein 'Ereignis'!

Beispiel 1 'Das Ergebnis ist eine gerade Zahl' bedeutet die Teilmenge $A = \{2,4,6\}$:

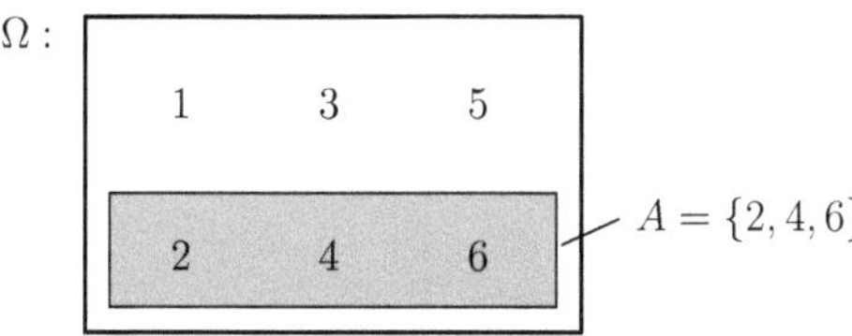

Das 'Würfeln einer Zahl größer gleich 5' wäre das Ereignis $\{5,6\}$. Das Würfeln irgendeiner Zahl von $\Omega = \{1,2,3,4,5,6\}$ nennt man das 'sichere Ereignis'. Das 'Würfeln einer Sechs' ist das 'Elementarereignis' $\{6\}$, die leere Menge $\emptyset$ nennt man das 'unmögliche Ereignis'. $\diamond$

Gelten alle Elementarereignisse von Ω als gleichwahrscheinlich, dann definiert man als *Wahrscheinlichkeit $P(A)$ eines beliebigen Ereignisses*

$$A \subseteq \Omega: \qquad\qquad \boxed{P(A) = \frac{|A|}{|\Omega|}} \qquad\qquad (|...| = \text{Anzahl der Elemente}).$$

Man sagt auch: „Anzahl der zutreffenden Fälle geteilt durch die Anzahl der gesamten Fälle."
$A = $ 'Würfeln einer geraden Zahl' hat also die Wahrscheinlichkeit $P(A) = \frac{3}{6} = 0{,}50 = 50\,\%$.

Die wichtigsten Regeln sind:

$$\boxed{P(\emptyset) = 0, \quad P(A) \leq 1, \quad P(\Omega) = 1, \quad P(A \cup B) = P(A) + P(B) - P(A \cap B).}$$

Beweis: $P(\emptyset) = \frac{|\emptyset|}{\Omega} = \frac{0}{|\Omega|} = 0$. Wegen $|A| \leq |\Omega|$ folgt $\frac{|A|}{|\Omega|} \leq 1$, also $P(A) \leq 1$. Auch folgt sofort $P(\Omega) = \frac{|\Omega|}{|\Omega|} = 1$. Für die grau skizzierte Menge $A \cup B$ gilt:

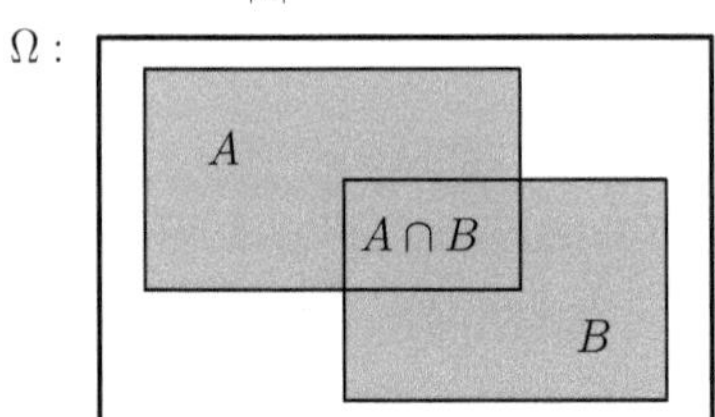

$$
\begin{aligned}
|A \cup B| &= |A| + |B| - |A \cap B| &\Rightarrow \\
\frac{|A \cup B|}{|\Omega|} &= \frac{|A|}{|\Omega|} + \frac{|B|}{|\Omega|} - \frac{|A \cap B|}{|\Omega|} &\Rightarrow \\
P(A \cup B) &= P(A) + P(B) - P(A \cap B)
\end{aligned}
$$

$\diamond$

Beispiel 2 Wir würfeln zweimal hintereinander. Die 36 möglichen Wurfergebnisse ergeben

$$\Omega = \{(1;1), (1;2), (1;3), (1;4), (1;5), (1;6), (2;1), (2;2), (2;3), (2;4), \dots, (5;6), (6;6)\}$$

Wir bestimmen folgende Ereignisse als Teilmengen von Ω sowie deren Wahrscheinlichkeiten:

$A_9 = $ Augensumme 9. $S_1 = $ Sechs beim 1. Wurf. $S_2 = $ Sechs beim 2. Wurf.
$S_1 \cup A_9 = $ Sechs beim 1. Wurf oder Augensumme 9.
$S_1 \cap A_9 = $ Sechs beim 1. Wurf und Augensumme 9. $S_1 \cap S_2 = $ Sechs beim 1. und 2. Wurf.

$$
\begin{array}{c|cccccc}
\Omega: & (1;1) & (1;2) & (1;3) & (1;4) & (1;5) & (1;6) \\
& (2;1) & (2;2) & (2;3) & (2;4) & (2;5) & (2;6) \\
& (3;1) & (3;2) & (3;3) & (3;4) & (3;5) & (3;6) \\
& (4;1) & (4;2) & (4;3) & (4;4) & (4;5) & (4;6) \\
& (5;1) & (5;2) & (5;3) & (5;4) & (5;5) & (5;6) \\
\hline
S_1 & (6;1) & (6;2) & (6;3) & (6;4) & (6;5) & (6;6)
\end{array}
$$

$A_9 = \{(6;3), (5;4), (4;5), (3;6)\}$. $S_1 = \{(6;1), (6;2), (6;3), (6;4), (6;5), (6;6)\}$.
$S_2 = \{(1;6), (2;6), (3;6), (4;6), (5;6), (6;6)\}$. $S_1 \cap A_9 = \{(6,3)\}$. $S_1 \cap S_2 = \{(6,6)\}$.
$S_1 \cup A_9 = \{(6;1), (6;2), (6;3), (6;4), (6;5), (6;6), (5;4), (4;5), (3:6)\}$.

$P(A_9) = \frac{4}{36} = \frac{1}{9}$. $P(S_1) = P(S_2) = \frac{6}{36} = \frac{1}{6}$.

$P(S_1 \cup A_9) = \frac{9}{36} = \frac{6}{36} + \frac{4}{36} - \frac{1}{36} = P(S_1) + P(A_9) - P(S_1 \cap A_9)$, vgl. obige Regel für $P(A \cup B)$.

$P(S_1 \cap A_9) = \frac{1}{36} \neq P(S_1) \cdot P(A_9)$, im Gegensatz zu: $P(S_1 \cap S_2) = \frac{1}{36} = P(S_1) \cdot P(S_2)$.

Man sagt hierfür, S_1 und S_2 sind *unabhängig*, was wir nun ausführlicher behandeln. $\diamond$

Bedingte Wahrscheinlichkeit und Unabhängigkeit

Die Wahrscheinlichkeit, dass eine zufällig ausgewählte Person unter der Bevölkerung Ω an der sogenannten 'Rot–Grün–Schwäche' R leidet, beträgt: $P(R) = 5{,}06\,\%$. Bezeichne N die Teilmenge der Nicht-Rot-Grün-Blinden, M bzw. F die Teilmenge der Männer bzw. Frauen:

$\Omega:$

	M	F
N	$N \cap M$	$N \cap F$
R	$R \cap M$	$R \cap F$

Tabellarische Zusammenfassung:

	M	F	$\sum$
N	$P(N \cap M)$	$P(N \cap F)$	$P(N)$
R	$P(R \cap M)$	$P(R \cap F)$	$P(R)$
$\sum$	$P(M)$	$P(F)$	1

Ω ist in vier disjunkte Teilmengen $N \cap M$, $R \cap M$, $N \cap F$, $R \cap F$ aufgeteilt, für die gilt:

$$(N \cap M) \cup (R \cap M) = M \qquad P(N \cap M) + P(R \cap M) = P(M)$$
$$\Rightarrow \qquad \text{(Spaltensummen)}$$
$$(N \cap F) \cup (R \cap F) = F \qquad P(N \cap F) + P(R \cap F) = P(F)$$

$$(N \cap M) \cup (N \cap F) = N \qquad P(N \cap M) + P(N \cap F) = P(N)$$
$$\Rightarrow \qquad \text{(Zeilensummen)}$$
$$(R \cap M) \cup (R \cap F) = R \qquad P(R \cap M) + P(R \cap F) = P(R)$$

Die Werte von P sind rechts in einer 'Kreuztabelle' zusammengefasst. Mit $M \cup F = \Omega$ und $M \cap F = \emptyset$ folgt $P(M) + P(F) = 1$, mit $N \cup R = \Omega$ und $N \cap R = \emptyset$ folgt $P(N) + P(R) = 1$.

Bedingte Wahrscheinlichkeit Der Anteil der Rot-Grün-Blinden unter den Männern sei mit $P(R|M)$ bezeichnet (Anteil von R 'unter der Bedingung' M) Diesen bestimmt man aus der Anzahl der Rot-Grün-Blinden unter den Männern, geteilt durch die Anzahl aller Männer:

$$P(R|M) = \frac{|R \cap M|}{|M|} = \frac{\frac{|R \cap M|}{|\Omega|}}{\frac{|M|}{|\Omega|}} = \frac{P(R \cap M)}{P(M)} \qquad (= 9\,\% = 0{,}09).$$

Dieser Anteil unterscheidet sich deutlich von $P(R) = \frac{|R|}{|\Omega|} = \frac{|R \cap \Omega|}{|\Omega|}$, * $\qquad (= 5{,}06\,\% = 0{,}0506)$.

Allgemein bezeichnet man $P(A|B)$ als die 'bedingte Wahrscheinlichkeit von A unter B' (unter der Bedingung, daß B gilt bzw. daß das Ereignis B eingetreten ist, also $P(B) \neq 0$):

$$\boxed{\; P(A|B) = \frac{P(A \cap B)}{P(B)} \quad \Leftrightarrow \quad P(A \cap B) = P(A|B) \cdot P(B) \;}$$

Nehmen wir als Anteil der Männer in der Gesamtbevölkerung $P(M) = 52\,\%$ an, so erhalten wir für unsere obige Tabelle: $P(R \cap M) = P(R|M) \cdot P(M) = 0{,}09 \cdot 0{,}52 = 0{,}0468 = 4{,}68\,\%$.

Sehr praktisch: Mit Kenntnis der Werte $P(R \cap M) = \mathbf{4{,}68\,\%}$, $P(R) = \mathbf{5{,}06\,\%}$, $P(M) = \mathbf{52\,\%}$ lassen sich nun bereits alle übrigen Tabellenwerte bestimmen:

---

*Entsprechend könnte man $P(R)$ auch genauer als $P(R|\Omega)$ notieren!

%	M	F	Σ
N	47,32	47,62	94,94
R	**4,68**	0,38	**5,06**
Σ	**52**	48	100

Zum Beispiel folgt $P(R \cap F) = 0{,}38\,\%$ aus der Zeilensumme
$$P(R \cap M) + P(R \cap F) = P(R).$$
Es gilt ja: Zeilensumme = Randeintrag! Anders ausgedrückt:
$$P(R|M) \cdot P(M) + P(R|F) \cdot P(F) = P(R).$$

In unserem Falle bilden M und F eine 'Zerlegung' von Ω (d.h. $M \cup F = \Omega$ und $M \cap F = \emptyset$). Bilden allgemein die Mengen $B_1, B_2, \ldots, B_n$ eine solche Zerlegung der Gesamtmenge Ω in disjunkte Teilmengen, so beweist man für ein beliebiges Ereignis $A \subseteq \Omega$ ganz analog den sog.

Satz von der totalen Wahrscheinlichkeit:

$$\boxed{P(A|B_1) \cdot P(B_1) + P(A|B_2) \cdot P(B_2) + \ldots + P(A|B_n) \cdot P(B_n) = P(A)}$$

Summe der Zeileneinträge (bzw. Spalteneinträge) ergibt insgesamt *(total)* den Randeintrag!

Vergessen wir nicht, auch den Anteil der Rot-Grün-Blinden unter den Frauen zu bestimmen:

$$P(R|F) = \frac{P(R \cap F)}{P(F)} = \frac{0{,}38\,\%}{48\,\%} = 0{,}0079 = 0{,}79\,\%$$

Im Vergleich zu $P(R|M) = 9\,\%$ ist das sehr gering. Das wird auf andere Weise noch deutlicher:

Der Seitenwechsel Vergleichen wir den Anteil der Männer unter den Rot-Grün-Blinden mit dem Anteil der Frauen unter den Rot-Grün-Blinden:

$$P(M|R) = \frac{P(M \cap R)}{P(R)} = \frac{4{,}68\,\%}{5{,}06\,\%} = 92{,}5\,\% \qquad P(F|R) = \frac{P(F \cap R)}{P(R)} = \frac{0{,}38\,\%}{5{,}06\,\%} = 7{,}5\,\%$$

$P(M|R)$ lässt sich auch mit $P(R|M)$ ausrechnen, (bzw. $P(F|R)$ mit $P(R|F)$), denn $\boldsymbol{P(M|R) \cdot P(R)} = P(M \cap R) = P(R \cap M) = \boldsymbol{P(R|M) \cdot P(M)}$. Hieraus folgt sofort:

$$P(M|R) = \frac{P(R|M) \cdot P(M)}{P(R)} \qquad\qquad P(F|R) = \frac{P(R|F) \cdot P(F)}{P(R)}$$

Hier ließe sich noch $P(R)$ ersetzen durch $P(R|M) \cdot P(M) + P(R|F) \cdot P(F)$ (siehe oben). Allgemein spricht man bei einer Zerlegung $B_1, B_2, \ldots, B_n$ von Ω vom Satz von Bayes. Charakteristisch für diesen ist analog die Vertauschung der Größen $P(B_k|A)$ und $P(A|B_k)$, und zusätzlich der Einsatz der totalen Wahrscheinlichkeit für $P(A)$ im Nenner.

Satz von Bayes:

$$\boxed{P(B_k|A) = \frac{P(A|B_k) \cdot P(B_k)}{P(A)} = \frac{P(A|B_k) \cdot P(B_k)}{P(A|B_1) \cdot P(B_1) + \ldots + P(A|B_n) \cdot P(B_n)}}$$

Beispiel 3 In einer Mäusepopulation Ω hatten $25\,\%$ der Tiere ein weißes Fell (B_1), bei $19\,\%$ war es braun (B_2), und bei allen übrigen war die Fellfarbe schwarz (B_3).

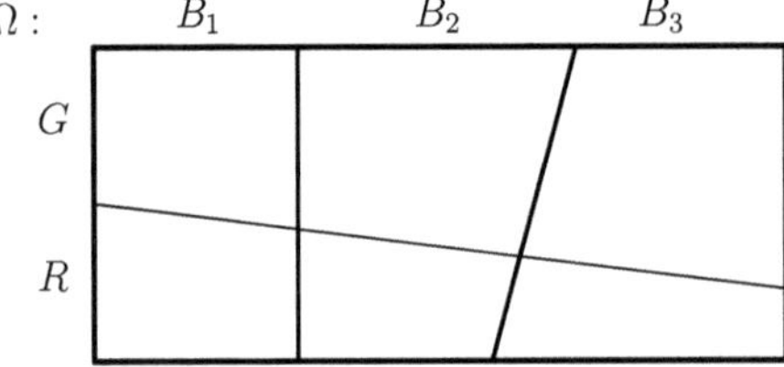

Die meisten besaßen ein glattes Fell (G). Nur bei $22{,}4\,\%$ der Weißen war es auffällig rau gekräuselt (R), unter den Braunen sogar bei $29{,}5\,\%$, bei den Schwarzen $10\,\%$.

Wie hoch war insgesamt der Anteil der Tiere mit rauem Fell, und wie war in dieser Gruppe die Fellfarbe verteilt?

Wir kennen bereits:

$$P(R|B_1) = 0{,}224 \qquad P(R|B_2) = 0{,}295 \qquad P(R|B_3) = 0{,}100$$
$$P(B_1) = 0{,}25 \qquad P(B_2) = 0{,}19 \qquad P(B_3) = 0{,}56$$

Der Anteil $P(R)$ aller Tiere mit rauem Fell folgt mit dem Satz der totalen Wahrscheinlichkeit

$$P(R) = \underbrace{P(R|B_1) \cdot P(B_1)}_{P(R \cap B_1)} + \underbrace{P(R|B_2) \cdot P(B_2)}_{P(R \cap B_2)} + \underbrace{P(R|B_3) \cdot P(B_3)}_{P(R \cap B_3)}$$

$$= 0{,}224 \cdot 0{,}25 + 0{,}295 \cdot 0{,}19 + 0{,}100 \cdot 0{,}56 = 0{,}056 + 0{,}056 + 0{,}056 = 0{,}168$$

Zwischenergebnis: $P(R) = 16{,}8\,\%$ oder rund $1/6$ der Gesamtpopulation war rau gekräuselt.

Der Satz von Bayes liefert das überraschende Ergebnis:

$$P(B_1|R) = \frac{P(R|B_1) \cdot P(B_1)}{P(R)} = \frac{0{,}224 \cdot 0{,}25}{0{,}168} = \frac{0{,}056}{0{,}168} = 0{,}333 = 33{,}3\,\%$$

$$P(B_2|R) = \frac{P(R|B_2) \cdot P(B_2)}{P(R)} = \frac{0{,}295 \cdot 0{,}19}{0{,}168} = \frac{0{,}056}{0{,}168} = 0{,}333 = 33{,}3\,\%$$

$$P(B_3|R) = \frac{P(R|B_3) \cdot P(B_3)}{P(R)} = \frac{0{,}100 \cdot 0{,}56}{0{,}168} = \frac{0{,}056}{0{,}168} = 0{,}333 = 33{,}3\,\%$$

Je ein Drittel der Tiere mit rauem Fell besaßen die Fellfarbe weiß, braun bzw. schwarz!

Um den Schreibaufwand zu verringern, hätten wir die zu Anfang errechneten Werte von $P(R \cap B_1)$, $P(R \cap B_2)$ und $P(R \cap B_3)$ auch sofort in die folgende Tabelle eintragen können:

	B_1	B_2	B_3	$\sum$
G				
R	0,056	0,056	0,056	0,168
$\sum$				

Als Zeilensumme folgt dann weiter $P(R) = 0{,}168$. Anschließend erhält man $P(B_i|R) = \frac{0{,}056}{0{,}168} = 0{,}333$. Zusammen mit den gegebenen Werten $P(B_i)$ ließe sich die Tabelle auch komplett ausfüllen. $\diamond$

Unabhängigkeit Der Anteil $P(R) = 0{,}05$ der Rot-Grün-Blinden in der Bevölkerung unterscheidet sich deutlich vom Anteil $P(R|M) = 0{,}09$ der Rot-Grün-Blinden unter den Männern. Ebenso unterscheiden sich $P(M) = 0{,}52$ und $P(M|R) = 0{,}92$, nämlich der Anteil der Männer unter der Gesamtbevölkerung und der Anteil der Männer unter den Rot-Grün-Blinden. Es besteht offensichtlich eine Abhängigkeit zwischen Rot-Grün-Schwäche und Geschlecht!

Betrachten wir als weiteres Beispiel die Verteilung der Blutgruppen:

Der Anteil der Männer $P(M) = 52\,\%$ in der Bevölkerung stimmt mit dem Anteil der Männer $P(M|A) = 52\,\%$ unter den Personen mit Blutgruppe A überein. Analoges gilt auch für die übrigen Blutgruppen! Bleiben wir bei Blutgruppe A: Diese ist mit $P(A) = 43\,\%$ in der Gesamtbevölkerung Ω vertreten. Der Anteil von A unter den Männern beträgt ebenfalls $P(A|M) = 43\,\%$. Geschlecht und Blutgruppe A sind 'unabhängig'. Wegen $P(A|M) = P(A)$ vereinfacht sich die bisherige 'Multiplikationsregel' zur sogenannten *Produktregel*, soll heißen:

$$P(A \cap M) = P(A|M) \cdot P(M) \text{ vereinfacht sich zu } P(A \cap M) = P(A) \cdot P(M).$$

Wir klären nun den allgemeinen Zusammenhang:

Definition und Satz $A, B \subseteq \Omega$ *heißen genau dann unabhängig, wenn (mindestens) eine der drei folgenden Beziehungen erfüllt ist:*

$$\boxed{P(A|B) = P(A) \quad \Leftrightarrow \quad P(A \cap B) = P(A) \cdot P(B) \quad \Leftrightarrow \quad P(B|A) = P(B)}$$

Gilt eine dieser Gleichungen, sind auch die beiden anderen erfüllt!

Beweis: $P(A|B) = P(A) \Leftrightarrow \dfrac{P(A \cap B)}{P(B)} = P(A) \Leftrightarrow P(A \cap B) = P(A) \cdot P(B) \Leftrightarrow$

$$P(B \cap A) = P(A) \cdot P(B) \Leftrightarrow \frac{P(B \cap A)}{P(A)} = P(B) \Leftrightarrow P(B|A) = P(B) \qquad \checkmark$$

Im vorigen Beispiel gilt $P(B_1|R) \neq P(B_1)$. Das bedeutet: B_1 und R sind nicht unabhängig. Allgemein sind hier Fellfarbe und Fellstruktur nicht unabhängig. Zum Beispiel gilt auch $P(B_2|R) \neq P(B_2)$, usw.

Oder kehren wir zurück zum zweimaligen Würfeln, vgl. Bsp. 2 auf Seite 122. Wir erhielten:

$$P(S_1 \cap A_9) = \tfrac{1}{36} \neq P(S_1) \cdot P(A_9), \quad \text{im Gegensatz zu:} \quad P(S_1 \cap S_2) = \tfrac{1}{36} = P(S_1) \cdot P(S_2).$$

Hier sind S_1 und A_9 nicht unabhängig, wohl aber S_1 und S_2.

Beispiel 4 Die Sorten der Gartenerbse unterscheiden sich durch die Samenfarbe, hier grün G oder beige B, sowie durch die Samenform kugelig K oder runzlig R.
Zu den Ergebnissen einer Kreuzung finden Sie nur die Angaben:

$$P(B) = \tfrac{3}{4}, \quad P(K) = \tfrac{3}{4}, \quad P(R|G) = \tfrac{1}{4}.$$

Sind bei dieser Kreuzung Farbe und Form der Samen unabhängig?
Das ist wirklich eine Aufgabe zum Knobeln, versuchen Sie es selbst! Nur ein Lösungsvorschlag:
Aus $P(G) + P(B) = 1$ folgt zunächst $P(G) = \tfrac{1}{4}$. Und wegen $P(K) + P(R) = 1$ gilt $P(R) = \tfrac{1}{4}$.
Somit kennen wir bereits alle Randwerte der Tabelle. Bestimmen wir die Werte im Inneren:

$P(R \cap G) = P(R|G) \cdot P(G)$ ergibt $P(R \cap G) = \tfrac{1}{4} \cdot \tfrac{1}{4} = \tfrac{1}{16}$.

Aus $P(R \cap G) + P(R \cap B) = P(R)$ folgt $P(R \cap B) = \tfrac{3}{16}$.

Aus $P(R \cap G) + P(K \cap G) = P(G)$ folgt $P(K \cap G) = \tfrac{3}{16}$.

Auf analoge Weise erhalten wir schließlich $P(K \cap B) = \tfrac{9}{16}$.

	G	B	
K	3/16	9/16	3/4
R	1/16	3/16	1/4
	1/4	3/4	1

Prüfen wir nun nach: Für die Werte im Inneren gilt in der Tat die Produktregel:

	G	B			G	B	
K	$P(K \cap G)$	$P(K \cap B)$	$P(K)$	K	$P(K) \cdot P(G)$	$P(K) \cdot P(B)$	$P(K)$
R	$P(R \cap G)$	$P(R \cap B)$	$P(R)$	R	$P(R) \cdot P(G)$	$P(R) \cdot P(B)$	$P(R)$
	$P(G)$	$P(B)$	1		$P(G)$	$P(B)$	1

(mit $=$ zwischen den beiden Tabellen)

Ergebnis: Die Farbe und Form der Samen sind unabhängig! $\qquad \diamond$

Merke
Es gilt immer: Jeder *Randwert* ist die Zeilen– bzw. Spalten– *Summe* der Werte im Inneren.
Bei Unabhängigkeit: Jeder Wert im *Inneren* ist das *Produkt* der entsprechenden Randwerte.

6.2 Kombinatorik und Binomialverteilung

Zeichenketten

Typische Zeichenketten sind Dualzahlen wie 00101 oder Autokennzeichen wie OS AB 1945. Die Länge bzw. die Gesamtzahl der Stellen bezeichnen wir mit k. Hier gilt der Produktsatz:

Gibt es für das erste Zeichen n_1 Möglichkeiten, für das zweite Zeichen n_2 Möglichkeiten, ..., für das k-te und letzte Zeichen n_k Möglichkeiten, so sind insgesamt

$$\boxed{n_1 \cdot n_2 \cdot \ldots \cdot n_k}$$

verschiedene Zeichenketten möglich!

Beispiel 5 Wie viele 6-stellige Dualzahlen gibt es? Und wie viele 6-stellige Telefonnummern sind theoretisch möglich? Beginnen wir mit den Dualzahlen:

Für die erste Stelle gibt es nur 2 Möglichkeiten (0 oder 1), ebenso für die zweite Stelle, usw. Bei 6 zu besetzenden Stellen sind also $2 \cdot 2 \cdot 2 \cdot 2 \cdot 2 \cdot 2 = 2^6 = 64$ Dualzahlen möglich.

Bei Telefonnummern sind es entsprechend $10 \cdot 10 \cdot 10 \cdot 10 \cdot 10 \cdot 10 = 10^6$ Möglichkeiten. Zählen Sie nach: $000001, 000002, 000003, 000004, 000005, \ldots, 999\,999$ und 000000. $\diamond$

Beispiel 6 Sind Autokennzeichen mit genau zwei Buchstaben und nachfolgend vier Ziffern für eine Millionenstadt ausreichend?

Für die erste und zweite Stelle stehen jeweils 26 Buchstaben A,B, ... , Z zur Verfügung, für die nachfolgenden vier Stellen je 10 Ziffern 0, 1, ... , 9. Das ermöglicht also insgesamt $26^2 \cdot 10^4 = 6\,760\,000$ verschiedene Autokennzeichen dieser Art und könnte ausreichen. $\diamond$

Beispiel 7 Bei einem Kindergeburtstag befinden sich in einem Topf verdeckt die Buchstaben M, A, O. Sie ziehen daraus zufällig 3-mal hintereinander einen Buchstaben ohne Zurücklegen! Wie viele 'Wörter' sind hierbei möglich?

Das Spiel heißt 'OMA gewinnt'! Wie groß ist Ihre Gewinnwahrscheinlichkeit? Wir skizzieren das Spiel als 'Baumdiagramm':

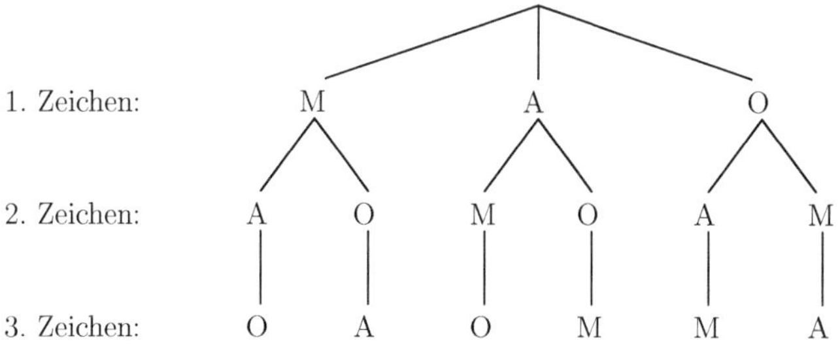

Beim ersten Zug gibt es 3 Möglichkeiten, beim zweiten noch 2, und zum Schluss ziehen Sie den letzten der drei Buchstaben. Insgesamt ergibt das $3 \cdot 2 \cdot 1 = 3! = 6$ mögliche Ergebnisse, konkret: $\Omega = \{\text{MAO, MOA, AMO, AOM, OAM, OMA}\}$. Jedes Wort ist gleichwahrscheinlich. Ihre Gewinnwahrscheinlichkeit beträgt daher $\frac{1}{6} \approx 17\,\%$, also wie beim 'Würfeln einer 6'. $\diamond$

Allgemein: Um n verschiedene 'Objekte' in einer Reihe anzuordnen, gibt es insgesamt $n! = n \cdot (n-1) \cdots 2 \cdot 1$ Möglichkeiten. Man spricht in diesem Fall von Permutationen.

Teilmengen

Wenn Sie aus einer Klasse von 20 Schülern genau 5 Schüler für eine Theatergruppe auswählen, handelt es sich um eine 5–elementige *Teilmenge*! Die Reihenfolge beim Auswählen hat für das Ergebnis keine Bedeutung! In diesem Falle gilt:

Die Anzahl der k-elementigen Teilmengen einer n-elementigen Menge beträgt

$$\binom{n}{k} = \frac{n!}{k! \cdot (n-k)!} = \frac{n \cdot (n-1) \cdot (n-2) \cdot \ldots \cdot (n-k+1)}{1 \cdot 2 \cdot 3 \cdot \ldots \cdot k} \qquad \text{(gesprochen „n über k")}.$$

Bei einer 'Menge' $M = \{S_1, S_2, S_3, \ldots, S_{20}\}$ von 20 Schülern beträgt also die Anzahl der möglichen 5–elementigen Teilmengen:

$$\binom{20}{5} = \frac{20!}{5! \cdot 15!} = \frac{20 \cdot 19 \cdot 18 \cdot 17 \cdot 16 \cdot 15 \cdot 14 \cdot 13 \cdots 2 \cdot 1}{5 \cdot 4 \cdot 3 \cdot 2 \cdot 1 \cdot 15 \cdot 14 \cdot 13 \cdots 2 \cdot 1} = \frac{20 \cdot 19 \cdot 18 \cdot 17 \cdot 16}{5 \cdot 4 \cdot 3 \cdot 2 \cdot 1} = 15\,504$$

<u>Zusatz:</u> Es macht Sinn, definitionsgemäß $0! = 1$ zu setzen. Dann folgt $\binom{n}{n} = \frac{n!}{n! \cdot 0!} = 1$: Wieviele Teilmengen mit genau n Elementen sind bei einer n-elementigen Menge möglich? Die einzige Möglichkeit ist die Menge selbst, also nur eine Möglichkeit! Analog folgt $\binom{n}{0} = 1$: Es gibt nur eine einzige Teilmenge mit genau null Elementen, die sogenannte leere Menge $\emptyset$.

Beispiel 8 Sie werfen 10-mal eine Münze und notieren abkürzend 0 für Wappen, 1 für Zahl. Dann ist das Ergebnis eine 10-stellige Dualzahl. Deren Anzahl beträgt $2^{10} = 1024$. Die Frage: Wie viele Dualzahlen mit genau 3 Einsen sind möglich (oder äquivalent: mit genau 7 Nullen)?

Sei $\mathbb{P} = \{P_1, P_2, P_3, P_4, \ldots, P_{10}\}$ die Menge der Positionen. Sie müssen 3 Positionen für die Einsen auswählen. Die Reihenfolge spielt dabei keine Rolle. Das heißt, Sie entscheiden sich für eine 3-elementige Teilmenge von $\mathbb{P}$! Hierfür gibt es aber

$$\binom{10}{3} = \frac{10!}{3! \cdot 7!} = 1\,140 \text{ verschiedene Möglichkeiten. Sie hätten entsprechend auch 7-elementige}$$

Teilmengen für die Nullen auswählen können. Und deren Anzahl beträgt wenig überraschend

$$\binom{10}{7} = \frac{10!}{7! \cdot 3!} = 1\,140. \text{ Wir erhalten auf diese Weise ganz allgemein das wichtige Ergebnis:}$$

$$\boxed{\textit{Die Anzahl der Dualzahlen der Länge n mit genau k Einsen beträgt } \binom{n}{k} = \binom{n}{n-k}} \qquad \diamond$$

Der Binomische Lehrsatz

Man nennt die Zahlen $\binom{n}{k}$ auch 'Binomialkoeffizienten', denn es gilt für beliebige Werte $a, b \in \mathbb{R}$ und $n \in \mathbb{N}$ der sogenannte Binomische Lehrsatz:

$$\boxed{(a+b)^n = \binom{n}{n}a^n + \binom{n}{n-1}a^{n-1}b + \binom{n}{n-2}a^{n-2}b^2 + \ldots + \binom{n}{1}ab^{n-1} + \binom{n}{0}b^n}$$

Beispiel:
$$\begin{aligned}(a+b)^5 &= \binom{5}{5}a^5 + \binom{5}{4}a^4b + \binom{5}{3}a^3b^2 + \binom{5}{2}a^2b^3 + \binom{5}{1}ab^4 + \binom{5}{0}b^5 \\ &= a^5 + 5\,a^4b + 10\,a^3b^2 + 10\,a^2b^3 + 5\,ab^4 + b^5.\end{aligned}$$

Binomialverteilungen

Beim dreimaligen Münzwurf gibt es insgesamt $2^3 = 8$ verschiedene Möglichkeiten:

$$000,\ 001,\ 010,\ 011,\ 100,\ 101,\ 110,\ 111, \quad (0 = \text{Wappen},\ 1 = \text{Zahl}).$$

Jedes Ergebnis hat dieselbe Wahrscheinlichkeit $\frac{1}{8} = \frac{1}{2} \cdot \frac{1}{2} \cdot \frac{1}{2}$. Es ist gleich dem *Produkt* aus den Faktoren $P(0) = \frac{1}{2}$ und $P(1) = \frac{1}{2}$. Dieser *Produktsatz* gilt allgemein, sofern die einzelnen Ereignisse unabhängig sind (sich nicht gegenseitig bedingen, s. S.125/126). Zum Beispiel gilt:

$$P(110) = P(1) \cdot P(1) \cdot P(0) = \tfrac{1}{2} \cdot \tfrac{1}{2} \cdot \tfrac{1}{2} = \tfrac{1}{8}$$
$$P(101) = P(1) \cdot P(0) \cdot P(1) = \tfrac{1}{2} \cdot \tfrac{1}{2} \cdot \tfrac{1}{2} = \tfrac{1}{8} \quad \text{usw.}$$

Wie groß ist die Wahrscheinlichkeit, beim dreimaligen Münzwurf 'genau zweimal Zahl' ($=1$) zu erhalten, also das Ergebnis 110, 101 oder 011. Das sind genau 3 der oben angegebenen 8 möglichen Ergebnissen. Die Wahrscheinlichkeit hierfür beträgt $\frac{3}{8}$. In diesem Fall addieren sich also die einzelnen Wahrscheinlichkeiten Man nennt dies auch den *Additionssatz*:

$$P(110 \text{ oder } 101 \text{ oder } 001) = P(110) + P(101) + P(011) = \tfrac{3}{8}$$

Beispiel 9 Jede menschliche (Soma-) Zelle enthält im Kern genau 23 Chromosomenpaare. Diese Paare von einander entsprechenden Chromosomen je eines Elternteils werden bei der Bildung von *Gameten* getrennt: Egal ob *Samen-* oder *Eizelle,* jedes Einzelchromosom der von Ihnen gebildeten Gameten stammt entweder von Ihrer Mutter ('1') oder Ihrem Vater ('0')!*

Das Ergebnis ist wie beim 23–fachen Münzwurf: Möglicherweise erhält ein Gamet überhaupt kein Chromosom Ihrer Mutter. Allerdings ist die Wahrscheinlichkeit hierfür äußerst gering:

$$P(00000000000000000000000) = \tfrac{1}{2} \cdot \tfrac{1}{2} \cdot \ldots \tfrac{1}{2} = (\tfrac{1}{2})^{23} = 0{,}000\,012\,\%.$$

Aber auch jedes andere Ergebnis von '23 Münzwürfen' besitzt diese Einzelwahrscheinlichkeit!

Wählen wir als Beispiel 'genau 13 Chromosomen von der Mutter' (symbolisch 1), wie etwa

$$P(11111111111110000000000) = \tfrac{1}{2} \cdot \tfrac{1}{2} \cdot \ldots \tfrac{1}{2} = (\tfrac{1}{2})^{23} \quad \text{oder auch}$$
$$P(00110101101100011101011) = \tfrac{1}{2} \cdot \tfrac{1}{2} \cdot \ldots \tfrac{1}{2} = (\tfrac{1}{2})^{23} \quad \text{oder auch}$$
$$\ldots\ldots \text{usw} \ldots\ldots \qquad\qquad\qquad\qquad\qquad\qquad \text{oder auch}$$
$$P(00000000001111111111111) = \tfrac{1}{2} \cdot \tfrac{1}{2} \cdot \ldots \tfrac{1}{2} = (\tfrac{1}{2})^{23}.$$

Die Anzahl der Dualzahlen der Länge 23 mit genau 13 Einsen beträgt $\binom{23}{13}$. Für Gameten mit genau 13 Chromosomen mütterlicherseits gibt es also $\binom{23}{13}$ verschiedene Möglichkeiten, und deren einzelne Wahrscheinlichkeiten von $(\tfrac{1}{2})^{23}$ addieren sich!

Womit wir nun das interessante Zwischenergebnis erhalten:

Die Wahrscheinlichkeit, dass von den 23 Chromosomen der von Ihnen gebildeten Gameten genau 13 von Ihrer Mutter stammen, beträgt

$$p_{23}(13) = \binom{23}{13} \cdot \left(\frac{1}{2}\right)^{23} \approx 14\,\%$$

Natürlich gilt diese Folgerung nicht nur speziell für $k = 13$ Chromosomen eines Elternteiles, sondern auch ganz allgemein für jede andere Anzahl $0 \leq k \leq 23$:

---

*Die Möglichkeit des Stückaustausches = 'Crossing over' lassen wir hier unberücksichtigt.

Die symmetrische Münze

Allgemein beträgt bei 23 Chromosomen die Wahrscheinlichkeit $p_{23}(k)$ für Gameten mit genau k Chromosomen eines Elternteiles

$$p_{23}(k) = \binom{23}{k} \cdot \left(\frac{1}{2}\right)^{23}.$$

Die Ergebnisse in Prozent sind auf ganzzahlige Werte gerundet:

k	0	1	2	3	4	5	6	7	8	9	10	11	12	13	14	15	16	17	18	19	20	21	22	23
$p_{23}(k)$	0	0	0	0	0	0	1	3	6	10	14	16	16	14	10	6	3	1	0	0	0	0	0	0

(in %)

Wir werden auch gleich begründen, weshalb man von einer 'Binomialverteilung' spricht. Interessant ist nämlich der Vergleich mit den Summanden des Binomischen Lehrsatzes:

$$(a+b)^n = \binom{n}{n}a^n + \binom{n}{n-1}a^{n-1}b + \binom{n}{n-2}a^{n-2}b^2 + \ldots + \binom{n}{1}ab^{n-1} + \binom{n}{0}b^n.$$

Beispiel 10 Welche Summanden liefert der Binomische Satz speziell für $a = b = \frac{1}{2}$ und $n = 23$?

$$1 = 1^{23} = \left(\tfrac{1}{2} + \tfrac{1}{2}\right)^{23} = \binom{23}{23} \cdot \left(\tfrac{1}{2}\right)^{23} + \binom{23}{22} \cdot \left(\tfrac{1}{2}\right)^{22} \cdot \tfrac{1}{2} + \binom{23}{21} \cdot \left(\tfrac{1}{2}\right)^{21} \cdot \left(\tfrac{1}{2}\right)^2 + \ldots$$

$$\ldots + \binom{23}{k} \cdot \left(\tfrac{1}{2}\right)^{k} \cdot \left(\tfrac{1}{2}\right)^{23-k} + \ldots + \binom{23}{1} \cdot \left(\tfrac{1}{2}\right)^1 \cdot \left(\tfrac{1}{2}\right)^{22} + \binom{23}{0} \cdot \left(\tfrac{1}{2}\right)^{23}$$

$$= \binom{23}{23} \cdot \left(\tfrac{1}{2}\right)^{23} + \binom{23}{22} \cdot \left(\tfrac{1}{2}\right)^{23} + \ldots + \underbrace{\binom{23}{k} \cdot \left(\frac{1}{2}\right)^{23}}_{p_{23}(k)\ \text{siehe oben!}} + \ldots + \binom{23}{1} \cdot \left(\tfrac{1}{2}\right)^{23} + \binom{23}{0} \cdot \left(\tfrac{1}{2}\right)^{23} \qquad \diamond$$

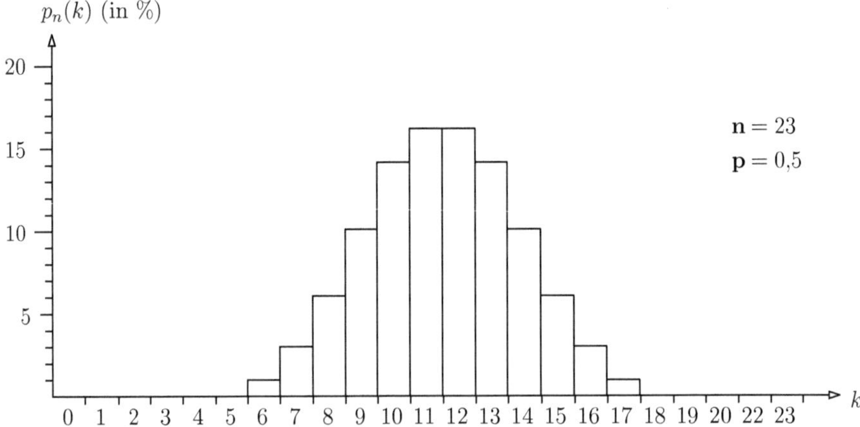

Hier fällt auf: $p_{23}(12) = p_{23}(11)$, $p_{23}(13) = p_{23}(10)$, $p_{23}(14) = p_{23}(9)$, $p_{23}(15) = p_{23}(8)$, usw.

Wegen $\binom{n}{k} = \binom{n}{n-k}$ folgt nämlich für den entscheidenden Faktor $\binom{23}{k}$ von $p_{23}(k)$ auch:

$$\binom{23}{12} = \binom{23}{11}, \quad \binom{23}{13} = \binom{23}{10}, \quad \binom{23}{14} = \binom{23}{9}, \quad \binom{23}{15} = \binom{23}{8}, \quad \text{usw.}$$

Unsymmetrische Münzen

Wählen wir nun eine manipulierte Münze mit der Wahrscheinlichkeit $P(1) = 0{,}3$ für das Ergebnis 'Zahl' und $P(0) = 0{,}7$ für 'Wappen'. Es könnte sich auch um einen unsymmetrischen Würfel handeln mit der Wahrscheinlichkeit 0,3 für eine Sechs und 0,7 für keine Sechs, oder allgemein um ein Experiment mit nur zwei möglichen Ausgängen ('Bernoulli–Experiment').

Bleiben wir einfach beim Modell einer ungleichgewichtigen Münze und werfen zum Beispiel $n = 10$ mal. Dann folgen gemäß Produktsatz z. Bsp. folgende Einzelwahrscheinlichkeiten:

$$P(1100000000) = 0{,}3 \cdot 0{,}3 \cdot 0{,}7 \cdot 0{,}7 \cdot 0{,}7 \cdot 0{,}7 \cdot 0{,}7 \cdot 0{,}7 \cdot 0{,}7 \cdot 0{,}7 = 0{,}3^2 \cdot 0{,}7^8$$
$$P(1000100000) = 0{,}3 \cdot 0{,}7 \cdot 0{,}7 \cdot 0{,}7 \cdot 0{,}3 \cdot 0{,}7 \cdot 0{,}7 \cdot 0{,}7 \cdot 0{,}7 \cdot 0{,}7 = 0{,}3^2 \cdot 0{,}7^8$$
$$P(0100001000) = 0{,}7 \cdot 0{,}3 \cdot 0{,}7 \cdot 0{,}7 \cdot 0{,}7 \cdot 0{,}7 \cdot 0{,}3 \cdot 0{,}7 \cdot 0{,}7 \cdot 0{,}7 = 0{,}3^2 \cdot 0{,}7^8$$
$$\ldots\ldots$$
$$P(0000000011) = 0{,}7 \cdot 0{,}7 \cdot 0{,}7 \cdot 0{,}7 \cdot 0{,}7 \cdot 0{,}7 \cdot 0{,}7 \cdot 0{,}7 \cdot 0{,}3 \cdot 0{,}3 = 0{,}3^2 \cdot 0{,}7^8$$

Hier wurden nur Ergebnisse mit 2-mal Zahl und 8-mal Wappen aufgeführt, alle mit der Wahrscheinlichkeit $0{,}3^2 \cdot 0{,}7^8$. Insgesamt gibt es hierfür $\binom{10}{2}$ Möglichkeiten. Die Gesamtwahrscheinlichkeit für das Ergebnis 2-mal Zahl beträgt folglich: $p_{10}(2) = \binom{10}{2} \cdot 0{,}3^2 \cdot 0{,}7^8$.

Allgemein gilt für das Ereignis k-mal Zahl:

$$p_{10}(k) = \binom{10}{k} \cdot 0{,}3^k \cdot 0{,}7^{10-k}.$$

Es handelt sich in diesem Falle um die Summanden von

$$1 = (0{,}3 + 0{,}7)^{10} = \binom{10}{10} \cdot 0{,}3^{10} + \binom{10}{9} \cdot 0{,}3^9 \cdot 0{,}7 + \ldots + \binom{10}{\mathbf{k}} \cdot \mathbf{0{,}3^k} \cdot \mathbf{0{,}7^{10-k}} + \ldots + \binom{10}{0} \cdot 0{,}7^{10}$$

Man sagt daher auch in diesem Fall, die Werte

$$p_{10}(k) = \binom{10}{k} \cdot 0{,}3^k \cdot 0{,}7^{10-k}$$

seien binomialverteilt. Ihre Gesamtheit nennt man eine Binomialverteilung:

k	0	1	2	3	4	5	6	7	8	9	10
$p_{10}(k)$	0,03	0,12	0,23	0,27	0,20	0,10	0,04	0,01	0,00	0,00	0,00

Skizze:

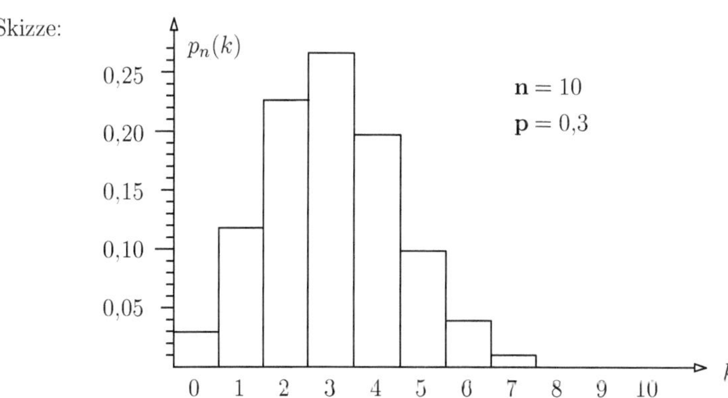

Zusammenfassung

Wählen wir allgemein ein Zufallsexperiment mit zwei möglichen Ergebnissen, z. B. 1 und 0, mit den Wahrscheinlichkeiten $P(1) = p$ und $P(0) = 1-p$ (häufig als $1-p = q$ abgekürzt).

Wird solch ein 'Bernoulli–Experiment' n–mal durchgeführt, dann ist die Wahrscheinlichkeit für genau k–mal eine 1 bzw. $(n-k)$–mal eine 0:

$$\boxed{\; p_n(k) \;=\; \binom{n}{k} \cdot p^k \cdot (1-p)^{n-k} \;} \qquad\qquad (k = 0, 1, 2, \ldots, n)$$

Die Gesamtheit der Werte nennt man Binomialverteilung. Man erhält sie mit dem Binomischen Lehrsatz für den Ausdruck $(p + (1-p))^n = 1^n = 1$. Die Summe aller Werte bzw. Wahrscheinlichkeiten beträgt natürlich folgerichtig $1 = 100\%$:

$$(p + (1-p))^n = \sum_{k=0}^{n} \binom{n}{k} \cdot p^k \cdot (1-p)^{n-k} = 1$$

Zum Beispiel erhalten wir im Falle $n=10$ und $p=0{,}7$ die Werte:

k	0	1	2	3	4	5	6	7	8	9	10
$p_{10}(k)$	0,00	0,00	0,00	0,01	0,04	0,10	0,20	0,27	0,23	0,12	0,03

Skizze:

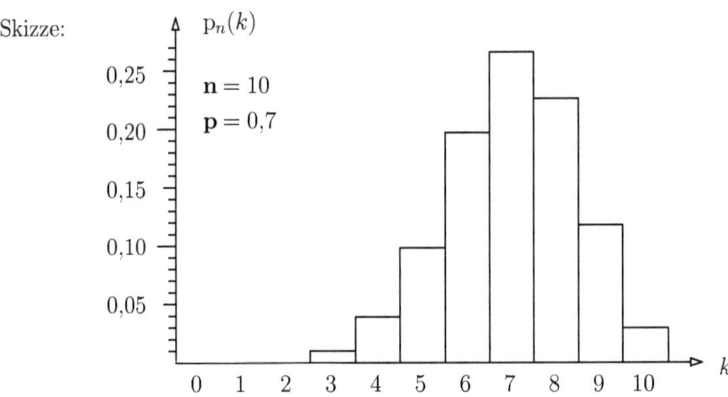

$n=10$ und $p=0{,}3$ siehe Seite 131, $n=23$ und $p=0{,}5$ siehe Seite 130.

Beispiel 11 Bei einem Multiple–Choice–Test mit insgesamt 10 Aufgaben stehen für jede Aufgabe 3 Antworten zur Auswahl, von denen stets genau eine richtig ist. Sie kreuzen die Antworten zufällig an! Wie hoch ist die Wahrscheinlichkeit, *mindestens* 5 Aufgaben richtig zu beantworten? Das bedeutet:

Sie 'werfen' 10–mal eine unsymmetrische Münze mit $p = \frac{1}{3}$ für 'Richtig angekreuzt'.

Die Wahrscheinlichkeit für genau 5-mal richtig beträgt $p_{10}(5) = \binom{10}{5} \cdot (\frac{1}{3})^5 \cdot (\frac{2}{3})^5 = 0{,}137$, für genau 6-mal richtig $p_{10}(6) = \binom{10}{6} \cdot (\frac{1}{3})^6 \cdot (\frac{2}{3})^4 = 0{,}057$, 7-mal $p_{10}(7) = \binom{10}{7} \cdot (\frac{1}{3})^7 \cdot (\frac{2}{3})^3 = 0{,}016$, 8-mal $p_{10}(8) = \binom{10}{8} \cdot (\frac{1}{3})^8 \cdot (\frac{2}{3})^2 = 0{,}003$, 9-mal $p_{10}(9) = \binom{10}{9} \cdot (\frac{1}{3})^9 \cdot (\frac{2}{3}) = 0{,}000$ und genau 10-mal $p_{10}(10) = \binom{10}{10} \cdot (\frac{1}{3})^{10} \cdot (\frac{2}{3})^0 = 0{,}000$. Insgesamt aufaddiert erhalten wir $0{,}213 = 21{,}3\%$.

$\diamond$

6.3 Häufigkeitsverteilung und Histogramm

Bei statistischen Untersuchungen stellt sich zuerst die Frage nach den *Untersuchungseinheiten*. Welche Objekte, Individuen, etc. wollen wir untersuchen? Diese bilden dann die Elemente der Grundgesamtheit bzw. der Stichprobe. Einträge in einer Tabelle werden oft nummeriert, sozusagen aus Datenschutzgründen.

Für die folgende Tabelle wurden Daten einer Gruppe von $n = 20$ Personen aufgelistet. Bleibt noch zu klären: Welche ausgeprägten *Merkmale* wollen wir untersuchen? Vom Skalentyp hängt ab, welche statistischen Werkzeuge für die Behandlung der Daten möglich sind:

Nominale Merkmale

Merkmalsausprägungen *ohne* natürliche Rangordnung wie Geschlecht oder Blutgruppe heißen *nominal skaliert*. Sie besitzen keine quantitativen Eigenschaften. Ihre Reihenfolge auf einer Skala ist willkürlich!

Grundlegend für die deskriptive (= beschreibende) Statistik sind Angaben über die Häufigkeiten der einzelnen Werte eines Merkmals und die Möglichkeiten einer Veranschaulichung.

Nr.	Größe (cm)	Gewicht (kg)	Geschlecht	Raucher	Blutgruppe
1	184	65	weiblich	nein	A
2	170	53	weiblich	ja	A
3	172	56	weiblich	ja	0
4	167	61	männlich	ja	A
5	168	52	weiblich	nein	B
6	186	80	männlich	nein	AB
7	178	61	weiblich	ja	A
8	172	57	weiblich	nein	0
9	177	71	männlich	nein	A
10	192	86	männlich	nein	0
11	187	81	männlich	nein	A
12	173	54	weiblich	ja	0
13	187	75	männlich	ja	0
14	172	67	männlich	ja	A
15	189	85	männlich	nein	A
16	186	82	männlich	nein	A
17	189	80	männlich	ja	B
18	168	54	weiblich	ja	0
19	157	51	weiblich	nein	A
20	176	74	männlich	nein	0

Beispiel 12 Wählen wir in dieser Tabelle das nominale Merkmal

$$Y = \text{Blutgruppe}.$$

Y ordnet jedem Element von $M = \{1, 2, 3, \ldots, 20\}$ genau ein Element der Wertemenge = Ausprägungen = $\{0, A, B, AB\}$ zu. Mathematisch gesehen ist ein Merkmal also eine

Abbildung: $\qquad\qquad Y \colon \{1, 2, 3, \ldots, 20\} \longrightarrow \{0, A, B, AB\}.$

$$Y(1) = A, \ \ Y(2) = A, \ \ Y(3) = 0, \ \ Y(4) = A, \ \ \ldots, \ \ Y(19) = A, \ \ Y(20) = 0$$

Stattdessen schreibt man aber meistens kurz und einfach nur

$$y_1 = A, \quad y_2 = A, \quad y_3 = 0, \quad y_4 = A, \quad \ldots, \quad y_{19} = A, \quad y_{20} = 0.$$

Neu ist allerdings, dass man sich auch dafür interessiert,
wie *häufig* die betreffenden Werte angenommen werden:

Häufigkeitsverteilung Über jedem der Merkmalswerte 0, A, B, AB tragen wir zum Beispiel diejenigen Zahlenwerte $1, 2, \ldots, 20$ an, für die diese Ausprägung angenommen wird. Ankreuzen ist auch möglich, erschwert aber eine nachträgliche Kontrolle. Falls Sie zum Beispiel beim Nachzählen am Schluss merken, dass Sie irgendein Kreuz vergessen haben, dürfen Sie nochmal von vorn anfangen. Bei nominalen Merkmalen ist die Reihenfolge der Skalenwerte frei wählbar, insbesondere zeichnet man *keine Pfeilspitze* wie sonst bei einer 'x–Achse':

<table>
<tr><td></td><td>19</td><td colspan="3">$n = 20$</td><td></td></tr>
<tr><td></td><td>16</td><td></td><td></td><td></td></tr>
<tr><td></td><td>15</td><td></td><td></td><td></td></tr>
<tr><td>20</td><td>14</td><td></td><td></td><td></td></tr>
<tr><td>18</td><td>11</td><td></td><td></td><td></td></tr>
<tr><td>13</td><td>9</td><td></td><td></td><td></td></tr>
<tr><td>12</td><td>7</td><td></td><td></td><td></td></tr>
<tr><td>10</td><td>4</td><td></td><td></td><td></td></tr>
<tr><td>8</td><td>2</td><td>17</td><td></td><td></td></tr>
<tr><td>3</td><td>1</td><td>5</td><td>6</td><td></td></tr>
<tr><td>0</td><td>A</td><td>B</td><td>AB</td><td></td></tr>
</table>

Der Wert 0 wurde 7 mal angenommen,
A trat 10 mal auf, B 2 mal, AB einmal.
Wir notieren die *absoluten* Häufigkeiten h:

$$h(0) = 7, \ h(A) = 10, \ h(B) = 2, \ h(AB) = 1.$$

Probe: $h(0) + h(A) + h(B) + h(AB) = n.$

Wir errechnen die *relativen* Häufigkeiten $r = \frac{h}{n}$:

$$r(0) = \tfrac{7}{20}, \ r(A) = \tfrac{10}{20}, \ r(B) = \tfrac{2}{20}, \ r(AB) = \tfrac{1}{20}.$$

Probe: $r(0) + r(A) + r(B) + r(AB) = 1.$ $\diamond$

Stabdiagramm Hierbei dient die *Höhe der Stäbe* als Maß für die Häufigkeit der einzelnen Werte. Die Breite aber ist einfach nur für die Sichtbarkeit! Und zwischen den 'Stäben' oder 'Balken' sollte ein deutlicher Abstand bleiben.

Zum Ablesen der Höhe fügt man einen vertikalen Maßstab hinzu. Außerdem notiere man die Gesamtzahl n, um von relativen Häufigkeiten r gegebenenfalls auf die absoluten Häufigkeiten h (und umgekehrt) umrechnen zu können!

Beispiel 13 Veranschaulichen Sie die oben errechnete Häufikeitsverteilung der Blutgruppen mit einem Stabdiagramm für die relative Häufugkeit r. (Umrechnung für h?)

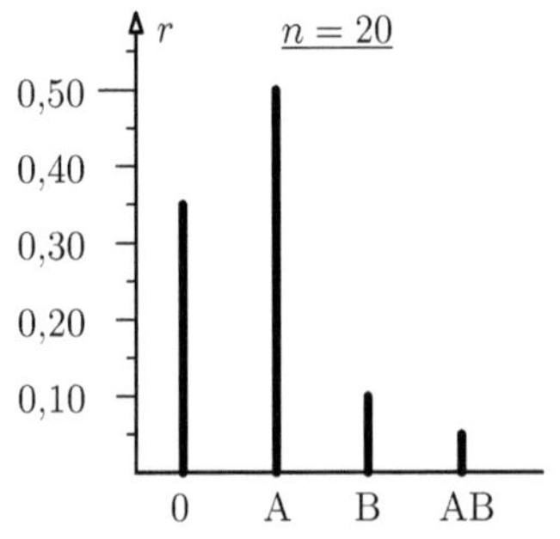

Die relativen Häufigkeiten betragen:

$$
\begin{aligned}
r(0) &= \tfrac{7}{20} &=&\ 0{,}35 \\
r(A) &= \tfrac{10}{20} &=&\ 0{,}50 \\
r(B) &= \tfrac{2}{20} &=&\ 0{,}10 \\
r(AB) &= \tfrac{1}{20} &=&\ 0{,}05
\end{aligned}
$$

$$\left(\text{\textit{Umrechnung: }} h = r \cdot n \text{ bzw. } r = \frac{h}{n} \right). \qquad \diamond$$

Kreisdiagramm Nominale Merkmale weisen keine natürliche Ordnung auf. Daher werden die einzelnen Ausprägungen oft kreisförmig aufgetragen. Die 'Torte' wird entsprechend den relativen Häufigkeitswerten aufgeteilt! In vorigem Beispiel der Blutgruppen erhielten wir die relativen Häufigkeiten: $r(0) = 35\,\%$, $r(A) = 50\,\%$, $r(B) = 10\,\%$, $r(AB) = 5\,\%$.

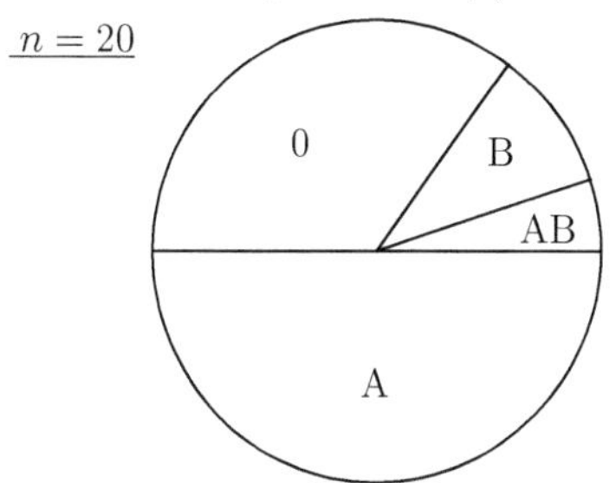

$n = 20$

Die entsprechenden Winkel w betragen (beachte z.B.: $35\,\% = 35 \cdot \frac{1}{100} = 0{,}35$):

$$
\begin{aligned}
\mathrm{w}(0) &= 0{,}35 \cdot 360° &= 126° \\
\mathrm{w}(A) &= 0{,}50 \cdot 360° &= 180° \\
\mathrm{w}(B) &= 0{,}10 \cdot 360° &= 36° \\
\mathrm{w}(AB) &= 0{,}05 \cdot 360° &= 18°
\end{aligned}
$$

Für eine Halbkreisdarstellung rechnet man entsprechend mit 180°.

Ordinale Merkmale

Beispiel 14 Konfektionsgrößen S, M, L, XL … oder Examensnoten besitzen eine ganz *natürliche Rangordnung.* Solche Merkmale nennt man *ordinal*!

Ein solches Merkmal ist auch die Konfektionsgröße $K : \{1, 2, \dots, 20\} \to \{\text{S,M,L,XL,XXL}\}$. Wir ergänzen diesbezüglich die Tabelle auf Seite 133:

Nr.	1	2	3	4	5	6	7	8	9	10	11	12	13	14	15	16	17	18	19	20
Größe	XL	L	L	M	M	XL	L	L	L	XXL	XL	L	XL	L	XL	XL	XL	M	S	L

Wir erhalten folgende Häufigkeitsverteilung:

Konfektionsgröße	S	M	L	XL	XXL
abs. Häufigkeit h	1	3	8	7	1
rel. Häufigkeit r	0,05	0,15	0,40	0,35	0,05

Balkendiagramm

Die ordinale Skala des Merkmals ist in diesem Fall durch einen Pfeil gekennzeichnet.

Die Balken grenzen jetzt aneinander:

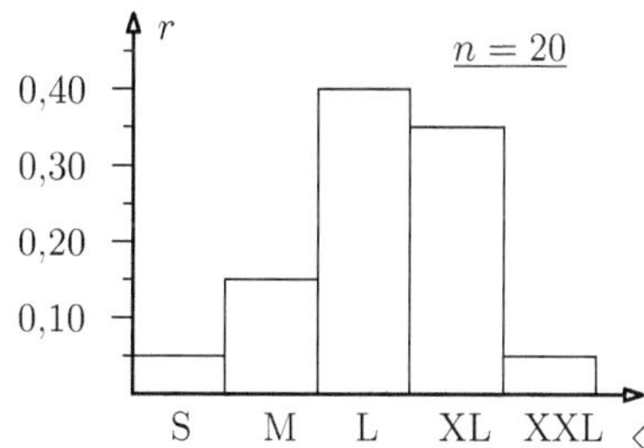

Klasseneinteilung In vorigem Beispiel sind die individuellen Konfektionsgrößen in *Klassen* wie S, M, L, … eingeteilt. Hierdurch bestimmen sich die entsprechenden *Klassenhäufigkeiten.*

Ganz analog geht man im Falle der Körpergröße vor, nur ist die Klasseneinteilung noch nicht vorgegeben! Wir wählen die folgende Einteilung (in cm).

$$(150, 160], \ (160, 170], \ (170, 175], \ (175, 180], \ (180, 185], \ (185, 190], \ (190, 200].$$

Sie erkennen noch einigen Diskussionsbedarf:

Die Problematik der Randwerte: Werte am linken Intervallrand zählen bei obiger Einteilung zur nächstkleineren Klasse. Manche machen es umgekehrt oder zählen Randwerte hälftig.

Die Größe der Klassen: Die Klassen müssen nicht gleich groß sein! Dort wo sich die Werte häufen, ergeben kleinere Klassenbreiten eine bessere Auflösung! Die beiden Ränder links und rechts werden hingegen durch breitere Klassen geglättet.

Die Anzahl der Klassen: Für die *Anzahl κ der Klassen* im Falle von n Messwerten gibt es zumindest praktisch bewährte Empfehlungen:

$$\boxed{\ \kappa \approx \sqrt{n} \ \text{ oder } \ \kappa \approx 1 + 3{,}32 \cdot \lg n \ \text{ oder } \ \kappa \approx 5 \cdot \lg n \ }$$

Wir erhalten in unserem Falle die Werte $\sqrt{20} = 4{,}47$, $1 + 3{,}32 \cdot \lg 20 = 5{,}32$. $5 \cdot \lg 20 = 6{,}51$. Die Empfehlungen reichen von 4 bis 7 Klassen. Die Wahl wird also immer subjektiv ausfallen! Die Klassenhäufigkeiten sind anschließend natürlich leicht zu ermitteln:

Klasse	(150;160]	(160;170]	(170;175]	(175;180]	(180;185]	(185;190]	(190;200]
h	1	4	4	3	1	6	1
r	0,05	0,20	0,20	0,15	0,05	0,30	0,05

Bei größeren Werten von n werden dann natürlich auch die absoluten Häufigkeiten h größer. Beim *Vergleich* verschiedener Stichproben sind deshalb *die relativen Häufigkeiten r* wichtiger. Trotzdem liefert die graphische Darstellung mit *r als Ordinate* noch *kein realistisches Bild!*

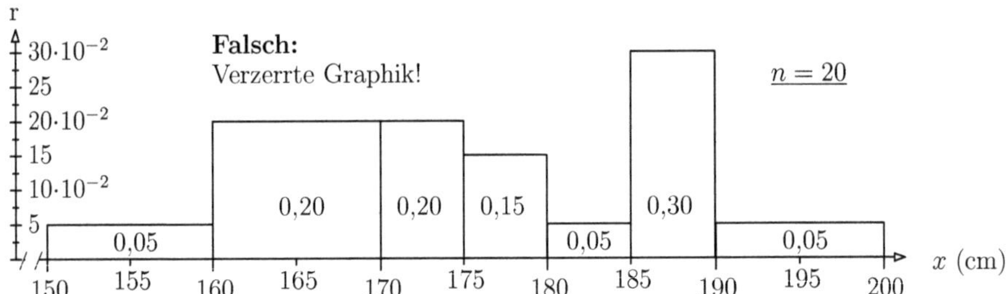

Die Balken bzw. Rechtecke aus Klassenbreite und relativer Häufigkeit r als Höhe vermitteln hier ein völlig verzerrtes Bild der Wirklichkeit:

20 % der Gruppe haben eine Körpergröße zwischen 160 und 170 cm, aber genau so viele eine Körpergröße zwischen 170 und 175 cm. Insgesamt 35 % liegen im Bereich von 170 bis 180 cm!

Außerdem hat die Klasse 180 bis 185 cm eine Häufigkeit von 5 %, aber auch die Klasse von 190 bis 200 cm und von 150 bis 160 cm!

Realistisch ist ein solches Bild nur, falls Klassenhäufigkeit und Fläche proportional sind!

Man wechselt daher von der bisherigen eindimensionalen Darstellung (*Höhe* der Balken) zu einer zweidimensionalen (*Fläche* der Balken)! Das ist natürlich zunächst etwas mühsamer, erweist sich aber als äußerst praktisch! Eine solche Darstellung nennt man ein 'Histogramm':

Histogramm und Dichte

> Über jedem Klassenintervall der Länge l wird ein Rechteck der Höhe d gezeichnet, dessen Fläche $l \cdot$ d gleich der relativen Klassenhäufigkeit r ist

$$l \cdot \text{d} = r \quad \text{bzw.} \quad \text{d} = \frac{r}{l} \qquad \textit{Wir erhalten folgendes Histogramm:}$$

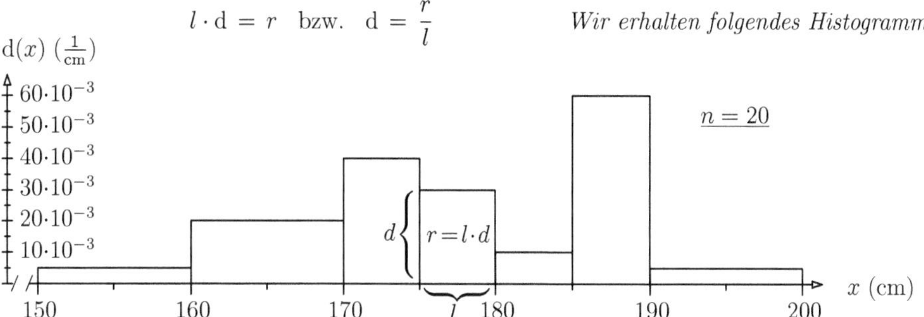

Rechnen Sie nach! Wir ergänzen hierfür die vorige Tabelle um je eine Zeile für l und $\frac{r}{l} = d$:

Klasse	(150;160]	(160;170]	(170;175]	(175;180]	(180;185]	(185;190]	(190;200]
h	1	4	4	3	1	6	1
r	0,05	0,20	0,20	0,15	0,05	0,30	0,05
l	10	10	5	5	5	5	10
$\frac{r}{l} = \text{d}$	0,005	0,020	0,040	0,030	0,010	0,060	0,005

Die Ordinatenwerte d ergeben das obige Histogramm! d hat die Einheit von $\frac{1}{l}$, also $\frac{1}{\text{cm}}$.
Die Funktion d(x) des Histogramms heißt *Dichtefunktion* oder kurz Dichte.
(Die zwei Gipfel sind hier eine Folge der unterschiedlichen Größe der Frauen und Männer.)

Die Fläche unter der Dichtefunktion ist ein Maß für die relative Häufigkeit!

Breite · Höhe = Fläche eines Rechtecks ergibt die relative Häufigkeit einer Klasse:

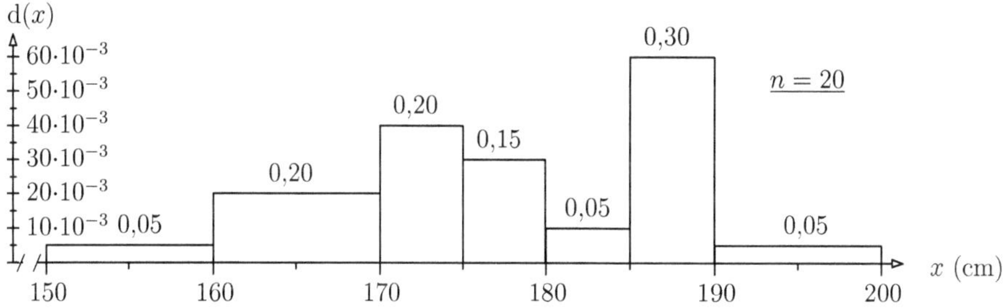

Die Flächen lassen sich leicht *aufsummieren*. Zum Beispiel stellen wir hier fest: Zwischen 160 und 180 liegen 55 % der Werte von X (= Körpergröße). Man schreibt dafür kurz und einprägsam:

$$r\,(160 \le X \le 180) = 0{,}55 \quad \text{(bzw. 55 \%)}.$$

Diesen Wert erhalten wir auch durch *Flächenbestimmung* unter der Treppenfunktion d(x) von 160 bis 180. Zur Flächenbestimmung unter einer *beliebigen* Funktion d(x) benutzt man bekanntlich die *Integration*.

Nutzen wir also im folgenden nun ganz allgemein die Integration!

Integration $\qquad r(160 \leq X \leq 180) = \displaystyle\int_{160}^{180} \mathrm{d}(x)\,dx$ $\hfill (= 0{,}55).$

Die (intervallweise) Bestimmung einer Stammfunktion wäre zwar umständlich aber elementar. Und selbstverständlich erhielten wir dann auch den Wert 0,55.

Bestimmt man die Fläche mittels Integration, so gilt also ganz allgemein:

$$\boxed{\; r(a \leq X \leq b) = \int_{a}^{b} \mathrm{d}(x)\,dx. \;}$$

Ein praktischer Gewinn ist das aber erst, wenn die Anzahl der Rechtecke riesig groß wird: Geht die Anzahl n der Messungen in die Hunderte oder gar Tausende, wählt man sinnvollerweise die Klassenbreiten immer kleiner! Schließlich wird man die *Treppenfunktion* $\mathrm{d}(x)$ *durch eine stetige Kurve ersetzen* können! Und dann wird die Integration letztendlich einfacher als die Addition zahlloser kleiner Rechteckflächen:

Beispiel 15   Wählen wir als Merkmal X den Intelligenzquotienten (IQ). Ein entsprechend umfangreicher Test der Bevölkerung ergab folgende Dichte:

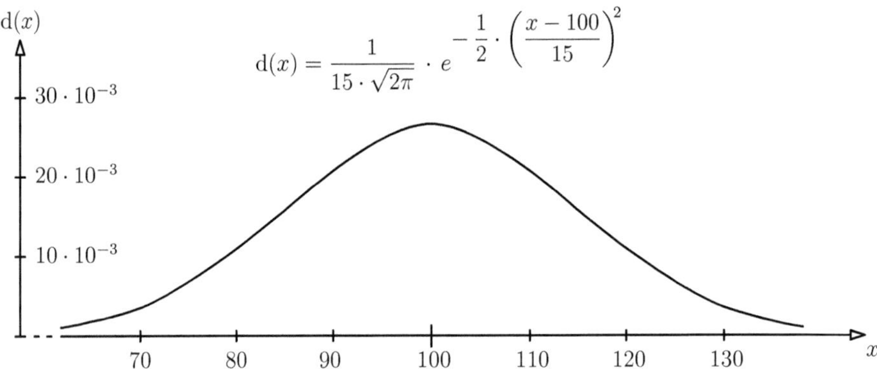

Der Anteil der Bevölkerung z.B. mit einem IQ zwischen 70 und 130 beträgt:

$$r(70 \leq X \leq 130) = \int_{70}^{130} \mathrm{d}(x)\,dx \;=\; 0{,}955 \;=\; 95{,}5\,\%$$

Die betreffende Fläche unter der 'Glockenkurve' besteht in Wirklichkeit aus winzigen Rechtecksflächen, die durch Integration auf elegante Weise summiert werden! (Eine einzelne Rechtecksfläche ist praktisch gleich Null. Daher gilt z.B. $r(70 < X \leq 130) = r(70 \leq X \leq 130)$. Einen IQ zwischen 55 und 145 besitzen 99,73 % der Bevölkerung. Und offensichtlich gilt:

$$\boxed{\textit{Die gesamte Fläche unter einer Dichtefunktion } d(x) \textit{ beträgt } 1 = 100\,\%.} \qquad \diamond$$

Normalverteilt   Ist die Grundgesamtheit der 'Merkmalsträger' genügend groß, lässt sich die Dichtefunktion vieler Merkmale durch eine entsprechende 'Glockenkurve' beschreiben. Solche Merkmale heißen 'normalverteilt'. Die Dichtefunktion hat also bei normalverteilten Merkmalen die Form:

$$\mathrm{d}_{\mu,\sigma}(x) \;=\; \frac{1}{\sigma \cdot \sqrt{2\pi}} \cdot e^{\,-\frac{1}{2}\cdot\left(\frac{x-\mu}{\sigma}\right)^{2}}$$

Es genügt dann, nur die Werte μ („mü") und σ („sigma") zu bestimmen! Der IQ ist normalverteilt mit $\mu = 100$ und $\sigma = 15$. Man sagt dazu kurz: Der IQ ist N(100;15)-verteilt!

Stammfunktionen von $\mathrm{d}_{\mu,\sigma}(x)$ werden als $\Phi_{\mu,\sigma}(x)$ notiert und sind leider nicht elementar. Die Substitution $s = \frac{x-\mu}{\sigma}$ ergibt für eine N($\mu;\sigma$)–Verteilung nach der Integrationsregel auf S. 72:

$$r(a \le X \le b) \;=\; \int_{a}^{b} \mathrm{d}_{\mu,\sigma}(x)\,dx \;=\; \Phi_{0,1}\left(\frac{b-\mu}{\sigma}\right) - \Phi_{0,1}\left(\frac{a-\mu}{\sigma}\right)$$

Häufig sind die Integrationsgrenzen von der Form $a = \mu + c_1\cdot\sigma$, $b = \mu + c_2\cdot\sigma$. Hierfür folgt:

$$r(\mu + c_1\cdot\sigma \le X \le \mu + c_2\cdot\sigma) \;=\; \int_{\mu+c_1\cdot\sigma}^{\mu+c_2\cdot\sigma} \mathrm{d}_{\mu,\sigma}(x)\,dx \;=\; \Phi_{0,1}(c_2) - \Phi_{0,1}(c_1)$$

Die Stammfunktion $\Phi_{0,1}(x)$ mit $\Phi_{0,1}(0) = \frac{1}{2}$ heißt 'Standard-Normalverteilung', vgl. Skizze. Sie ist nicht elementar, aber natürlich tabelliert.

Beispiel 16

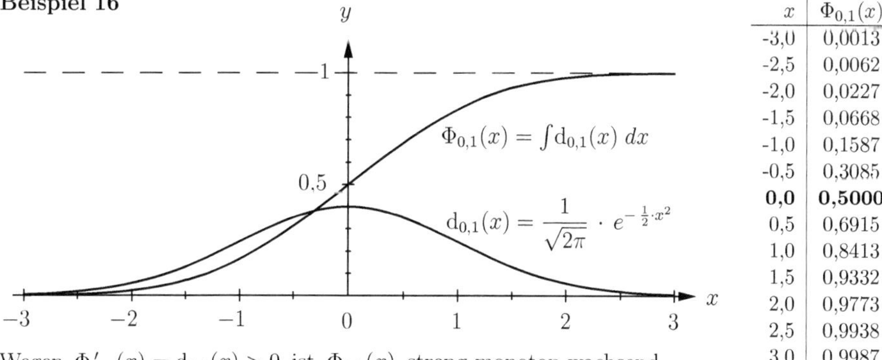

x	$\Phi_{0,1}(x)$
-3,0	0,0013
-2,5	0,0062
-2,0	0,0227
-1,5	0,0668
-1,0	0,1587
-0,5	0,3085
0,0	**0,5000**
0,5	0,6915
1,0	0,8413
1,5	0,9332
2,0	0,9773
2,5	0,9938
3,0	0,9987

Wegen $\Phi'_{0,1}(x) = \mathrm{d}_{0,1}(x) > 0$ ist $\Phi_{0,1}(x)$ streng monoton wachsend. Mit dem Anfangswert $\Phi_{0,1}(0) = \frac{1}{2}$ folgt außerdem:

$$\Phi_{0,1}(x) + \Phi_{0,1}(-x) \;=\; 1 \;\text{ bzw. }\; \Phi_{0,1}(-x) \;=\; 1 - \Phi_{0,1}(x)$$

Sie finden $\Phi_{0,1}$ daher meistens nur für Werte $x \ge 0$ tabelliert! $\diamond$

Beispiel 17 Wir bestimmen den Anteil der Bevölkerung mit einem IQ zwischen 70 und 130, wie auf Seite 138 bereits zitiert. Wir erhalten für $a = 70$ und $b = 130$ nach obiger Regel:

$$r(70 \le X \le 130) = \int_{70}^{130} \mathrm{d}_{100,15}(x)\,dx \;=\; \Phi_{0,1}\left(\frac{130-100}{15}\right) - \Phi_{0,1}\left(\frac{70-100}{15}\right) =$$

$$= \Phi_{0,1}(2) - \Phi_{0,1}(-2) \;=\; 0{,}9773 - 0{,}0227 = 0{,}9546 = 95{,}46\,\% \qquad \diamond$$

6.4 Mittelung und Streuung

Die goldene Mitte Als *Mittelwert* von Zahlenwerten $x_1, x_2, x_3, \ldots, x_n$ oder genauer als *arithmetisches Mittel* bezeichnet man

$$\frac{1}{n} \cdot (x_1 + x_2 + x_3 + \ldots + x_n) \qquad \text{oder kurz:} \qquad \frac{1}{n} \cdot \sum_{k=1}^{n} x_k \qquad\qquad \text{(I)}$$

Grundgesamtheit oder Stichprobe Als abkürzendes Symbol verwendet man μ („mü") oder μ_x, falls es sich bei x_k um die Werte der *Grundgesamtheit* aller Individuen oder Objekte handelt. Im Fall einer *Stichprobe* wählt man als Abkürzung meistens $\overline{x}$.

Die Unterscheidung macht Sinn: Im ersten Fall handelt es sich bei μ um einen *festen* Wert, wohingegen der Stichprobenwert $\overline{x}$ *variieren* kann! $\overline{x}$ heißt deshalb auch genauer: *empirischer* Mittelwert. Die Mittelwertbildung für das Merkmal muss natürlich möglich und sinnvoll sein.

Beispiel 18 In Abschnitt 6.3, S. 133 listen wir als Körpergröße in Zentimeter $n = 20$ Werte:

$$157, 167, 168, 168, 170, 172, 172, 172, 173, 176, 177, 178, 184, 186, 186, 187, 187, 189, 189, 192.$$

Der Mittelwert dieser Stichprobenwerte beträgt:

$$\overline{x} = \tfrac{1}{20} \cdot (157 + 167 + 168 + 168 + 170 + 172 + 172 + 172 + \ldots + 189 + 192) \qquad \text{(I)}$$

$$= \tfrac{1}{20} \cdot (157 \cdot 1 + 167 \cdot 1 + 168 \cdot 2 + 170 \cdot 1 + 172 \cdot 3 + \ldots + 189 \cdot 2 + 192 \cdot 1) \qquad \text{(II)}$$

$$= 157 \cdot \tfrac{1}{20} + 167 \cdot \tfrac{1}{20} + 168 \cdot \tfrac{2}{20} + 170 \cdot \tfrac{1}{20} + 172 \cdot \tfrac{3}{20} + \ldots + 189 \cdot \tfrac{2}{20} + 192 \cdot \tfrac{1}{20} \qquad \text{(III)}$$

$$= \tfrac{3550}{20} = 177{,}5 \qquad\qquad\qquad \diamond$$

Sicherlich ist Ihnen aufgefallen, dass wir die mehrfach auftretenden Summanden entsprechend ihrer Häufigkeit zusammenfassen konnten, vgl. I mit II bzw. III. Genauer formuliert:

Treten die Werte $w_1, w_2, \ldots, w_m$ mit den absoluten Häufigkeiten $h_1, h_2, \ldots, h_m$ auf bzw. mit den relativen Häufigkeiten $r_1, r_2, \ldots, r_m$, so gilt für $\overline{x}$ (ganz analog für μ):

$$\overline{x} = \frac{1}{n} \cdot (w_1 \cdot h_1 + w_2 \cdot h_2 + \ldots + w_m \cdot h_m) = w_1 \cdot r_1 + w_2 \cdot r_2 + \ldots + w_m \cdot r_m$$

Streugut Wichtig ist natürlich auch, wie stark die Einzelwerte vom Mittelwert abweichen. Als Standardmaß für diese *Streuung* gilt aus vielerlei Gründen:

$$\sigma = \sqrt{\frac{1}{n} \cdot \left((x_1 - \mu)^2 + (x_2 - \mu)^2 + \ldots + (x_n - \mu)^2\right)} = \sqrt{\frac{1}{n} \cdot \sum_{k=1}^{n} (x_k - \mu)^2}$$

Man bezeichnet diesen Wert demgemäß auch als *Standardabweichung*. Genau wie μ ist auch σ ein für die Grundgesamtheit charakteristischer fester Wert. Die Anzahl n aller Werte wird hier als sehr groß vorausgesetzt.

Seien jetzt aber $x_1, x_2, x_3, \ldots, x_n$ Stichprobenwerte mit dem Mittelwert $\overline{x}$: Als Standardmaß für die Abweichung vom Mittelwert benutzt man nun analog:*

$$s = \sqrt{\frac{1}{n-1} \cdot \left((x_1 - \overline{x})^2 + (x_2 - \overline{x})^2 + \ldots + (x_n - \overline{x})^2\right)} = \sqrt{\frac{1}{n-1} \cdot \sum_{k=1}^{n} (x_k - \overline{x})^2}$$

---

*Die Werte ohne die Wurzel, also σ^2 bzw. s^2, bezeichnet man als 'Varianz' bzw. 'empirische Varianz'.

Man bezeichnet s auch als *empirische* Standardabweichung. Auffallenderweise dividiert man hier nicht durch n, sondern nur durch $n - 1$. Hierdurch wird s etwas vergrößert. Wie die beurteilende Statistik nämlich zeigt, liefert s *als Schätzwert für* σ sonst systematisch zu kleine Werte!

Beispiel 19 Wir wählen die Körpergrößen $x_1, x_2, \ldots, x_{20}$ der Tabelle auf S. 133. Man beachte die zugehörigen Einheiten: x_k und $x_k - \overline{x}$ in cm, $(x_k - \overline{x})^2$ in cm². Den empirischen Mittelwert $\overline{x} = 177{,}5$ cm kennen wir bereits. Wir nutzen folgende Tabellenwerte:

Nr. k	x_k (cm)	$x_k - \overline{x}$ (cm)	$(x_k - \overline{x})^2$ (cm²)	x_k^2 (cm²)
1	184	6,5	42,25	33 856
2	170	−7,5	56,25	28 900
3	172	−5,5	30,25	29 584
4	167	−10,5	110,25	27 889
5	168	−9,5	90,25	28 224
6	186	8,5	72,25	34 596
7	178	0,5	0,25	31 684
8	172	−5,5	30,25	29 584
9	177	−0,5	0,25	31 329
10	192	14,5	210,25	36 864
11	187	9,5	90,25	34 969
12	173	−4,5	20,25	29 929
13	187	9,5	90,25	34 969
14	172	−5,5	30,25	29 584
15	189	11,5	132,25	35 721
16	186	8,5	72,25	34 596
17	189	11,5	132,25	35 721
18	168	−9,5	90,25	28 224
19	157	−20,5	420,25	24 649
20	176	−1,5	2,25	30 976
$\sum\limits_{k=1}^{20}$	3 550	0	1723,00	631 848

(Machen wir die Probe: $\overline{x} = \frac{3550 \text{ cm}}{20} = 177{,}5$ cm. Eine weitere Kontrolle liefert auch die Spalte mit den Differenzen $x_k - \overline{x}$. Das arithmetische Mittel $\overline{x}$ ist nämlich der eindeutig bestimmte Wert, für den die Summe der Abweichungen $(x_k - \overline{x})$ insgesamt Null ergibt.)

Als empirische Standardabweichung dieser Stichprobe erhalten wir nun:

Ergebnis: $\quad s = \sqrt{\dfrac{1}{19} \cdot 1\,723 \text{ cm}^2} = \sqrt{90{,}68 \text{ cm}^2} = 9{,}5 \text{ cm}$ $\hfill \diamond$

Geht's auch einfacher Die praktische Berechnung der beiden Spalten für $x_k - \overline{x}$ und $(x_k - \overline{x})^2$ ist immer etwas mühsam! Geht es auch ohne die Bildung dieser Differenzen?

Tatsächlich genügen allein die Spalten für x_k und x_k^2! Die einmalige Mühe für folgende Umformung lohnt sich also, oder beachten Sie einfach nur das Ergebnis:

$$\sum_{k=1}^{n}(x_k-\overline{x})^2 = \sum_{k=1}^{n}(x_k^2 - 2\,x_k\cdot\overline{x} + \overline{x}^2) = \sum_{k=1}^{n}x_k^2 \;-\; 2\overline{x}\cdot\sum_{k=1}^{n}x_k \;+\; n\cdot\overline{x}^2$$

$$= \sum_{k=1}^{n}x_k^2 \;-\; 2\overline{x}\cdot n\cdot\overline{x} \;+\; n\cdot\overline{x}^2 = \sum_{k=1}^{n}x_k^2 \;-\; n\cdot\overline{x}^2$$

$$= \sum_{k=1}^{n}x_k^2 - \frac{1}{n}\cdot\left(\sum_{k=1}^{n}x_k\right)^2$$

Das gilt natürlich analog auch für μ anstelle von $\overline{x}$. Für die Berechnung von σ und s gilt daher auch alternativ das folgende

Ergebnis: $\quad \sigma = \sqrt{\frac{1}{n}\cdot\left(\sum_{k=1}^{n}x_k^2 - \frac{1}{n}\cdot\left(\sum_{k=1}^{n}x_k\right)^2\right)}$

$$s = \sqrt{\frac{1}{n-1}\cdot\left(\sum_{k=1}^{n}x_k^2 - \frac{1}{n}\cdot\left(\sum_{k=1}^{n}x_k\right)^2\right)}$$

Beispiel 20 Wir bestimmen die empirische Standardabweichung für die Werte der Stichprobe von Beispiel 19, aber nur mit den beiden Spalten für x_k und x_k^2.

Wir benötigen $\sum x_k^2 - \frac{1}{n}\cdot\left(\sum x_k\right)^2$ und lesen ab:

$$\sum_{k=1}^{n}x_k^2 - \frac{1}{n}\cdot\left(\sum_{k=1}^{n}x_k\right)^2 = 631\,848\,\mathrm{cm}^2 - \frac{1}{20}\cdot(3\,550\,\mathrm{cm})^2 = 1\,723\,\mathrm{cm}^2.$$

(Anmerkung: Eine Differenz zweier großer Zahlen zur Berechnung eines relativ kleinen Wertes ist empfindlich gegenüber Rundungsfehlern, doch spielt das bei der heutigen Genauigkeit der Rechner kaum noch eine Rolle!)

Für die empirische Standardabweichung s folgt wieder, vergleichen Sie mit vorigem Beispiel:

Ergebnis: $\quad s = \sqrt{\frac{1}{19}\cdot 1\,723\,\mathrm{cm}^2} = \sqrt{90{,}68\,\mathrm{cm}^2} = 9{,}5\,\mathrm{cm}$ $\qquad\qquad\diamond$

Fassen wir die Summanden wieder entsprechend der Häufigkeiten der Werte $w_1, w_2, \ldots, w_m$ zusammen, so erhalten wir (beachten Sie die Beziehung $h_k = n\cdot r_k$):

$$\sigma = \sqrt{\frac{1}{n}\cdot\sum_{k=1}^{m}(w_k-\mu)^2\cdot h_k} \;=\; \sqrt{\sum_{k=1}^{m}(w_k-\mu)^2\cdot r_k} \;=\; \sqrt{\sum_{k=1}^{m}w_k^2\cdot r_k - \left(\sum_{k=1}^{m}w_k\cdot r_k\right)^2}$$

$$s = \sqrt{\frac{1}{n-1}\cdot\sum_{k=1}^{m}(w_k-\overline{x})^2\cdot h_k} = \sqrt{\frac{n}{n-1}\cdot\sum_{k=1}^{m}(w_k-\overline{x})^2\cdot r_k} = \sqrt{\frac{n}{n-1}\left(\sum_{k=1}^{m}w_k^2\cdot r_k - \left(\sum_{k=1}^{m}w_k\cdot r_k\right)^2\right)}$$

Mittelwert und Standardabweichung eines Histogramms

Umfangreiches Datenmaterial wird meistens in Histogrammform dargestellt. Gelegentlich ist das dargestellte Datenmaterial nicht mehr vorhanden oder die nochmalige Beabeitung zu mühsam. Dann lassen sich Mittelwert und Standardabweichung der Daten trotzdem noch näherungsweise bestimmen: Man interpretiert das Histogramm ersatzweise so, als ob die sog. *Klassenkennzahlen = Klassenmitten* mit den dargestellten Klassenhäufigkeiten auftreten!

Beispiel 21 Das Histogramm zu Beispiel 18 bzw. 19 kennen wir bereits von Seite 137:

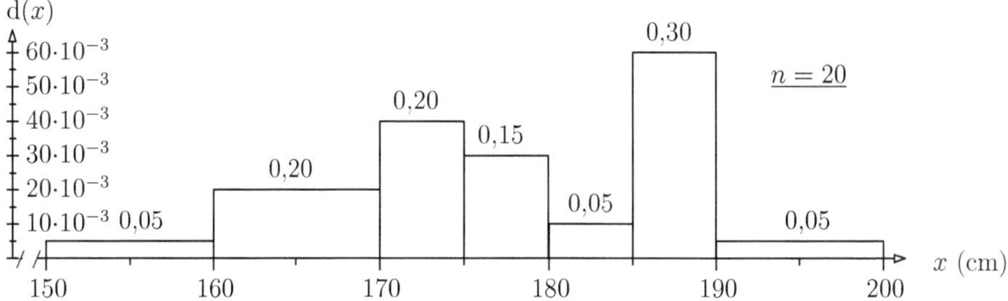

Die Klassenkennzahlen bezeichnen wir entsprechend mit w_k, mit r_k ihre relative Häufigkeit, also die Fläche der Balken. Das liefert zunächst nur die ersten beiden Spalten dieser Tabelle:

Nr. k	w_k (cm)	r_k	$w_k \cdot r_k$ (cm)	$w_k - \overline{x}$ (cm)	$(w_k - \overline{x})^2 \cdot r_k$ (cm²)	$w_k^2 \cdot r_k$ (cm²)
1	155	0,05	7,75	-22	24,2	1201,25
2	165	0,20	33,0	-12	28,8	5445,00
3	172,5	0,20	34,5	-4,5	4,05	5951,25
4	177,5	0,15	26,6	0,5	0,04	4725,94
5	182,5	0,05	9,1	5,5	1,51	1665,31
6	187,5	0,30	56,3	10,5	33,1	10546,9
7	195	0,05	9,75	18	16,2	1901,25
$\sum_{k=1}^{7}$	— —	1,00	177,0	— — —	107,9	31436,9

Als erstes erhält man: $\overline{x} = \sum\limits_{k=1}^{m} w_k \cdot r_k = 177{,}0$. (Der Mittelwert der Originaldaten war 177,5).

Zur Bestimmung von s lassen sich nun die beiden Spalten mit den Differenzen ausrechnen: (Auf die hier unnötige Spalte mit $(w_k - \overline{x}) \cdot r_k$ wurde verzichtet, Probesumme ergäbe Null.)

$$s = \sqrt{\frac{n}{n-1} \cdot \sum_{k=1}^{m}(w_k - \overline{x})^2 \cdot r_k} = \sqrt{\frac{20}{19} \cdot 107{,}9} = 10{,}7 \qquad \text{(für Originaldaten 9,5).}$$

Dieses Ergebnis folgt auch einfach nur mit Hilfe der letzten Spalte gemäß:

$$s = \sqrt{\frac{n}{n-1}\left(\sum_{k=1}^{m} w_k^2 \cdot r_k - \left(\sum_{k=1}^{m} w_k \cdot r_k\right)^2\right)} = \sqrt{\frac{20}{19} \cdot (31436{,}9 - 177{,}0^2)} = 10{,}7. \qquad \diamond$$

Mittelwert und Standardabweichung einer binomialverteilten Größe

Solche Treppenfunktionen für eine Dichte kennen wir auch von den theoretisch zu erwartenden Wahrscheinlichkeitswerten beim Wurf einer symmetrischen oder unsymmetrischen Münze. Die Wahrscheinlichkeitswerte $p_n(k)$ für das k–malige Eintreffen von Wappen ($k = 0, 1, 2, \ldots n$) sind bekanntlich binomialverteilt:

$$p_n(k) \;=\; \binom{n}{k} \cdot p^k \cdot (1-p)^{n-k} \qquad\qquad (k \;=\; 0, 1, 2, \ldots, n)$$

Angenommen die Wahrscheinlichkeit für das Ergebnis 'Wappen' betrage $p = 30\,\% = 0{,}30$. Die Anzahl der Würfe sei $n = 10$. Dann erhalten wir die Werte:

$$p_{10}(k) \;=\; \binom{10}{k} \cdot (0{,}3)^k \cdot (0{,}7)^{10-k} \qquad\qquad (k \;=\; 0, 1, 2, \ldots, 10)$$

<u>Skizze:</u> 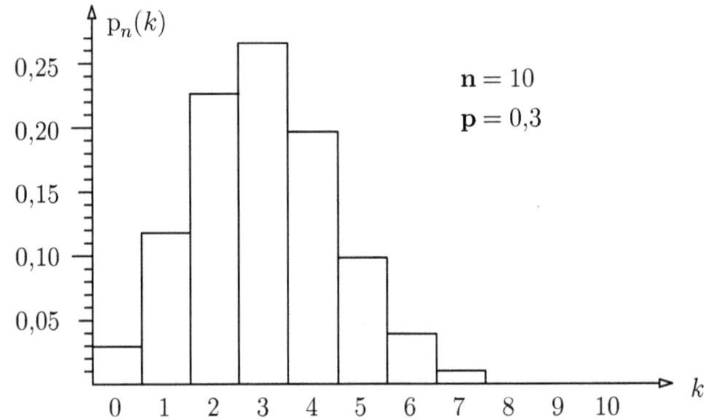

Im Mittel ist bei $30\,\%$ der Würfe das Ergebnis Wappen zu erwarten. Das ergibt $0{,}30 \cdot 10 = 3$. Man nennt diesen theoretischen Mittelwert μ daher auch 'Erwartungswert'.

Diesen Mittelwert hätten wir auch analog wie beim vorigen Histogramm ausrechnen können: Anstelle von $\sum w_k \cdot r_k$ erhielten wir $\sum k \cdot p_n(k) = 3$, nur wäre die Berechnung etwas mühsam!

Für die Bestimmung der Standardabweichung ist anstelle von $\sum (w_k - \mu)^2 \cdot r_k$ ganz analog $\sum (k - \mu)^2 \cdot p_n(k)$ auszurechnen und hieraus die Wurzel zu ziehen. Die ebenfalls mühsame Auswertung ergibt dann schließlich den einfachen Wert $\sqrt{10 \cdot 0{,}30 \cdot (1 - 0{,}30)} = 1{,}45$.

Für den Erwartungswert μ und die Standardabweichung σ ergibt die *allgemeine* Berechnung:

$$\boxed{\begin{aligned} \mu \;&=\; n \cdot p \\ \sigma \;&=\; \sqrt{n \cdot p \cdot (1-p)} \end{aligned}}$$

Für unsere Ausgangsbeispiel mit $p = 0{,}30$ und $n = 10$ ergibt das speziell wieder:

$$\mu = 10 \cdot 0{,}30 = 3 \quad \text{und} \quad \sigma = \sqrt{10 \cdot 0{,}30 \cdot 0{,}70} = \sqrt{2{,}1} = 1{,}45.$$

Mittelwert und Standardabweichung einer stetigen Dichtefunktion

Bei entsprechend umfangreicher *Grundgesamtheit* wird die Treppenfunktion $\mathrm{d}(x)$ für $n \to \infty$ zu einer stetigen Funktion und die Bestimmung von Mittelwert und Standardabweichung zu

$$\mu = \int_a^b x \cdot \mathrm{d}(x)\, dx \quad \text{und} \quad \sigma = \sqrt{\int_a^b (x-\mu)^2 \cdot \mathrm{d}(x)\, dx}\,.$$

Der Definitionsbereich $[a;b]$ von d kann gegebenenfalls auch ganz $\mathbb{R}$ betragen ($\pm\infty$ statt a,b).

Im Falle einer normalverteilten Größe X erkennt man die Werte von μ und σ bereits am Funktionsausdruck der entsprechenden Dichte = Glockenkurve $d_{\mu,\sigma}(x) = \frac{1}{\sigma \cdot \sqrt{2\pi}} \cdot e^{-\frac{1}{2} \cdot \left(\frac{x-\mu}{\sigma}\right)^2}$. Wie man leicht nachrechnet, gilt in diesem Falle tatsächlich:

$$\int_{-\infty}^{\infty} x \cdot d_{\mu,\sigma}(x)\, dx = \mu \quad \text{und} \quad \sqrt{\int_{-\infty}^{\infty} (x-\mu)^2 \cdot d_{\mu,\sigma}(x)\, dx} = \sigma\,.$$

Die Standardabweichung σ (bzw. s) erweist sich allgemein (!) als 'Schrittmaß' oder normierte 'Längeneinheit' für die Abweichung vom Mittelwert μ (bzw. $\overline{x}$) und erleichtert die Übersicht!

Dies zeigt sich besonders deutlich bei normalverteilten Merkmalen:

Sigma–Bereiche

Wählen wir die Verteilung des IQ in der Bevölkerung mit $\mu = 100$ und $\sigma = 15$, vgl. S. 138:

Für den Anteil r der Bevölkerung mit einem IQ zwischen 85 und 115 erhalten wir wegen $85 = 100 - 1 \cdot 15 = \mu - 1 \cdot \sigma$, $115 = 100 + 1 \cdot 15 = \mu + 1 \cdot \sigma$, (vgl. Integrationsregel S. 139):

$$r\,(85 \leq X \leq 115) = r\,(\mu - 1\sigma \leq X \leq \mu + 1\sigma) = \Phi_{0,1}(1) - \Phi_{0,1}(-1) = 0{,}6826.$$

Man bezeichnet den Bereich $\mu - \sigma \leq X \leq \mu + \sigma$ als '1σ–Bereich':

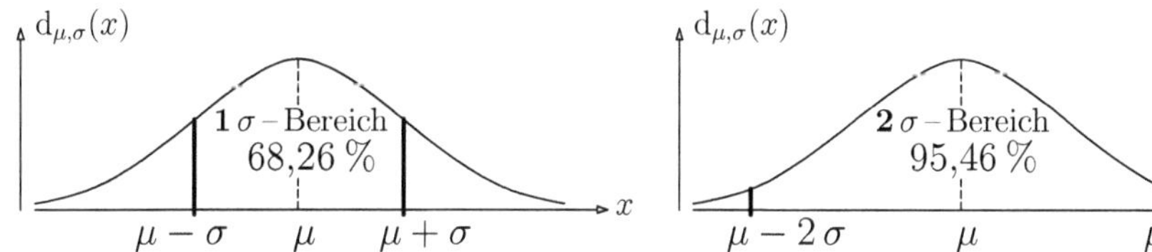

Die Integration ergibt analog bei <u>jeder</u> mit μ und σ normalverteilten Größe X:

$$r\,(\mu - \sigma \leq X \leq \mu + \sigma) = 68{,}26\,\% \qquad (c = 1).$$

$95{,}46\,\%$ der Werte liegen im 2σ–Bereich, dem Intervall $[\mu - 2\sigma;\mu + 2\sigma]$, (Bsp. 17, S. 139):

$$r\,(\mu - 2\sigma \leq X \leq \mu + 2\sigma) = 95{,}46\,\% \qquad (c = 2).$$

Und fast alle Werte liegen im 3σ–Bereich, also im Intervall $[\mu - 3\sigma;\mu + 3\sigma]$:

$$r\,(\mu - 3\sigma \leq X \leq \mu + 3\sigma) = 99{,}73\,\% \qquad (c = 3).$$

Statistiker sagen hierzu gern: Das ganze Leben spielt sich im 3σ–Bereich ab!

In guter Näherung gilt das Gesagte *auch für Stichproben.* Testen Sie das zum Beispiel am Histogramm auf Seite 143. Hier liegen sogar sämtliche Werte im Bereich $[\overline{x} - 3s\,;\overline{x} + 3s]$.

Der Box – Plot

Angenommen in einem kleinen Ort mit gerade einmal 1000 Einwohnern, aber vielleicht mit hohen Steuervorteilen, lässt sich ein Milliardär nieder. Durchschnittlich gesehen wird auf diese Weise jeder Einwohner zum Millionär, ob er es merkt oder nicht! Das arithmetische Mittel ist also keineswegs immer sinnvoll!

Der *Median* oder *Zentralwert* $\tilde{x}_{\frac{1}{2}}$ unterteilt die Werte *anzahlmäßig*: Die eine Hälfte soll kleiner, die andere Hälfte größer gleich diesem Wert sein! Zu seiner Bestimmung kann man sämtliche Werte der Größe nach ordnen und zum Beispiel von einer Tabelle auf die Zahlengerade übertragen. Die folgende Art der 'Mittelung durch Abzählen' erkennen Sie leicht am

Beispiel 22 Die Klausurergebnisse von drei verschiedenen Kursen (i) – (iii):

i) 1, 2, 2, 3, $\boxed{3}$, 4, 4, 4, 5.   ii) 1, 2, 2, 3, 3, $\square$ 3, 4, 4, 5, 5.   iii) 1, 2, 2, 3, 3, $\square$ 4, 4, 4, 5, 5.

    $n=9$: Median $\tilde{x}_{\frac{1}{2}} = 3$. $n=10$: Median $\tilde{x}_{\frac{1}{2}} = 3$. $n=10$: Median $\tilde{x}_{\frac{1}{2}} = 3{,}5$.

◇

Zur *formelmäßigen Bestimmung* werden die Werte also der Größe nach geordnet:

$$x_1 \leq x_2 \leq x_3 \leq \ldots \leq x_n$$

Ist nun $\frac{1}{2} \cdot n$ keine ganze Zahl (Fall i), so runden wir sie zur nächsten ganzen Zahl auf. Bsp.: 4,5 wird zu 5. Wir notieren dieses *Aufrunden* mit der 'Gauß–Klammer' als

$$\left\lceil \tfrac{1}{2} \cdot n \right\rceil \quad \text{und erhalten} \quad \tilde{x}_{\frac{1}{2}} = x_{\lceil \frac{1}{2} \cdot n \rceil}$$

Vergleichen Sie mit Beispiel 22 i), $n = 9$: $\left\lceil \tfrac{1}{2} \cdot n \right\rceil = \left\lceil \tfrac{1}{2} \cdot 9 \right\rceil = \lceil 4{,}5 \rceil = \mathbf{5}$, somit $\tilde{x}_{\frac{1}{2}} = x_5 = 3$.

Ist jedoch $\frac{1}{2} \cdot n$ eine ganze Zahl, dann ist auch $\frac{1}{2} \cdot n + 1$ eine ganze Zahl. Der Median liegt dann aber *zwischen* den beiden Werten $x_{\frac{1}{2} \cdot n}$ und $x_{\frac{1}{2} \cdot n + 1}$ (man wählt einen Zwischenwert): Eine übliche Wahl ist der mittlere Wert

$$\tilde{x}_{\frac{1}{2}} = (x_{\frac{1}{2} \cdot n} + x_{\frac{1}{2} \cdot n + 1})/2$$

Vergleichen Sie mit Beispiel 22 ii), $n = 10$:
$\frac{1}{2} \cdot n = \frac{1}{2} \cdot 10 = 5$, $\frac{1}{2} \cdot n + 1 = \mathbf{6}$, somit $\tilde{x}_{\frac{1}{2}} = (x_5 + x_6)/2 = (3 + 3)/2 = 3$.

Vergleichen Sie mit Beispiel 22 iii), $n = 10$:
$\frac{1}{2} \cdot n = \frac{1}{2} \cdot 10 = 5$, $\frac{1}{2} \cdot n + 1 = \mathbf{6}$, somit $\tilde{x}_{\frac{1}{2}} = (x_5 + x_6)/2 = (3 + 4)/2 = 3{,}5$.

Die formelmäßige Bestimmung des Medians lautet also:

$$\tilde{x}_{\frac{1}{2}} = \begin{cases} x_{\lceil \frac{1}{2} \cdot n \rceil} & \text{falls } \frac{1}{2} \cdot n \text{ keine ganze Zahl} \\[2mm] \dfrac{x_{\frac{1}{2} \cdot n} + x_{\frac{1}{2} \cdot n + 1}}{2} & \text{falls } \frac{1}{2} \cdot n \text{ ganzzahlig} \end{cases}$$

Quartile und Quantile

Der Median $\tilde{x}_{\frac{1}{2}}$ ist dadurch charakterisiert, dass (mindestens) die Hälfte der Werte kleiner oder gleich $\tilde{x}_{\frac{1}{2}}$ ist, und dass (mindestens) die Hälfte der Werte größer oder gleich $\tilde{x}_{\frac{1}{2}}$ ist.

Vergleichen Sie hierzu die Beispiele 22 i) – iii)! Allgemein definiert man nun:

Sei p eine reelle Zahl zwischen 0 und 1. Das p–Quantil $\tilde{x}_p$ ist definiert durch

$$\tilde{x}_p = \begin{cases} x_{\lceil p \cdot n \rceil} & \text{falls } p \cdot n \text{ keine ganze Zahl} \\[2ex] \dfrac{x_{p \cdot n} + x_{p \cdot n + 1}}{2} & \text{falls } p \cdot n \text{ ganzzahlig} \end{cases}$$

Es hat die Eigenschaft, dass mindestens ein Anteil p der Werte kleiner gleich und mindestens ein Anteil $(1 - p)$ der Werte größer gleich $\tilde{x}_p$ ist!

Beim 'unteren Quartil' ist $p = 0{,}25$ bzw. $25\,\%$, beim 'oberen Quartil' $p = 0{,}75$ bzw. $75\,\%$. Die Differenz $q = \tilde{x}_{0,75} - \tilde{x}_{0,25}$ wird als 'Quartilsabstand' bezeichnet. Die Differenz zwischen dem größten und dem kleinsten Wert $x_{max} - x_{min}$ heißt 'Spannweite'. Selbsterklärend ist nun

Beispiel 23 Box–Plot zu den folgenden Daten (siehe auch Aufg. 23 a, Seite 216):

$157, 167, 168, 168, 170, 172, 172, 172, 173, 176, 177, 178, 184, 186, 186, 187, 187, 189, 189, 192.$

$$x_{min} = 157\,; \quad \tilde{x}_{0,25} = 171\,; \quad \tilde{x}_{0,50} = 176{,}5\,; \quad \tilde{x}_{0,75} = 186{,}5\,; \quad q = 15{,}5\,; \quad x_{max} = 192\,:$$

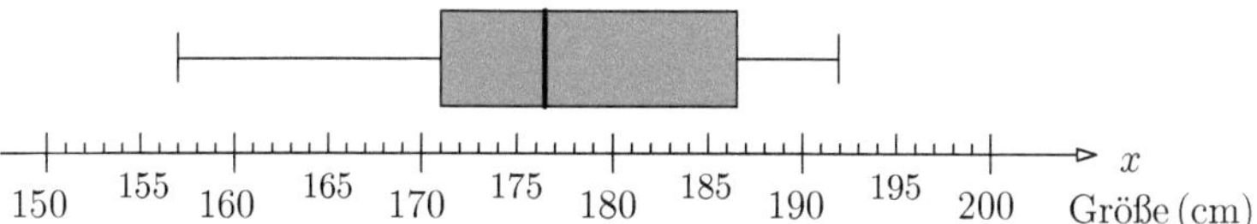

Oft skizziert man den gesamten Plot auch vertikal statt horizontal. ◇

Werte, die um mehr als den 1,5-fachen Quartilsabstand von der Box abweichen, also größer als $\tilde{x}_{0,75} + 1{,}5 \cdot q$ oder kleiner als $\tilde{x}_{0,25} - 1{,}5 \cdot q$ sind, werden als 'Ausreißer' bezeichnet und als solche gesondert notiert.

Der Gebrauch der 'Antennen' oder 'Schnurrhaare' (Box-and-Whiskers-Plot) an den Enden wird verschieden gehandhabt. Manche Autoren benutzen hierfü das $10\,\%$ und $90\,\%$ Quantil und bezeichnen dann alle Werte außerhalb dieses Bereichs als Ausreißer. Man sollte seine Vorgehensweise also angeben. Ergänzend erwähnen wir noch

Das geometrische Mittel Seien n Zahlenwerte $x_1, x_2, x_3, \ldots x_n$ gegeben. Das arithmetische Mittel $\overline{x} = (x_1 + x_2 + x_3 + \ldots x_n) \cdot \frac{1}{n}$ lässt sich als gemittelter oder *mittlerer Summand x* interpretieren, der in gleicher Anzahl aufaddiert dieselbe *Summe* liefert:

$$\begin{aligned} x + x + x + \ldots + x &= x_1 + x_2 + x_3 + \ldots + x_n \\ n \cdot x &= x_1 + x_2 + x_3 + \ldots + x_n \\ x &= (x_1 + x_2 + x_3 + \ldots + x_n) \cdot \frac{1}{n} = \overline{x}. \end{aligned}$$

Analog lässt sich bei einem Produkt ein gemittelter oder *mittlerer Faktor x* bestimmen, der in gleicher Anzahl multipliziert dasselbe *Produkt* liefert. (Da man am Ende der Rechnung die Wurzel ziehen möchte, setzt man hier üblicherweise alle $x_k > 0$ voraus.)

$$\begin{aligned} x \cdot x \cdot x \cdot \ldots \cdot x &= x_1 \cdot x_2 \cdot x_3 \cdot \ldots \cdot x_n \\ x^n &= x_1 \cdot x_2 \cdot x_3 \cdot \ldots \cdot x_n \\ x &= \sqrt[n]{x_1 \cdot x_2 \cdot x_3 \cdot \ldots \cdot x_n} = x_{geo}. \end{aligned}$$

Man nennt diesen gemittelten Faktor x_{geo} das *geometrische Mittel*.

6.5 Intervallschätzungen

Das Wurzel n – Gesetz   Als Anwendung hier ein Abstecher zur induktiven (beurteilenden) Statistik. Wir gehen zunächst aus von einer *normalverteilten* Größe X. In der Praxis gilt das auch für das Gewicht X von Tabletten. Es schwankt um einen zu kontrollierenden Mittelwert μ mit einer Standardabweichung σ. Greifen wir eine *einzelne* Tablette aus der Produktion heraus und bestimmen ihr Gewicht x. Wir wissen von den Überlegungen auf Seite 145:

In 95,5 % der Fälle unterscheidet sich x um nicht mehr als 2σ vom unbekannten Wert μ!

Und *alle* Werte, die von x einen Abstand von nicht mehr als 2σ haben, liegen im Intervall $[\,x - 2\sigma\,;x + 2\sigma\,]$! Wir können also darauf vertrauen, dass der unbekannte Wert μ in rund 95,5 % der Fälle in diesem Intervall liegt:

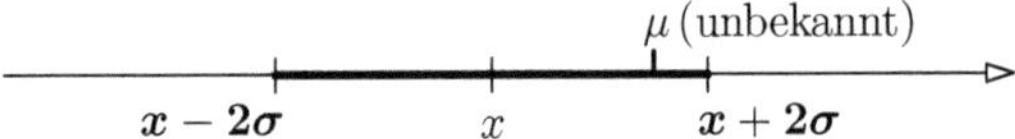

Zum Schätzen für μ ist natürlich so ein einzelner Wert x noch recht ungenau! Abgesehen davon, dass wir in den meisten Fällen auch σ nicht kennen werden:

Anstelle von Einzelmessungen führt man in der Praxis Stichproben durch und nutzt zum Schätzen deren *Mittelwerte* $\overline{x} = \frac{1}{n} \cdot (x_1 + x_2 + \ldots + x_n)$. *Diese sind wiederum normalverteilt mit dem Mittelwert μ, aber nur noch mit einer Standardabweichung von* $\frac{\sigma}{\sqrt{n}}$ ($\sqrt{n}$–Gesetz)!

Deshalb liegt nun der Wert μ in 95,5 % der Fälle im viel kleineren Intervall

$$\left[\,\overline{x} - 2\tfrac{\sigma}{\sqrt{n}}\,;\,\overline{x} + 2\tfrac{\sigma}{\sqrt{n}}\,\right]$$

Man spricht von einem *Konfidenzintervall* oder *Vertrauensbereich* mit einem *Konfidenzniveau* von 95,5 %, kurz von einem 95,5 % – Konfidenzintervall (mit (Treff-) *Sicherheit* 95,5 %)!

Der Standardfehler   Die Theorie besagt außerdem, dass wir für genügend große Werte von n ($n > 500$) den zumeist ebenfalls unbekannten Wert σ durch die empirische Standardabweichung s der Stichprobe ersetzen dürfen. Man bezeichnet $\frac{s}{\sqrt{n}}$ auch als 'Standardfehler':

95,5 % Konfidenzintervall: $\left[\,\overline{x} - 2\tfrac{s}{\sqrt{n}}\,;\,\overline{x} + 2\tfrac{s}{\sqrt{n}}\,\right]$ $(c = 2)$

Sie führen also eine Stichprobe durch, für die Sie zunächst den empirischen Mittelwert $\overline{x}$ und den Standardfehler $\frac{s}{\sqrt{n}}$ bestimmen. Hiermit erhalten Sie anschließend das zugehörige Konfidenzintervall! Würden Sie nun weitere Stichproben durchführen, erhielten Sie natürlich auch weitere Intervalle! Sie dürften dann nur erwarten, dass 95,5 % der (Ergebnis-) Intervalle den unbekannten Wert μ enthalten, 4,5 % aber nicht. Was jedoch für welches Intervall gilt, wissen Sie nicht! Auf keinen Fall dürfen Sie sich ein passendes Intervall aussuchen.

Führe mich nicht in Versuchung   Sie dürfen auch nicht *nachträglich* das vorgegebene Konfidenzniveau bzw. Konfidenzintervall abändern, damit es einen gewünschten Wert enthält oder auch nicht enthält. So funktioniert die hier benutzte Wahrscheinlichkeitsrechnung *nicht*!

Ein Würfelspiel dürfen Sie auch nicht so abändern, bis Ihnen das Ergebnis passt. Die Spielregeln sind zu Beginn festgelegt, unabhängig vom Spielverlauf! Das heißt also: Vor Beginn der Messreihe legen Sie das Konfidenzniveau γ und den zugehörigen Wert c fest. War Ihnen das Ergebnis zu ungenau, dürfen Sie aber den vorigen Stichprobenumfang n für eine neue Messreihe vergrößern.

Andere c–Werte Bisher benutzten wir nur Konfidenzintervalle

$$\left[\,\overline{x} - c \cdot \frac{s}{\sqrt{n}} \;;\; \overline{x} + c \cdot \frac{s}{\sqrt{n}}\,\right]$$

mit den Werten $c = 1, 2, 3$ und zugehörigen Konfidenzniveaus $\gamma = 68{,}3\,\%$, $95{,}5\,\%$, $99{,}7\,\%$, (vgl. Seite 145). Natürlich gibt es jeden gewünschten Zwischenwert. Zum Beispiel:

80 % Konfidenzintervall: $\quad [\,\overline{x} - 1{,}282\frac{s}{\sqrt{n}} \;;\; \overline{x} + 1{,}282\frac{s}{\sqrt{n}}\,]$ $\hfill (c = 1{,}282)$

99 % Konfidenzintervall: $\quad [\,\overline{x} - 2{,}576\frac{s}{\sqrt{n}} \;;\; \overline{x} + 2{,}576\frac{s}{\sqrt{n}}\,]$ $\hfill (c = 2{,}576)$

Merke *Je höher das gewünschte Konfidenzniveau γ, um so größer das zugehörige Intervall, um so ungenauer also die Schätzung für μ!*

Irrtumswahrscheinlichkeit Anstelle von γ wird in der Praxis oft $\alpha = 1 - \gamma$ angegeben. Zum Beispiel beträgt im Falle von $\gamma = 80\,\%$ diese *Irrtumswahrscheinlichkeit* $\alpha = 20\,\%$. Man merke sich einfach: $\gamma + \alpha = 1\ (= 100\,\%)$ $\qquad$ (bzw. $\gamma = 1 - \alpha$ bzw. $\alpha = 1 - \gamma$).

γ (in %)	50	80	90	95	98	99	99,8	99,9	99,99
α (in %)	50	20	10	5	2	1	0,2	0,1	0,01
$c:$	0,675	1,282	1,645	1,960	2,326	2,576	3,090	3,291	3,891

Beispiel 24 Bei einer Tablettenproduktion muss das Gewicht der Tabletten bzw. die Menge des zugeführten Granulats neu justiert werden! Sie sollen für das durchschnittliche Gewicht μ ein 99,99 %–Konfidenzintervall bestimmen. Als akzeptabel gelte hier ein Wert μ zwischen 399,5 mg und 400,5 mg.

Ihre Stichprobe von $n = 625$ Tabletten ergibt einen empirischen Mittelwert $\overline{x} = 400{,}12$ mg sowie eine empirische Standardabweichung von $s = 1{,}35$ mg. Akzeptieren Sie nach diesem Ergebnis die neue Einstellung der Maschine?

Wir erhalten für μ beim vorgegebenen Konfidenzniveau $\gamma = 99{,}99\,\%$ ein Konfidenzintervall $[\,\overline{x} - c \cdot \frac{s}{\sqrt{n}} \;;\; \overline{x} + c \cdot \frac{s}{\sqrt{n}}\,]$ mit $c = 3{,}891$ Zusammen mit $n = 625$ ergibt das:

$$\left[\,400{,}12\ \text{mg} - 3{,}891 \cdot \frac{1{,}35\ \text{mg}}{\sqrt{625}} \;;\; 400{,}12\ \text{mg} + 3{,}891 \cdot \frac{1{,}35\ \text{mg}}{\sqrt{625}}\,\right] =$$

$$[\,400{,}12\ \text{mg} - 0{,}21\ \text{mg}\,;\, 400{,}12\ \text{mg} + 0{,}21\ \text{mg}\,] = [\,399{,}91\ \text{mg}\,;\, 400{,}33\ \text{mg}\,]$$

Die Einstellung der Maschine kann akzeptiert werden! $\hfill \Diamond$

Kleine Stichproben

Freiheitsgrade Nur für große n lässt sich σ durch s und die Dichtefunktion von $\overline{x}$ durch eine Gaußsche Glockenkurve ersetzen. Für kleine n wird die Dichtekurve flacher, was für die gewünschte Konfidenz den erforderlichen Wert c etwas vergrößert!

Diese Korrektur hängt insbesondere vom Wert n ab. Zum Ablesen benutzt man in den Tabellen aber den Wert $n - 1$. Dieser wird auch 'Anzahl der Freiheitsgrade (FG)' genannt.[*] Das Ergebnis dieser Korrektur zeigt die folgende Tabelle:

---

[*]Als theoretische Erläuterung soll genügen: Bei der Wahl der Differenzen $x_k - \overline{x}$, $(k = 1, 2, \ldots, n)$ zur Bestimmung von s sind nur $n - 1$ der Stichprobenwerte 'frei' wählbar. Die letzte Differenz ist festgelegt, da die Summe aller Differenzen bekanntlich Null ergeben muss.

Studentsche t-Verteilung (zweiseitig):

γ (in %)	50	80	90	95	98	99	99,8	99,9	99,99	Freiheits-
α (in %)	50	20	10	5	2	1	0,2	0,1	0,01	grade:
$c:$	0,675	1,282	1,645	1,960	2,326	2,576	3,090	3,291	3,891	∞
	0,675	1,283	1,648	1,965	2,334	2,586	3,107	3,310	3,922	500
	0,676	1,286	1,653	1,972	2,345	2,601	3,131	3,340	3,940	200
	0,677	1,289	1,1,658	1,980	2,358	2,617	3,160	3,373	4,025	120
	0,677	1,290	1,660	1,984	2,364	2,626	3,174	3,390	4,053	100
	0,677	1,291	1,662	1,987	2,368	2,632	3,183	3,402	4,072	90
	0,678	1,292	1,664	1,990	2,374	2,639	3,195	3,416	4,096	80
	0,678	1,294	1,667	1,994	2,381	2,648	3,211	3,435	4,127	70
	0,679	1,296	1,671	2,000	2,390	2,660	3,232	3,460	4,169	60
	0,679	1,297	1,673	2,004	2,396	2,668	3,245	3,476	4,196	55
	0,679	1,299	1,676	2,009	2,403	2,678	3,261	3,496	4,228	50
	0,680	1,301	1,679	2,014	2,412	2,690	3,281	3,520	4,269	45
	0,680	1,302	1,682	2,018	2,418	2,698	3,296	3,538	4,298	42
	0,681	1,303	1,684	2,021	2,423	2,704	3,307	3,551	4,321	40
	0,681	1,304	1,686	2,024	2,429	2,712	3,319	3,566	4,346	38
	0,681	1,306	1,688	2,028	2,434	2,719	3,333	3,582	4,374	36
	0,682	1,307	1,691	2,032	2,441	2,728	3,348	3,601	4,405	34
	0,682	1,309	1,694	2,037	2,449	2,738	3,365	3,622	4,441	32
	0,683	1,310	1,697	2,042	2,457	2,750	3,385	3,646	4,482	30
	0,683	1,311	1,699	2,045	2,462	2,756	3,396	3,659	4,506	29
	0,683	1,313	1,701	2,048	2,467	2,763	3,408	3,674	4,530	28
	0,684	1,314	1,703	2,052	2,473	2,771	3,421	3,690	4,558	27
	0,684	1,315	1,706	2,056	2,479	2,779	3,435	3,707	4,587	26
	0,684	1.316	1,708	2,060	2,485	2,787	3,450	3,725	4,619	25
	0,685	1,318	1,711	2,064	2,492	2,797	3,467	3,745	4,654	24
	0,685	1,319	1,714	2,069	2,500	2,807	3,485	3,767	4,693	23
	0,686	1,321	1,717	2,074	2,508	2,819	3,505	3,792	4,736	22
	0,686	1,323	1,721	2,080	2,518	2,831	3,527	3,819	4,784	21
	0,687	1,325	1,725	2,086	2,528	2,845	3,552	3,850	4,837	20
	0,688	1,328	1,729	2,093	2,539	2,861	3,579	3,883	4,897	19
	0,688	1,330	1,734	2,101	2,552	2,878	3,610	3,922	4,966	18
	0,689	1,333	1,740	2,110	2,567	2,898	3,646	3,965	5,044	17
	0,690	1,337	1,746	2,120	2,583	2,921	3,686	4,015	5,134	16
	0,691	1,341	1,753	2,131	2,602	2,947	3,733	4,073	5,239	15
	0,692	1,345	1,761	2,145	2,624	2,977	3,787	4,140	5,363	14
	0,694	1,350	1,771	2,160	2,650	3,012	3,852	4,221	5,513	13
	0,695	1,356	1,782	2,179	2,681	3,055	3,930	4,318	5,694	12
	0,697	1,363	1,796	2,201	2,718	3,106	4,025	4,437	5,921	11
	0,700	1,372	1,812	2,228	2,764	3,169	4,144	4,587	6,211	10
	0,703	1,383	1,833	2,262	2,821	3,250	4,297	4,781	6,594	9
	0,706	1,397	1,860	2,306	2,896	3,355	4,501	5,041	7,120	8
	0,711	1,415	1,895	2,365	2,998	3,499	4,785	5,408	7,885	7
	0,718	1,440	1,943	2,447	3,143	3,707	5,208	5,959	9,082	6
	0,727	1,476	2,015	2,571	3,365	4,032	5,893	6,869	11,178	5
	0,741	1,533	2,132	2,776	3,747	4,604	7,173	8,610	15,544	4

Beispiel 25 Angenommen, die vorige Stichprobe der Tablettenproduktion hätte nur einen Umfang von $n = 14$ Messwerten. Zum Ablesen von c müssen Sie also in die Zeile mit $n - 1 = 13$ Freiheitsgraden. Das ergibt im Falle von $\gamma = 99{,}99\,\%$ anstelle von 3,891 nun den Wert $c = 5{,}513$:

$$\left[400{,}12 \text{ mg} - 5{,}513 \cdot \frac{1{,}35 \text{ mg}}{\sqrt{14}} \; ; \; 400{,}12 \text{ mg} + 5{,}513 \cdot \frac{1{,}35 \text{ mg}}{\sqrt{14}} \right] =$$

$$[\, 400{,}12 \text{ mg} - 1{,}99 \text{ mg} \, ; \, 400{,}12 \text{ mg} + 1{,}99 \text{ mg} \,] = [\, 398{,}13 \text{ mg} \, ; \, 402{,}11 \text{ mg} \,]$$

Für einen kurzen Eindruck über die Tablettengröße würde das genügen! Zur Überprüfung von $\mu = 400 \pm 0{,}5$ mg ist dieses Schätzintervall aber viel zu groß. Das liegt nicht nur an dem größeren Wert von c, sondern auch an dem viel kleineren Wert $\sqrt{14}$ im Nenner. Das vergrößert zusätzlich den Quotienten. $\diamond$

Die erste Zeile der vorigen Tabelle für c mit FG $n = \infty$ kennen Sie bereits von Seite 149. Gemäß der vorigen Tabelle lässt sich für $n = 625$ Stichprobenwerte von Beispiel 24 sagen: Der Wert c liegt liegt genauer zwischen 3,922 ($n = 500$) und 3,891 ($n = \infty$). Da nun $n - 1 = 624$ Freiheitsgrade in der Tabelle nicht auftauchen, müsste man eigentlich den ungünstigeren aber sicheren Wert für $n = 500$, also $c = 3{,}922$ wählen! Der Unterschied für das resultierende Ergebnis ist so gering, dass sich an der getroffenen Entscheidung nichts mehr ändert.

Fehlt ein Freiheitsgrad wie etwa 44 in der Tabelle, kann man zwischen 42 und 45 interpolieren oder sicherheitshalber den nächstliegenden ungünstigeren aber sicheren Wert 42 wählen.

Falls nicht normalverteilt?

Sind eigentlich Intervallschätzungen für nicht normalverteilte Größen möglich? Tatsächlich verwendet man in der Praxis die soeben erläuterte Intervallschätzung auch in diesem Falle. Der *zentrale Grenzwertsatz* besagt nämlich, dass ein Stichprobenmittel annähernd normalverteilt ist, falls der Stichprobenumfang n nur genügend groß ist. In der Praxis beginnt das bereits mit Werten ab $n \geq 30$.

Beispiel 26 Ein Verkehrsexperte misst die Reaktionszeit von 103 zufällig ausgewählten Probanden. Als Mittelwert erhält er $\overline{x} = 0{,}85$ Sekunden und eine empirische Standardabweichung $s = 0{,}19$ Sekunden. Gesucht sei in diesem Falle ein $99\,\%$–Konfidenzintervall für die durchschnittliche Reaktionszeit μ.

Die Reaktionszeiten sind natürlich nie negativ, aber zumindest angenähert normalverteilt. Man bestimmt daher das $99\,\%$–Konfidenzintervall in gewohnter Weise:

$$\left[\overline{x} - c \cdot \frac{s}{\sqrt{n}} \; ; \; \overline{x} + c \cdot \frac{s}{\sqrt{n}} \right] = \qquad \text{(anstelle 102 wählen wir in der Tabelle 100 FG:)}$$

$$\left[0{,}85 \text{ sec} - 2{,}626 \cdot \frac{0{,}19 \text{ sec}}{\sqrt{103}} \; ; \; 0{,}85 \text{ sec} + 2{,}626 \cdot \frac{0{,}19 \text{ sec}}{\sqrt{103}} \right] =$$

$$[\, 0{,}85 \text{ sec} - 0{,}05 \text{ sec} \, ; \, 0{,}85 \text{ sec} + 0{,}05 \text{ sec} \,] = [\, 0{,}80 \text{ sec} \, ; \, 0{,}90 \text{ sec} \,].$$

Die Reaktionszeit liegt mit einer Sicherheit von $99\,\%$ zwischen 0,80 und 0,90 Sekunden. $\diamond$

Schätzen eines Anteils oder einer Wahrscheinlichkeit p

Angenommen Sie würfeln n-mal und bezeichnen mit x die Anzahl der erzielten 'Sechsen'. Als Ergebnis dieser 'Stichprobe' errechnen Sie den Wert $\frac{x}{n}$. Bei einem ganz symmetrischen Würfel werden nun diese Ergebnisse um den Wert $p = \frac{1}{6} = 0{,}166\ldots \approx 16{,}7\,\%$ herum streuen.

Nach dem Grenzwertsatz von Moivre–Laplace (ein Spezialfall des zentralen Grenzwertsatzes) lässt sich die hier vorliegende Binomialverteilung von x für genügend große n durch eine Gaußsche Normalverteilung ersetzen.

Anstelle zu würfeln könnten Sie z. B. in einem passenden Behälter 12 000 Kugeln verteilen, darunter 2000 rote. Sie ziehen n mal zufällig eine Kugel. Der Wert von $\frac{x}{n}$ wird wieder um $p = \frac{1}{6}$ streuen. In diesem Fall bedeutet p den zumeist unbekannten Anteil der roten Kugeln. In der Praxis kann das zum Beispiel der Anteil der kranken Tiere einer großen Herde sein.

Anstelle von 'das Ergebnis des Experiments ist eine Sechs, oder eine rote Kugel' sagen wir allgemein 'das Ereignis A ist eingetreten', und p bezeichne die unbekannte Wahrscheinlichkeit für das Eintreffen von A. Wird ein solches Experiment *genügend oft* durchgeführt ($n > 500$), so gilt entsprechend der

Satz *Das Konfidenzniveau γ sei vorgegeben. Tritt nun bei n-maliger Durchführung (n > 500) eines Experiments das Ereignis A genau x – mal ein, so ist das Intervall*

$$\left[\frac{x}{n} - c \cdot \frac{s}{\sqrt{n}}\; ; \; \frac{x}{n} + c \cdot \frac{s}{\sqrt{n}}\right] \quad \text{mit} \quad s = \sqrt{\frac{x}{n} \cdot \left(1 - \frac{x}{n}\right)}$$

ein Konfidenzintervall für p zum Konfidenzniveau γ. Den betreffenden Wert c erhält man aus der Tabelle auf Seite 149 (bzw. auf Seite 150 für 'n = ∞').

Beispiel 27 Eine 'Münze' wurde 87 827 mal geworfen, das Ereignis 'W' trat 42 632 mal auf! Gesucht ist ein 99 %–Konfidenzintervall für p(W).

$$\frac{x}{n} = \frac{42\,632}{87\,827} = 0{,}485\,; \quad s = \sqrt{0{,}485 \cdot (1 - 0{,}48)} = 0{,}500 :$$

$$\frac{x}{n} - c \cdot \frac{s}{\sqrt{n}} = 0{,}485 - 2{,}576 \cdot \frac{0{,}500}{\sqrt{87\,827}} = 0{,}4806\ldots = 48{,}0\,\% \text{ (abgerundet)}$$

$$\frac{x}{n} + c \cdot \frac{s}{\sqrt{n}} = 0{,}485 + 2{,}576 \cdot \frac{0{,}500}{\sqrt{87\,827}} = 0{,}4893\ldots = 49{,}0\,\% \text{ (aufgerundet)}$$

Ergebnis: $[0{,}480\,;0{,}490]$ ist ein 99 %–Konfidenzintervall für p. $\diamond$

Bei diesem 'Experiment' handelte es sich in Wirklichkeit um die 'Geburt eines Kindes' mit dem Ereignis 'W: es ist ein Mädchen'! Diese 'Münze' ist offensichtlich nicht symmetrisch!

(Die Annahme, dass etwas mehr Schwangerschaften mit Jungen entstehen als mit Mädchen, hat sich als falsch herausgestellt. Vielmehr sterben im Verlauf der Schwangerschaft insgesamt etwas mehr Mädchen als Jungen.)

Kleine Werte von n

Für *kleine* Werte von n muss das Konfidenzintervall anders als bisher korrigiert werden! Generell sollte außerdem für den Stichprobenwert $\frac{x}{n}$ folgende Voraussetzung erfüllt sein (ansonsten muss n erhöht werden):

$$\frac{x}{n} \cdot \left(1 - \frac{x}{n}\right) \cdot n \; > \; 9 \, .$$

Für das Schätzen eines Anteils oder einer Wahrscheinlichkeit p gilt dann für jeden Wert n, sofern er nur die obige Voraussetzung erfüllt:

Satz *Das Konfidenzniveau γ sei vorgegeben. Tritt nun bei n-maliger Durchführung eines Experiments das Ereignis A genau x – mal ein, so ist das Intervall $[a\,;b]$ mit*

$$a = \frac{1}{n+c^2} \cdot \left(x + \frac{c^2}{2} - c \cdot \sqrt{\frac{x \cdot (n-x)}{n} + \frac{c^2}{4}} \, \right)$$

$$b = \frac{1}{n+c^2} \cdot \left(x + \frac{c^2}{2} + c \cdot \sqrt{\frac{x \cdot (n-x)}{n} + \frac{c^2}{4}} \, \right)$$

ein Konfidenzintervall für p zum Konfidenzniveau γ. Den betreffenden Wert c erhält man aus der Tabelle auf Seite 149 (bzw. auf Seite 150 für '$n = \infty$').

Für große Werte von n vereinfachen sich die Ergebnisse für die Intervallgrenzen wieder so, wie auf der vorigen Seite angegeben!

Beispiel 28 Ein unbekannter Anteil p einer grossen Rinderherde ist erkrankt. Sie wollen deshalb ein 80 %–Konfidenzintervall für den Anteil p der infizierten Tiere bestimmen und untersuchen 96 zufällig ausgewählte Tiere. Davon erwiesen sich 12 als infiziert ($\frac{12}{96} = 12{,}5\,\%$).

Die zuvor genannte Voraussetzung $\frac{x}{n} \cdot (1 - \frac{x}{n}) \cdot n = \frac{12}{96} \cdot (1 - \frac{12}{96}) \cdot 96 = 10{,}5 > 9$ ist erfüllt. Wir dürfen also den oben zitierten Satz anwenden:

Für $\gamma = 80\,\%$ liefert die Tabelle auf Seite 149 den hierfür entsprechenden Wert $c = 1{,}282$. Das ergibt folgende Intervallgrenzen:

$$a = \frac{1}{96 + 1{,}282^2} \cdot \left(12 + \frac{1{,}282^2}{2} - 1{,}282 \cdot \sqrt{\frac{12 \cdot (96-12)}{96} + \frac{1{,}282^2}{4}} \, \right)$$

$$= \frac{1}{97{,}64} \cdot \left(12{,}82 - 1{,}282 \cdot \sqrt{10{,}5 + 0{,}41} \, \right) = \frac{8{,}59}{97{,}64} = 0{,}088 = 8{,}8\,\%$$

$$b = \frac{1}{96 + 1{,}282^2} \cdot \left(12 + \frac{1{,}282^2}{2} + 1{,}282 \cdot \sqrt{\frac{12 \cdot (96-12)}{96} + \frac{1{,}282^2}{4}} \, \right)$$

$$= \frac{1}{97{,}64} \cdot \left(12{,}82 + 1{,}282 \cdot \sqrt{10{,}5 + 0{,}41} \, \right) = \frac{17{,}05}{97{,}64} = 0{,}175 = 17{,}5\,\%$$

Das Ergebnis lautet in diesem Fall:
Mit einer Sicherheit von 80 % liegt der Anteil der infizierten Tiere zwischen 8,8 % und 17,5 %.

$$\diamond$$

Schätzen von σ einer $N(\mu, \sigma)$-Verteilung

Die empirische Standardabweichung $s > 0$ einer Stichprobe mit n Werten $x_1, x_2, \ldots, x_n$ ist zwar als Schätzwert für den Wert $\sigma > 0$ eines normalverteilten Merkmals X geeignet, doch ansonsten läuft vieles anders! Zum Beispiel sind wegen der fehlenden Symmetrie der zugehörigen Dichtefunktionen ein oberer c–Wert $c_o > 0$ und ein unterer $c_u > 0$ anhand der zugehörigen Tabellen zu bestimmen!

Satz *Die Anzahl der Freiheitsgrade bei n Stichprobenwerten $x_1, x_2, \ldots, x_n$ beträgt $n - 1$. Für das γ–Konfidenzintervall von σ folgt dann mit den entsprechenden Werten für c_o und c_u der Tabellen auf den Seiten 155 und 156:*

$$\sigma \in \left[\sqrt{\frac{n-1}{c_o}} \cdot s \; ; \; \sqrt{\frac{n-1}{c_u}} \cdot s \right]$$

Man beachte $c_o \geq c_u$: Die Division durch c_o liefert folglich den kleineren Wert. Die Tabelle für die χ^2–Verteilung („chi-Quadrat") wurde für diese Anwendung 'zweiseitig' angepasst (häufig ist die Tabelle 'einseitig')!

Beispiel 29 Sie möchten von einer neuen Pflanzenzüchtung ein $98\,\%$–Konfidenzintervall für das durchschnittliche Samengewicht μ und für die Standardabweichung σ angeben! Zur Verfügung stehen nur 26 reife Samenkörner: Mittleres Gewicht $\overline{x} = 84{,}2$ mg, $s = 5{,}4$ mg.

Für $\gamma = 0{,}98$ und $26 - 1 = 25$ Freiheitsgrade liefert die Seite 150 den Wert $c = 2{,}485$. Hiermit folgt:

$$\mu \in \left[84{,}2\,\text{mg} - 2{,}485 \cdot \frac{5{,}4\,\text{mg}}{\sqrt{26}} \; ; \; 84{,}2\,\text{mg} + 2{,}485 \cdot \frac{5{,}4\,\text{mg}}{\sqrt{26}} \right] = [\, 81{,}5\,\text{mg} \; ; \; 86{,}9\,\text{mg} \,].$$

Für $\gamma = 0{,}98$ und $26 - 1 = 25$ Freiheitsgrade liefert die Seite 155: $c_o = 44{,}31$, $c_u = 11{,}52$.

$$\sqrt{\frac{n-1}{c_o}} \cdot s = \sqrt{\frac{25}{44{,}31}} \cdot 5{,}4\,\text{mg} = \sqrt{0{,}5642} \cdot 5{,}4\,\text{mg} = 0{,}751 \cdot 5{,}4\,\text{mg} = 4{,}06\,\text{mg}$$

$$\sqrt{\frac{n-1}{c_u}} \cdot s = \sqrt{\frac{25}{11{,}52}} \cdot 5{,}4\,\text{mg} = \sqrt{2{,}1701} \cdot 5{,}4\,\text{mg} = 1{,}473 \cdot 5{,}4\,\text{mg} = 7{,}95\,\text{mg}$$

Ergebnis: Mit einer Sicherheit von $98\,\%$ gilt $\mu \in [\, 81{,}5\,\text{mg} \; ; \; 86{,}9\,\text{mg} \,]$, $\sigma \in [\, 4{,}06\,\text{mg} \; ; \; 7{,}95\,\text{mg} \,]$.

$$\diamondsuit$$

Anmerkungen Fehlt ein Freiheitsgrad in der Tabelle, kann man entweder interpolieren oder die gesuchten Werte sicherheitshalber beim nächstkleineren Freiheitsgrad bestimmen.

Überprüfen Sie auch anhand der Tabellenwerte auf Seite 155/156 (bei fest gewähltem γ):

Es gilt $\sqrt{\dfrac{n-1}{c_o}} < 1$, und die Folge der Werte konvergiert streng monoton wachsend gegen 1.

Analog $\sqrt{\dfrac{n-1}{c_u}} > 1$, und diese Zahlenfolge strebt für $n \to \infty$ streng monoton fallend gegen 1.

Dies bestätigt die gängige Praxis, bei Stichproben vom Umfang $n > 500$ $\sigma \approx s$ zu setzen.

χ^2-Verteilung (zweiseitig):

γ (in %)	80	90	98	99,8	Freiheits-
α (in %)	20	10	2	0,2	grade:
$c_o \mid c_u$:	7,78 | 1,064	9,49 | 0,711	13,28 | 0,297	18,47 | 0,091	4
	9,24 | 1,610	11,07 | 1,145	15,09 | 0,554	20,52 | 0,210	5
	10,64 | 2,204	12,59 | 1,635	16,81 | 0,872	22,46 | 0,381	6
	12,02 | 2,833	14,07 | 2,167	18,48 | 1,239	24,32 | 0,598	7
	13,36 | 3,490	15,51 | 2,733	20,09 | 1,646	26,12 | 0,857	8
	14,68 | 4,168	16,92 | 3,325	21,67 | 2,088	27,88 | 1,152	9
	15.99 | 4.865	18,31 | 3,940	23,21 | 2,558	29,59 | 1,479	10
	17.28 | 5,578	19,68 | 4,575	24,72 | 3,053	31,26 | 1,834	11
	18.55 | 6,304	21,03 | 5,226	26,22 | 3,571	32,91 | 2,214	12
	19,81 | 7,042	22,36 | 5,892	27,69 | 4,107	34,53 | 2,617	13
	21,06 | 7,790	23,68 | 6,571	29,14 | 4,660	36,12 | 3,041	14
	22,31 | 8,547	25,00 | 7,261	30,58 | 5,229	37,70 | 3,483	15
	23,54 | 9,312	26,30 | 7.962	32,00 | 5,812	39,25 | 3,942	16
	24,77 | 10,085	27,59 | 8.672	33,41 | 6,408	40,79 | 4,416	17
	25,99 | 10,865	28,87 | 9,390	34,81 | 7,015	42,31 | 4,905	18
	27,20 | 11,651	30,14 | 10,117	36,19 | 7,633	43,82 | 5,407	19
	28,41 | 12,443	31,41 | 10,851	37,57 | 8,260	45,31 | 5,921	20
	29,62 | 13,240	32,67 | 11,591	38,93 | 8,897	46,80 | 6,447	21
	30,81 | 14,041	33,92 | 12,338	40,29 | 9,542	48,27 | 6,983	22
	32,01 | 14,848	35,17 | 13,091	41,64 | 10,196	49,73 | 7,529	23
	33,20 | 15,659	36,42 | 13,848	42,98 | 10,856	51,18 | 8,085	24
	34,38 | 16,473	37,65 | 14,611	44,31 | 11,524	52,62 | 8,649	25
	35,56 | 17,292	38,89 | 15,379	45,64 | 12,198	54,05 | 9,222	26
	36,74 | 18,114	40,11 | 16,151	46,96 | 12,879	55,48 | 9,803	27
	37,92 | 18,939	41,34 | 16,928	48,28 | 13,565	56,89 | 10,391	28
	39,09 | 19,768	42,56 | 17,708	49,59 | 14,256	58,30 | 10,986	29
	40,26 | 20,599	43,77 | 18,493	50,89 | 14,953	59,70 | 11,588	30
	42,58 | 22,271	46,19 | 20,072	53,49 | 16,362	62,49 | 12,811	32
	44,90 | 23,952	48,60 | 21,664	56,06 | 17,789	65,25 | 14,057	34
	47,21 | 25,643	51,00 | 23,269	58,62 | 19,233	67,99 | 15,324	36
	49,51 | 27,343	53,38 | 24,884	61,16 | 20,691	70,70 | 16,611	38
	51,81 | 29,051	55,76 | 26,509	63,69 | 22,164	73,40 | 17,916	40
	54,09 | 30,765	58,12 | 28,144	66,21 | 23,650	76,08 | 19,239	42
	57,51 | 33,350	61,66 | 30,612	69,96 | 25,901	80,08 | 21,251	45
	63,17 | 37,689	67,50 | 34,764	76,15 | 29,707	86,66 | 24,674	50
	68,80 | 42,06	73,31 | 38,96	82,29 | 33,57	93,17 | 28,18	55
	74,40 | 46,46	79,08 | 43,19	88,38 | 37,48	99,61 | 31,74	60
	85,53 | 55,33	90,53 | 51,74	100,43 | 45,44	112,32 | 39,04	70
	96,58 | 64,28	101,88 | 60,39	112,33 | 53,54	124,84 | 46,52	80
	107,57 | 73,29	113,15 | 69,13	124,12 | 61,75	137,21 | 54,16	90
	118,50 | 82,36	124,34 | 77,93	135,81 | 70,06	149,45 | 61,92	100
	140,23 | 100,62	146,57 | 95,70	158,95 | 86,92	173,62 | 77,76	120
	172,58 | 128,28	179,58 | 122,69	193,21 | 112,67	209,26 | 102,11	150
	226,02 | 174,84	233,99 | 168,28	249,45 | 156,43	267,54 | 143,84	200
	279,05 | 221,81	287,88 | 214,39	304,94 | 200,94	324,83 | 186,55	250

χ^2–Verteilung (zweiseitig):

γ (in %) α (in %)	95 5	99 1	99,9 0,1	Freiheits- grade:
$c_o \mid c_u$:	11,14 | 0,484	14,86 | 0,207	20,00 | 0,064	4
	12,83 | 0,831	16,75 | 0,412	22,11 | 0,158	5
	14,45 | 1,237	18,55 | 0,676	24,10 | 0,299	6
	16,01 | 1,690	20,28 | 0,989	26,02 | 0,485	7
	17,53 | 2,180	21,95 | 1,344	27,87 | 0,710	8
	19,02 | 2,700	23,59 | 1,735	29,67 | 0,972	9
	20,48 | 3,247	25,19 | 2,156	31,42 | 1,265	10
	21,92 | 3,816	26,76 | 2,603	33,14 | 1,587	11
	23,34 | 4,404	28,30 | 3,074	34,82 | 1,934	12
	24,74 | 5,009	29,82 | 3,565	36,48 | 2,305	13
	26,12 | 5,629	31,32 | 4,075	38,11 | 2,697	14
	27,49 | 6,262	32,80 | 4,601	39,72 | 3,108	15
	28,85 | 6,908	34,27 | 5,142	41,31 | 3,536	16
	30,19 | 7,564	35,72 | 5,697	42,88 | 3,980	17
	31,53 | 8,231	37,16 | 6,265	44,43 | 4,439	18
	32,85 | 8,907	38,58 | 6,844	45,97 | 4,912	19
	34,17 | 9,591	40,00 | 7,434	47,50 | 5,398	20
	35,48 | 10,283	41,40 | 8,034	49,01 | 5,896	21
	36,78 | 10,982	42,80 | 8,643	50,51 | 6,404	22
	38,08 | 11,689	44,18 | 9,260	52,00 | 6,924	23
	39,36 | 12,401	45,56 | 9,886	53,48 | 7,453	24
	40,65 | 13,120	46,93 | 10,520	54,95 | 7,991	25
	41,92 | 13,844	48,29 | 11,160	56,41 | 8,538	26
	43,19 | 14,573	49,64 | 11,808	57,86 | 9,093	27
	44,46 | 15,308	50,99 | 12,461	59,30 | 9,656	28
	45,72 | 16,047	52,34 | 13,121	60,73 | 10,227	29
	46,98 | 16,791	53,67 | 13,787	62,16 | 10,804	30
	49,48 | 18,291	56,33 | 15,134	65,00 | 11,979	32
	51,97 | 19,806	58,96 | 16,501	67,80 | 13,179	34
	54,44 | 21,336	61,58 | 17,887	70,59 | 14,401	36
	56,90 | 22,878	64,18 | 19,289	73,35 | 15,644	38
	59,34 | 24,433	66,77 | 20,707	76,09 | 16,906	40
	61,78 | 25,999	69,34 | 22,138	78,82 | 18,186	42
	65,41 | 28,366	73,17 | 24,311	82,88 | 20,137	45
	71,42 | 32,357	79,49 | 27,991	89,56 | 23,461	50
	77,38 | 36,40	85,75 | 31,74	96,16 | 26,87	55
	83,30 | 40,48	91,95 | 35,53	102,69 | 30,34	60
	95,02 | 48,76	104,21 | 43,28	115,58 | 37,47	70
	106,63 | 57,15	116,32 | 51,17	128,26 | 44,79	80
	118,14 | 65,65	128,30 | 59,20	140,78 | 52,28	90
	129,56 | 74,22	140,17 | 67,33	153,17 | 59,90	100
	152,21 | 91,57	163,65 | 83,85	177,60 | 75,47	120
	185,80 | 117,98	198,36 | 109,14	213,61 | 99,46	150
	241,06 | 162,73	255,26 | 152,24	272,42 | 140,66	200
	295,69 | 208,10	311,35 | 196,16	330,18 | 182,90	250

Einseitige Tabellen

Die Tabellen der χ^2-Verteilung sind in der Praxis meistens 'einseitig'! Um diese zu nutzen, benötigen Sie noch eine zusätzliche kurze Rechnung!

Wir erklären den Unterschied am konkreten *Zahlenbeispiel* $\gamma = 95\,\%$. Die gesuchten c–Werte finden Sie in den üblichen Tabellen nicht paarweise, sondern *einzeln* für 0,975 und 0,025!

Erklärung: Gesucht sind auch hier wieder Grenzen für die 'normierte Variable' $\dfrac{(n-1)\cdot s^2}{\sigma^2}$, so dass 95\,% der Werte zwischen c_u und c_o liegen:

$$c_u \leq \frac{(n-1)\cdot s^2}{\sigma^2} \leq c_o$$

Beachten Sie bei einseitigen Tabellen und diesem Zahlenbeispiel deshalb Folgendes:

Die Gesamtfläche unter der Dichtefunktion beträgt natürlich 1 bzw. 100\,%.
(Denken Sie sich in folgender Skizze für $x \geq 0$ eine konkrete Dichtefunktion gezeichnet):

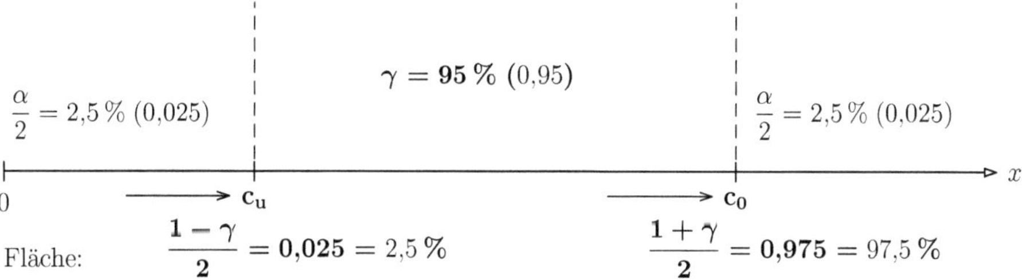

Nun schneidet man von diesen 100\,% am Anfang und am Ende der Fläche jeweils 2,5\,% ab:

Man bestimmt die Werte $c_u\,|\,c_o$ so, dass die Fläche von 0 bis c_o genau 0,975 beträgt, die Fläche von 0 bis c_u genau 0,025. Dann hat die Fläche zwischen c_u und c_o den gewünschten

Wert: $$0{,}975 - 0{,}025 = 0{,}950 = 95\,\%.$$

Sie finden also die gesuchten Grenzen zu $\gamma = 0{,}95$ für die Werte 0,975 und 0,025. Allgemein finden Sie c_o und c_u bei einseitigen Tabellen jeweils für $\dfrac{1+\gamma}{2}$ und $\dfrac{1-\gamma}{2}$.

Diese Überlegungen bleiben Ihnen mit den 'zweiseitigen' Tabellen dieses Buches erspart.

6.6 Beschreibung zweier Merkmale

Kontingenz- und Kreuztabellen

Beispiel 30 Durchschnittlich haben von 100 Personen in Deuschland folgende Blutgruppe, unter Berücksichtigung des Rhesusfaktors positiv beziehungsweise negativ:

0^+	0^-	A^+	A^-	B^+	B^-	AB^+	AB^-
35	6	37	6	9	2	4	1

(Summe 100)

Hier werden *zwei nominale* Merkmale unterschieden, die Blutgruppe und der Rhesusfaktor! Man spricht in diesem Fall von bivariater Datenbeschreibung. Die Übersichtlichkeit wird hierbei durch eine *Kontingenztabelle* enorm verbessert! Bezeichne wieder h die absolute, r die relative Häufigkeit. Die Daten sind offensichtlich in $2 \cdot 4 = 8$ 'Kontingente' unterteilt:

$h:$	0	A	B	AB
+	35	37	9	4
−	6	6	2	1

$r:$	0	A	B	AB
+	0,35	0,37	0,09	0,04
−	0,06	0,06	0,02	0,01

$\diamond$

Die hier auftretenden Fragen wurden bereits in 6.1, S. 123 – S. 126, ausführlich diskutiert:

Unabhängigkeit Zur weiteren Auswertung bilden wir sowohl die Zeilen– als auch die Spaltensummen am 'Rand' (sog. 'Marginal'werte). Da die absoluten Häufigkeiten h auf ganzzahlige Werte gerundet wurden. ist auch die letzte Ziffer der relativen Häufigkeiten r auf– bzw. abgerundet:

$h:$	0	A	B	AB	$\sum$
+	35	37	9	4	85
−	6	6	2	1	15
$\sum$	41	43	11	5	**100**

$r:$	0	A	B	AB	$\sum$
+	0,35	0,37	0,09	0,04	0,85
−	0,06	0,06	0,02	0,01	0,15
$\sum$	0,41	0,43	0,11	0,05	**1,00**

Wir lesen nun ab: Die Blutgruppe 0 ist mit 41% vertreten, A mit 43%, usw.

Insgesamt sind 85% Rh–positiv. In den einzelnen Blutgruppen könnte das unterschiedlich sein, in der einen wesentlich *weniger*, in der anderen dafür *mehr*. Der Anteil der Rh–positiven könnte also von der jeweiligen Blutgruppe abhängen! Dies ist aber nicht der Fall. In jeder einzelnen Blutgruppe sind 85% Rh–positiv (und dann natürlich auch je 15% Rh–negativ). Kurz gesagt: *Der Rhesusfaktor ist unabhängig von der jeweiligen Blutgruppe*:

$$
\begin{array}{llll}
0 & : & 85\% \text{ von } & 41\% = 0,41 \text{ ergibt: } & 0,85 \cdot 0,41 = 0,35 \ (35\%) \\
A & : & 85\% \text{ von } & 43\% = 0,43 \text{ ergibt: } & 0,85 \cdot 0,43 = 0,37 \ (37\%) \\
B & : & 85\% \text{ von } & 11\% = 0,11 \text{ ergibt: } & 0,85 \cdot 0,11 = 0,09 \ (\ 9\%) \\
AB & : & 85\% \text{ von } & 5\% = 0,05 \text{ ergibt: } & 0,85 \cdot 0,05 = 0,04 \ (\ 4\%)
\end{array}
$$

Beachten Sie, dass die Faktoren $0,85$ und $0,41$; $0,43$; $0,11$ usw. die Einträge am Rand sind. Die jeweiligen Produkte ergeben im vorliegenden Beispiel die Einträge im Inneren!

Unabhängigkeit ist gleichbedeutend mit der Gültigkeit der Produktregel: Die relative Häufigkeit im Inneren der Tabelle ist gleich dem Produkt der relativen Häufigkeiten am Rand.

Bei Stichproben (!) in der Bevölkerung werden natürlich stets kleine Abweichungen auftreten. Wie misst man, ob Abhängigkeit oder Unabhängigkeit zweier Merkmale vorliegen könnte?

Beispiel 31 Bei den Merkmalen 'Haarfarbe' und 'Augenfarbe' ergab eine Stichprobe:

	h:	blond	braun	schwarz	rot	$\sum$
A blau		43	11	0	7	61
u grün		5	22	1	0	28
g braun		1	5	27	3	36
e n $\sum$		49	38	28	10	**125=n**

(Spaltenüberschrift: F a r b e   d e r   H a a r e :)

Division von h durch $n=125$ liefert folgende relative Häufigkeit r für die Randwerte:

	r:	blond	braun	schwarz	rot	$\sum$
A blau						0,488
u grün						0,224
g braun						0,288
e n $\sum$		0,392	0,304	0,224	0,080	1

(Spaltenüberschrift: F a r b e   d e r   H a a r e :) $\diamond$

Bei Unabhängigkeit der beiden Merkmale 'Haarfarbe' und 'Augenfarbe' wären gemäß der *Produktregel* die relativen Häufigkeiten der folgenden Tabelle zu *erwarten*. Zum Beispiel: $0{,}392 \cdot 0{,}488 = 0{,}1913$ und $0{,}304 \cdot 0{,}488 = 0{,}1484$ usw. Insgesamt erhielten wir also:

	r:	blond	braun	schwarz	rot	$\sum$
A blau		0,1913	0,1484	0,1093	0,0390	
u grün		0,0878	0,0681	0,0502	0,0179	
g braun		0,1129	0,0876	0,0645	0,0230	
e n $\sum$						

(Spaltenüberschrift: F a r b e   d e r   H a a r e :)

Multiplikation mit der Gesamtzahl $n = 125$ ergäbe die zu 'erwartenden' absoluten Häufigkeiten:

		h_e:	blond	braun	schwarz	rot	$\sum$
(e_{ik}):	A blau		**23,91**	**18,55**	**13,66**	**4,88**	
	u grün		**10,98**	**8,51**	**6,28**	**2,24**	
	g braun		**14,11**	**10,95**	**8,06**	**2,88**	
	e n $\sum$						

(Spaltenüberschrift: F a r b e   d e r   H a a r e :)

Die Matrixnotation dürfte Ihnen bekannt sein! Hier gilt z. B. : $e_{11} = 23{,}91$; $e_{21} = 10{,}98$; etc. Wichtig ist nun der Unterschied zur Stichprobe, den 'beobachteten' absoluten Häufigkeiten:

		h_b:	blond	braun	schwarz	rot	$\sum$
(b_{ik}):	A blau		43	11	0	7	
	u grün		5	22	1	0	
	g braun		1	5	27	3	
	e n $\sum$						

(Spaltenüberschrift: F a r b e   d e r   H a a r e :)

Falls die Merkmale unabhängig sind, gilt die Produktregel. In diesem Falle werden dann die *beobachteten* Werte b_{ik} nur wenig von den zu *erwartenden* Werten e_{ik} abweichen. Umgekehrt werden im Falle einer Abhängigkeit aber auch größere Abweichungen auftreten:

Der Kontingenzkoeffizient Als Maß für die Abweichung wählt man eine Quadratsumme, die an die Gaußsche Regression erinnert. Zunächst bestimmt man nämlich folgende Summe:

$$\chi^2 = \sum_{i,k} \frac{(b_{ik} - e_{ik})^2}{e_{ik}}$$

Zu summieren ist über alle möglichen Kombinationen der Indizes bzw. alle Matrixelemente. In diesem Beispiel sind es $3 \cdot 4 = 12$. Für die praktische Berechnung wird dieser Ausdruck meistens noch umgeformt. Die folgende kleine Rechnung sei als praktische Übung empfohlen:

$$\chi^2 = \sum_{i,k} \frac{(b_{ik} - e_{ik})^2}{e_{ik}} = \sum_{i,k} \frac{b_{ik}^2 - 2b_{ik} \cdot e_{ik} + e_{ik}^2}{e_{ik}} = \sum_{i,k} \frac{b_{ik}^2}{e_{ik}} - 2\sum_{i,k} b_{ik} + \sum_{i,k} e_{ik}$$

$$= \sum_{i,k} \frac{b_{ik}^2}{e_{ik}} - 2n + n = \sum_{i,k} \frac{b_{ik}^2}{e_{ik}} - n. \text{ Gleichwertig ist also:}$$

$$\boxed{\chi^2 = \sum_{i,k} \frac{b_{ik}^2}{e_{ik}} - n}$$

Für dieses Beispiel erhalten wir konkret:

$$\chi^2 = \frac{43^2}{23{,}91} + \frac{11^2}{18{,}55} + \frac{0^2}{13{,}66} + \frac{7^2}{4{,}88} + \frac{5^2}{10{,}98} + \ldots + \frac{3^2}{2{,}88} - 125 = 239{,}6 - 125 = 114{,}6.$$

Als Pearsonschen Kontingenzkoeffizienten C bezeichnet man nun:

$$C = \sqrt{\frac{\chi^2}{\chi^2 + n}}$$

Offensichtlich gilt stets $0 \leq C < 1$! Allerdings ist der maximale Wert von C noch abhängig von der Zeilen- und Spaltenzahl Z bzw. S der Kontingenztabelle! Bei 3×4 – Tabellen ist C maximal gleich $\sqrt{\frac{2}{3}}$, jedoch im Falle von 5×5 – und 5×7 – Tabellen maximal gleich $\sqrt{\frac{4}{5}}$.

Ist nämlich m das Minimum der Zeilenanzahl Z und der Spaltenanzahl S, dann wird allgemein

$$C \text{ maximal gleich } \sqrt{\frac{m-1}{m}}, \qquad m = \min\{Z; S\}.$$

Dividiert man also C durch das entsprechende Maximum, so erhält man einen Wert ≤ 1. Man verwendet daher diesen 'normierten' Wert C_{norm} mit der Eigenschaft $0 \leq C_{\text{norm}} \leq 1$:

$$\boxed{C_{\text{norm}} = \sqrt{\frac{\chi^2 \cdot m}{(\chi^2 + n) \cdot (m-1)}}} \qquad m = \min\{Z; S\}.$$

Für das vorliegende Beispiel von Haar- und Augenfarbe erhalten wir mit $\min\{3; 4\} = 3$ das

Ergebnis: $\qquad C_{\text{norm}} = \sqrt{\frac{114{,}6 \cdot 3}{239{,}6 \cdot 2}} = 0{,}85.$

Der Wert lässt also einen starken Zusammenhang zwischen Haar- und Augenfarbe vermuten!

Streudiagramm (Scatterplot) und Regressionsgerade

Ordinale Merkmale sind oft intervallskaliert, d.h. eine Differenzbildung der Werte ist möglich und sinnvoll, und jeder Zwischenwert kann zumindest theoretisch auch angenommen werden. Solche Merkmale sind zum Beispiel die Körpergröße X und das Gewicht Y (s. Tabelle S. 133):

k	x_k (cm)	y_k (kg)	Auswertung:	$x_k \cdot y_k$ (cm $\cdot$ kg)	x_k^2 (cm^2)	y_k^2 (kg^2)
1	184	65		11 960	33 856	4 225
2	170	53		9 010	28 900	2 809
3	172	56		9 632	29 584	3 136
4	167	61		10 187	27 889	3 721
5	168	52		8 736	28 224	2 704
6	186	80		14 880	34 596	6 400
7	178	61		10 858	31 684	3 721
8	172	57		9 804	29 584	3 249
9	177	71		12 567	31 329	5 041
10	192	86		16 512	36 864	7 396
11	187	81		15 147	34 969	6 561
12	173	54		9 342	29 929	2 916
13	187	75		14 025	34 969	5 625
14	172	67		11 524	29 584	4 489
15	189	85		16 065	35 721	7 225
16	186	82		15 252	34 596	6 724
17	189	80		15 120	35 721	6 400
18	168	54		9 072	28 224	2 916
19	157	51		8 007	24 649	2 601
$n = 20$	176	74		13 024	30 976	5 476
Σ	3 550	1 345		240 724	631 848	93 335

Die Punkte $P_k = (x_k | y_k)$ mit Größe x_k und Gewicht y_k ergeben das folgende *Streudiagramm*:

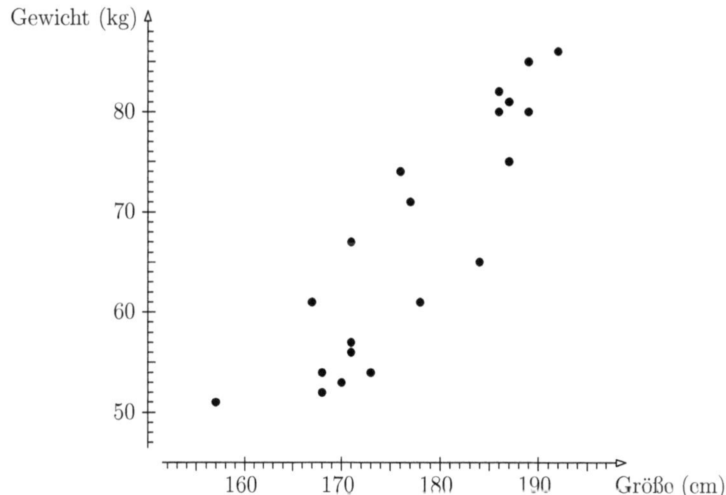

Die Gaußsche Regressionsgerade

Die Ergebnisse von S. 116 lassen sich auch wie folgt formulieren: Kennt man

$$\overline{x} = \sum_{k=1}^{n} x_k\,, \qquad \overline{y} = \sum_{k=1}^{n} y_k \quad \text{und die empirische 'Varianz' } s_x^2 \text{ und 'Covarianz' } s_{xy}\,, \text{ d.h.}$$

$$s_x^2 = \frac{1}{n-1} \cdot \sum_{k=1}^{n}(x_k - \overline{x})^2 = \frac{1}{n-1} \cdot \left[\sum_{k=1}^{n} x_k^2 - \frac{1}{n} \cdot \left(\sum_{k=1}^{n} x_k \right)^2 \right] \quad \text{und}$$

$$s_{xy} = \frac{1}{n-1} \cdot \sum_{k=1}^{n}(x_k - \overline{x}) \cdot (y_k - \overline{y}) = \frac{1}{n-1} \cdot \left[\sum_{k=1}^{n} x_k \cdot y_k - \frac{1}{n} \cdot \left(\sum_{k=1}^{n} x_k \right) \cdot \left(\sum_{k=1}^{n} y_k \right) \right],$$

dann gilt für die Gaußsche Regressionsgerade die Gleichung:

$$\boxed{\,y = \frac{s_{xy}}{s_x^2} \cdot (x - \overline{x}) + \overline{y}\,}$$

So erhält man etwa mit der Tabelle zu vorigem Streudiagramm:

$$\overline{x} = \frac{1}{20} \cdot 3550\,\text{cm} = 177{,}5\,\text{cm}, \qquad \overline{y} = \frac{1}{20} \cdot 1345\,\text{kg} = 67{,}25\,\text{kg},$$

$$\frac{s_{xy}}{s_x^2} = \frac{\frac{1}{19}}{\frac{1}{19}} \cdot \frac{240\,724\,\text{cm} \cdot \text{kg} - \frac{1}{20} \cdot 3\,550 \cdot 1\,345\,\text{cm} \cdot \text{kg}}{631\,848\,\text{cm}^2 - \frac{1}{20} \cdot (3\,550)^2\,\text{cm}^2} = \frac{1\,986{,}5\,\text{cm} \cdot \text{kg}}{1\,723\,\text{cm}^2} = 1{,}153\,\frac{\text{kg}}{\text{cm}}$$

Regressionsgerade: $\quad y = 1{,}153\,\dfrac{\text{kg}}{\text{cm}} \cdot (x - 177{,}5\,\text{cm}) + 67{,}25\,\text{kg} = 1{,}153\,\dfrac{\text{kg}}{\text{cm}} \cdot x - 137{,}4\,\text{kg}\,.$

Zum Skizzieren dieser Geraden genügen zwei Punkte: Zum Beispiel erhalten wir für
$x = 160$ cm den y–Wert 47,1 kg, entsprechend für $x = 195$ cm den Wert $y = 87{,}4$ kg.
Die beiden Punkte sind als Anfangs– bzw. Endpunkt in der Skizze durch '○' gekennzeichnet,
was man in der Praxis aber unterlässt, mit einer Ausnahme: Für $x = \overline{x}$ muss $y = \overline{y}$ gelten.

Die Kennzeichnung des zusätzlichen Punktes $P = (\overline{x}|\overline{y})$ ist als Kontrolle durchaus sinnvoll!

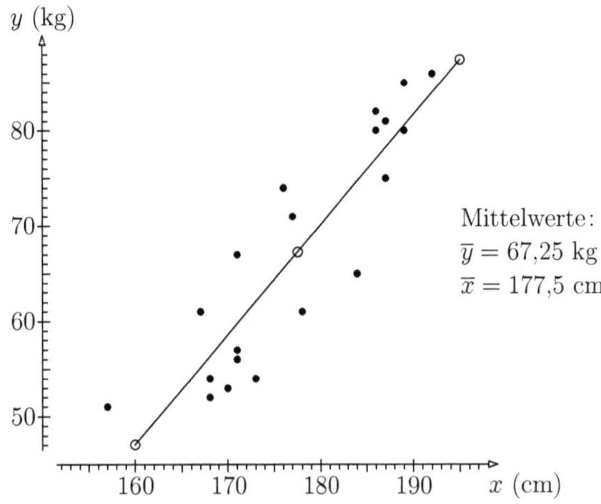

Der Pearsonsche Korrelationskoeffizient

Zwischen Körpergröße X und Körpergewicht Y besteht zwar ein gewisser Zusammenhang, den wir im Folgenden zahlenmäßig ausdrücken werden, doch allgemein muss vor voreiligen Schlüssen gewarnt werden. Zwei Merkmale können etwa durch ein 'Hintergrundmerkmal' so beeinflusst werden, dass sie *korreliert* sind, ohne sich direkt zu beeinflussen.

Eine Korrelation kann auch durch die Art der Stichprobenauswahl hervorgerufen werden. Für konkrete Beispiele sei auf die angegebene Literatur verwiesen.

Eine starke Korrelation gibt aber stets Anlass dazu, diese näher zu ergründen!

Der Pearson-Koeffizient oder auch Pearsonsche (Maß–) Korrelationskoeffizient ρ oder r gilt als Maß für die Stärke des *Zusammenhangs* zwischen zwei Merkmalen, vgl. voriges Beispiel:

$$\rho = \frac{\sum_{k=1}^{n}(x_k - \overline{x}) \cdot (y_k - \overline{y})}{\sqrt{\sum_{k=1}^{n}(x_k - \overline{x})^2} \cdot \sqrt{\sum_{k=1}^{n}(y_k - \overline{y})^2}} = \frac{s_{xy}}{s_x \cdot s_y} \qquad \text{(„rho" } \rho)$$

Durch Ausmultiplizieren und Vereinfachen erhält man hierfür auch

$$\rho = \frac{\sum_{k=1}^{n} x_k \cdot y_k - \frac{1}{n} \cdot \left(\sum_{k=1}^{n} x_k\right) \cdot \left(\sum_{k=1}^{n} y_k\right)}{\sqrt{\sum_{k=1}^{n} x_k^2 - \frac{1}{n} \cdot \left(\sum_{k=1}^{n} x_k\right)^2} \cdot \sqrt{\sum_{k=1}^{n} y_k^2 - \frac{1}{n} \cdot \left(\sum_{k=1}^{n} y_k\right)^2}}$$

Wie wir noch zeigen werden gilt für ρ stets $|\rho| \leq 1$, ausführlich geschrieben:

$$\boxed{-1 \leq \rho \leq 1}$$

Bei positiven Werten von $\rho \geq 0{,}5$ spricht man von einer schwach positiven Korrelation, ab $\rho \geq 0{,}7$ von einer stark positiven Korrelation. Bei negativen Werten spricht man von einer negativen Korrelation. Das hat nichts mit einer positiven oder negativen Wertung zu tun! Vielmehr ist anschaulich auch die Steigung der Geraden positiv beziehungsweise negativ. Auf eine weitere ausführlichere Darstellung der Korrelationsanalyse muss im Rahmen dieser elementaren Einführung verzichtet werden.

Beispiel 32 Die Tabellenwerte auf Seite 161 zu der vorigen Regressionsgeraden ergeben, eingesetzt in die obige zweite Darstellung von ρ, eine stark positive Korrelation:

$$\rho = \frac{240\,724 - \frac{1}{20} \cdot 3\,550 \cdot 1\,345}{\sqrt{631\,848 - \frac{1}{20} \cdot 3\,550^2} \cdot \sqrt{93\,335 - \frac{1}{20} \cdot 1\,345^2}}$$

$$= \frac{1\,986{,}5}{\sqrt{1\,723} \cdot \sqrt{2\,883{,}75}} = \frac{1\,986{,}5}{2\,229{,}1} = 0{,}89 \qquad \diamond$$

Erläuterungen Zum Abschluss nur noch einige Erläuterungen zum Pearson–Koeffizient ρ. Wir nutzen hierfür die erstere Darstellung:

Wir setzen natürlich voraus, dass der Ausdruck im Nenner ungleich Null ist. In der Praxis ist das stets erfüllt, denn andernfalls müssten alle Werte x_k gleich $\overline{x}$ oder alle y_k gleich $\overline{y}$ sein. Genauer gesagt ist der Nenner stets positiv!

Das Vorzeichen des Pearson-Koeffizienten ρ wird vom *Zähler* bestimmt! Betrachten wir den Zähler also etwas genauer: *

$$\sum_{k=1}^{n} (x_k - \overline{x}) \cdot (y_k - \overline{y})$$

Von den Abweichungen $x_k - \overline{x}$ und $y_k - \overline{y}$ der einzelnen Werte vom Mittelwert sind einige positiv, andere negativ. Sind diese Vorzeichen rein *zufällig* verteilt, werden auch die Produkte $(x_k - \overline{x})(y_k - \overline{y})$ zum Teil ein positives und zum anderen Teil ein negatives Vorzeichen aufweisen. Die Gesamtsumme wird dann nur unwesentlich von Null verschieden sein! Das ändert sich aber, sobald zwischen diesen Vorzeichen ein *Zusammenhang* besteht:

Gilt zum Beispiel, falls $x_k - \overline{x} > 0$, auch oft $y_k - \overline{y} > 0$ und falls $x_k - \overline{x} < 0$, auch oft $y_k - \overline{y} < 0$, so ergibt die obige Summe der Produkte einen großen positiven Wert. Stimmt bei allen diesen Differenzen das Vorzeichen überein, erhalten wir den größtmöglichen positiven Wert dieser Summe!

Das andere Extrem liegt vor, wenn alle einander entsprechenden Differenzen entgegengesetzte Vorzeichen aufweisen! Dann wird die Summe negativ.

Wie groß kann aber ρ betragsmäßig werden? Dazu betrachten wir die aus den einzelnen Differenzen gebildeteten 'Differenzvektoren':

$$\vec{x} = \begin{pmatrix} x_1 - \overline{x} \\ x_2 - \overline{x} \\ x_3 - \overline{x} \\ \vdots \\ x_n - \overline{x} \end{pmatrix} \quad \text{und} \quad \vec{y} = \begin{pmatrix} y_1 - \overline{y} \\ y_2 - \overline{y} \\ y_3 - \overline{y} \\ \vdots \\ y_n - \overline{y} \end{pmatrix}$$

Sie erinnern sich sicherlich noch an das Skalarprodukt von Vektoren, sowie an die Definition des Betrags von Vektoren. Hiermit folgt zunächst

$$\rho = \frac{\vec{x} \bullet \vec{y}}{|\vec{x}| \cdot |\vec{y}|}$$

Nutzen wir für den Zähler noch die Abschätzung $|\vec{x} \bullet \vec{y}| \leq |\vec{x}| \cdot |\vec{y}|$, so folgt schließlich:

$$|\rho| = \frac{|\vec{x} \bullet \vec{y}|}{|\vec{x}| \cdot |\vec{y}|} \leq \frac{|\vec{x}| \cdot |\vec{y}|}{|\vec{x}| \cdot |\vec{y}|} = 1$$

<u>Ergebnis:</u> $|\rho| \leq 1$ beziehungsweise $-1 \leq \rho \leq 1$.

---

*Der Zahlenwert $\frac{1}{n} \cdot \sum_{k=1}^{n} (x_k - \overline{x}) \cdot (y_k - \overline{y})$ wird auch als 'Covarianz' von X und Y bezeichnet.

Rollentausch Ist Ihnen beim Streudiagramm oder der Gaußschen Regressionsgeraden auf S. 162 schon aufgefallen: Wir hätten eigentlich auch das Körpergewicht y als Abszisse und die Körpergröße x als Ordinate wählen können! Formelmäßig müssen wir hierfür nur x und y vertauschen, das heißt:

$$x = \frac{s_{xy}}{s_y^2} \cdot (y - \overline{y}) + \overline{x}$$

Wir erhalten in diesem Fall:

$$\frac{s_{xy}}{s_y^2} = \frac{240\,724\ \text{cm} \cdot \text{kg} - \frac{1}{20} \cdot 3\,550 \cdot 1\,345\ \text{cm} \cdot \text{kg}}{93\,335\ \text{kg}^2 - \frac{1}{20} \cdot (1\,345)^2\ \text{kg}^2} = \frac{1\,986{,}5\ \text{cm} \cdot \text{kg}}{2\,883{,}75\ \text{kg}^2} = 0{,}6889\ \frac{\text{kg}}{\text{cm}}$$

Folglich gilt hier: $\qquad x = 0{,}6889\ \dfrac{\text{cm}}{\text{kg}} \cdot (y - 67{,}25\ \text{kg}) + 177{,}5\ \text{cm}$

Ergebnis: $\quad x = 0{,}6889\ \dfrac{\text{cm}}{\text{kg}} \cdot y + 131{,}17\ \text{cm}$

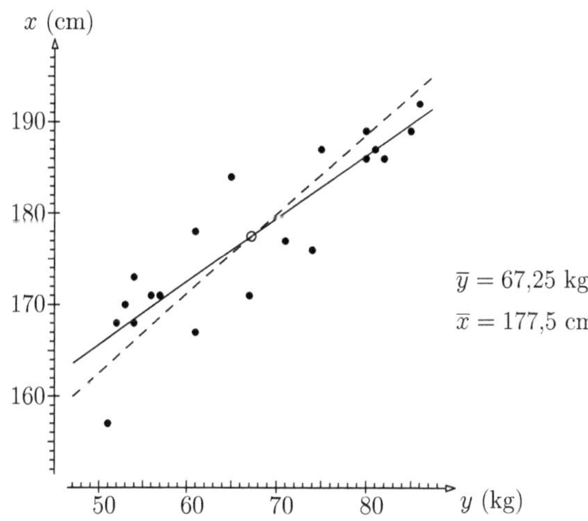

Wegen der Vertauschung der Achsen sind im Vergleich zu Seite 162 sämtliche *Punkte* an der 45°-Achse (Winkelhalbierenden) gespiegelt. Man möchte meinen, dass man auch nur die alte Regressionsgerade auf S. 162 spiegeln müsste! Das Ergebnis ist in der obigen Skizze gestrichelt eingezeichnet. Der Unterschied erklärt sich dadurch, dass die ungestrichelte Gerade die *vertikalen* (quadrierten) Abstände minimiert. Die vorige, hier gespiegelte Gauß-Gerade minimiert nun aber die *horizontalen* Abstände. Genaue Übereinstimmung gilt nur im Falle $|\rho| = 1$.

Die Zuordnung zweier Merkmale als Abszisse oder Ordinate nimmt also Einfluss auf die Regressionsgerade. Der zugehörige Wert des Pearson-Koeffizienten ρ ändert sich aber durch eine Vertauschung von x und y offensichtlich nicht!

Aufgaben und Lösungen zu Kapitel 1

1.1 Rechnen mit proportionalen Beziehungen

1. *Bestimmen Sie mit dem Taschenrechner die fehlenden Werte $\log z$ $(= \lg z)$ und $\ln z$:*

z	0,010	0,050	0,100	0,500	1,000	5,000	10,00	50,00	100,0
$\log z$									
$\ln z$									

Zeichnen Sie die Wertepaare $x = \ln z$ und $y = \log z$ als Punkte $P(x|y)$ in ein übliches x, y – Koordinatensystem. Welchen rechnerischen Zusammenhang vermuten Sie hier zwischen den Werten von y und x?

Lösung: Wir erhalten folgende Werte (letzte Stelle gerundet):

z	0,010	0,050	0,100	0,500	1,000	5,000	10,00	50,00	100,0
$\log z$	-2	-1,301	-1	-0,301	0	0,699	1	1,699	2
$\ln z$	-4,605	-2,996	-2,303	-0,693	0	1,609	2,303	3,912	4,605

Die Punkte $P(x|y)$ mit $x = \ln z$, $y = \log z$ liegen auf einer Geraden durch den Nullpunkt:

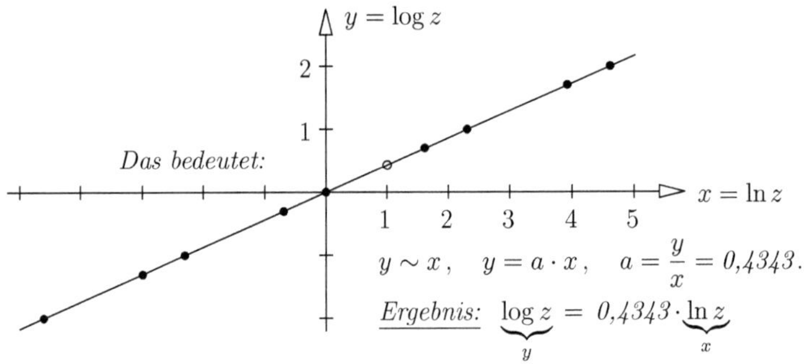

2. *Messungen von Fläche F und Radius r von Kreisen ergaben die Werte:*

F	0,00	3,14	7,07	12,57 (cm^2)
r	0,00	1,00	1,50	2,00 (cm)
r^2	0,00	1,00	2,25	4,00 (cm^2)

Machen Sie eine Skizze mit $x = F$ und
(a) $y = r$,   (b) $y = r^2$.
Gilt hier $y \sim x$?

Lösung: (a)   (b)

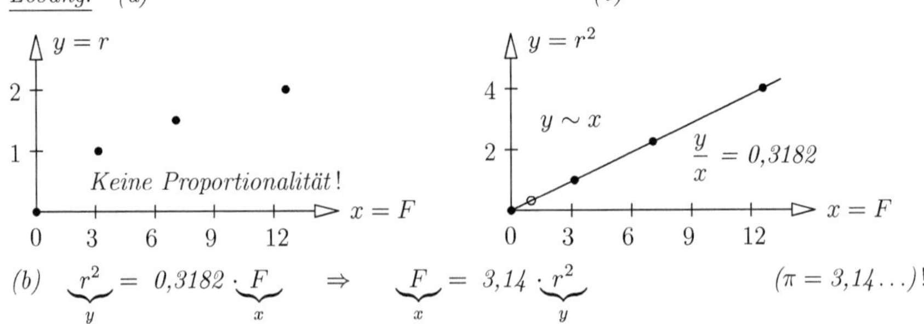

(b) $\underbrace{r^2}_{y} = 0{,}3182 \cdot \underbrace{F}_{x} \quad \Rightarrow \quad \underbrace{F}_{x} = 3{,}14 \cdot \underbrace{r^2}_{y} \qquad (\pi = 3{,}14 \ldots)!$

3. *Volumen* V *und Druck* p *einer vorgegebenen Gasmenge (bei konstanter Temperatur):*

V	10	5,0	2,5	(L)
p	0,5	1,0	2,0	(bar)
$\frac{1}{p}$	2,0	1,0	0,5	$(\frac{1}{\text{bar}})$

Fertigen Sie eine Skizze an mit $x = $ V *und*

(a) $y = $ p, *(b)* $y = \frac{1}{p}$.

Vermuten Sie V $\sim$ p *oder* V $\sim \frac{1}{p}$?

<u>*Lösung:*</u> *(a)*   *(b)*

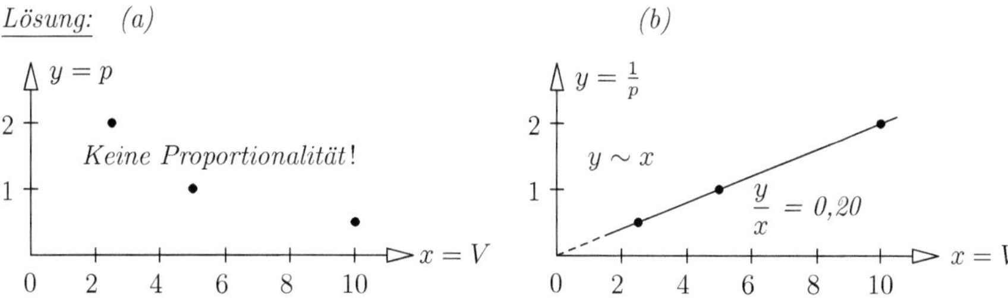

Die Gerade im Fall (b) verläuft verlängert durch den Nullpunkt (möglich ist das nur für den Grenzfall $p \to \infty$). *Man sagt zu* $\frac{1}{p} \sim V$ *bzw.* $V \sim \frac{1}{p}$ *auch: „V ist umgekehrt proportional zu p". Die Bezeichnung 'antiproportional' ist ebenfalls gebräuchlich, erweckt aber den Eindruck, den Gegensatz zu einer proportionalen Beziehung zu bezeichnen. Gemeint ist jedoch die Konstanz des Produkts anstelle der Konstanz des Quotienten:*

$$V \sim \frac{1}{p} \quad \text{bedeutet:} \quad \frac{V}{\frac{1}{p}} = \text{konst.} \quad \Leftrightarrow \quad V \cdot p = \text{konst..}$$

4. *Bei einer chemischen Reaktion bilden die Ausgangssubstanzen A und B ein Produkt P. Für die 'Reaktions – oder Bildungsgeschwindigkeit'* $v(P)$ *in Abhängigkeit der beiden Konzentrationen* $c(A)$ *und* $c(B)$ *wurden nachfolgende Werte gemessen:*

	$c(B)$	$c(A)$	$v(P)$
1.	$0,30 \frac{mol}{L}$	$0,15 \frac{mol}{L}$	$7,20 \cdot 10^{-4} \frac{mol}{L \cdot s}$
2.	$0,30 \frac{mol}{L}$	$0,30 \frac{mol}{L}$	$1,44 \cdot 10^{-3} \frac{mol}{L \cdot s}$
3.	$0,60 \frac{mol}{L}$	$0,30 \frac{mol}{L}$	$2,88 \cdot 10^{-3} \frac{mol}{L \cdot s}$
4.	$0,15 \frac{mol}{L}$	$0,90 \frac{mol}{L}$	$2,16 \cdot 10^{-3} \frac{mol}{L \cdot s}$

Welche Beziehung zwischen $v(P)$ *und* $c(A)$ *beziehungsweise* $c(B)$ *vermuten Sie hier? Folgern Sie anschließend eine Gleichung für* $v(P)$, *aber nun in Abhängigkeit von beiden Konzentrationen* $c(A)$ *und* $c(B)$!

Hinweis: Vergleichen Sie Messung 1 mit Messung 2! Was ergibt ein analoger Vergleich von Messung 2 mit Messung 3? Welcher Gesamtzusammenhang liegt nahe? Kontrollieren Sie Ihre aufgestellte Beziehung mit der vierten Messung!

<u>*Lösung:*</u> *Durch Vergleich der Messungen vermuten wir:*

1. Messung und 2. Messung: $v(P) \sim c(A)$, *(weil* $c(A)$ *verdoppelt* $\Rightarrow v(P)$ *verdoppelt).*
2. Messung und 3. Messung: $v(P) \sim c(B)$, *(weil* $c(B)$ *verdoppelt* $\Rightarrow v(P)$ *verdoppelt).*

Die Folgerung: $v(P) \sim c(A) \cdot c(B)$ *und Proportionalitätskonstante* $k = \dfrac{v(P)}{c(A) \cdot c(B)}$.
Alle drei Messungen ergeben den Wert: $k = 16 \cdot 10^{-3} \dfrac{L}{mol \cdot s}$. *Wir vermuten daher:*

$$v(P) = 16 \cdot 10^{-3} \frac{L}{mol \cdot s} \cdot c(A) \cdot c(B) \qquad \text{Dies wird von der 4. Messung bestätigt!}$$

5. *Zum Knobeln: Wie viel Wasser ist exakt in einem Liter Meerwasser enthalten? Es ist ja Salz darin gelöst, das ebenfalls Volumen beansprucht! Die genauen Daten (für 20° C):*

Dichte des Meerwassers $\rho_M = 1\,024,78\,\frac{g}{L}$, Salzgehalt $\beta(S) = 35,90$ Gramm in einem Liter Meerwasser. Die Dichte von reinem Wasser von 20° C beträgt $\rho_W = 998,21\,\frac{g}{L}$.

(Guter Tipp: Das enthaltene Wasser erst in Gramm und dann in Milliliter ausrechnen.)

Lösung: 1 Liter bzw. $1\,024,78$ g Meerwasser enthält $35,9$ g Salz, also bleiben $988,88$ g reines Wasser übrig:

Wegen $m = \rho_W \cdot V$ *bzw.* $V = \dfrac{m}{\rho_W}$ *sind das* $V = \dfrac{988,88 \text{ g}}{998,21\,\frac{g}{L}} = 0,99065\,\text{L} = 990,65\,\text{mL}.$

6. *Wie groß sind die Stoffmengen n_1 bzw. n_2 von*

(a) $m_1 = 1$ kg Wasser H_2O (b) $m_2 = 10$ kg Traubenzucker $C_6H_{12}O_6$.

Bestimmen Sie $M(H_2O)$ und $M(C_6H_{12}O_6)$ mit den Werten: $C = 12$, $H = 1$, $O = 16$.

(Anmerkung: Gleiche Stoffmengen bedeuten gleiche Anzahl von Teilchen!)

Lösung: $m = M \cdot n$ *bzw.* $n = \dfrac{m}{M}$ *, (M Masse pro Mol). Wir erhalten die Molmassen*

$M(H_2O) = 18\,\frac{g}{mol}$, $M(C_6H_{12}O_6) = 180\,\frac{g}{mol}$ *und hiermit die Stoffmengen:*

(a) $n_1 = \dfrac{1000\,\text{g}}{18\,\frac{g}{mol}} = 55,56\,\text{mol}$ *(b)* $n_2 = \dfrac{10000\,\text{g}}{180\,\frac{g}{mol}} = 55,56\,\text{mol}\,;$ *Ergebnis:* $n_1 = n_2$.

7. *(a) Ein Behälter der Größe $V = 5,00$ Liter enthält $3,104$ Gramm Helium ($M(He) = 4\,\frac{g}{mol}$). Bestimmen Sie den Gasdruck p für eine Temperatur von $t = 37°\,C$.*

(b) $V = 5,00$ Liter einer Traubenzuckerlösung enthalte $139,7$ Gramm Traubenzucker (Glucose $C_6H_{12}O_6$). Bestimmen Sie den osmotischen Druck der Lösung für $t = 37°\,C$.

Lösung: $p \cdot V = n \cdot R \cdot T$ *mit* $T = (273 + 37)\,\text{K} = 310\,\text{K}$, $R = 8,31451\,\text{m}^3 \cdot \text{K}^{-1} \cdot \text{Pa} \cdot \text{mol}^{-1}.$

(a) $n(He) = \dfrac{m}{M(He)} = \dfrac{3,104\,\text{g}}{4,00\,\frac{g}{mol}} = 0,776\,\text{mol}$ *und* $p = \dfrac{n}{V} \cdot R \cdot T:$

$$p = \dfrac{0,776\,\text{mol}}{5,00 \cdot 10^{-3}\,\text{m}^3} \cdot 8,31451\,\text{m}^3 \cdot \text{K}^{-1} \cdot \text{Pa} \cdot \text{mol}^{-1} \cdot 310\,\text{K} = 400\,\text{kPa}$$

(b) $n(C_6H_{12}O_6) = \dfrac{139,7\,\text{g}}{180\,\frac{g}{mol}} = 0,776\,\text{mol}$, *also dieselbe Stoffmenge wie im Fall (a):*

$$p_{osm} = \dfrac{0,776\,\text{mol}}{5,00 \cdot 10^{-3}\,\text{m}^3} \cdot 8,31451\,\text{m}^3 \cdot \text{K}^{-1} \cdot \text{Pa} \cdot \text{mol}^{-1} \cdot 310\,\text{K} = 400\,\text{kPa}$$

8. *Nach Operationen enthalten Patienten in eine Vene 'Medizinische Kochsalzlösung nach Ringer' eingetropft, um Flüssigkeitsverluste auszugleichen. Der osmotische Druck entspricht dem des Blutes, um Schrumpfen oder Platzen der roten Blutkörperchen zu verhindern. Der Druck bei $37°\,C$ entspricht einem Gehalt von $9,072$ g NaCl (Kochsalz) pro Liter. Rechnen Sie um in Mol pro Liter, (Molmasse $M(NaCl) = 58,44$ g/mol).*

Da rund 76 % des NaCl beim Lösen in Wasser in Na^+ und Cl^- zerfällt, vergrößert sich die Anzahl der osmotisch wirksamen Teilchen um den Faktor $1,76$ (d.h. die Stoffmenge pro Liter muss noch mit dem Faktor $1,76$ multipliziert werden, sog. 'van't Hoffscher Koeffizient'). Bestimmen Sie hiermit p_{osm} für $t = 37°\,C$.

Lösung: $n = \dfrac{m}{M} = \dfrac{9{,}072\,g}{58{,}44\,\frac{g}{mol}} = 0{,}155\,mol$: $p_{osm} = \dfrac{n \cdot 1{,}76}{V} \cdot R \cdot T =$

$\dfrac{0{,}155\,mol \cdot 1{,}76}{10^{-3}\,m^3} \cdot 8{,}314\,m^3 \cdot K^{-1} \cdot Pa \cdot mol^{-1} \cdot (273 + 37)K = 703\,kPa\ (\approx 7\,bar).$

9. *Berechnen Sie die Stoffmengenkonzentration* $c(C_6H_{12}O_6)$ *einer Traubenzuckerlösung mit einem osmotischen Druck von* $p_{osm} = 14{,}0\ bar\ (1400\ kPa)$ *bei* $20°\ C.$

Lösung: $c = \dfrac{n}{V} = \dfrac{p_{osm}}{R \cdot T} = \dfrac{1400 \cdot 10^3\,Pa}{8{,}314 \cdot m^3 \cdot K^{-1} \cdot Pa \cdot mol^{-1} \cdot (273 + 20)K} = \dfrac{575\,mol}{m^3}$

$1\ m^3 = 1\,000$ Liter ergibt als Ergebnis in üblichen Einheiten: $c = 0{,}575\,\dfrac{mol}{L}$

1.2 Anteile und Konzentrationen

10. *Bestimmen Sie die Massenanteile* w *an Kohlenstoff, Wasserstoff, Sauerstoff von*

  (a) $CH_2O\ (= Formaldehyd = Methanal),$ *(b)* $C_6H_{12}O_6\ (= Traubenzucker = Glucose).$

Lösung: (a) Formaldehyd CH_2O:

C	H	O	$Gesamt$
12	2	16	30 (g)

Massenanteile: $w(C) = \dfrac{12\,g}{30\,g} = \dfrac{2}{5} = 0{,}400 = 40{,}0\,\%$

$w(H) = \dfrac{2\,g}{30\,g} = \dfrac{1}{15} = 0{,}067 = 6{,}7\,\%$

$w(O) = \dfrac{16\,g}{30\,g} = \dfrac{8}{15} = 0{,}533 = 53{,}3\,\%$

  (b) Wegen $C_6H_{12}O_6 = 6 \cdot CH_2O$ *ergeben sich die gleichen Massenanteile!*

11. *Wie viel Gramm Zucker Z und Wasser W enthält*

  (a) 1400 g Blütennektar: Anteile $w(Z) = 30\,\%$ *und* $w(W) = 70\,\%.$
  (b) 500 g Blütenhonig: Anteile $w(Z) = 84\,\%$ *und* $w(W) = 16\,\%.$

Lösung:

  (a) $m(Z) = 0{,}30 \cdot 1400\,g = 420\,g$ *Zucker,* $m(W) = 0{,}70 \cdot 1400\,g = 980\,g$ *Wasser.*

  (b) $m(Z) = 0{,}84 \cdot 500\,g = 420\,g$ *Zucker,* $m(W) = 0{,}16 \cdot 500\,g = 80\,g$ *Wasser.*

12. *Wie gehen Sie vor beim Herstellen einer Salzlösung aus Salz S plus Lösungsmittel L:*

  (a) $m = 75\,g$ *Salzlösung mit einem Massenanteil* $w(S) = 20\,\%.$
  (b) $V_{Lös} = 75\,mL$ *Salzlösung mit einer Massenkonzentration* $\beta(S) = 20\ g/100\ mL.$

Lösung:

  (a) $m(S) = 0{,}20 \cdot 75\,g = 15\,g$ *Salz und* $m(L) = 0{,}80 \cdot 75\,g = 60\,g$ *Lösungsmittel in ein Gefäß geben und dann umrühren.*
  (b) $m(S) = 20\,\frac{g}{100\,mL} \cdot 75\,mL = 15\,g$ *Salz 'unter Umrühren auf 75 mL auffüllen'.*

13. *Sie mischen zwei Lösungen einer Substanz S, Anteile $w_1(S) = 20\%$, $w_2(S) = 10\%$, um $m = 400\,g$ einer Lösung mit dem Anteil $w(S) = 17{,}5\%$ zu erhalten. Bestimmen Sie die erforderlichen Mengen m_1 und m_2 der Ausgangslösungen mit dem Mischungskreuz.*

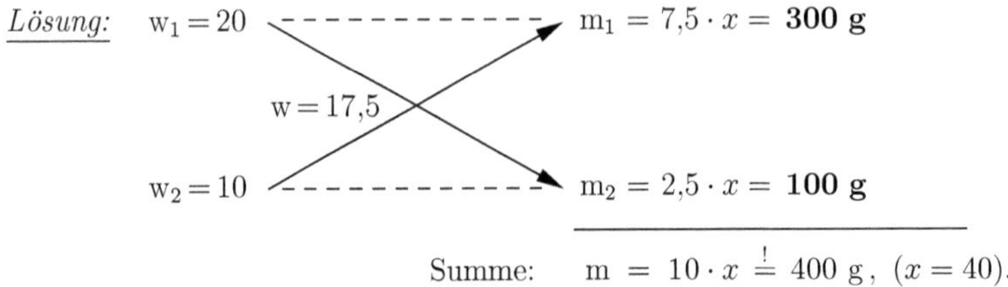

$$\text{Summe:} \quad m = 10 \cdot x \overset{!}{=} 400 \text{ g}, \ (x = 40).$$

14. *Aus einer Salzlösung mit einem Massenanteil von 20% wollen Sie durch Salzzugabe $120\,g$ Lösung mit einem Massenanteil von 30% herstellen. Wieviel Salz benötigen Sie? Hinweise: $w_1(S) = 100\%$, $w(S) = 30\%$, $w_2(S) = 20\%$, und Mischungskreuz benutzen!*

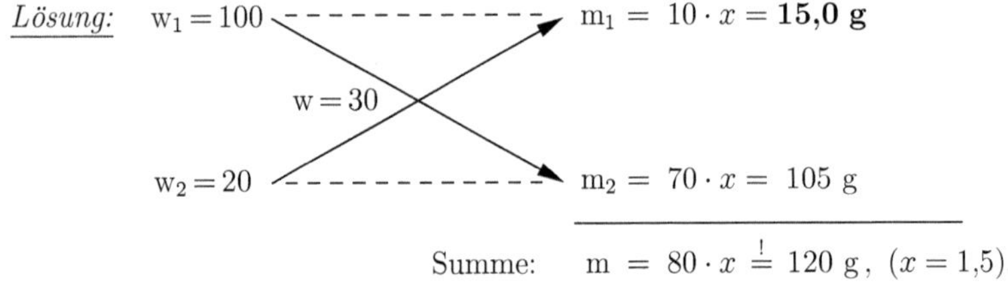

$$\text{Summe:} \quad m = 80 \cdot x \overset{!}{=} 120 \text{ g}, \ (x = 1{,}5).$$

15. *Blütennektar mit einem Zuckergehalt von $w_1(Z) = 30\%$ wird von den Bienen zu Honig mit $w(Z) = 84\%$ eingedickt. Wie viel Nektar m_1 ist erforderlich für $m = 500\,g$ Honig, und wie viel Wasser m_2 wird dem Nektar entzogen? (Mischungskreuz! Vgl. Aufg. 11.)*

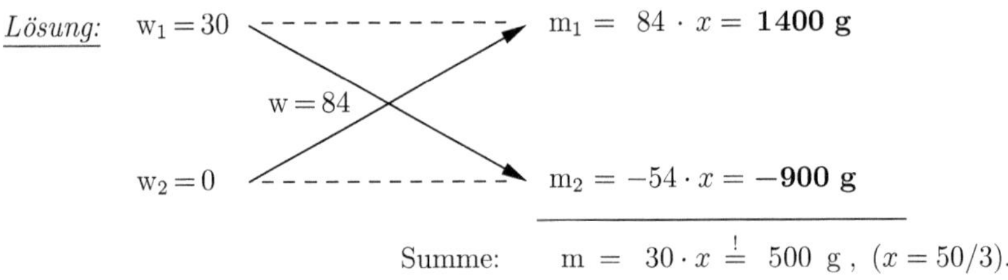

$$\text{Summe:} \quad m = 30 \cdot x \overset{!}{=} 500 \text{ g}, \ (x = 50/3).$$

16. *In Goldschmuck ist eine Zahl eingeprägt, die den Massenanteil Gold in Promille angibt. So bedeutet z.B. 835 einen Massenanteil $w = 835\,‰ = 83{,}5\%$ an Gold. Hiervon benötigt ein Goldschmied 4,25 Gramm, die er sich aus 585-er und 925-er Gold herstellen möchte. Wie viel von beiden sind hierfür erforderlich?*

$$\text{Summe:} \quad m = 340 \cdot x \overset{!}{=} 4250 \text{ mg}, \ (x = 12{,}5).$$

17. *Lösen Sie Aufg. 12 (a) mit dem Mischungskreuz. Hinweis:* $w_1(S) = 100\,\%$, $w_2(S) = 0\,\%$.
Warum ist im Fall 12 (b) das Mischungskreuz nicht anwendbar?

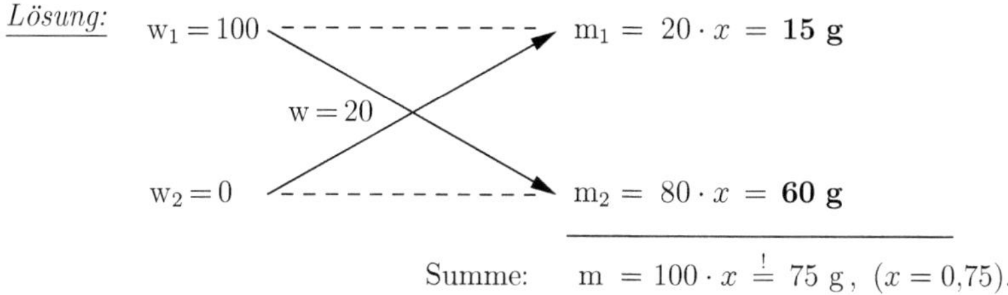

Im Fall (b) gilt analog $\beta_2(S) = 0\,\frac{g}{L}$, aber das Salz ist nicht gelöst. Somit fehlt für eine Mischungsgleichung bzw. für das Mischungskreuz die Massenkonzentration $\beta_1(S)$.

18. *Sie benötigen $V = 160\,mL$ Säurelösung der Stoffmengenkonzentration $c(S) = 0{,}075\,\frac{mol}{L}$. Sie verwenden eine Stammlösung mit $c_1(S) = 1\,\frac{mol}{L}$, um sie mit Wasser zu verdünnen. Bestimmen Sie mit dem Mischungskreuz das benötigte Volumen V_1 an Stammlösung.*

Lösung: $c_1 = 1$

$c = 0{,}075$

$c_2 = 0$

$V_1 = 0{,}075 \cdot x = $ **12 mL**

$V_2 = 0{,}925 \cdot x = $ **148 mL**

Summe: $V = 1{,}000 \cdot x \overset{!}{=} 160$ mL, $(x = 160)$.

19. *Tea-Time im Labor: Sie benötigen für die Kanne mit grünem Tee $1{,}2$ Liter $\approx 1{,}2$ kg Wasser von $t = 70°$, das Sie aus kochendem Wasser $(t_1 = 100°)$ und Leitungswasser $(t_2 = 10°)$ mischen wollen. Warum funktioniert das ebenfalls mit dem Mischungskreuz, und wie lautet die Lösung?*

Hinweis: Bezeichnet c die Wärmekapazität von Wasser, so gilt: Die Wärmemenge $m_1 \cdot (t_1 - t) \cdot c$, die das heiße Wasser abgeben muss, ist gleich derjenigen Wärmemenge $m_2 \cdot (t - t_2) \cdot c$, die das kalte Wasser aufnimmt. Das bedeutet: $m_1 \cdot (t_1 - t) = m_2 \cdot (t - t_2)$.

Lösung: $m_1 \cdot (t_1 - t) = m_2 \cdot (t - t_2) \quad \Leftrightarrow \quad \dfrac{t_1 - t}{t - t_2} = \dfrac{m_2}{m_1}$.

Die erforderlichen Rechenschritte und das Ergebnis sind analog zum Mischungskreuz!

$t_1 = 100$

$t = 70$

$t_2 = 10$

$m_1 = 60 \cdot x = $ **800 g**

$m_2 = 30 \cdot x = $ **400 g**

Summe: $m = 90 \cdot x \overset{!}{=} 1200$ g, $(x = 40/3)$.

20. *Bestimmen Sie den Massenanteil* $w(C_6H_{12}O_6)$ *einer Traubenzuckerlösung mit der Dichte* $\rho = 1{,}038\,g/mL$ *und dem osmotischen Druck bei* $20°\,C$ *von* $p_{osm} = 14{,}0$ *bar (1400 kPa). Hinweis: Benutzen Sie das Ergebnis von Aufgabe 9 auf Seite 169.*

Lösung: *Als Ergebnis von Aufgabe 9 auf Seite 169 kennen wir bereits die Stoffmengen-konzentration* $c(C_6H_{12}O_6) = 0{,}575$ *mol/L. Umgerechnet sind das also* $m(C_6H_{12}O_6) = 0{,}575$ *mol* $\cdot\, 180\,\frac{g}{mol} = 104$ *g Traubenzucker in 1 Liter Lösung der Gesamtmasse von* $m = 1{,}038$ *kg. Das ergibt einen Massenanteil von* $w(C_6H_{12}O_6) = \frac{104\,g}{1038\,g} = 0{,}100 = 10{,}0\,\%.$

21. *Nach der Laborarbeit trinken Sie noch ein 'Bierchen', genauer gesagt 1/2 Liter mit 5 Vol. % Alkohol, oder 1/4 L Wein mit 10 Vol. %. Bei einer Dichte* $\rho(A) = 0{,}8\,\frac{g}{mL}$ *sind das also* $m(A) = 25\,mL \cdot 0{,}8\,\frac{g}{mL} = 20$ *g reiner Alkohol. Hiervon bleiben nur etwa 90 % übrig, weil ungefähr 10 % des Alkohols wieder ausgeschieden, also nicht resorbiert werden (sog. Resorptionsdefizit). Verbleibt als restliche Alkoholmenge* $m(A) \cdot 0{,}90$:

Beim Trinken verteilt sich die restliche Alkoholmenge über die Blutbahn in die gesamte Gewebeflüssigkeit des Körpers (also nicht einfach nur in die relativ geringe Blutmenge)! Das sind bei Frauen $r = 60\,\%$ *und bei Männern sogar* $r = 70\,\%$ *des Körpergewichts G.*

Bestimmen Sie also den Blutalkohol $w(A)$ *nach der 'Formel von Widmark' für eine Frau von* $G = 60$ *kg Körpergewicht nach 1/2 L Bier bzw.1/4 L Wein:*

$$w(A) = \frac{m(A) \cdot 0{,}90}{r \cdot G} \qquad (\,r = 0{,}60 \text{ bei Frauen, } r = 0{,}70 \text{ bei Männern})$$

Lösung: $\quad w(A) = \dfrac{20\,g \cdot 0{,}90}{0{,}60 \cdot 60\,kg} = \dfrac{18\,g}{36\,kg} = 0{,}5\,‰$

1.3 Winkelmessung und Winkelfunktionen

22. *(a) Unter welchem Winkel* ε *sehen Sie die Mittagssonne zur Wintersonnenwende, also um den 21. Dezember herum? Konkreter Bezugsort sei Mainz.*
(b) Wie groß ist der Winkel δ *beim höchsten Stand der Sonne zur Sommersonnenwende, also ungefähr am 21. Juni?*

Hinweise: Die Drehachse der Erde steht nicht senkrecht zu ihrer Bahnebene, sondern ist um $\alpha = 23{,}44°$ *geneigt. Mainz liegt auf* $\beta = 50°$ *nördlicher Breite. Bahnebene und Blickrichtung Sonne sind parallel!*

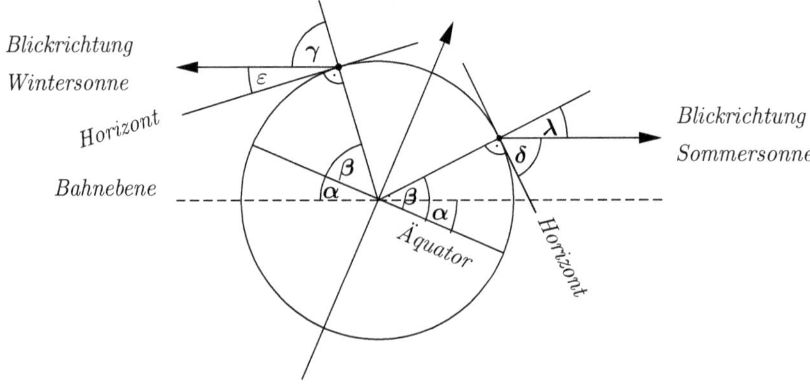

Lösung: (a) Bahnebene und Blickrichtung Wintersonne sind parallel, also $\gamma = \beta + \alpha$.
Zusammen mit $\varepsilon + \gamma = 90°$ *bzw.* $\varepsilon = 90° - \gamma$ *erhalten wir:*

$$\varepsilon = 90° - \gamma = 90° - (\beta + \alpha) = 90° - (50° + 23{,}44°) = 16{,}56°$$

(b) Richtung Sommersonne gilt $\lambda = \beta - \alpha$ *und* $\delta + \lambda = 90°$, *somit*

$$\delta = 90° - \lambda = 90° - (\beta - \alpha) = 90° - (50° - 23{,}44°) = 63{,}44°$$

23. *Rechnen Sie um: (a) 80° in Radiant, (b) 0,70 rad in (Alt–) Grad.*

Lösung: (a) $180° = \pi$ *rad,* $\quad 1° = \dfrac{\pi}{180}$ *rad,* $\quad 80° = 80 \cdot \dfrac{\pi}{180}$ *rad* $= 1{,}40$ *rad.*
(b) π *rad* $= 180°$, $\quad 1$ *rad* $= \dfrac{180°}{\pi}$, $\quad 0{,}70$ *rad* $= 0{,}70 \cdot \dfrac{180°}{\pi} = 40°$.

24. *Die Erde dreht sich in ca. 24 Stunden (exakt: 23 h, 56 min, 4 sec) einmal um ihre Achse:*

(a) Bestimmen Sie deren Winkelgeschwindigkeit ω.

(b) Wie groß ist die Geschwindigkeit am Äquator in Meter pro Sekunde, bei einem Erdradius $R = 6\,378$ km (Vergleich: Schallgeschwindigkeit 340 m/s).

Lösung: (a) $\quad \omega = \dfrac{360°}{24\,\mathrm{h}} = \dfrac{15°}{\mathrm{h}} = \dfrac{15°}{60\,\mathrm{min}} = \dfrac{0{,}25°}{\mathrm{min}} = \dfrac{0{,}25°}{60\,\mathrm{s}} = \dfrac{0{,}00417°}{\mathrm{s}}$

oder: $\quad \omega = \dfrac{2\pi}{24\,\mathrm{h}} = \dfrac{0{,}26}{\mathrm{h}} = \dfrac{4{,}36 \cdot 10^{-3}}{\mathrm{min}} = \dfrac{7{,}27 \cdot 10^{-5}}{\mathrm{s}} = 7{,}27 \cdot 10^{-5} \cdot \mathrm{s}^{-1}$ *(rad).*

(b) $\quad v = \omega \cdot R = 7{,}27 \cdot 10^{-5} \cdot \mathrm{s}^{-1} \cdot 6378000\,\mathrm{m} = 464\,\mathrm{m} \cdot \mathrm{s}^{-1} = 464\,\dfrac{\mathrm{m}}{\mathrm{s}}$.
(Schneller als der Schall! Zum Glück drehen sich Erde und Lufthülle zusammen.)

25. *Eine Windkraftanlage rotiere mit etwa 15 Umdrehungen pro Minute, was durchaus gemütlich aussieht. Wie groß ist die Winkelgeschwindigkeit ω ? Mit wie viel Stunden-kilometern bewegen sich die Rotor–Blattspitzen bei einem Radius R von 50 Metern?*

Lösung: $\quad \omega = 2\pi \cdot f = 2\pi \cdot \dfrac{15}{60\,\mathrm{s}} = 2\pi \cdot \dfrac{1}{4\,\mathrm{s}} = \dfrac{\pi}{2} \cdot \mathrm{s}^{-1}$

$$v = \omega \cdot R = \dfrac{\pi}{2} \cdot \mathrm{s}^{-1} \cdot 50\,\mathrm{m} = 78{,}5\,\dfrac{\mathrm{m}}{\mathrm{s}} = 283\,\dfrac{\mathrm{km}}{\mathrm{h}} .$$

26. *Bestimmen Sie nur mit Hilfe eines gleichseitigen Dreiecks die Werte von:*
$\sin 30°$, $\cos 30°$, $\tan 30°$, *und* $\cot 30°$.

Lösung: $\quad h^2 + (a/2)^2 = a^2$, $\quad h^2 = a^2 - (a/2)^2 = \dfrac{3}{4}a^2$, $\quad h = \sqrt{3} \cdot \dfrac{a}{2}$:

$$\sin 30° = \frac{a/2}{a} = \frac{1}{2} \qquad\qquad \cos 30° = \frac{\sqrt{3} \cdot a/2}{a} = \frac{1}{2} \cdot \sqrt{3}$$

$$\tan 30° = \frac{a/2}{\sqrt{3} \cdot a/2} = \frac{1}{\sqrt{3}} \qquad\qquad \cot 30° = \frac{\sqrt{3} \cdot a/2}{a/2} = \sqrt{3}$$

27. *(a) Zeigen Sie mit* $\tan\alpha = \frac{\sin\alpha}{\cos\alpha}$ *und dem Additionstheorem von Sinus und Cosinus, dass gilt:* $\tan(\alpha + 180°) = \tan\alpha$.

(b) Da sich die Funktionswerte des Tangens nach $180°$ *wiederholen, genügt eine Skizze des Funktionsverlaufs für einen Bereich von* $180°$: *Skizzieren Sie* $y = \sin x$, $y = \cos x$, *und* $y = \tan x$ $(= \frac{\sin x}{\cos x})$ *für alle Werte von* α *zwischen* $-90°$ *und* $90°$.

<u>*Lösung:*</u>

(a)

$$\tan(\alpha + 180°) =$$

$$\frac{\sin(\alpha + 180°)}{\cos(\alpha + 180°)} =$$

$$\frac{\sin\alpha \cdot \cos 180° + \cos\alpha \cdot \sin 180°}{\cos\alpha \cdot \cos 180° - \sin\alpha \cdot \sin 180°} =$$

$$\frac{\sin\alpha \cdot (-1) + \cos\alpha \cdot 0}{\cos\alpha \cdot (-1) - \sin\alpha \cdot 0} = \frac{-\sin\alpha}{-\cos\alpha} = \frac{\sin\alpha}{\cos\alpha} = \tan\alpha$$

(b)

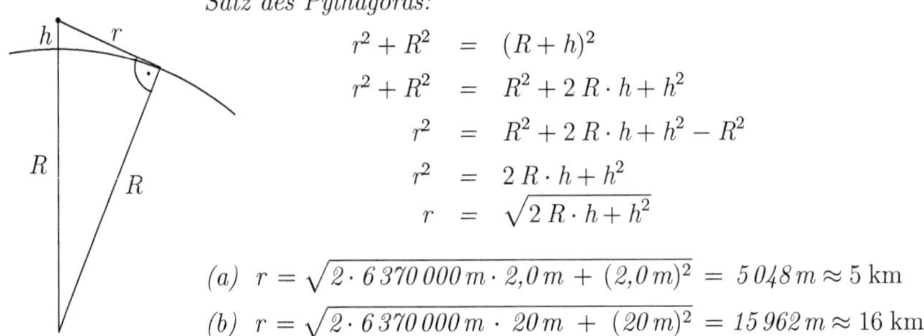

28. *Sie stehen am Strand. Wie weit können Sie schauen (Luftlinie), bei einer Blickhöhe von*
(a) $h = 2\,m$,   *(b)* $h = 20\,m$ *(Aussichtsturm)*. *Der Erdradius beträgt* $R = 6\,370\,km$.

<u>*Lösung:*</u>   *Wir bezeichnen die Sichtweite bis zum Horizont mit* r:

Satz des Pythagoras:

$$
\begin{aligned}
r^2 + R^2 &= (R + h)^2 \\
r^2 + R^2 &= R^2 + 2R \cdot h + h^2 \\
r^2 &= R^2 + 2R \cdot h + h^2 - R^2 \\
r^2 &= 2R \cdot h + h^2 \\
r &= \sqrt{2R \cdot h + h^2}
\end{aligned}
$$

$$(a) \quad r = \sqrt{2 \cdot 6\,370\,000\,m \cdot 2{,}0\,m + (2{,}0\,m)^2} = 5\,048\,m \approx 5\,\text{km}$$

$$(b) \quad r = \sqrt{2 \cdot 6\,370\,000\,m \cdot 20\,m + (20\,m)^2} = 15\,962\,m \approx 16\,\text{km}$$

Der letzte Term h^2 *ist vernachlässigbar klein, das heißt:* $r \approx \sqrt{2Rh}$.

(Durch die Lichtbrechung am Horizont ist die Sichtweite r *noch etwa* $8\,\%$ *größer.)*

29. *(i) Zeichnen Sie ein beliebiges Dreieck mit den Standardbezeichnungen* a, b, c *für die Seiten und* α, β, γ *für die Winkel. Was ergibt der Cosinussatz speziell im Falle eines rechtwinkligen Dreiecks mit* $\gamma = 90°$?

(ii) Bestimmen Sie den Winkel γ *eines Dreiecks mit den folgenden Seiten:*
$a = 5$, $b = 3$, $c = 7$ *(Längeneinheiten). Hinweis: Bestimmen Sie zunächst* $\cos\gamma$.
Nutzen Sie dann $\cos\gamma = z \Rightarrow \gamma = \cos^{-1} z$.

Lösung: *(i)*

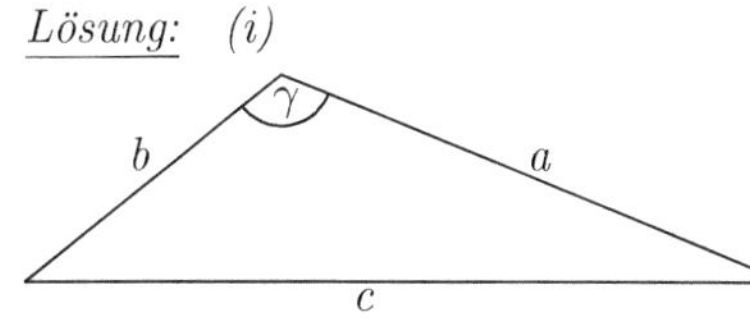

Speziell für $\gamma = 90°$ *ergibt der Cosinussatz:*

$$a^2 + b^2 - 2ab \cdot \underbrace{\cos 90°}_{=\,0} = c^2 \,, \ \textit{somit:}$$

$$a^2 + b^2 = c^2 \quad \textit{Satz des Pythagoras\,!}$$

(ii) Wir lösen den Cosinussatz nach $\cos \gamma$ *auf:*

$$a^2 + b^2 - c^2 \;=\; 2\,a \cdot b \cdot \cos \gamma \,, \quad \textit{folglich:} \quad \frac{a^2 + b^2 - c^2}{2\,a \cdot b} \;=\; \cos \gamma$$

Einsetzen von $a = 5\,LE$, $b = 3\,LE$, $c = 7\,LE$ *ergibt* $\cos \gamma \;=\; \frac{5^2 + 3^2 - 7^2}{2 \cdot 5 \cdot 3} \;=\; \frac{-15}{30} \;=\; -\frac{1}{2}$.

$$\cos \gamma \;=\; -0{,}500 \quad \Leftrightarrow \quad \gamma \;=\; \cos^{-1}(-0{,}500) \;=\; 120°$$

30. *Heute Morgen beginnt die Spinne Thekla wieder einmal meisterhaft ein Netz zu knüpfen. Der Abstand zwischen A und B beträgt einen Meter, ihr Faden ist 50 cm länger, Fadenlänge also 1,50 m. Wie tief hängt sie in der Mitte durch (vgl. Skizze)?*

Sie werden sicherlich leicht nachrechnen, dass die Strecke a rund 56 cm beträgt:

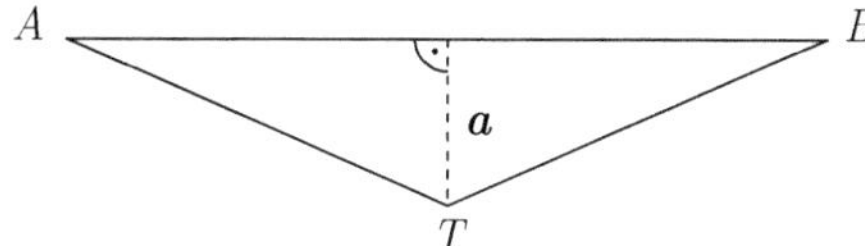

Zur gleichen Zeit spannt eine Forschungsgruppe in Amazonien ein Transportseil über einen breiten Fluss. Der Abstand zwischen den Punkten A und B beträgt hier 100 m. Das Transportgewicht zieht nach unten, das gespannte Seil wird dadurch 50 cm länger. Wie tief hängt es nun in der Mitte durch? Bitte schätzen Sie zunächst einmal!

Lösung: *Nach dem Satz des Pythagoras gilt:*

$$a^2 + (\tfrac{1}{2}\,\overline{AB})^2 \;=\; \overline{TB}^{\,2} \quad \Leftrightarrow \quad a^2 + (50\,\text{m})^2 \;=\; (50{,}25\,\text{m})^2 \quad \Leftrightarrow$$

$$a^2 \;=\; (50{,}25\,\text{m})^2 - (50\,\text{m})^2 \quad \Leftrightarrow \quad a^2 \;=\; 25{,}06\,\text{m}^2 \quad \Leftrightarrow \quad \textit{Ergebnis:} \ a = 5{,}0\,\text{m}$$

Aufgaben und Lösungen zu Kapitel 2

2.1 Funktion und Umkehrfunktion

1. *Gegeben sei die Funktion* $f : \mathbb{R} \to \mathbb{R}$ *mit* $f(x) = 2^x$: *Fertigen Sie eine Funktionswerttabelle an für* $y = f(x)$ *mit den Werten* $x = -2, -1, 0, 1, 2$. *Skizzieren Sie* $y = f(x)$, *und in einer zweiten Skizze die Umkehrung* $x = f^{-1}(y)$. *Diese bezeichnet man als 'Zweierlogarithmus' oder 'Logarithmus zur Basis 2' (notiert als* $\log_2$, *auch* ld *oder* lb *).*

Lösung:

$$f : \quad \frac{\textit{Eingabe}}{\textit{Ausgabe}} \quad \begin{array}{c|c|c|c|c|c} x & -2 & -1 & 0 & 1 & 2 \\ \hline\hline y & 1/4 & 1/2 & 1 & 2 & 4 \end{array} \qquad f^{-1} : \quad \begin{array}{c|c|c|c|c|c} y & 1/4 & 1/2 & 1 & 2 & 4 \\ \hline\hline x & -2 & -1 & 0 & 1 & 2 \end{array}$$

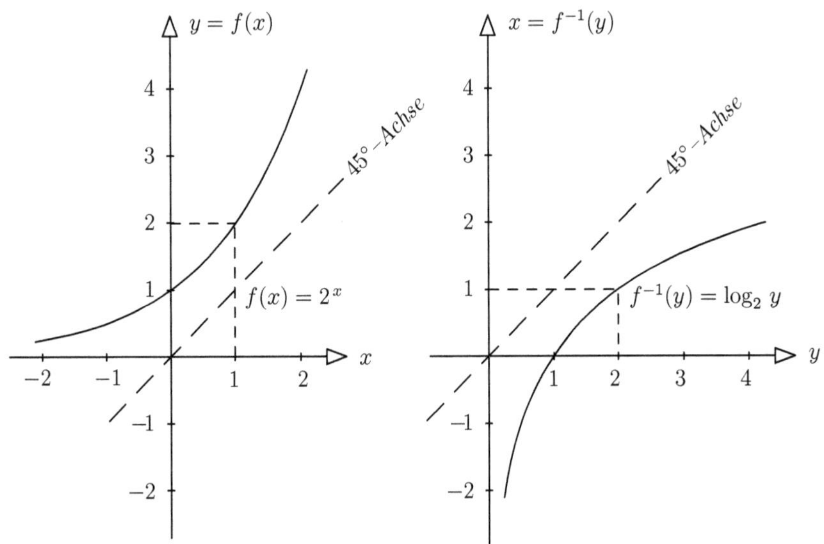

2. *Gegeben sei die Funktion* $f : \mathbb{R} \to \mathbb{R}$ *mit* $f(x) = x^3$: *Fertigen Sie für die Umkehrung* $x = f^{-1}(y)$ *eine Funktionswerttabelle an mit den Werten* $x = -2, -1, 0, 1, 2$. *Skizzieren Sie* $x = f^{-1}(y)$. *Unter welcher Bezeichnung kennen Sie diese (Umkehr-) Funktion?*

<u>*Lösung:*</u>

$\dfrac{Eingabe}{Ausgabe}$ $f :$

x	-2	-1	0	1	2
y	-8	-1	0	1	8

$f^{-1} :$

y	-8	-1	0	1	8
x	-2	-1	0	1	2

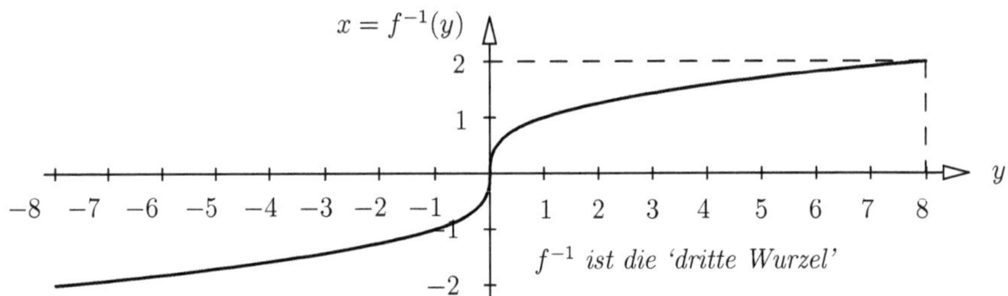

3. *(a) Die Sinusfunktion ist auf* $A = [-90°; 90°]$ *als Standardbereich mit den Werten in* $B = [-1; 1]$ *umkehrbar. Begründen Sie das mit einer Skizze. Skizzieren Sie nun auch* $\sin^{-1} : [-1; 1] \to [-90°; 90°]$.

(b) Bestimmen Sie sämtliche Lösungen der Gleichung $\sin \alpha = 0{,}866$. *Ermitteln Sie zuerst die Standardlösung!*

Lösung: (a)

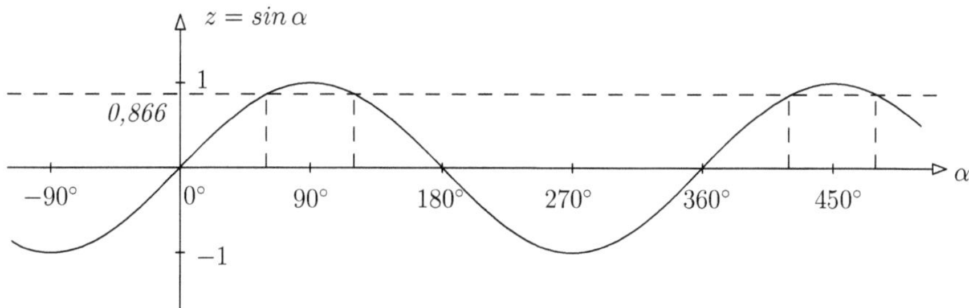

Im Fall der Einschränkung $\sin : [-90°; 90°] \to [-1; 1]$ *kommt jeder Wert* $z \in [-1; 1]$ *genau einmal als Funktionswert vor. Diese Funktion ist also umkehrbar:*

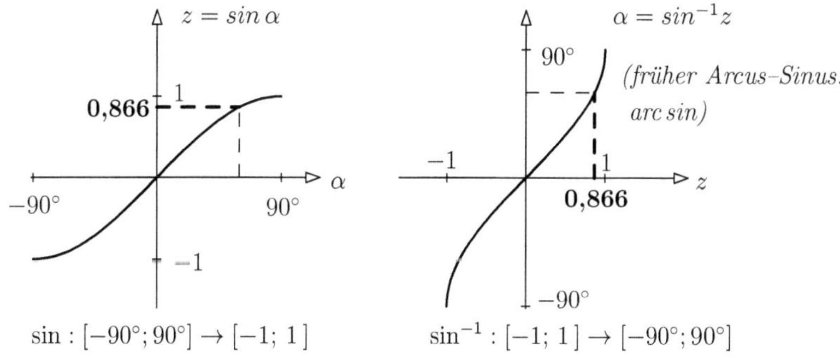

$$\sin : [-90°; 90°] \to [-1; 1] \qquad \sin^{-1} : [-1; 1] \to [-90°; 90°]$$

(b) Der Rechner liefert $\sin^{-1}(0{,}866) = 60°$ *als Standardlösung. Wegen* $60° - 90° = 30°$ *und der Symmetrie zu* $90°$ *(siehe Skizze oben) ist auch* $90° + 30° = 120°$ *eine Lösung von* $\sin \alpha = 0{,}866$. *Offensichtlich sind das im Bereich* $[0; 360°]$ *bereits alle Lösungen, die sich mit der Periode von* $360°$ *nur wiederholen.*

4. *Kennt man anstelle von* f *nur* f^{-1}, *so erhält man durch 'Umkehrung der Umkehrung' wieder* f! *Das nutzt man zum Beispiel bei folgendem Problem. Sie hatten nämlich etwas über den Durst getrunken und '1‰ im Blut'!*

Bezeichne y *den Blutalkoholgehalt in Promille und* t *die Zeit in Stunden. Gesucht ist* y *als Funktion der Zeit* t, $\hspace{2cm}$ *(also* $y = f(t)$ *)!*

Beim Lösen der entsprechenden Enzymgleichung erhält man im Falle des 'Anfangwertes' $y = 1$ *Promille für* $t = 0$ *Stunden folgende formelmäßige Beziehung zwischen* y *und* t:

$$t = 0{,}44 \ln \frac{1}{y} + 5{,}6 \cdot (1 - y), \qquad \text{(also } t = f^{-1}(y) \text{)!}$$

Ihre Auswertung von t *als Funktion von* y *ergibt hierfür folgende Skizze:*

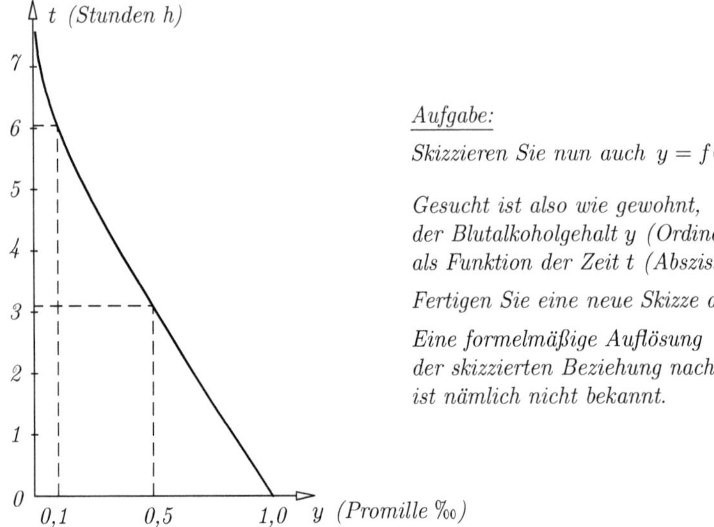

Aufgabe:

Skizzieren Sie nun auch $y = f(t)$!

*Gesucht ist also wie gewohnt,
der Blutalkoholgehalt y (Ordinate)
als Funktion der Zeit t (Abszisse).*

Fertigen Sie eine neue Skizze an!

*Eine formelmäßige Auflösung
der skizzierten Beziehung nach y
ist nämlich nicht bekannt.*

Lösung: *Spiegeln an der Winkelhalbierenden (45°–Achse) liefert y als Funktion der Zeit t:*

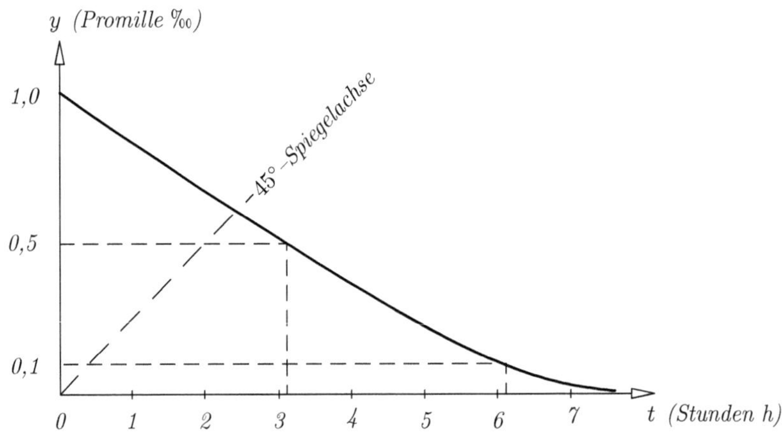

2.2 Verkettung von Funktionen

5. *Lösen Sie ohne Taschenrechner rein formal folgende Gleichungen:*

$$x^3 = 5, \qquad 2^x = 5, \qquad \sqrt[3]{x} = 5, \qquad \log_2 x = 5.$$

Lösung: *Wir nutzen beispielsweise die Beziehung*

$$f(x) = y \;\Leftrightarrow\; x = f^{-1}(y) \;:$$

$$x^3 = 5 \;\Leftrightarrow\; x = \sqrt[3]{5} \qquad 2^x = 5 \;\Leftrightarrow\; x = \log_2 5$$
$$\sqrt[3]{x} = 5 \;\Leftrightarrow\; x = 5^3 \qquad \log_2 x = 5 \;\Leftrightarrow\; x = 2^5$$

Oder als Alternative die Verkettung mit der Umkehrfunktion, das heißt

$$f(x) = y \;\Leftrightarrow\; f^{-1}(f(x)) = f^{-1}(y) \;\Leftrightarrow\; x = f^{-1}(y) \;:$$

$$x^3 = 5 \;\Leftrightarrow\; \sqrt[3]{x^3} = \sqrt[3]{5} \;\Leftrightarrow\; x = \sqrt[3]{5}$$
$$2^x = 5 \;\Leftrightarrow\; \log_2(2^x) = \log_2 5 \;\Leftrightarrow\; x = \log_2 5$$
$$\sqrt[3]{x} = 5 \;\Leftrightarrow\; (\sqrt[3]{x})^3 = 5^3 \;\Leftrightarrow\; x = 5^3$$
$$\log_2 x = 5 \;\Leftrightarrow\; 2^{\log_2 x} = 2^5 \;\Leftrightarrow\; x = 2^5$$

6. *Welche der folgenden Ergebnisse sind richtig und warum? Korrigieren Sie gegebenenfalls! (Vermutungen kann man durch konkrete Zahlenbeispiele mit dem Taschenrechner testen.)*

$$a) \quad \cos\left(\cos^{-1}(-x)\right) = -x, \quad x \in [-1;\,1].$$
$$e^{\ln(-x)} = -x, \quad x \in \mathbb{R}^-.$$
$$\ln\left(e^{-x}\right) = -x, \quad x \in \mathbb{R}.$$

$$b) \quad \cos(-\cos^{-1}(x)) = -x, \quad x \in [-1;\,1].$$
$$e^{-\ln(x)} = -x, \quad x \in \mathbb{R}^+.$$
$$\ln(-e^x) = -x, \quad x \in \mathbb{R}.$$

Lösung: *(a) Diese Ergebnisse sind alle richtig:*

Für jede umkehrbare Funktion $f : A \to B$ *und ihre Umkehrung* $f^{-1} : B \to A$ *gilt:* $f(f^{-1}(z)) = z$, *für jedes* $z \in B$. *Und das gilt speziell auch für* $z = -x$.

Natürlich muss $-x$ *zu* B *gehören, aber das ist für alle Beispiele erfüllt!*

(b) Hier sind sämtliche Ergebnisse falsch! Es gilt allgemein nicht: $f(-f^{-1}(x)) = -x$. *In diesem Falle wird ja die Funktion* f *nicht mit* f^{-1}, *sondern mit* $-f^{-1}$ *verknüpft!*

Korrigieren wir, das Ergebnis unterscheidet sich je nach Funktion:

Wegen $\cos(-z) = \cos(z)$ *gilt:* $\quad \cos(-\cos^{-1}(x)) = \cos(\cos^{-1}(x)) = x$

Wegen $a^{-b} = \dfrac{1}{a^b}$ *folgt hier:* $\quad e^{-\ln(x)} = \dfrac{1}{e^{\ln(x)}} = \dfrac{1}{x}$

Wegen $-e^x < 0$ *ist der Ausdruck* $\ln(-e^x)$ *gar nicht definiert!*

7. *Bestimmen Sie alle Nullstellen* $x \in \mathbb{R}$ *von*

$$a) \quad f(x) = x^2 - 6x + 5$$
$$b) \quad f(x) = x^2 - 6x + 9$$
$$c) \quad f(x) = x^2 - 6x + 12$$

Lösung: Mit der Lösungsformel $x_{1,2} = -\frac{p}{2} \pm \sqrt{(\frac{p}{2})^2 - q}$ erhalten wir:

(a) $p = -6$, $-\frac{p}{2} = 3$, $q = 5$:

$$x_{1,2} = 3 \pm \sqrt{3^2 - 5}$$
$$= 3 \pm 2$$

Ergebnis: $x_1 = 5$, $x_2 = 1$.

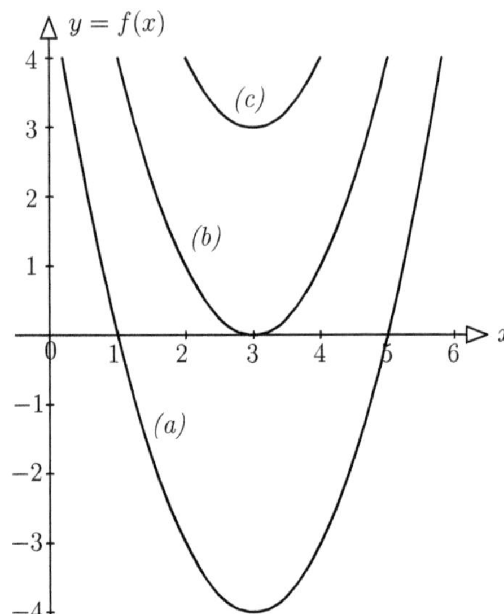

(b) $p = -6$, $-\frac{p}{2} = 3$, $q = 9$:

$$x_{1,2} = 3 \pm \sqrt{3^2 - 9}$$
$$= 3 \pm \sqrt{0}$$

Ergebnis: $x_1 = x_2 = 3$,

(nur eine 'doppelte' Nullstelle).

(c) $p = -6$, $-\frac{p}{2} = 3$, $q = 12$:

$$x_{1,2} = 3 \pm \sqrt{3^2 - 12}$$
$$= 3 \pm \sqrt{-3}$$

Ergebnis: Keine Nullstellen.

Aufgaben und Lösungen zu Kapitel 3

3.1 Polynome und rationale Funktionen

1. *Vereinfachen Sie:*

(i) $a^3 \cdot a^5$, a^3/a^5, $a^{-3} \cdot a^5$, a^{-3}/a^5, a^5/a^{-3}.

(ii) $\left(\frac{1}{2}\right)^0$, $\left(\frac{1}{2}\right)^1$, $\left(\frac{1}{2}\right)^3$, $\left(\frac{1}{2}\right)^{-3}$.

(iii) $z = \dfrac{a^3 \cdot b^3 \cdot c^{-1} \cdot a^{-4} \cdot b^{-1} \cdot c^{-1}}{(a^{-1})^2 \cdot b^{-3} \cdot c \cdot c}$

Lösung: (i) $a^3 \cdot a^5 = a^{3+5} = a^8$, $\dfrac{a^3}{a^5} = a^{3-5} = a^{-2} = \dfrac{1}{a^2}$, $a^{-3} \cdot a^5 = a^{-3+5} = a^2$,

$\dfrac{a^{-3}}{a^5} = a^{-3-5} = a^{-8} = \dfrac{1}{a^8}$, $\dfrac{a^5}{a^{-3}} = a^{5-(-3)} = a^{5+3} = a^8$.

(ii) $\left(\dfrac{1}{2}\right)^0 = 1$, $\left(\dfrac{1}{2}\right)^1 = \dfrac{1}{2}$, $\left(\dfrac{1}{2}\right)^3 = \dfrac{1^3}{2^3} = \dfrac{1}{8}$, $\left(\dfrac{1}{2}\right)^{-3} = \dfrac{1}{(\frac{1}{2})^3} = \dfrac{1}{\frac{1}{8}} = 8$.

(iii) $z = \dfrac{a^3 \cdot b^3 \cdot c^{-1} \cdot a^{-4} \cdot b^{-1} \cdot c^{-1}}{(a^{-1})^2 \cdot b^{-3} \cdot c \cdot c} = \dfrac{a^{-1} \cdot b^2 \cdot c^{-2}}{a^{-2} \cdot b^{-3} \cdot c^2} = a^{-1+2} \cdot b^{2+3} \cdot c^{-2-2} = a \cdot b^5 \cdot c^{-4}$.

2. *Bestimmen Sie (nützlich wäre natürlich ein Taschenrechner):* $c = \sqrt{\dfrac{1}{\varepsilon_0 \cdot \mu_0}}$

mit $\varepsilon_0 = 8{,}854\,187\,817 \cdot 10^{-12}\,A \cdot s \cdot V^{-1} \cdot m^{-1}$, $\mu_0 = 4\pi \cdot 10^{-7}\,V \cdot s \cdot A^{-1} \cdot m^{-1}$.
(ε_0 die Dielektrizitätskonstante des Vakuums, μ_0 die Induktionskonstante.)

Um welche Art von abgeleiteter Meßgröße wie elektrischer Widerstand, Fläche oder Kraft handelt es sich eigentlich bei dem errechneten Wert c ?

Lösung: Zunächst ohne die Wurzel, Maßzahlen und Einheiten getrennt notiert:

$$\frac{1}{\varepsilon_0 \cdot \mu_0} = \frac{1}{8{,}854\,187\,817 \cdot 10^{-12} \cdot 4\pi \cdot 10^{-7} \cdot \ A \cdot s \cdot V^{-1} \cdot m^{-1} \cdot \ V \cdot s \cdot A^{-1} \cdot m^{-1}}$$

$$= \frac{1}{111{,}265\,005\,6 \cdot 10^{-19} \cdot A^0 \cdot s^2 \cdot V^0 \cdot m^{-2}} = \frac{1}{111{,}265\,005\,6 \ \cdot \ 10^{-19}} \cdot \frac{1}{s^2 \cdot m^{-2}}$$

$$= 8{,}987\,551\,788 \cdot 10^{16} \cdot \frac{m^2}{s^2} \qquad \text{\textit{Hiermit folgt nun leicht:}}$$

$$c = \sqrt{8{,}987\,551\,788 \cdot 10^{16} \cdot \tfrac{m^2}{s^2}} \ = \ 299\,792\,458 \ \tfrac{m}{s} \ \approx \ 300\,000 \ \tfrac{km}{s}$$

Die Einheit $\frac{km}{s}$ bedeutet: Es handelt sich bei c um eine Geschwindigkeit!
(Und zwar die Lichtgeschwindigkeit, ein 'elektro magnetisches' Resultat).

3. *Bestimmen Sie die Gleichung $y = ax + b$ der Geraden durch die beiden vorgegebenen Punkte $P_0(\tfrac{1}{2}|2)$ und $P_1(1|1)$?*

Lösung: Gemäß Seite 28 gilt: $a = \dfrac{y_1 - y_0}{x_1 - x_0} = \dfrac{1 - 2}{1 - 1/2} = -2 \,,$ *und*

$b = y_0 - a \cdot x_0 = 2 - (-2) \cdot \tfrac{1}{2} = 2 - (-1) = 3 \,.$

Die gesuchte Geradengleichung lautet: $y = -2x + 3 \,.$

(Die gewählte Reihenfolge der beiden Punkte beim Einsetzen ist natürlich egal.)

4. *Die rationale Funktion* $\dfrac{2V - 3}{V^2 - 3V} = \dfrac{2V - 3}{V \cdot (V - 3)}$ *lässt sich in Teilbrüche zerlegen:*

$$\frac{2V - 3}{V \cdot (V - 3)} = \frac{a}{V} + \frac{b}{V - 3}$$

mit noch zu bestimmenden Konstanten a, b (sogenannte Partialbruchzerlegung). Multiplizieren Sie hierzu die letztere Gleichung mit $V \cdot (V - 3)$ und führen Sie für die beiden 'Polynome in V' links und rechts einen Koeffizientenvergleich durch.

Lösung: Multiplikation von $\dfrac{2V - 3}{V \cdot (V - 3)} = \dfrac{a}{V} + \dfrac{b}{V - 3}$ *mit $V \cdot (V - 3)$ ergibt:*

$$2V - 3 \ = \ a \cdot (V - 3) + b \cdot V$$
$$2V - 3 \ = \ a \cdot V - 3a + b \cdot V$$
$$2V - 3 \ = \ (a + b) \cdot V - 3a$$

$$Koeffizientenvergleich:$$

$$2 \ = \ a + b$$
$$-3 \ = \ -3a \,, \quad \boxed{a = 1}$$
$$2 \ = \ 1 + b \,, \quad \boxed{b = 1}$$

Ergebnis: $\dfrac{2V - 3}{V \cdot (V - 3)} = \dfrac{1}{V} + \dfrac{1}{V - 3}$

3.2 Prozentrechnung

5. *(a) Sie nehmen sich die 'spitze Hälfte' eines dreieckigen Kuchenstücks, was heißen soll: Sie schneiden es auf halber Höhe ab (Skizze links)! Wie viel Prozent des Kuchenstückes haben Sie hiermit abgeschnitten?*

(b) Um wie viel Prozent ist der Weg über die Diagonale kürzer als der Weg längs der beiden Seiten des Quadrats?

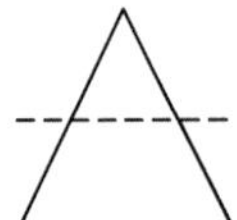 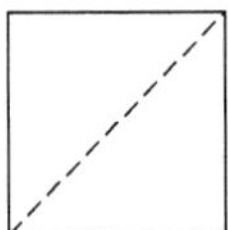

Lösung: *(a) Am einfachsten geht es anschaulich durch Flächenvergleich:*

 *Das obere Dreieck ist eines von 4 flächengleichen Dreiecken. Seine Fläche beträgt* $\dfrac{1}{4} = 0{,}25$ *oder 25 % der Gesamtfläche.*

(b) Mit a als Seitenlänge beträgt die Länge der Diagonale $d = \sqrt{a^2 + a^2}$ *, also* $d = \sqrt{2} \cdot a$. *Der Weg längs der Seiten beträgt* $w = 2a$. *Vergleich:* $\dfrac{d}{w} = \dfrac{\sqrt{2} \cdot a}{2a} = \dfrac{1}{2} \cdot \sqrt{2} \approx 0{,}70$ *bzw.* $d \approx 0{,}70 \cdot w$! *Ergebnis: d ist rund 70 % von w und somit 30 % kürzer als w.*

6. *Für die Jahre 1870 bzw. 2020 bestimmte man den CO_2–Gehalt der Atmosphäre zu 280 ppm bzw. 414 ppm. Für diese CO_2–Werte beträgt die durchschnittliche Photosyntheseleistung (CO_2–Aufnahme) von sog. C3–Pflanzen wie Weizen, Roggen, Hafer, Reis: 24 $\mu mol/(m^2 \cdot s)$ bzw. 38 $\mu mol/(m^2 \cdot s)$.*

Bestimmen Sie den prozentualen Anstieg des Klimagases CO_2 und den prozentualen Anstieg der Photosyntheseleistung der Pflanzen.

Lösung: $\dfrac{414}{280} = 1{,}48$ *oder* $414 = 1{,}48 \cdot 280$: *Anstieg des CO_2–Gehalts um 48 %.*

$\dfrac{38}{24} = 1{,}58$ *oder* $38 = 1{,}58 \cdot 24$: *Anstieg der Photosynthese um 58 %.*

7. *Die Anzahl der Tiere einer Herde wurde um 25 % erhöht und beträgt jetzt 480 Tiere. Wie viele waren es vorher?*

Lösung: *Mit x als frühere Anzahl gilt:* $1{,}25 \cdot x = 480$, *somit:* $x = 480/1{,}25 = 384$.

8. *Der Stuhlgang des Menschen besteht zu etwa 75 % aus Wasser, 7,5 % sind Bakterien, weitere 7,5 % abgeschilferte Darmwandzellen, und nur 10 % sind unverdauliche oder unverdaute Reste unserer Nahrung. Wie sieht die prozentuale Verteilung aus, wenn man das Wasser unberücksichtigt lässt?*

Lösung: Von 100 Teilen bleiben ohne Wasser noch 25 Teile: Davon sind 7,5 Teile bzw. $\frac{7{,}5}{25} = 0{,}30 = 30$ *% Darmbakterien. Ebensoviel bilden alte, verbrauchte Darmwandzellen. Und immerhin* $\frac{10}{25} = 0{,}40 = 40$ *% bestehen aus unverdauten Nahrungsresten.*

3.3 Die Exponentialfunktion $y = a^x$

9. *(a) Gilt $\left(e^x\right)^2 = e^{x^2}$, was $e^{(x^2)}$ bedeutet, oder gilt $\left(e^x\right)^2 = e^{2x}$?*

(b) Vereinfachen Sie, so weit möglich: $\dfrac{e^{3x}}{e^x}$ und $\dfrac{e^{x^3}}{e^x}$.

Lösung: (a) $\left(e^x\right)^2 = e^x \cdot e^x = e^{x+x} = e^{2x}$

Oder Sie nutzen die Regel $\left(a^u\right)^v = a^{u \cdot v}$: $\left(e^x\right)^2 = e^{x \cdot 2} = e^{2 \cdot x}$

Der zweite Exponent war etwas 'hochgerutscht', was aber am Ergebnis nichts ändert!

(b) $\dfrac{e^{3x}}{e^x} = e^{3x-x} = e^{2x}$, $\dfrac{e^{x^3}}{e^x} = e^{x^3-x}$.

10. *(a) Ihre Luftdruckmessungen in verschiedenen Höhen h bestätigen folgendes Ergebnis: Der Luftdruck verliert pro 100 Meter Höhenunterschied rund 1,18 % seines Wertes. Berechnen Sie eine Formel für den Luftdruck in Abhängigkeit von der Höhe h (Barometrische Höhenformel). Hierfür bezeichne $p(0) = p_0$ den Luftdruck in Meereshöhe. (Hinweis: $p(h + 100\,m) = p(h) \cdot (100\,\% - 1{,}18\,\%) = p(h) \cdot (1 - 0{,}0118) = p(h) \cdot 0{,}9882$.*

(b) Welcher Luftdruck herrscht auf dem Kilimandscharo (Höhe $5\,900$ m)?

Lösung: (a) Nach 100 Metern Höhengewinn sind noch 98,82 % Luftdruck übrig:

$$p(h + 100\,m) = p(h) \cdot 0{,}9882 \quad \Leftrightarrow \quad p(h) = p_0 \cdot 0{,}9882^{\frac{h}{100\,m}}$$

(b) Das bemerkenswerte Ergebnis: $p(5900\,m) = p_0 \cdot 0{,}9882^{59} = p_0 \cdot 0{,}50$.

11. *Das metastabile Technetium ^{99m}Tc wird in der Nuklearmedizin benutzt. Es hat eine Halbwertszeit von lediglich $T = 6{,}0$ Stunden. Wieviel Prozent der Ausgangsmenge $M(0) = M_0$ sind nach $t = 5$ Stunden noch vorhanden, wie viel nach $t = 11$ Stunden?*

Lösung: Bei einer Halbwertszeit von $T = 6$ Stunden gilt: $M(t) = M_0 \cdot 2^{-\frac{t}{6h}}$.
Einsetzen: $M(5\,h) = M_0 \cdot 2^{-\frac{5\,h}{6\,h}} = M_0 \cdot 0{,}56$ oder 56 % der Anfangsmenge M_0.
Nach weiteren $T = 6$ Stunden bleibt hiervon natürlich nur noch die Hälfte übrig: $M(11\,h) = M_0 \cdot 2^{-\frac{11\,h}{6\,h}} = M_0 \cdot 0{,}28$ und somit noch 28 % der Anfangsmenge M_0.

12. *Die Ausbreitung eines Krankheitserregers in der Bevölkerung geschieht exponentiell, solange die Reproduktionszahl $R > 1$ beträgt. Angenommen bei einer noch nicht immunisierten Bevölkerung gelte für einen bestimmten Erreger $R = 3$: Wie hoch muss der Anteil der (durch Impfung oder überstandene Erkrankung) Immunisierten werden, um eine weitere Ausbreitung zu stoppen (sog. Herdenschutz).*

Lösung: Seien $R - 1 = 2$ von $R = 3$ neu infizierten Personen immun: Dann beträgt die wirkliche Anzahl der Erkrankten nur noch $R = 1$, anschaulich:

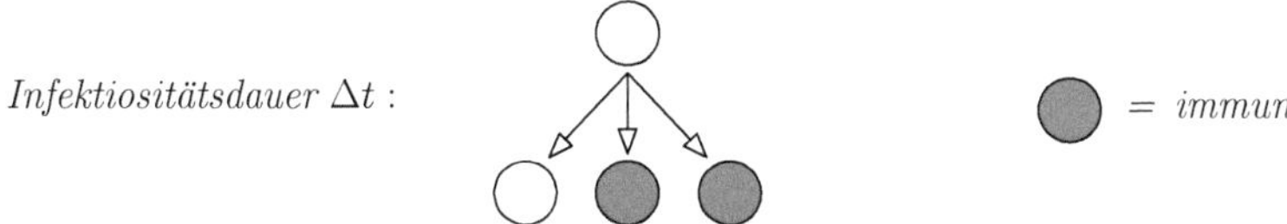

Herdenschutz ist erreicht, wenn (mindestens) $R - 1$ von R Personen immunisiert sind. In diesem Fall sind das dann $\frac{R-1}{R} = \frac{2}{3} \approx 67\,\%$ der Bevölkerung.

13. *Es gibt viele Arten von Bakterien, deren Anzahl sich in einer Nährlösung bereits nach einer 'Generationszeit' von 20 Minuten verdoppeln.*

Dieses Wachstum muss irgendwann zu Ende gehen! Schätzen Sie einfach: Welche Masse würde theoretisch aus einem einzigen Bakterium von 10^{-12} g (ein Billionstel Gramm) nach Ablauf von 2 Tagen entstehen, also bei ungebremsten Wachstum von 48 Stunden? Vergleichen Sie mit der Erdmasse von $\approx 6 \cdot 10^{24}$ kg.

Lösung: *Verdopplung nach $T = 20$ min. $= \frac{1}{3}\,h$ bedeutet: $P(t + 1/3\,h) = P(t) \cdot 2$.*
$P(t) = P_0 \cdot 2^{\frac{t}{1/3\,h}}$. $P(48\,h) = 1 \cdot 2^{\frac{48\,h}{1/3\,h}} = 2^{144}$ Bakterien. Als Gesamtmasse m folgt:
$m = 2^{144} \cdot 10^{-12}$ g $= 2,23 \cdot 10^{43} \cdot 10^{-12}$ g $= 2,23 \cdot 10^{31}$ g $= 2,23 \cdot 10^{28}$ kg.
Das wäre mehr als das $3\,700$-fache der Erdmasse!

14. *Sie legen um eine Apfelsine vom Umfang $U = 30$ cm ein straffes Band. Dann geben Sie einen Meter Band dazu. Der Abstand beträgt jetzt $\Delta r \approx 16$ cm, (gestrichelte Linie):*

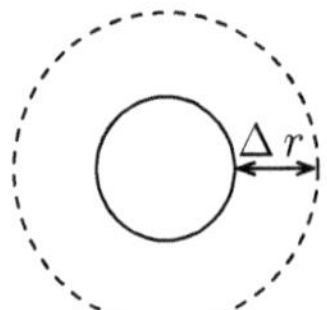

Ganz analog denken wir uns um den Äquator der Erde vom Umfang $40\,000$ km ein straffes Band gespannt. Wir verlängern dann dieses Band ebenfalls um einen Meter. Wie viel würde hier das Band gleichmäßig abstehen – passt da noch eine Ameise darunter hindurch?

Hinweis: Radius r als Funktion des Umfangs U? Welche Art von Wachstum liegt vor?

Lösung: *Es gilt $U = 2\pi \cdot r$ bzw. $r = \dfrac{1}{2\pi} \cdot U$ oder $r = 0,16 \cdot U$. Das ist eine proportionale Beziehung, also anschaulich eine Gerade durch den Nullpunkt mit der Steigung oder Proportionalitätskonstanten 0,16. Auf die Skizze dieser simplen Geraden wollen wir verzichten, aber es handelt sich natürlich um lineares Wachstum! Ganz egal wie groß der Radius ist: Wächst der Umfang U um 1 m, vergrößert sich der Radius r um $0,16$ m! Und unter diese 16 cm passt ganz sicher mehr als nur eine Ameise …*

3.4 Die Logarithmusfunktion $y = \log_a x$

15. *In einer Bakterienkultur ist nach einer gewissen 'Generationszeit' eine weitere Generation entstanden. Die Anfangszellzahl N_0 hat sich somit verdoppelt und beträgt $N_0 \cdot 2$. Nach einer weiteren Generationszeit (= Verdopplungszeit) sind es bereits viermal so viel, $N = N_0 \cdot 2 \cdot 2 = N_0 \cdot 2^2 = N_0 \cdot 4$, usw. Nach n-maligem Verdoppeln sind es $N = N_0 \cdot 2^n$.*

Es bedeuten: N die Endzellzahl, N_0 die Anfangszellzahl, n die Anzahl der Generationen.

Aufgabe: Lösen Sie die Gleichung $N = N_0 \cdot 2^n$ nach n auf!

Lösung: *Wir logarithmieren, um an den Exponenten n 'heranzukommen':*
$$\log_{10} N = \log_{10}(N_0 \cdot 2^n) = \log_{10} N_0 + \log_{10} 2^n = \log_{10} N_0 + n \cdot \log_{10} 2.$$
Auflösen nach n ergibt nun:
$$n \cdot \log_{10} 2 = \log_{10} N - \log_{10} N_0 = \log_{10}\left(\tfrac{N}{N_0}\right);$$
Ergebnis: $n = \dfrac{1}{\log_{10} 2} \cdot \log_{10}\left(\tfrac{N}{N_0}\right) = 3,32 \cdot \log_{10}\left(\tfrac{N}{N_0}\right).$ $\qquad\qquad\Diamond$

(Ist also t die Gesamtzeit für n-maliges Verdoppeln, so ist $\frac{t}{n} = T$ die Verdopplungszeit. Die Zeitspanne für eine Verdopplung wird in diesem Fall als Generationszeit bezeichnet.)

16. *Zeigen Sie durch Umformen, dass* $e^{\ln\left(\frac{1}{2}+\sqrt{\frac{5}{4}}\right)} - e^{-\ln\left(\frac{1}{2}+\sqrt{\frac{5}{4}}\right)}$ *exakt den Wert 1 ergibt.* *(Hinweis:* $e^{\ln x} = x$, $e^{-\ln x} = \dfrac{1}{e^{\ln x}} = \dfrac{1}{x}$ *).*

Lösung: $\quad e^{\ln\left(\frac{1}{2}+\sqrt{\frac{5}{4}}\right)} - e^{-\ln\left(\frac{1}{2}+\sqrt{\frac{5}{4}}\right)} = e^{\ln\left(\frac{1}{2}+\sqrt{\frac{5}{4}}\right)} - \dfrac{1}{e^{\ln\left(\frac{1}{2}+\sqrt{\frac{5}{4}}\right)}} =$

$$\left(\tfrac{1}{2}+\sqrt{\tfrac{5}{4}}\right) - \frac{1}{\left(\tfrac{1}{2}+\sqrt{\tfrac{5}{4}}\right)} = \frac{\left(\tfrac{1}{2}+\sqrt{\tfrac{5}{4}}\right)^2}{\left(\tfrac{1}{2}+\sqrt{\tfrac{5}{4}}\right)} - \frac{1}{\left(\tfrac{1}{2}+\sqrt{\tfrac{5}{4}}\right)} =$$

$$\frac{\tfrac{1}{4}+\sqrt{\tfrac{5}{4}}+\tfrac{5}{4}}{\tfrac{1}{2}+\sqrt{\tfrac{5}{4}}} - \frac{1}{\tfrac{1}{2}+\sqrt{\tfrac{5}{4}}} = \frac{\tfrac{1}{4}+\sqrt{\tfrac{5}{4}}+\tfrac{5}{4}-1}{\tfrac{1}{2}+\sqrt{\tfrac{5}{4}}} = \frac{\tfrac{1}{2}+\sqrt{\tfrac{5}{4}}}{\tfrac{1}{2}+\sqrt{\tfrac{5}{4}}} = 1$$

17. *(a) Errechnen Sie die Werte* $\operatorname{lb} x$ *aus den Werten von* $\ln x$.

(b) *Bestimmen Sie* $k:$ $\log_4 x = k \cdot \log_8 x$. *(Hinweis: Nutzen Sie* $x = 64 = 4^3 = 8^2$*).*

Lösung: (a) $\operatorname{lb} x = k \cdot \ln x$, $\operatorname{lb} 2 = k \cdot \ln 2$, $1 = k \cdot \ln 2$, $k = \dfrac{1}{\ln 2} = 1{,}442 \ldots$

(b) $\log_4 4^3 = k \cdot \log_8 8^2$, $3 = k \cdot 2$, $k = \dfrac{3}{2}$.

18. *Rechnen Sie* $2^{-\frac{t}{T}}$ *um, und zwar konkret zur* (a) *Basis 10*, (b) *Basis* $e = 2{,}718 \ldots$

Lösung: (a) *Aus* $2 = (10^{\lg 2})$ *folgt:* $2^x = (10^{\lg 2})^x = 10^{x \cdot \lg 2}$, *also* $2^{-\frac{t}{T}} = 10^{-\frac{t}{T} \cdot \lg 2}$.

(b) *Aus* $2 = e^{\ln 2}$ *folgt:* $2^x = (e^{\ln 2})^x = e^{x \cdot \ln 2}$, *also* $2^{-\frac{t}{T}} = (e^{\ln 2})^{-\frac{t}{T}} = e^{-\frac{t}{T} \cdot \ln 2}$.

19. *Für welche Konstante* k *gilt:* $3^x = 5^{k \cdot x}$ *?*
(Logarithmieren Sie die Gleichung mit einem bekannten Logarithmus wie lg *oder* ln*).*

Lösung: $\lg 3^x = \lg 5^{k \cdot x}$, $x \cdot \lg 3 = k \cdot x \cdot \lg 5$, $\lg 3 = k \cdot \lg 5$, $k = \dfrac{\lg 3}{\lg 5} = 0{,}682 \ldots$

20. *Eine Bakterienpopulation* P *wachse nach* $\Delta t = 3$ *Stunden um* $7{,}17\,\%$. *Wann ist* P *bei konstanten Kulturbedingungen um* $70\,\%$ *angewachsen?*

Lösung: $P(t+3h) = P(t) \cdot 1{,}17$, *also* $P(t) = P_0 \cdot \underbrace{1{,}17^{\frac{t}{3h}}}_{=1{,}70}:$

$$1{,}17^{\frac{t}{3h}} = 1{,}70 \Leftrightarrow \frac{t}{3h} \cdot \lg 1{,}17 = \lg 1{,}70 \Leftrightarrow t \cdot \lg 1{,}17 = 3h \cdot \lg 1{,}70 \Leftrightarrow t = 3h \cdot \frac{\lg 1{,}70}{\lg 1{,}17} \approx 10\,h$$

21. *Ein Ausdruck wie* 3^{4^5} *wird oft als* $(3^4)^5$ *interpretiert, bedeutet aber* $3^{(4^5)}$. *Vereinfachen Sie beide Ausdrücke zu* 3^x *und bestimmen Sie die beiden (verschiedenen) Exponenten* x.

Bestimmen Sie mit dem Taschenrechner auch die beiden entsprechenden Zahlenwerte 3^x.
(Hinweis: $3^x = 10^{\lg 3^x}$, *ganzzahligen Anteil im Exponenten abtrennen, s. Bsp. 19, S. 38.)*

Lösung: $(3^4)^5 = 3^{4 \cdot 5} = 3^{20}$ *bzw.* $x = 20$, *und* $3^{(4^5)} = 3^{1024}$ *bzw.* $x = 1024$.

$3^{20} = 3{,}486\,784\,401 \cdot 10^9$, *(direkt mit dem Taschenrechner)*.

$3^{1024} = 10^{1024 \cdot \lg 3} = 10^{488{,}5721648} = 10^{0{,}5721648} \cdot 10^{488} = 3{,}733\,918\,204 \cdot 10^{488}$.

3.5 Logarithmische Skalen und Darstellungen

22. *Schätzen Sie ohne Taschenrechner den Zahlenwert von x:*

(a) $x = 10^{2,6}$ (b) $x = 10^{3,3}$ (c) $10^{2,5} = x \cdot 10^{2,2}$ (d) $10^{2,2} = x \cdot 10^{2,5}$

(e) $x = 10^{-2,6}$ (f) $x = 10^{-3,3}$ (g) $10^{-2,2} = x \cdot 10^{-2,5}$ (h) $10^{-2,5} = x \cdot 10^{-2,2}$

(i) $x = \lg 400$ (j) $x = \lg \frac{1}{400}$ (k) $x = \lg 8000$ (l) $x = \lg \frac{1}{8000}$

Lösung: (a) $x = 10^{2,6} = 10^{0,3+0,3+2} = 10^{0,3} \cdot 10^{0,3} \cdot 10^2 = 2 \cdot 2 \cdot 100 = 400$. *Analog:*

(b) $x = 2000$, (c) $x = 10^{0,3} = 2$, (d) $x = 10^{-0,3} = \dfrac{1}{10^{0,3}} = \dfrac{1}{2}$, (e) $x = \dfrac{1}{400}$,

(f) $x = \dfrac{1}{2000}$, (g) $x = 10^{0,3} = 2$, (h) $x = 10^{-0,3} = \dfrac{1}{2}$, (i) $x = \lg(2 \cdot 2 \cdot 100) =$

$\lg 2 + \lg 2 + \lg 100 = 0,3 + 0,3 + 2 = 2,6$, (j) $x = \lg 1 - \lg 400 = -\lg 400 = -2,6$,

(k) $x = \lg(2^3 \cdot 10^3) = \lg 2^3 + \lg 10^3 = 3 \cdot \lg 2 + 3 = 3,9$, (l) $x = \lg 1 - \lg 8000 = -3,9$.

23. *Kennzeichnen Sie auf den skizzierten logarithmischen Skalen die folgenden Werte von c:*

(a) *1; 2; 4; 8.*   (b) *5; 500; 50000.*   (c) *0,5; 0,05; 0,005.*   (d) *15; 1,5; 0,15.*

Lösung:

24. *Die folgende Tabelle zeigt die Funktionswerte einer Exponentialfunktion $v = k \cdot a^t$:*

t	52	58	64	68
v	$4{,}763{\cdot}10^7$	$3{,}586{\cdot}10^8$	$2{,}700{\cdot}10^9$	$1{,}037{\cdot}10^{10}$

(a) Zeichnen Sie die entsprechenden Punkte ohne Taschenrechner in das 'einfach-logarithmische' Koordinatensystem links:

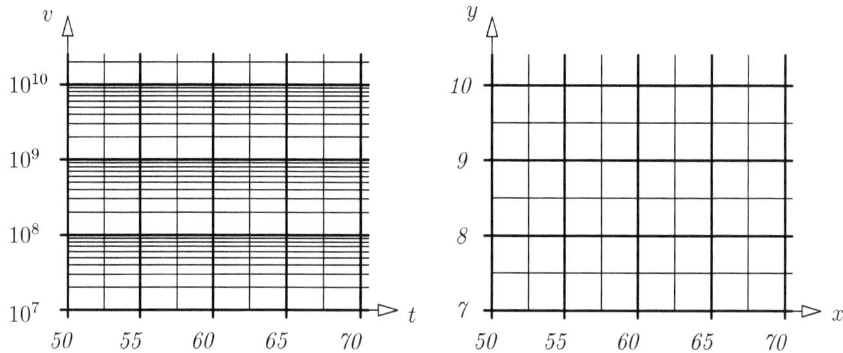

(b) Bestimmen Sie jetzt zur Kontrolle mit Hilfe des Taschenrechners die Tabellenwerte $x = t$ und $y = \lg v$ und skizzieren Sie die Punkte $P(x|y)$ im Koordinatensystem rechts.

Bestimmen Sie nun die Gerade $y = m{\cdot}x + c$ und die Konstanten k und a für $v = k{\cdot}a^t$.

Lösung:

(a)   *(b)*

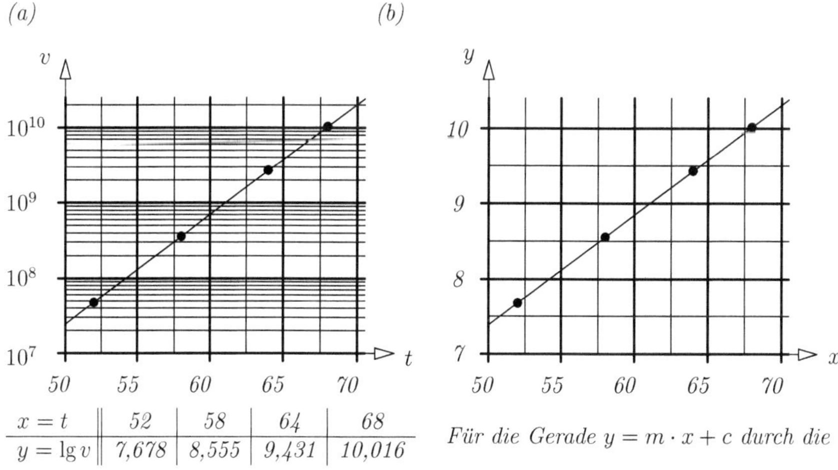

$x = t$	52	58	64	68
$y = \lg v$	7,678	8,555	9,431	10,016

Für die Gerade $y = m \cdot x + c$ durch die

Punkte $P(52|7{,}678)$ und $Q(68|10{,}016)$ folgt: $m = \dfrac{10{,}016 - 7{,}678}{68 - 52} = 0{,}1461$ *sowie*

$c = 10{,}016 - 0{,}1461 \cdot 68 = 0{,}0812,$ *und die Geradengleichung* $y = 0{,}1461 \cdot x + 0{,}0812.$

Das bedeutet aber: $\lg v = 0{,}1461 \cdot t + 0{,}0812 ,$ *und* $v = 10^{\lg v} = 10^{\,0{,}1461 \cdot t + 0{,}0812} =$

$(10^{\,0{,}1461})^t \cdot 10^{\,0{,}0812} = (1{,}4)^t \cdot 1{,}2.$ *('Gerade durch zwei Punkte' siehe Seite 28.)*

Ergebnis: $v = 1{,}2 \cdot (1{,}4)^t$, d.h. konstanter Faktor $k = 1{,}2$; Exponentialbasis $a = 1{,}4$.

25. *Die Bestimmung von Oberfläche F und Volumen V von Kugeln ergab folgende Werte:*

F	2,011	12,57	113,1	804,2 (m^2)
V	0,2681	4,190	113,1	2145 (m^3)

Sie vermuten: $V = k \cdot F^{h}$.

(a) Zeichnen Sie daher V als Funktion von F doppelt-logarithmisch ohne Benutzung eines Taschenrechners als Punkte in das linke Koordinatensystem.

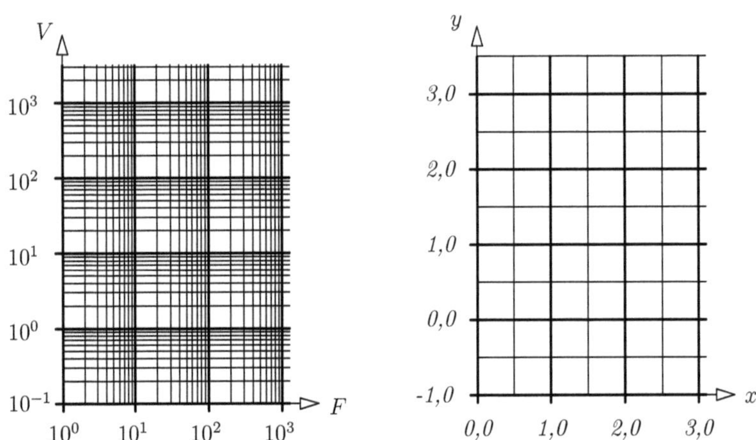

(b) Bilden Sie zur Kontrolle und unter Benutzung des Taschenrechners die Tabellenwerte $x = \lg F$ und $y = \lg V$, und skizzieren Sie die entsprechenden Punkte $P(x|y)$ im Koordinatensystem rechts. Bestimmen Sie die Gerade $y = a \cdot x + b$ durch die erhaltenen Punkte und hiermit die Konstanten k und h.

Lösung: (a)   (b)

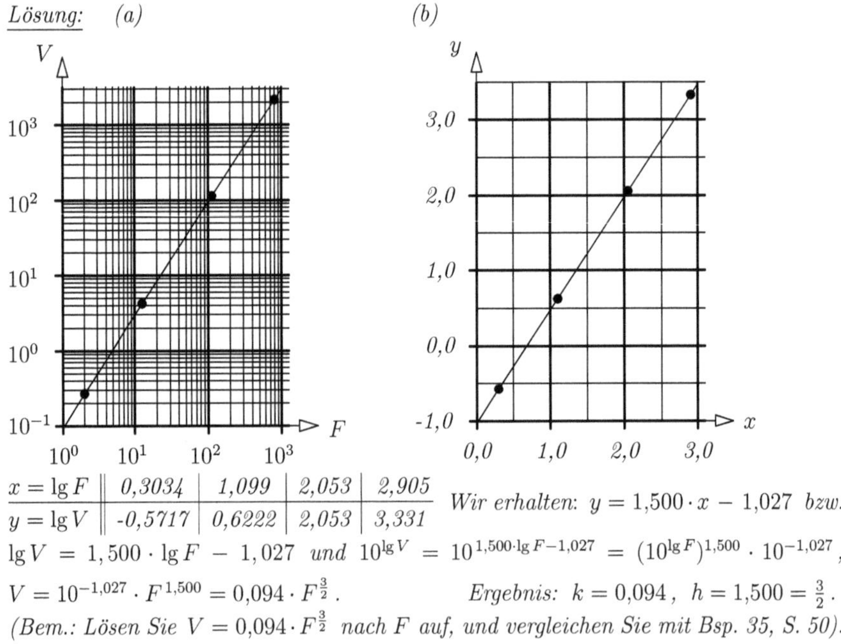

$x = \lg F$	0,3034	1,099	2,053	2,905
$y = \lg V$	-0,5717	0,6222	2,053	3,331

Wir erhalten: $y = 1,500 \cdot x - 1,027$ *bzw.*

$\lg V = 1,500 \cdot \lg F - 1,027$ *und* $10^{\lg V} = 10^{1,500 \cdot \lg F - 1,027} = (10^{\lg F})^{1,500} \cdot 10^{-1,027}$,

$V = 10^{-1,027} \cdot F^{1,500} = 0,094 \cdot F^{\frac{3}{2}}$.   *Ergebnis:* $k = 0,094$, $h = 1,500 = \frac{3}{2}$.

(Bem.: Lösen Sie $V = 0,094 \cdot F^{\frac{3}{2}}$ nach F auf, und vergleichen Sie mit Bsp. 35, S. 50).

3.6 Die allgemeine Potenz $y = x^h$

26. *Sektempfang: Vergleichen Sie den Inhalt des rechten Glases mit dem linken Glas!*

Füllhöhe h: $\qquad h_0 = 1 \qquad\qquad h_1 = 0,8$

Lösung: Die Füllmengen in den Gläsern unterscheiden sich nur im Maßstab! Vergleichen Sie die Erläuterungen auf Seite 49, insbesondere dort das Beispiel 32. Eine Änderung um den Maßstabsfaktor $c = 0,8$ bewirkt also eine Änderung des Volumens um den Faktor $c^3 = 0,8^3 = 0,512$. Das ist nur noch gut die Hälfte des linken Glases!

27. *Im Modell für die Blutsenkung werden Erythrozyten durch Kugeln ersetzt. Der freie 'Fall' von Kugeln K mit dem Radius r und einer Dichte $\varrho_K > \varrho_{Fl}$ in einer Flüssigkeit Fl mit der Viskosität η führt aufgrund der Reibung zu einer konstanten Sinkgeschwindigkeit der Kugeln:*

$$v = (\varrho_K - \varrho_{Fl}) \cdot g \cdot \frac{2}{9} \cdot \frac{r^2}{\eta}$$

Manche Erkrankungen führen zu abnormen Werten der Blutsenkungsgeschwindigkeit v (BSG). Werte von $2,5 - 10\,mm/h$ gelten als normal, im Alter auch bis zu $25\,mm/h$. Der durchschnittliche vereinfachende Kugel–Radius der Erythrozyten liegt bei etwa $r = 2,75\,\mu m$. Dieser kann sich durch Verklumpen erheblich vergrößern!

Frage: Wie ändert sich v bei einer Verdreifachung von r ?

Lösung: Lassen Sie sich durch die vielen Konstanten nicht verwirren. Diese können wir alle zu einer einzigen Konstanten k zusammenfassen: $v = k \cdot r^2$, (h = 2). Ändern wir also den Radius r um den Faktor $c = 3$, dann erhöht sich die Sinkgeschwindigkeit v um den Faktor $c^h = 3^2 = 9$, also um das Neunfache.

28. *Die Oberflächentemperatur T_0 der Sonne beträgt rund(!) $6\,000\,K$. Jede Änderung ihrer Strahlungsleistung S_0 hat natürlich Auswirkungen auf das Klima. In Abhängigkeit von der Temperatur T gilt das Stefan–Boltzmannsche Gesetz*

$$S = \sigma \cdot T^4 \qquad\qquad (\sigma \text{ eine Konstante}).$$

Um wie viel Prozent ändert sich die Strahlungsleistung S_0, wenn sich die Oberflächentemperatur T_0 auf $6\,030\,K$ erhöht?

Lösung: Dies ist einer der seltenen Fälle mit $h = 4$: Die Temperaturerhöhung beträgt $0,5\,\%$, also ein Anstieg um den Faktor $c = 1,005$. Das führt zu einer Erhöhung der Strahlungsleistung um den Faktor $c^4 = 1,005^4 = 1,0202$, also um rund $2\,\%$.

(Das geht auch einfach im Kopf, denn so kleine Änderungen wie $0,5\,\%$ muss man nur mit h multiplizieren, also hier: $4 \cdot 0,5\,\% - 2\,\%$. Vergleichen Sie mit Seite 49 unten.)

Aufgaben und Lösungen zu Kapitel 4

4.1 Differenzierbare Funktionen

1. *Eine Zahnlücke, doch wo blieb der Zahn:*

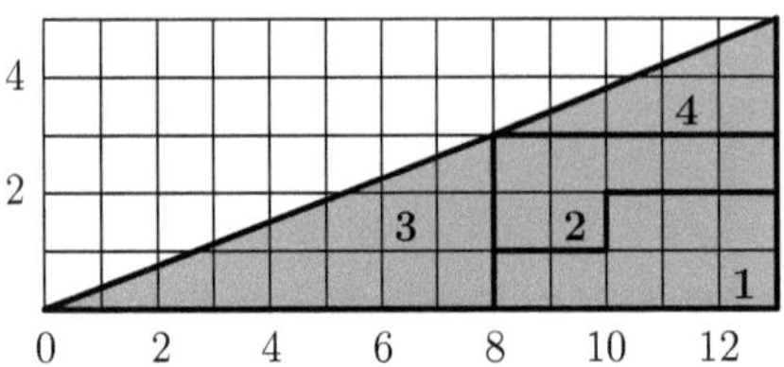
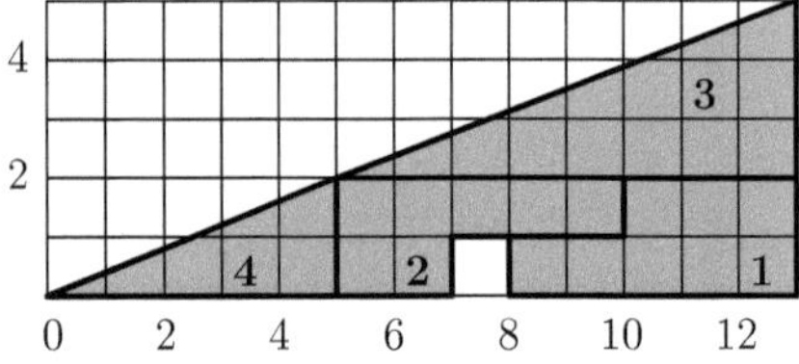

Die grau skizzierte Fläche lässt sich so in vier Teilflächen 1, 2, 3, 4 zerlegen und wieder zusammensetzen, dass anscheinend rechts ein Kästchen fehlt! Aber wie ist das möglich?

*<u>Lösung:</u> Die Steigung des Dreiecks **3** ist mit $\dfrac{3}{8} = 0{,}375$ etwas geringer als die von **4** mit $\dfrac{2}{5} = 0{,}400$. Die gesamte Diagonale ist links daher (kaum sichtbar) nach innen geknickt! Rechts hingegen ist die Fläche nach außen bzw. nach oben geknickt, also dadurch etwas größer, aber mit der Lücke natürlich wieder gleich groß.*

2. *Die Skizze zeigt das zeitliche Wachstum einer Population P von Einzellern:*

Man nennt

$$r(t) \;=\; \lim_{\Delta t \to 0} \frac{\Delta P}{\Delta t}$$

die Vermehrungsrate.

Skizzieren Sie, ebenfalls nur schematisch, den Kurvenverlauf von $r(t) = \frac{d}{dt}P(t)$!

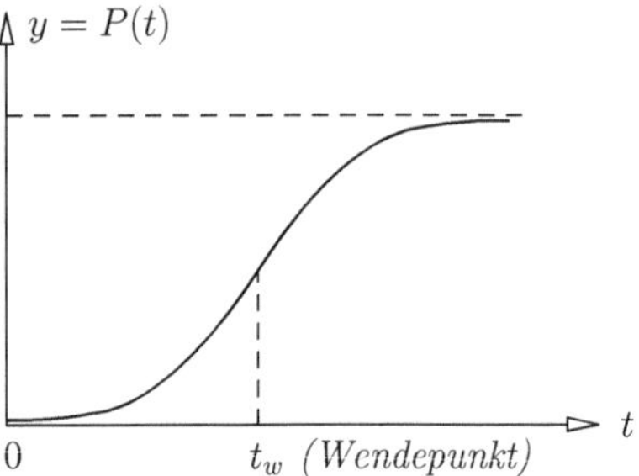

Geben Sie eine kurze Begründung für Ihre Skizze!

<u>Lösung:</u>

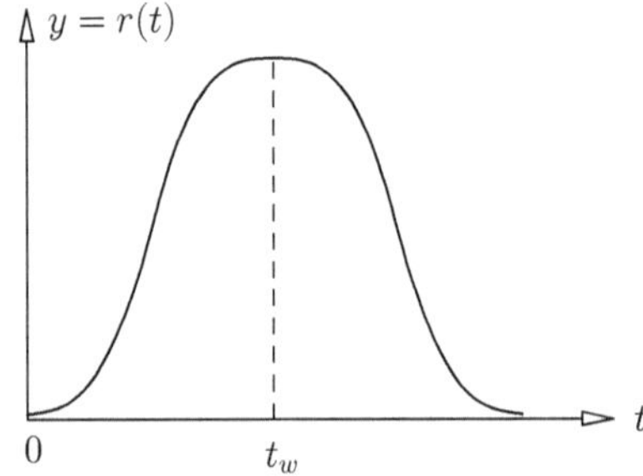

Die Steigung $\frac{d}{dt}P(t) = r(t)$ wird für $t = t_w$ maximal!

Die Skizze zeigt den möglichen ungefähren(!) Verlauf von $r(t)$.

3. *Gegeben sei die folgende Skizze einer Funktion $f(x)$, (Wendepunkte $x_w = \pm 1{,}8$):*

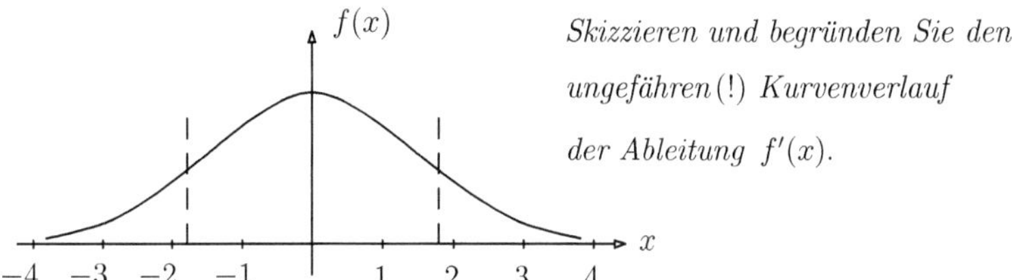

Skizzieren und begründen Sie den ungefähren (!) Kurvenverlauf der Ableitung $f'(x)$.

Lösung: Die Steigung ist für $x < 0$ positiv, wird für $x = -1,8$ am größten, aber für $x=0$ gleich Null. Für $x > 0$ ist $f'(x)$ negativ, und wegen $f(x) = f(-x)$ folgt: $f'(x) = -f'(-x)$.

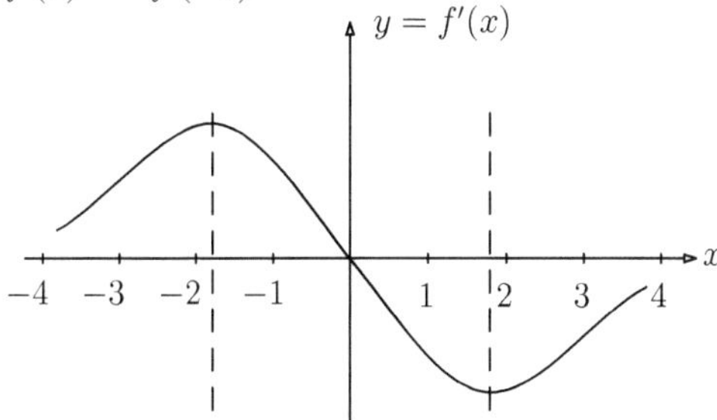

4. *Differenzieren Sie die folgende bekannte Beziehung nach α :*
$$\sin 2\alpha = 2\sin\alpha \cdot \cos\alpha \quad bzw. \quad \tfrac{1}{2} \cdot \sin 2\alpha = \sin\alpha \cdot \cos\alpha$$
(Die Ableitung der linken Seite ist gleich der Ableitung der rechten Seite.)

Lösung: Mit der Vielfachenregel (1) und der Kettenregel (5) (wähle $v - 2\alpha$) folgt:
$$\tfrac{d}{d\alpha}\left(\tfrac{1}{2}\cdot\sin 2\alpha\right) = \tfrac{1}{2}\cdot\tfrac{d}{d\alpha}(\sin 2\alpha) = \tfrac{1}{2}\cdot(\cos 2\alpha)\cdot 2 = \cos 2\alpha.$$
Für die rechte Seite folgt mit der Produktregel (3):
$$\tfrac{d}{d\alpha}(\sin\alpha\cdot\cos\alpha) = \left(\tfrac{d}{d\alpha}\sin\alpha\right)\cdot\cos\alpha + \sin\alpha\cdot\left(\tfrac{d}{d\alpha}\cos\alpha\right) = \cos\alpha\cdot\cos\alpha + \sin\alpha\cdot(-\sin\alpha).$$
Zusammenfassend erhalten wir die Formel: $\cos 2\alpha = (\cos\alpha)^2 - (\sin\alpha)^2$.

5. *Bestimmen Sie (a) $(\ln(3x))''$ (b) $(\sin(3x))''''$*

Lösung: Wir setzen $v = 3x$ und nutzen die Kettenregel:

$$(a)\quad \left(\ln(3x)\right)'' = \left(\left(\ln(3x)\right)'\right)' = \left(\frac{1}{3x}\cdot 3\right)' = \left(\frac{1}{x}\right)' = (x^{-1})' = (-1)\cdot x^{-2} = -\frac{1}{x^2}$$

$$(b)\quad \left(\sin(3x)\right)'''' = \left(3\cdot\cos(3x)\right)''' = \left(-9\cdot\sin(3x)\right)'' = \left(-27\cdot\cos(3x)\right)' = 81\cdot\sin(3x)$$

6. *Achten Sie im Folgenden sorgfältig darauf: Welche Bezeichnung trägt die Variable, nach der differenziert werden soll! Alles übrige ist als konstant anzusehen.*

(Insbesondere bezeichnen hier A und C irgendwelche Konstanten. Folglich sind auch A^2, $\sin A$, C^2, usw. konstante Werte!)

a) $\dfrac{d}{dx}\, x^{10}$ b) $\dfrac{d}{dx}\,(\sin x)^{10}$ c) $\dfrac{d}{dx}\,(3\cdot x^{10})$ d) $\dfrac{d}{dt}\,(3t)^{10}$

e) $\dfrac{d}{dt}\,(\sin(3t))^{10}$ f) $\dfrac{d}{dx}\,(C\cdot e^{x})$ g) $\dfrac{d}{dx}\,(C^{2}\cdot e^{x})$ h) $\dfrac{d}{du}\,(C^{2}\cdot \sin u)$

i) $\dfrac{d}{dx}\,C$ j) $\dfrac{d}{dx}\,(C\cdot x)$ k) $\dfrac{d}{dx}\,A$ l) $\dfrac{d}{dt}\,(A\cdot t)$

m) $\dfrac{d}{dt}\,A^{2}$ n) $\dfrac{d}{dv}\,(A^{2}\cdot v)$ o) $\dfrac{d}{dt}\,(A^{2}\cdot t^{3})$ p) $\dfrac{d}{dx}\,(e^{A}\cdot x)$

q) $\dfrac{d}{dx}\,(x\cdot \sin A)$ r) $\dfrac{d}{dt}\,e^{C\cdot t}$ s) $\dfrac{d}{dt}\,(e^{C\cdot t}\cdot \sin A)$ t) $\dfrac{d}{dw}\,(e^{C}\cdot \sin(Aw))$

u) $\dfrac{d}{dx}\,\left(e^{C\cdot x}\cdot \sin(A\,x)\right)$

Lösung: *Wir benötigen nur die Kettenregel, und für (u) noch die Produktregel:*

(a) $10x^{9}$ (b) $10(\sin x)^{9}\cdot \cos x$ (c) $30x^{9}$ (d) $30\cdot (3t)^{9}$ (e) $30(\sin(3t))^{9}\cdot \cos(3t)$

(f) $C\cdot e^{x}$ (g) $C^{2}\cdot e^{x}$ (h) $C^{2}\cdot \cos u$ (i) 0 (j) C (k) 0 (l) A (m) 0 (n) A^{2}

(o) $3A^{2}\cdot t^{2}$ (p) e^{A} (q) $\sin A$ (r) $C\cdot e^{C\cdot t}$ (s) $C\cdot e^{C\cdot t}\cdot \sin A$ (t) $A\cdot e^{C}\cdot \cos(Aw)$

(u) $C\cdot e^{C\cdot x}\cdot \sin(Ax) + A\cdot e^{C\cdot x}\cdot \cos(Ax)$

7. *Die Michaelis-Menten-Gleichung hat die Form:* $\displaystyle y = \frac{V_{max}\cdot x}{K_{M}+x} = \frac{x}{K_{M}+x}\cdot V_{max}\,.$
Hierbei bedeutet $x > 0$ die Substratkonzentration und y die Abbaugeschwindigkeit des Substrats mit den charakteristischen Konstanten $V_{max} > 0$ und $K_{M} > 0$.
Untersuchen Sie y als Funktion von x auf Nullstellen, Monotonie und Krümmung, und skizzieren Sie dann den Kurvenverlauf!

Lösung: *Nullstellen:* $\displaystyle \frac{V_{max}\cdot x}{K_{M}+x} = 0 \quad\Leftrightarrow\quad V_{max}\cdot x = 0 \quad\Leftrightarrow\quad x = 0\,.$

Monotonie: $\displaystyle \left(\frac{V_{max}\cdot x}{K_{M}+x}\right)' = \frac{V_{max}\cdot(K_{M}+x) - V_{max}\cdot x}{(K_{M}+x)^{2}} = \frac{V_{max}\cdot K_{M}}{(K_{M}+x)^{2}} > 0\,.$

Folglich ist die Funktion streng monoton wachsend!

Krümmung: $\displaystyle \left(\frac{V_{max}\cdot x}{K_{M}+x}\right)'' = \left(\frac{V_{max}\cdot K_{M}}{(K_{M}+x)^{2}}\right)' = \frac{-V_{max}\cdot K_{M}\cdot 2(K_{M}+x)}{(K_{M}+x)^{4}} < 0\,.$

Folglich ist die Kurve negativ gekrümmt (Tendenz nach unten, Rechtskurve)!

Dazu ergänzend berücksichtigen wir noch:

Es gilt die Abschätzung $\displaystyle y = \frac{x}{K_{M}+x}\cdot V_{max} \le 1\cdot V_{max} = V_{max}\,,$

außerdem für $x = K_{M}$: $\displaystyle y = \frac{K_{M}}{K_{M}+K_{M}}\cdot V_{max} = \frac{1}{2}\,V_{max}\,.$

Die erste Ableitung liefert maximal für $x=0$ die Anfangssteigung $\displaystyle \frac{V_{max}\cdot K_{M}}{K_{M}^{2}} = \frac{V_{max}}{K_{M}}\,.$

Skizze:

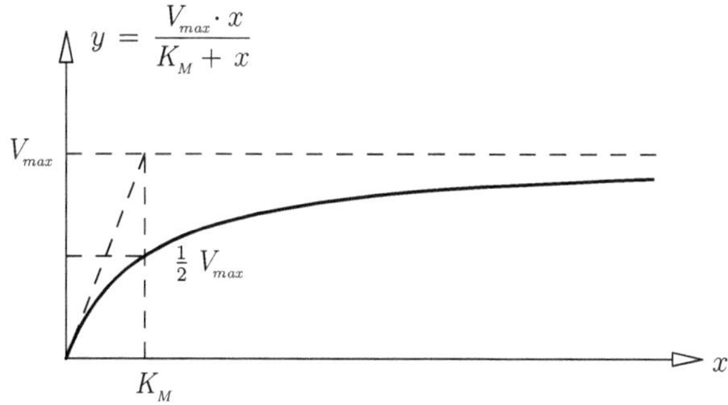

4.2 Extremwerte und Wendepunkte

8. *Gegeben* $f(x) = x \cdot e^{-x}$ *mit* $f'(x) = (1 - x) \cdot e^{-x}$, $f''(x) = (x - 2) \cdot e^{-x}$, $(x \in \mathbb{R})$.

(a) *Für welche x ist $f(x)$ positiv, und für welche x ist $f(x)$ negativ?*
Untersuchen Sie $f(x)$ auf Nullstellen.

(b) *Für welche x ist $f(x)$ streng monoton fallend bzw. steigend?*
Bestimmen Sie alle relativen Extrema.

(c) *Für welche x ist $f(x)$ negativ gekrümmt bzw. positiv gekrümmt?*
Gibt es Wendepunkte? Skizzieren Sie den Kurvenverlauf von $f(x)$.

Lösung: *Da $e^{-x} > 0$ für alle x, hängt das Vorzeichen eines Produkts mit e^{-x} nur vom anderen Faktor ab! Somit folgt im Einzelnen:*

(a) $f(x) = x \cdot e^{-x} > 0$ *für* $x > 0$, $f(x) < 0$ *für* $x < 0$, $f(x) = 0$ *für* $x = 0$.
Die Funktion $f(x)$ besitzt genau eine Nullstelle, nämlich $x = 0$.

(b) $f'(x) = (1 - x) \cdot e^{-x} > 0$ *für* $1 - x > 0 \Leftrightarrow 1 > x$,
$f'(x) = (1 - x) \cdot e^{-x} < 0$ *für* $1 - x < 0 \Leftrightarrow 1 < x$,
$f'(x) = (1 - x) \cdot e^{-x} = 0$ *für* $1 - x - 0 \Leftrightarrow 1 = x$. *Das bedeutet:*

Die Funktion $f(x)$ ist streng monoton wachsend für $x < 1$, fallend für $x > 1$, hat also für $x = 1$ ein relatives Maximum. Weitere Extrema gibt es nicht.

(c) $f''(x) = (x - 2) \cdot e^{-x} > 0$ *für* $x - 2 > 0 \Leftrightarrow x > 2$,
$f''(x) = (x - 2) \cdot e^{-x} < 0$ *für* $x - 2 < 0 \Leftrightarrow x < 2$,
$f''(x) = (x - 2) \cdot e^{-x} = 0$ *für* $x - 2 = 0 \Leftrightarrow x = 2$. *Das bedeutet:*

Die Funktion $f(x)$ ist positiv gekrümmt für $x > 2$ bzw. negativ für $x < 2$, hat also für $x = 2$ einen Wendepunkt. Weitere Wendepunkte gibt es nicht:

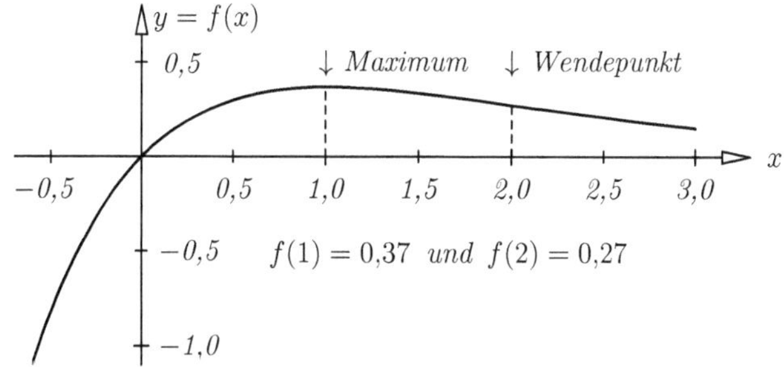

4.3 Der Satz von Taylor

9. *Was liefert der Satz von Taylor für die Exponentialfunktion $f(x) = e^x$, Entwicklungspunkt $x_0 = 0$ und $n = 9$? Das Restglied mit ξ geht für $n \to \infty$ gegen Null und darf durch 'Pünktchen' ersetzt werden.*

Lösung: Wir erhalten $e^x = f(x) = f'(x) = f''(x) = f'''(x) = \dots$. Wegen $e^0 = 1$ folgt $1 = f(x_0) = f'(x_0) = f''(x_0) = f'''(x_0) = \dots$ Einsetzen in den Satz von Taylor liefert

für $n = 9$:
$$e^x = 1 + \frac{x}{1!} + \frac{x^2}{2!} + \frac{x^3}{3!} + \frac{x^4}{4!} + \frac{x^5}{5!} + \frac{x^6}{6!} + \frac{x^7}{7!} + \frac{x^8}{8!} + \frac{x^9}{9!} + \cdots$$

10. *Es gilt: $\tan^{-1} x = x - \dfrac{x^3}{3} + \dfrac{x^5}{5} - \dfrac{x^7}{7} + \dfrac{x^9}{9} - \dfrac{x^{11}}{11} + - \dots$, für alle x mit $-1 \le x \le 1$, das heißt: $\tan^{-1} x$ ist der Grenzwert dieser Reihe für $n \to \infty$.*

Was erhält man speziell für $x = 1$?

Lösung: Wegen $\tan 45° = 1$ bzw. $\tan \frac{\pi}{4} = 1$ gilt umgekehrt $\frac{\pi}{4} = \tan^{-1} 1$. Somit erhält man durch Einsetzen von $x = 1$ die erstaunliche Beziehung:

$$\frac{\pi}{4} = 1 - \frac{1}{3} + \frac{1}{5} - \frac{1}{7} + \frac{1}{9} - \frac{1}{11} + \frac{1}{13} - \frac{1}{15} \pm \cdots$$

11. *Differenzieren Sie folgende Beziehung (Ergebnis so weit wie möglich vereinfachen):*

$$\cos x = 1 - \frac{x^2}{2!} + \frac{x^4}{4!} - \frac{x^6}{6!} + \frac{x^8}{8!} - \frac{x^{10}}{10!} + \frac{x^{12}}{12!} - \frac{x^{14}}{14!} + - \dots, \quad (x \in \mathbb{R}).$$

(Hinweis: Die Summanden darf man, wie gewohnt, einzeln differenzieren!)

Lösung: Wir differenzieren gliedweise und vereinfachen anschließend:

$$-\sin x = 0 - \frac{2x}{2!} + \frac{4x^3}{4!} - \frac{6x^5}{6!} + \frac{8x^7}{8!} - \frac{10x^9}{10!} + \frac{12x^{11}}{12!} - \frac{14x^{13}}{14!} \pm \dots, \quad (x \in \mathbb{R}).$$

$$\sin x = x - \frac{x^3}{3!} + \frac{x^5}{5!} - \frac{x^7}{7!} + \frac{x^9}{9!} - \frac{x^{11}}{11!} + \frac{x^{13}}{13!} - \frac{x^{15}}{15!} \pm \dots, \qquad (x \in \mathbb{R}).$$

4.4 Integrierbare Funktionen

12. *Bestimmen Sie eine Stammfunktion von $f(x) = x \cdot e^x$.*

Lösung: $\displaystyle \int \underbrace{x}_{u} \cdot \underbrace{e^x}_{v'} \, dx = \underbrace{x}_{u} \cdot \underbrace{e^x}_{v} - \int \underbrace{1}_{u'} \cdot \underbrace{e^x}_{v} \, dx = x \cdot e^x - e^x$, *(Ergebnis).*

13. *Lösen Sie mit Hilfe partieller Integration: $\displaystyle \int_1^e \frac{\ln x}{x} \, dx$.*

Lösung: $\displaystyle \int_1^e \frac{\ln x}{x} \, dx =$

$$\int_1^e \underbrace{\frac{1}{x}}_{u'} \cdot \underbrace{\ln x}_{v} \, dx = \left[\underbrace{\ln x}_{u} \cdot \underbrace{\ln x}_{v} \right]_1^e - \int_1^e \underbrace{\ln x}_{u} \cdot \underbrace{\frac{1}{x}}_{v'} \, dx = \left[(\ln x)^2 \right]_1^e - \int_1^e \frac{1}{x} \cdot \ln x \, dx$$

$$\Leftrightarrow \; 2 \cdot \int_1^e \frac{1}{x} \cdot \ln x \, dx = \left[(\ln x)^2 \right]_1^e = 1^2 - 0^2 = 1 \;\Leftrightarrow\; \int_1^e \frac{1}{x} \cdot \ln x \, dx = \frac{1}{2}, \; \text{(Ergebnis).}$$

14. *Lösen Sie die vorige Aufgabe mit Hilfe der Substitution* $s = \ln x$.

<u>*Lösung:*</u> $s = \ln x,\ \frac{ds}{dx} = \frac{1}{x},\ ds = \frac{1}{x}\,dx$:

$$\int_1^e \underbrace{(\ln x)}_{s} \cdot \underbrace{\frac{1}{x}\,dx}_{ds} \;=\; \int_{\ln 1}^{\ln e} s\,ds \;=\; \left[\frac{1}{2}s^2\right]_{\ln 1}^{\ln e} \;=\;$$

$$\left[\frac{1}{2}\cdot(\ln x)^2\right]_1^e = \tfrac{1}{2}\cdot(1^2 - 0^2) = \tfrac{1}{2}\,,\ \ (Ergebnis).$$

15. *Bestimmen Sie eine Stammfunktion von* $f(x) = (\tan x)^2$ *mit Hilfe der Substitution* $s = \tan x$. *Nutzen Sie hier die Umkehrbarkeit, also* $x = \tan^{-1} s$.

<u>*Lösung:*</u> $s = \tan x$ *bzw.* $x = \tan^{-1} s$, $\frac{dx}{ds} = \frac{1}{1+s^2}$, $dx = \frac{1}{1+s^2}\,ds$:

$$\int (\tan x)^2\,dx = \int s^2 \cdot \frac{1}{1+s^2}\,ds = \int \frac{s^2}{1+s^2}\,ds = \int \frac{(1+s^2)-1}{1+s^2}\,ds =$$

$$\int\left(1 - \frac{1}{1+s^2}\right)ds = s - \tan^{-1}s = \tan x - x,\ \ (Ergebnis).$$

16. *Was ergeben die uneigentlichen Integrale* $(a)\ \int_0^1 \frac{1}{x}\,dx$ $(b)\ \int_0^1 \frac{1}{\sqrt{x}}\,dx$?

<u>*Lösung:*</u> $(a)\ \int_0^1 \frac{1}{x}\,dx = \lim_{\xi\to 0}\int_\xi^1 \frac{1}{x}\,dx = \lim_{\xi\to 0}\left[\ln x\right]_\xi^1 = \lim_{\xi\to 0}(0 - \ln\xi) = \text{„}\infty\text{“}.$

$(b)\ \int_0^1 \frac{1}{x^{\frac{1}{2}}}\,dx = \lim_{\xi\to 0}\int_\xi^1 x^{-\frac{1}{2}}\,dx = \lim_{\xi\to 0}\left[2x^{\frac{1}{2}}\right]_\xi^1 = \lim_{\xi\to 0}\left(2 - 2\sqrt{\xi}\right) = 2.$

4.5 Differenzialgleichungen mit getrennten Variablen

17. *(a) Wie lautet die Lösung von* $y' = \dfrac{\cos x}{e^y}$ *mit* $y(\pi) = \ln 2$, $(x, y \in \mathbb{R})$?

(b) Lösen Sie für $x, y > 0$ *die 'allometrische Differenzialgleichung'*

$$y' = h \cdot \frac{y}{x}\,,\quad y(1) = c,\ (h\ und\ c\ sind\ vorgegebene\ positive\ Konstante).$$

<u>*Lösung:*</u>   *In den betrachteten Bereichen gibt es keine Nullstellen von* $g(y)$, *daher sind auch keine speziellen Lösungen zu berücksichtigen:*

$$
\begin{array}{ll}
(a)\quad \dfrac{dy}{dx} = \dfrac{\cos x}{e^y} & \qquad (b)\quad \dfrac{dy}{dx} = h\cdot\dfrac{y}{x} \\[2mm]
\displaystyle\int_{\ln 2}^{y} e^y\,dy = \int_{\pi}^{x} \cos x\,dx & \qquad \displaystyle\int_{c}^{y} \frac{1}{y}\,dy = \int_{1}^{x} h\cdot\frac{1}{x}\,dx \\[2mm]
\left[e^y\right]_{\ln 2}^{y} = \left[\sin x\right]_{\pi}^{x} & \qquad \left[\ln y\right]_{c}^{y} = \left[h\cdot\ln x\right]_{1}^{x} \\[2mm]
e^y - e^{\ln 2} = \sin x - \sin\pi & \qquad \ln y - \ln c = h\cdot\ln x - h\cdot\ln 1 \\[2mm]
e^y - 2 = \sin x & \qquad \ln y = h\cdot\ln x + \ln c \\[2mm]
e^y = \sin x + 2 & \qquad e^{\ln y} = e^{h\cdot\ln x + \ln c} = (e^{\ln x})^h \cdot e^{\ln c} \\[2mm]
y = \ln(2 + \sin x) & \qquad y = c\cdot x^h
\end{array}
$$

4.6 Logistisches Wachstum – Michaelis-Menten-Gleichung

18. *Zeigen Sie: Als Lösung der Anfangswertaufgabe* $\dfrac{dS}{dt} = -\dfrac{V_{max} \cdot S}{K_M + S}$, $\quad S(0) = S_0$,
erhält man durch Trennung der Variablen die Beziehung

$$t = \frac{K_M}{V_{\max}} \cdot \ln \frac{S_0}{S} + \frac{1}{V_{\max}} \cdot (S_0 - S)$$

Lösung: $\displaystyle \int_0^t dt = -\int_{S_0}^S \frac{K_M + S}{V_{max} \cdot S}\, dS = -\int_{S_0}^S \frac{K_M}{V_{max} \cdot S}\, dS - \int_{S_0}^S \frac{S}{V_{max} \cdot S}\, dS$

$$= -\frac{K_M}{V_{max}} \int_{S_0}^S \frac{1}{S}\, dS - \int_{S_0}^S \frac{1}{V_{max}}\, dS = -\frac{K_M}{V_{max}} \cdot (\ln S - \ln S_0) - \frac{1}{V_{max}} \cdot (S - S_0)$$

$$= \frac{K_M}{V_{max}} \cdot (\ln S_0 - \ln S) + \frac{1}{V_{max}} \cdot (S_0 - S) = \frac{K_M}{V_{max}} \cdot \ln \frac{S_0}{S} + \frac{1}{V_{max}} \cdot (S_0 - S)$$

Ergebnis: $\quad t = \dfrac{K_M}{V_{max}} \cdot \ln \dfrac{S_0}{S} + \dfrac{1}{V_{max}} \cdot (S_0 - S)$

4.7 Partielle Ableitungen

19. *Viele Funktionen sind von der Bauart* $p = K \cdot x^a \cdot y^b \cdot z^c$ *mit Konstanten* $K, a, b, c, \ldots$
Zeigen Sie: Für die partiellen Ableitungen von $p = K \cdot x^a \cdot y^b \cdot z^c$ *gilt:*

$$\frac{\partial p}{\partial x} = a \cdot \frac{p}{x} \qquad \frac{\partial p}{\partial y} = b \cdot \frac{p}{y} \qquad \frac{\partial p}{\partial z} = c \cdot \frac{p}{z}$$

Lösung: *Die Ableitung von* x^a *nach* x *ergibt* $a \cdot x^{a-1}$. *Die konstanten Faktoren* K, y^b, z^c
bleiben erhalten. Somit folgt:

$$\frac{\partial p}{\partial x} = K \cdot a \cdot x^{a-1} \cdot y^b \cdot z^c = a \cdot K \cdot \frac{x^a}{x} \cdot y^b \cdot z^c = a \cdot \frac{K \cdot x^a \cdot y^b \cdot z^c}{x} = a \cdot \frac{p}{x}$$

Die partiellen Ableitungen für die anderen Variablen ergeben sich analog.

20. *Beweisen Sie:* $A(x,t) = \sin(x + k\,t)$ *ist eine Lösung der 'Wellengleichung':*

$$\frac{\partial^2}{\partial t^2} A(x,t) = k^2 \cdot \frac{\partial^2}{\partial x^2} A(x,t) \qquad\qquad (k \ \textit{eine Konstante}).$$

Lösung: *Die partiellen Ableitungen sind leicht auszurechnen:*

$$\frac{\partial}{\partial x} A(x,t) = \cos(x + k\,t) \qquad\qquad \frac{\partial^2}{\partial x^2} A(x,t) = -\sin(x + k\,t)$$

$$\frac{\partial}{\partial t} A(x,t) = k \cdot \cos(x + k\,t) \qquad\qquad \frac{\partial^2}{\partial t^2} A(x,t) = -k^2 \cdot \sin(x + k\,t)$$

Es folgt: Die Wellengleichung $\dfrac{\partial^2}{\partial t^2} A(x,t) = k^2 \cdot \dfrac{\partial^2}{\partial x^2} A(x,t)$ *ist erfüllt!*

(Weitere Lösungen sind $A(x,t) = A_0 \cdot \sin\left(\dfrac{2\pi}{\lambda} \cdot (x + k\,t)\right)$. *Hierbei bedeuten:*
A_0 *maximale Auslenkung,* λ *Wellenlänge. Beachten Sie:* $A(x + \lambda, t) = A(x,t)$.)

21. *Gibt es eine Funktion $F(x,y)$ mit der Eigenschaft $\dfrac{\partial F}{\partial x} = f_1$ und $\dfrac{\partial F}{\partial y} = f_2$, konkret:*

(a) $\dfrac{\partial F}{\partial x} = x \cdot \sin y$ *und* $\dfrac{\partial F}{\partial y} = y \cdot \sin x$, $(x \in \mathbb{R}, y \in \mathbb{R})$,

(b) $\dfrac{\partial F}{\partial x} = \cos x \cdot \sin y$ *und* $\dfrac{\partial F}{\partial y} = \cos y \cdot \sin x$, $(x \in \mathbb{R}, y \in \mathbb{R})$?

Lösung: (a) $\dfrac{\partial f_2}{\partial x} = \dfrac{\partial}{\partial x}(y \cdot \sin x) = y \cdot \cos x \;\neq\; \dfrac{\partial f_1}{\partial y} = \dfrac{\partial}{\partial y}(x \cdot \sin y) = x \cdot \cos y$

(b) $\dfrac{\partial f_2}{\partial x} = \dfrac{\partial}{\partial x}(\cos y \cdot \sin x) = \cos y \cdot \cos x \;=\; \dfrac{\partial f_1}{\partial y} = \dfrac{\partial}{\partial y}(\cos x \cdot \sin y) = \cos x \cdot \cos y$

Im Fall (b) existieren also 'Stammfunktionen' $F(x,y)$, im Fall (a) offensichtlich nicht!

22. *Gibt es eine Funktion $F(x,y,z)$ mit der Eigenschaft:*

$$\frac{\partial F}{\partial x} = y \cdot z \quad und \quad \frac{\partial F}{\partial y} = x \cdot z \quad und \quad \frac{\partial F}{\partial z} = x \cdot y, \quad (x,y,z \in \mathbb{R})?$$

Lösung: *Wir überprüfen die Bedingungen:*

$$\frac{\partial f_2}{\partial x} = \frac{\partial}{\partial x}(x \cdot z) = z \;=\; \frac{\partial f_1}{\partial y} = \frac{\partial}{\partial y}(y \cdot z) = z$$

$$\frac{\partial f_3}{\partial x} = \frac{\partial}{\partial x}(x \cdot y) = y \;=\; \frac{\partial f_1}{\partial z} = \frac{\partial}{\partial z}(y \cdot z) = y$$

$$\frac{\partial f_3}{\partial y} = \frac{\partial}{\partial y}(x \cdot y) = x \;=\; \frac{\partial f_2}{\partial z} = \frac{\partial}{\partial z}(x \cdot z) = x$$

Folglich existiert solch eine Funktion $F(x,y,z)$. (Hier ist es einfach: $F = x \cdot y \cdot z + C$).

23. *Zeigen Sie: Die kritischen Punkte von $f(x,y) = x^3 + y^3 - 3xy$ sind $(x_0; y_0) = (0;0)$ und $(x_0; y_0) = (1;1)$, und an der Stelle $(x_0; y_0) = (1;1)$ hat $f(x,y)$ ein lokales Minimum!*

Lösung: $f_x(x,y) = 3x^2 - 3y$, $f_y(x,y) = 3y^2 - 3x$. *Die angegebenen Punkte sind Lösungen des Gleichungssystems $3x^2 - 3y = 0$, $3y^2 - 3x = 0$, bzw. $y = x^2$, $x = y^2$. Weitere gibt es nicht, denn aus der ersten Gleichung folgt für die zweite: $x = x^4$ bzw. $0 = x \cdot (x^3 - 1) \Leftrightarrow x = 0$ oder $x = 1$ mit den zugehörigen y-Werten $y = 0$ bzw. $y = 1$.*

Mit $f_{xx}(x_0, y_0) = 6x_0$, $f_{xy}(x_0, y_0) = -3$, $f_{yy}(x_0, y_0) = 6y_0$ reicht für ein Minimum $6x_0 \cdot (x - x_0)^2 - 6 \cdot (x - x_0)(y - y_0) + 6y_0 \cdot (y - y_0)^2 > 0$, also für $(x_0; y_0) = (1;1)$:

$$6 \cdot (x-1)^2 - 6 \cdot (x-1)(y-1) + 6 \cdot (y-1)^2 > 0$$
$$\Leftrightarrow \quad 2 \cdot (x-1)^2 - 2 \cdot (x-1)(y-1) + 2 \cdot (y-1)^2 > 0$$
$$\Leftrightarrow \quad (x-1)^2 - 2(x-1)(y-1) + (y-1)^2 + (x-1)^2 + (y-1)^2 > 0$$
$$\Leftrightarrow \quad \underbrace{((x-1) - (y-1))^2}_{\geq 0} + \underbrace{(x-1)^2 + (y-1)^2}_{>0} > 0 \qquad (für\ (x;y) \neq (1;1)).$$

An der Stelle $(x_0; y_0) = (1;1)$ besitzt $f(x,y)$ also ein lokales Minimum.

Dagegen hat $f(x,y)$ an der Stelle $(x_0; y_0) = (0;0)$ <u>kein</u> lokales Extremum. Beachten Sie z.B. die Funktionswerte speziell für $y = 0$: $f(x;0) = x^3$, also $f(x;0) < 0$ für $x < 0$, und $f(x;0) > 0$ für $x > 0$. An der Stelle $(x_0; y_0) = (0;0)$ ist also sicherlich kein lokales Minimum oder Maximum!

Aufgaben und Lösungen zu Kapitel 5

5.1 Vektoralgebra

1. *(a) Sie ziehen an einem aufgerollten Kabel. Rollt die Kabeltrommel nun von Ihnen weg, oder auf Sie zu? Unterschätzen Sie nicht das Gewicht einer Kabeltrommel! Vielleicht nehmen Sie ersatzweise eine Schnur- oder Garnrolle. Das ist sicherlich ungefährlich, aber auf glattem Untergrund kommt die Rolle leicht ins Rutschen, also langsam ziehen. Die gesuchte Antwort ist keineswegs trivial!*

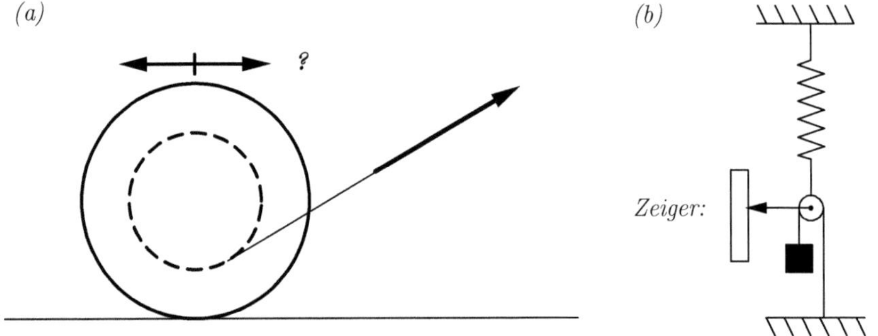

(b) Was zeigt eine Federwaage an, wenn Sie zum Beispiel 10 kg nicht an der Rolle befestigen, sondern das daran geknüpfte Band darüber leiten und festhalten (oder einfach am Boden befestigen, wie hier dargestellt)?

<u>Lösung:</u>

(a) Die folgende Skizze zeigt: Je nachdem, unter welchem Winkel gezogen wird, bewegt sich die Rolle auf Sie zu, oder von Ihnen weg. Und dazwischen gibt es eine Zugrichtung, die keine Drehwirkung um den Punkt D ausübt, wie der mittlere Teil der Skizze zeigt.

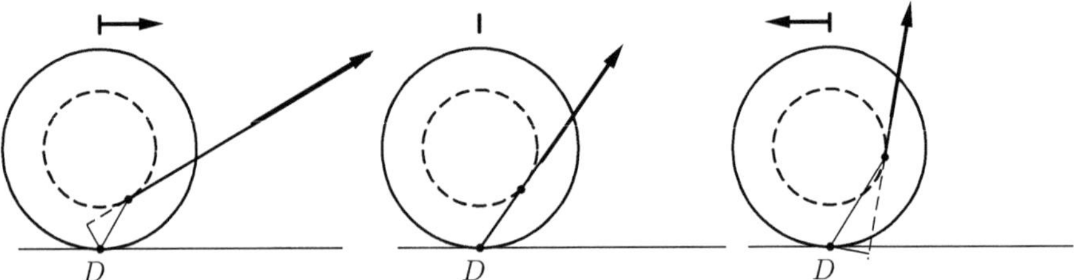

(b) Um das Gewicht festzuhalten, müssen Sie rechts mit gleicher Kraft am Seil ziehen wie auf der linken Seite die Gewichtskraft! Sie könnten auf der rechten Seite der Rolle stattdessen auch ein Gegengewicht von 10 kg anbringen. In jedem Fall wirkt auf die Feder insgesamt die doppelte Kraft, so dass die Waage 20 kg anzeigt!

2. *Eine Leuchte L von 2 kg Gewicht soll über der Mitte einer Straße angebracht werden. Die Gewichtskraft beträgt somit rund 20 N (Newton). Welche Zugbelastung müssen die Drähte bei einer Straßenbreite $\overline{AB} = 10\,m$ mindestens aushalten können, wenn die Lampe nur 0,10 m durchhängen soll?*
(Die Skizze ist natürlich nicht maßstabsgerecht gezeichnet).

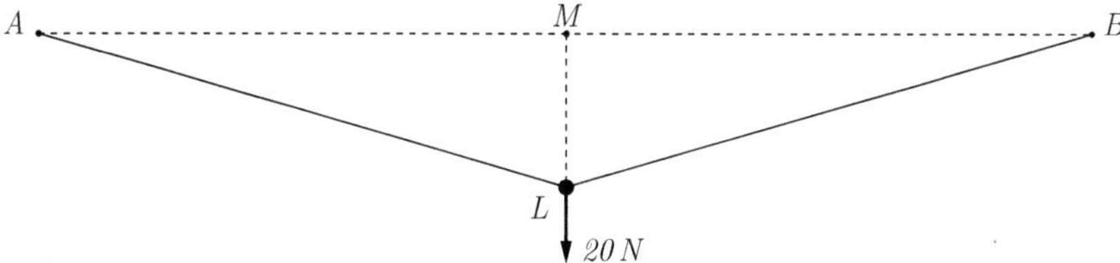

Hinweise:

Die Stahldrähte sind elastisch und spannen sich wie eine Feder:

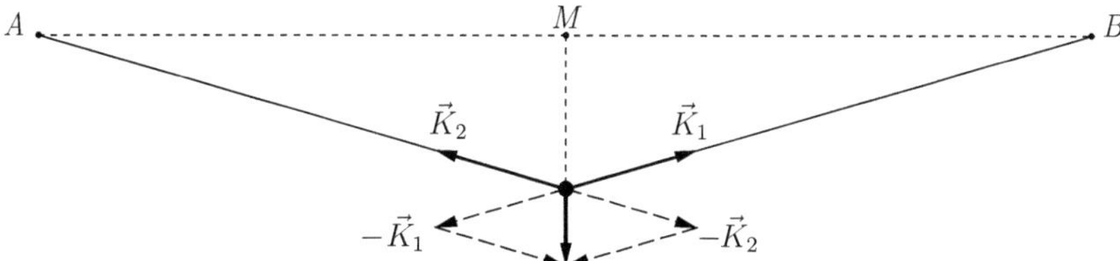

Aus Symmetriegründen genügt es, die Größe (den Betrag) nur von $\vec{K}_1$ zu bestimmen.

<u>*Lösung:*</u>

Wir spiegeln die Stahldrähte mit $\overline{AB}$ als Spiegelachse. Vergleichen wir nun mit dem kleineren Kräfteparallelogramm in Gegenrichtung zur Last L:

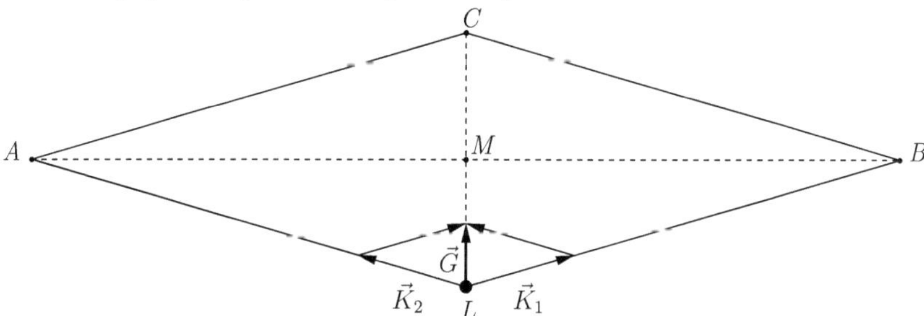

Das Kräfteparallelogramm zu $\vec{K}_1 + \vec{K}_2$ ist ähnlich zu dem großen Parallelogramm! Folglich verhält sich K_1 zur Gegenkraft $\vec{G}$ von 20 Newton wie $\overline{LB}$ zu $\overline{LC}$:

$$\frac{K_1}{20\,\text{N}} = \frac{\overline{LB}}{\overline{LC}} \qquad K_1 = \frac{\overline{LB}}{\overline{LC}} \cdot 20\,\text{N}$$

Nach Voraussetzung gilt $\overline{LC} = 2 \cdot \overline{LM} = 0{,}20\,\text{m}$, und gemäß dem Satz des Pythagoras
$$\overline{LB} = \sqrt{\overline{LM}^2 + \overline{MB}^2} = \sqrt{(0{,}10\,\text{m})^2 + (5{,}00\,\text{m})^2} \approx 5{,}00\,\text{m}. \text{ Einsetzen ergibt endlich:}$$
$$K_1 = \frac{5{,}00\,\text{m}}{0{,}20\,\text{m}} \cdot 20\,\text{N} = 25 \cdot 20\,\text{N} = 500\,\text{Newton (gleich einer Gewichtskraft von 50 kg).}$$

5.2 Der Vektorraum $\mathbb{R}^n$

3. *Skizzieren Sie $\vec{a} = \begin{pmatrix} 2 \\ 1 \end{pmatrix}$ in der x, y-Ebene. Geben Sie mehrere Vektoren des $\mathbb{R}^2$ an, die senkrecht auf $\vec{a}$ stehen.*

Lösung: Senkrecht auf $\vec{a}$ steht der Vektor $\vec{b}$, aber auch der Vektor $-\vec{b}$ oder $\vec{c} = -1{,}5 \cdot \vec{b}$, allgemein alle Vektoren $\vec{v}$ der Form $\vec{v} = t \cdot \vec{b}$, $t \in \mathbb{R}$. Sie bilden insgesamt eine Gerade durch den Nullpunkt:

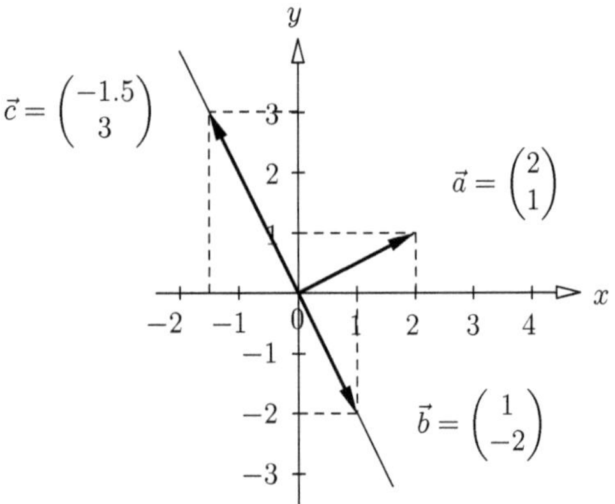

4. *Eine dramatische Situation: Zwei Flugzeuge fliegen in gleicher Höhe aufeinander zu. Sicht und Ortung sind miserabel, so dass die beiden Piloten nichts voneinander wissen!*

   Kommt es zum katastrophalen Zusammenprall? $\vec{p}_1$ und $\vec{p}_2$ bezeichnen die momentanen Positionen in der betreffenden Flugebene zum Zeitpunkt $t = 0$, $\vec{v}_1$ und $\vec{v}_2$ die beiden konstanten Geschwindigkeiten (auf die Angabe von Einheiten sei hier verzichtet).

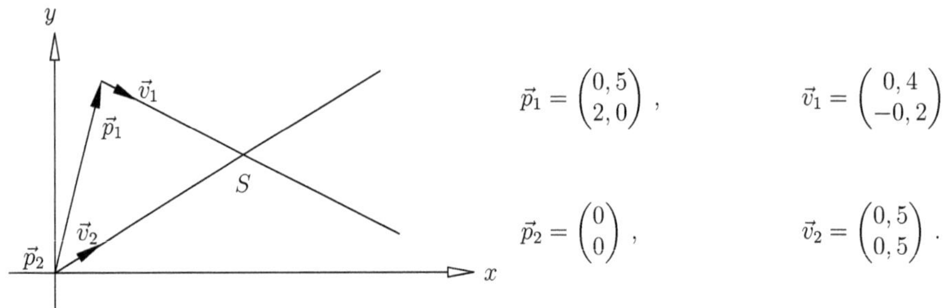

$$\vec{p}_1 = \begin{pmatrix} 0,5 \\ 2,0 \end{pmatrix}, \qquad \vec{v}_1 = \begin{pmatrix} 0,4 \\ -0,2 \end{pmatrix},$$

$$\vec{p}_2 = \begin{pmatrix} 0 \\ 0 \end{pmatrix}, \qquad \vec{v}_2 = \begin{pmatrix} 0,5 \\ 0,5 \end{pmatrix}.$$

Bestimmen Sie den Schnittpunkt S gemäß der Bedingung $\vec{p}_1 + t_1 \cdot \vec{v}_1 = \vec{p}_2 + t_2 \cdot \vec{v}_2$, ($t_1, t_2$ die benötigte Zeit). Kommt es in S zu einem Zusammenprall?

Lösung: $\vec{p}_1 + t_1 \cdot \vec{v}_1 = \vec{p}_2 + t_2 \cdot \vec{v}_2$ *ergibt konkret*

$$\begin{pmatrix} 0,5 \\ 2,0 \end{pmatrix} + t_1 \cdot \begin{pmatrix} 0,4 \\ -0,2 \end{pmatrix} = \begin{pmatrix} 0 \\ 0 \end{pmatrix} + t_2 \cdot \begin{pmatrix} 0,5 \\ 0,5 \end{pmatrix} \quad \Leftrightarrow \quad \begin{matrix} 0,5 + 0,4 \cdot t_1 = 0,5 \cdot t_2 \\ 2,0 - 0,2 \cdot t_1 = 0,5 \cdot t_2 \end{matrix}$$

also zwei Gleichungen für die beiden Unbekannten t_1, t_2! Lösung: $t_1 = 2{,}5$ und $t_2 = 3$. Folglich wegen $t_1 \neq t_2$ kein Zusammenstoß bei $\vec{S} = \begin{pmatrix} 1,5 \\ 1,5 \end{pmatrix} = \vec{p}_1 + t_1 \cdot \vec{v}_1 = \vec{p}_2 + t_2 \cdot \vec{v}_2$.

5.3 Skalarprodukt im $\mathbb{R}^n$

5. *Zeigen Sie, dass $\vec{a} \perp \vec{b}$ und $\vec{b} \perp \vec{c}$, aber nicht $\vec{a} \perp \vec{c}$. Bestimmen Sie den Winkel $\angle(\vec{a},\vec{c})$:*

$$\vec{a} = \begin{pmatrix} -1 \\ 1 \\ -1 \end{pmatrix}, \quad \vec{b} = \begin{pmatrix} 2 \\ 3 \\ 1 \end{pmatrix}, \quad \vec{c} = \begin{pmatrix} 1 \\ -2 \\ 4 \end{pmatrix}.$$

Lösung: $\vec{a} \bullet \vec{b} = (-1)\cdot 2 + 1 \cdot 3 + (-1)\cdot 1 = 0$, *somit folgt:* $\vec{a} \perp \vec{b}$

$\vec{b} \bullet \vec{c} = 2 \cdot 1 + 3 \cdot (-2) + 1 \cdot 4 = 0$, *somit folgt:* $\vec{b} \perp \vec{c}$

$\vec{a} \bullet \vec{c} = (-1)\cdot 1 + 1 \cdot (-2) + (-1)\cdot 4 = -7$. *Wegen* $|\vec{a}| = \sqrt{3}$

und $|\vec{c}| = \sqrt{21}$ *schließen wir hier:* $\sqrt{3} \cdot \sqrt{21} \cdot \cos\angle(\vec{a},\vec{c}) = -7$. *Das ergibt*

$\cos\angle(\vec{a},\vec{c}) = \dfrac{-7}{\sqrt{63}}$. *Wir folgern daraus* $\angle(\vec{a},\vec{c}) = \cos^{-1}\dfrac{-7}{\sqrt{63}}$ *und erhalten das*

Ergebnis: $\qquad \angle(\vec{a},\vec{c}) = 151{,}9°$

5.4 Matrizenrechnung

6. *Sei $A = (a_{ij})$ eine $n \times m$ Matrix und $\vec{v} \in \mathbb{R}^m$. Zeigen Sie:*

Bezeichnen wir mit $\vec{a}_1, \vec{a}_2, \ldots, \vec{a}_m$ die Spaltenvektoren von A und mit $v_1, v_2, \ldots, v_m$ die Koordinaten von $\vec{v}$, so lässt sich das Ergebnis von $A\cdot\vec{v}$ auch schreiben in der Form:

$$A \cdot \vec{v} = v_1 \cdot \vec{a}_1 + v_2 \cdot \vec{a}_2 + \ldots + v_m \cdot \vec{a}_m.$$

Hinweis: Bestimmen Sie einfach linke und rechte Seite einzeln und beachten Sie nur

$$A = \begin{pmatrix} a_{11} & a_{12} & \cdots & a_{1m} \\ a_{21} & a_{22} & \cdots & a_{2m} \\ \vdots & & & \vdots \\ a_{n1} & a_{n2} & \cdots & a_{nm} \end{pmatrix} \quad \vec{a}_1 = \begin{pmatrix} a_{11} \\ a_{21} \\ \vdots \\ a_{n1} \end{pmatrix} \quad \vec{a}_2 = \begin{pmatrix} a_{12} \\ a_{22} \\ \vdots \\ a_{n2} \end{pmatrix} \quad \cdots \quad \vec{a}_m = \begin{pmatrix} a_{1m} \\ a_{2m} \\ \vdots \\ a_{nm} \end{pmatrix}$$

Lösung:

$$A \cdot \vec{v} = \begin{pmatrix} a_{11} & a_{12} & \cdots & a_{1m} \\ a_{21} & a_{22} & \cdots & a_{2m} \\ \vdots & & & \vdots \\ a_{n1} & a_{n2} & \cdots & a_{nm} \end{pmatrix} \cdot \begin{pmatrix} v_1 \\ v_2 \\ \vdots \\ v_m \end{pmatrix} = \begin{pmatrix} v_1 \cdot a_{11} + v_2 \cdot a_{12} + \ldots + v_m \cdot a_{1m} \\ v_1 \cdot a_{21} + v_2 \cdot a_{22} + \ldots + v_m \cdot a_{2m} \\ \vdots \\ v_1 \cdot a_{n1} + v_2 \cdot a_{n2} + \ldots + v_m \cdot a_{nm} \end{pmatrix}$$

Nun die rechte Seite: $v_1 \cdot \vec{a}_1 + v_2 \cdot \vec{a}_2 + \ldots + v_m \cdot \vec{a}_m =$

$$v_1 \cdot \begin{pmatrix} a_{11} \\ a_{21} \\ \vdots \\ a_{n1} \end{pmatrix} + v_2 \cdot \begin{pmatrix} a_{12} \\ a_{22} \\ \vdots \\ a_{n2} \end{pmatrix} + \ldots + v_m \cdot \begin{pmatrix} a_{1m} \\ a_{2m} \\ \vdots \\ a_{nm} \end{pmatrix} =$$

$$\begin{pmatrix} v_1 \cdot a_{11} \\ v_1 \cdot a_{21} \\ \vdots \\ v_1 \cdot a_{n1} \end{pmatrix} + \begin{pmatrix} v_2 \cdot a_{12} \\ v_2 \cdot a_{22} \\ \vdots \\ v_2 \cdot a_{n2} \end{pmatrix} + \ldots + \begin{pmatrix} v_m \cdot a_{1m} \\ v_m \cdot a_{2m} \\ \vdots \\ v_m \cdot a_{nm} \end{pmatrix} = \begin{pmatrix} v_1 \cdot a_{11} + v_2 \cdot a_{12} + \ldots + v_m \cdot a_{1m} \\ v_1 \cdot a_{21} + v_2 \cdot a_{22} + \ldots + v_m \cdot a_{2m} \\ \vdots \\ v_1 \cdot a_{n1} + v_2 \cdot a_{n2} + \ldots + v_m \cdot a_{nm} \end{pmatrix}$$

Die linke und rechte Seite stimmen also überein!

7. *Berechnen Sie:* $\;A \cdot B \cdot C = \begin{pmatrix} 5 & 8 & 1 \\ 0 & 2 & 1 \\ 4 & 3 & -1 \end{pmatrix} \cdot \begin{pmatrix} 5 & -11 & -6 \\ -4 & 9 & 5 \\ 8 & -17 & -10 \end{pmatrix} \cdot \begin{pmatrix} 1 & 2 \\ 3 & 4 \\ 5 & 6 \end{pmatrix}$

Lösung: Aufgrund der Regel $ABC = A(BC) = (AB)C$ *haben wir zwei Möglichkeiten:*

$$A(BC) = A \cdot \begin{pmatrix} -58 & -70 \\ 48 & 58 \\ -93 & -112 \end{pmatrix} = \begin{pmatrix} 5 & 8 & 1 \\ 0 & 2 & 1 \\ 4 & 3 & -1 \end{pmatrix} \cdot \begin{pmatrix} -58 & -70 \\ 48 & 58 \\ -93 & -112 \end{pmatrix} = \begin{pmatrix} 1 & 2 \\ 3 & 4 \\ 5 & 6 \end{pmatrix} = C$$

Die Erklärung für dieses ungewöhnliche Ergebnis liefert sofort die zweite Möglichkeit:

$$(AB)C = \begin{pmatrix} 1 & 0 & 0 \\ 0 & 1 & 0 \\ 0 & 0 & 1 \end{pmatrix} \cdot C = \begin{pmatrix} 1 & 0 & 0 \\ 0 & 1 & 0 \\ 0 & 0 & 1 \end{pmatrix} \cdot \begin{pmatrix} 1 & 2 \\ 3 & 4 \\ 5 & 6 \end{pmatrix} = \begin{pmatrix} 1 & 2 \\ 3 & 4 \\ 5 & 6 \end{pmatrix} = C$$

Es gilt also bei diesem Beispiel: $A = B^{-1}$ *bzw.* $B = A^{-1}$.

8. *Gegeben sei die Matrix* (i) $A = \begin{pmatrix} 1 & -1 \\ 1 & 0 \\ 1 & 1 \\ 1 & 2 \end{pmatrix}$ (ii) $A = \begin{pmatrix} 1 & x_1 \\ 1 & x_2 \\ 1 & x_3 \\ 1 & x_4 \end{pmatrix}$. *Was ergibt* $A^T \cdot A$?

($x_i \in \mathbb{R}$ *seien frei wählbare Zahlenwerte).*

Lösung: $\;(i)\;\;A^T \cdot A = \begin{pmatrix} 1 & 1 & 1 & 1 \\ -1 & 0 & 1 & 2 \end{pmatrix} \cdot \begin{pmatrix} 1 & -1 \\ 1 & 0 \\ 1 & 1 \\ 1 & 2 \end{pmatrix} = \begin{pmatrix} 4 & 2 \\ 2 & 6 \end{pmatrix}$

$(ii)\;\;A^T \cdot A = \begin{pmatrix} 1 & 1 & 1 & 1 \\ x_1 & x_2 & x_3 & x_4 \end{pmatrix} \cdot \begin{pmatrix} 1 & x_1 \\ 1 & x_2 \\ 1 & x_3 \\ 1 & x_4 \end{pmatrix} = \begin{pmatrix} \sum\limits_{i=1}^{4} 1 & \sum\limits_{i=1}^{4} x_i \\ \sum\limits_{i=1}^{4} x_i & \sum\limits_{i=1}^{4} x_i^2 \end{pmatrix}$

Beachten Sie: $\displaystyle\sum_{i=1}^{4} 1 = 1 + 1 + 1 + 1 = 4.\;\left(\textit{Man schreibt } \sum 1 \textit{ auch als } \sum x_i^0\right).$

9. *Bestimmen Sie für* $f(x, y, z) = x^2 \cdot e^y + z$ *die 'Hesse-Matrix'*

$$H_f(x, y, z) = \begin{pmatrix} f_{xx} & f_{xy} & f_{xz} \\ f_{yx} & f_{yy} & f_{yz} \\ f_{zx} & f_{zy} & f_{zz} \end{pmatrix}$$

Lösung: *Wir bestimmen zunächst die Ableitungen 1. Ordnung, dann die Hesse-Matrix:*

$$\begin{aligned} f_x(x, y, z) &= 2x \cdot e^y \\ f_y(x, y, z) &= x^2 \cdot e^y \quad \Rightarrow \quad H_f(x, y, z) = \begin{pmatrix} 2e^y & 2x \cdot e^y & 0 \\ 2x \cdot e^y & x^2 \cdot e^y & 0 \\ 0 & 0 & 0 \end{pmatrix} \\ f_z(x, y, z) &= 1 \end{aligned}$$

$$\textbf{5.5 \textit{Vektorprodukt im }} \mathbb{R}^n$$

10. *Berechnen Sie gemäß Definition*

(i) *das Spatprodukt* $[\vec{a}, \vec{b}, \vec{c}] = (\vec{a} \times \vec{b}) \bullet \vec{c}$,

(ii) *die Determinante* $|\vec{a}, \vec{b}, \vec{c}|$

speziell für die Vektoren: $\quad \vec{a} = \begin{pmatrix} 2 \\ 2 \\ 0 \end{pmatrix}, \quad \vec{b} = \begin{pmatrix} 1 \\ 0 \\ 2 \end{pmatrix}, \quad \vec{c} = \begin{pmatrix} 2 \\ 1 \\ -4 \end{pmatrix}.$

Lösung: (i) $\vec{a} \times \vec{b} = \begin{pmatrix} 2 \\ 2 \\ 0 \end{pmatrix} \times \begin{pmatrix} 1 \\ 0 \\ 2 \end{pmatrix} = \begin{pmatrix} 4 \\ -4 \\ -2 \end{pmatrix}, \quad (\vec{a} \times \vec{b}) \bullet \vec{c} = \begin{pmatrix} 4 \\ -4 \\ -2 \end{pmatrix} \bullet \begin{pmatrix} 2 \\ 1 \\ -4 \end{pmatrix} = 12$

(ii) $|\vec{a}, \vec{b}, \vec{c}| = \begin{vmatrix} 2 & 1 & 2 \\ 2 & 0 & 1 \\ 0 & 2 & -4 \end{vmatrix} = 0 + 0 + 8 - \Big(0 + (-8) + 4\Big) = 8 + 4 = 12$

11. *Bestimmen Sie die Rotation des Vektorfeldes*

$$\vec{f}(x, y, z) = \begin{pmatrix} x \cdot y \cdot z \\ x^2 + y^2 + z^2 \\ x + y + z \end{pmatrix}$$

Lösung:

$$\operatorname{rot} \vec{f} = \begin{pmatrix} \frac{\partial}{\partial x} \\ \frac{\partial}{\partial y} \\ \frac{\partial}{\partial z} \end{pmatrix} \times \begin{pmatrix} x \cdot y \cdot z \\ x^2 + y^2 + z^2 \\ x + y + z \end{pmatrix} = \begin{pmatrix} \frac{\partial}{\partial y}(x + y + z) - \frac{\partial}{\partial z}(x^2 + y^2 + z^2) \\ \frac{\partial}{\partial z}(x \cdot y \cdot z) - \frac{\partial}{\partial x}(x + y + z) \\ \frac{\partial}{\partial x}(x^2 + y^2 + z^2) - \frac{\partial}{\partial y}(x \cdot y \cdot z) \end{pmatrix} = \begin{pmatrix} 1 - 2z \\ x \cdot y - 1 \\ 2x - x \cdot z \end{pmatrix}$$

12. *Sei* $F(x, y, z) = x^2 \cdot e^y \cdot z$. *Was ergibt:* $\operatorname{rot} \operatorname{grad} F$?

Lösung: *Der Gradient von* $F(x, y, z)$ *ergibt eine vektorwertige Funktion, hier konkret:*

$$\operatorname{grad} F = \begin{pmatrix} \frac{\partial}{\partial x} F(x, y, z) \\ \frac{\partial}{\partial y} F(x, y, z) \\ \frac{\partial}{\partial z} F(x, y, z) \end{pmatrix} = \begin{pmatrix} 2x \cdot e^y \cdot z \\ x^2 \cdot e^y \cdot z \\ x^2 \cdot e^y \end{pmatrix} = \vec{f}(x, y, z). \quad \textit{Hiermit folgt:}$$

$$\operatorname{rot} \vec{f} = \operatorname{rot} \operatorname{grad} F = \begin{pmatrix} \frac{\partial}{\partial x} \\ \frac{\partial}{\partial y} \\ \frac{\partial}{\partial z} \end{pmatrix} \times \begin{pmatrix} 2x \cdot e^y \cdot z \\ x^2 \cdot e^y \cdot z \\ x^2 \cdot e^y \end{pmatrix} = \begin{pmatrix} x^2 \cdot e^y - x^2 \cdot e^y \\ 2x \cdot e^y - 2x \cdot e^y \\ 2x \cdot e^y \cdot z - 2x \cdot e^y \cdot z \end{pmatrix} = \begin{pmatrix} 0 \\ 0 \\ 0 \end{pmatrix} = \vec{0}$$

Dieses Ergebnis hätten wir aber auch ganz ohne Rechnung erhalten können! Schließlich wissen wir $\operatorname{rot} \vec{f} = \vec{0}$, *wenn es eine ('Stamm-') Funktion* $F(x, y, z)$ *für* $\vec{f}(x, y, z)$ *gibt, also mit der Eigenschaft:* $\vec{f} = \operatorname{grad} F$. *(In Bsp. 20 auf S. 112 ist es* $F(x, y, z) = x \cdot y \cdot z$).

5.6 Methode der kleinsten Quadrate

13. *Skizzieren Sie die Messwerte*

x_i	-1	0	1	2
y_i	4	2	3	1

als Punkte in der x, y*–Ebene.*
Bestimmen und skizzieren Sie die Gaußsche Regressionsgerade $y = a_0 + a_1 \cdot x$.

Lösung: *Wir kennen das Gleichungssystem und die allgemeine Lösung von S. 116:*

$$a_1 = \frac{\left(\sum_{i=1}^{n} x_i \cdot y_i\right) - \frac{1}{n} \cdot \left(\sum_{i=1}^{n} x_i\right) \cdot \left(\sum_{i=1}^{n} y_i\right)}{\left(\sum_{i=1}^{n} x_i^2\right) - \frac{1}{n} \cdot \left(\sum_{i=1}^{n} x_i\right)^2}$$

$$a_0 = \frac{1}{n} \cdot \sum_{i=1}^{n} y_i - a_1 \cdot \frac{1}{n} \cdot \sum_{i=1}^{n} x_i$$

Index i	x_i	y_i	$x_i \cdot y_i$	x_i^2
1	-1	4	-4	1
2	0	2	0	0
3	1	3	3	1
$n = 4$	2	1	2	4
$\sum$	2	10	1	6

$$\Rightarrow \quad a_1 = \frac{1 - \frac{1}{4} \cdot 2 \cdot 10}{6 - \frac{1}{4} \cdot 2^2} = \frac{-4}{5} = -0{,}8$$

$$a_0 = \tfrac{1}{4} \cdot 10 - (-0{,}8) \cdot \tfrac{1}{4} \cdot 2 = 2{,}9$$

Ergebnis: $y = -0{,}8 \cdot x + 2{,}9$. *Als Skizze erhalten wir:*

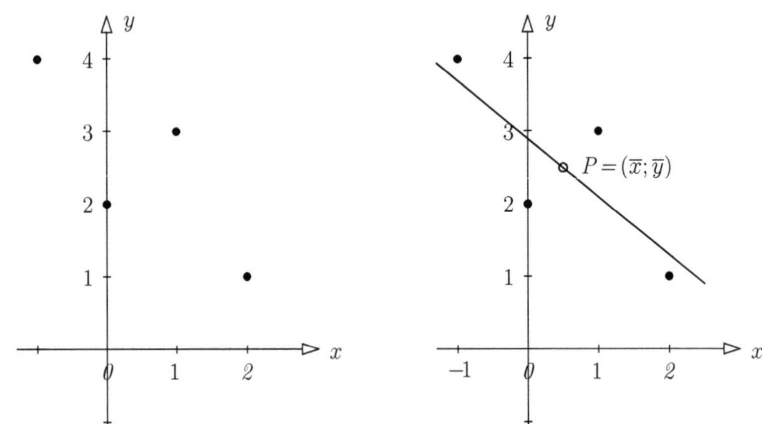

14. *Skizzieren Sie die Messwerte*

x_i	-1	0	1	2
y_i	$0{,}5$	$2{,}4$	$3{,}3$	$3{,}8$

als Punkte in der x, y*–Ebene.*
Wie lautet hierfür konkret das Gleichungssystem für die Gaußsche Regressionsparabel
$y = a_0 + a_1 \cdot x + a_2 \cdot x^2$ *(vgl. Seite 117/118). Bestimmen und skizzieren Sie die Lösung.*

(In Abschnitt 5.6 bestimmten wir die Gaußsche Regressionsgerade zu diesen Punkten).

Lösung: Die Gesetzmäßigkeit des Gleichungssystems wird einprägsamer mit der symbolischen Schreibweise x_i^0 anstelle von 1 und x_i^1 anstelle von x_i.

$$\left(\sum_{i=1}^{n} x_i^0\right) \cdot a_0 \;+\; \left(\sum_{i=1}^{n} x_i^1\right) \cdot a_1 \;+\; \left(\sum_{i=1}^{n} x_i^2\right) \cdot a_2 \;=\; \sum_{i=1}^{n} x_i^0 \cdot y_i$$

$$\left(\sum_{i=1}^{n} x_i^1\right) \cdot a_0 \;+\; \left(\sum_{i=1}^{n} x_i^2\right) \cdot a_1 \;+\; \left(\sum_{i=1}^{n} x_i^3\right) \cdot a_2 \;=\; \sum_{i=1}^{n} x_i^1 \cdot y_i$$

$$\left(\sum_{i=1}^{n} x_i^2\right) \cdot a_0 \;+\; \left(\sum_{i=1}^{n} x_i^3\right) \cdot a_1 \;+\; \left(\sum_{i=1}^{n} x_i^4\right) \cdot a_2 \;=\; \sum_{i=1}^{n} x_i^2 \cdot y_i$$

Die Messwerte liefern folgende Tabellenwerte

Index i	x_i^0	x_i^1	x_i^2	x_i^3	x_i^4	$x_i^0 \cdot y_i$	$x_i^1 \cdot y_i$	$x_i^2 \cdot y_i$
1	1	-1	1	-1	1	0,5	$-0,5$	0,5
2	1	0	0	0	0	2,4	0,0	0,0
3	1	1	1	1	1	3,3	3,3	3,3
$n=4$	1	2	4	8	16	3,8	7,6	15,2
$\sum$	4	2	6	8	18	10,0	10,4	19,0

und somit die konkreten Koeffizienten für das obige Gleichungssystem:

a_0	a_1	a_2	
4	2	6	10
2	6	8	10,4
6	8	18	19
1	0,5	1,5	2,5
2	6	8	10,4
6	8	18	19
1	0,5	1,5	2,5
0	5	5	5,4
0	5	9	4
1	0,5	1,5	2,5
0	1	1	1,08
0	5	9	4
1	0,5	1,5	2,5
0	1	1	1,08
0	0	4	$-1,4$
1	0,5	1,5	2,5
0	1	1	1,08
0	0	1	$-0,35$
1	0,5	0	3,025
0	1	0	1,43
0	0	1	-0,35
1	0	0	2,31
0	1	0	1,43
0	0	1	-0,35

$$4a_0 \;+\; 2a_1 \;+\; 6a_2 \;=\; 10,0$$
$$2a_0 \;+\; 6a_1 \;+\; 8a_2 \;=\; 10,4$$
$$6a_0 \;+\; 8a_1 \;+\; 18a_2 \;=\; 19,0$$

Rechts die Lösung mit dem Gauß-Verfahren:

Ergebnis $\quad a_0 = 2{,}31$

$\qquad\qquad a_1 = 1{,}43$

$\qquad\qquad a_2 = -0{,}35$

Die gesuchte Gleichung der Parabel lautet also:

$$y = 2{,}31 + 1{,}43x - 0{,}35x^2$$

Die Skizze der Messpunkte und der Gaußschen Regressionsgeraden kennen wir bereits von Seite 115.

Mit der Parabel erhöhen wir nun den Polynomgrad!

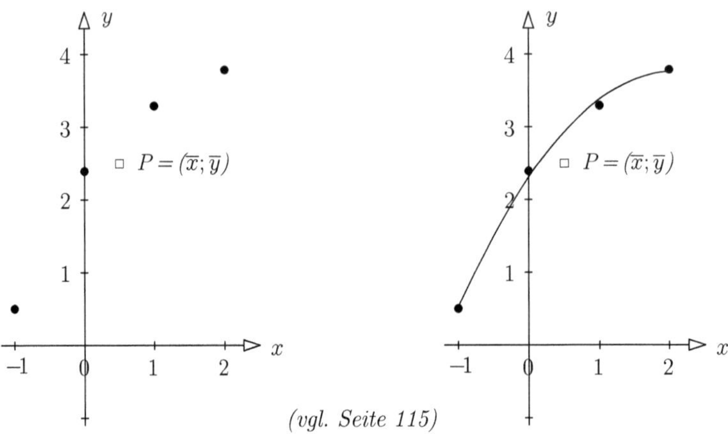

(vgl. Seite 115)

Im Gegensatz zur Gaußschen Regressionsgeraden verläuft die Regressionsparabel nicht mehr durch den Punkt $P = (\overline{x}; \overline{y})$. Die Approximation der Messpunkte ist aber sehr viel besser. Das liegt natürlich auch an der geringen Anzahl von Punkten im Vergleich zum Polynomgrad. Würde der Grad des Polynoms auf drei erhöht, verliefe es sogar exakt durch alle vier Punkte (vgl. Satz auf Seite 27)!

Aufgaben und Lösungen zu Kapitel 6

6.1 Elementare Wahrscheinlichkeitsrechnung

1. *Experiment '2-mal würfeln': Notieren Sie die 36 gleichwahrscheinlichen Ergebnisse als geordnete Zahlenpaare. Frage: Welche Augensumme hat die größte Wahrscheinlichkeit? Bezeichnen Sie mit $A_2, A_3, \ldots$ das Ereignis 'Augensumme 2', 'Augensumme 3', $\ldots$ Stellen Sie die Wahrscheinlichkeiten $P(A_k)$, $(k = 2, 3, 4, \ldots 11, 12)$, graphisch dar.*

Lösung:

$$\Omega = \{(1;1), (1;2), (1;3), (1;4), (1;5), (1;6), (2;1), (2;2), (2;3), (2;4), \ldots, (5;6), (6;6)\}$$

$$A_2 = \{(1;1)\}, \qquad\qquad\qquad\qquad\qquad\qquad\quad P(A_2) = 1/36,$$
$$A_3 = \{(1;2), (2;1)\}, \qquad\qquad\qquad\qquad\qquad\;\; P(A_3) = 2/36,$$
$$A_4 = \{(1;3), (2;2), (3;1)\}, \qquad\qquad\qquad\quad\;\; P(A_4) = 3/36,$$
$$A_5 = \{(1;4), (2;3), (3;2), (4;1)\}, \qquad\qquad\;\; P(A_5) = 4/36,$$
$$A_6 = \{(1;5), (2;4), (3;3), (4;2), (5;1)\}, \qquad P(A_6) = 5/36,$$
$$A_7 = \{(1;6), (2;5), (3;4), (4;3), (5;2), (6;1)\}, \quad P(A_7) = 6/36,$$
$$A_8 = \{(2;6), (3;5), (4;4), (5;3), (6;2)\}, \qquad P(A_8) = 5/36,$$
$$A_9 = \{(3;6), (4;5), (5;4), (6;3)\}, \qquad\qquad\;\; P(A_9) = 4/36,$$
$$A_{10} = \{(4;6), (5;5), (6;4)\}, \qquad\qquad\qquad\quad\;\; P(A_{10}) = 3/36,$$
$$A_{11} = \{(5;6), (6;5)\}, \qquad\qquad\qquad\qquad\qquad\;\; P(A_{11}) = 2/36,$$
$$A_{12} = \{(6;6)\}, \qquad\qquad\qquad\qquad\qquad\qquad\quad P(A_{12}) = 1/36.$$

(Es gilt $A_2 \cup A_3 \cup \ldots \cup A_{12} = \Omega$ und $P(A_2) + P(A_3) + \ldots + P(A_{12}) = 1$.)

Skizze:

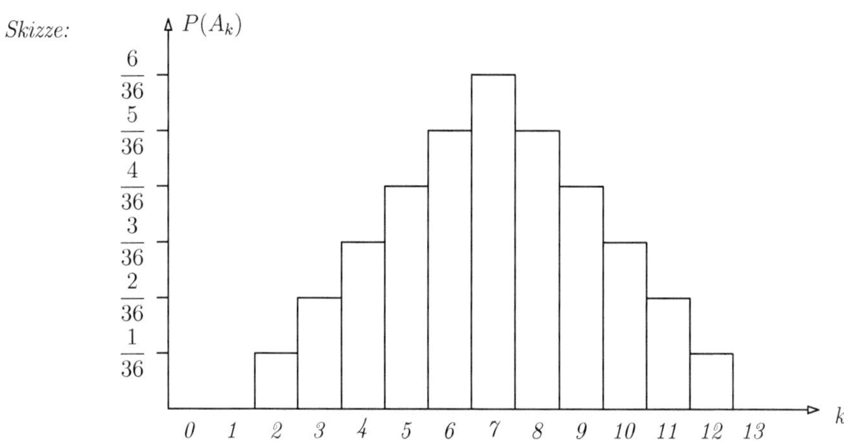

Ergebnis: Die größte Wahrscheinlichkeit hat die Augensumme 7: $P(A_7) = 6/36 = 1/6$.

2. *Bei Beispiel 7 auf Seite 127 erhält man als Menge aller Ergebnisse von 'OMA gewinnt':*
$\Omega = \{MAO,\ MOA,\ AMO,\ AOM,\ OAM,\ OMA\}$. *Bestimmen Sie als Teilmenge von Ω
das Ereignis 'O_1 = der 1. Buchstabe ist ein O', sowie die Wahrscheinlichkeit $P(O_1)$.
Was gilt analog für M_2 sowie A_3? Bestimmen Sie auch das Ereignis $O_1 \cap M_2 \cap A_3$.
Gilt $P(O_1 \cap M_2 \cap A_3) = P(O_1) \cdot P(M_2) \cdot P(A_3)$? Berechnen Sie $P(M_2|O_1)$!*

Lösung: $O_1 = \{OAM,\ OMA\}$, $M_2 = \{AMO,\ OMA\}$, $A_3 = \{MOA,\ OMA\}$.

$$P(O_1) = \frac{|O_1|}{|\Omega|} = \frac{2}{6} = \frac{1}{3}\,, \ \textit{analog } P(M_2) = P(A_3) = \frac{1}{3}\,. \quad O_1 \cap M_2 \cap A_3 = \{OMA\},$$

$$P(O_1 \cap M_2 \cap A_3) = \frac{|O_1 \cap M_2 \cap A_3|}{|\Omega|} = \frac{1}{6} \ \neq \ P(O_1) \cdot P(M_2) \cdot P(A_3) = \frac{1}{3} \cdot \frac{1}{3} \cdot \frac{1}{3}\,.$$

Mit $O_1 \cap M_2 = M_2 \cap O_1 = \{OMA\}$ *folgt* $P(M_2|O_1) = \dfrac{P(M_2 \cap O_1)}{P(O_1)} = \dfrac{\frac{1}{6}}{\frac{1}{3}} = \dfrac{1}{2}\,.$

$P(M_2|O_1) = \dfrac{1}{2}$ *lässt sich auch anschaulich leicht am Baumdiagramm S. 127 ablesen.*

3. *Angenommen in der Bevölkerung Ω habe sich ein neuer Krankheitserreger verbreitet:*

*Die (Teil–) Menge der Infizierten sei mit I_+ bezeichnet, die Nichtinfizierten mit I_-.
Es wurden Tests entwickelt, um Infektionen feststellen zu können.*

*Bei einem idealen Test ist ein positives Testergebnis T_+ gleichbedeutend mit einer
Infektion, und ein negatives Testergebnis T_- gleichbedeutend mit einer Nichtinfektion!*

*Ein Schnelltest(!) hatte eine 'Sensitivität' von 80 %, was bedeutet: Der Anteil
der Personen mit positivem Testergebnis ergab unter den Infizierten $P(T_+|I_+) = 80\,\%$.*

*Die 'Spezifität' lag bei 98 %, das heißt: Der Anteil der Personen mit einem negativen
Testergebnis unter den Nichtinfizierten hatte den Wert $P(T_-|I_-) = 98\,\%$.*

*Natürlich steht die Gruppe T_+ der positiv Getesten unter Verdacht, zu I_+ zu gehören!
Diese Aufgabe und die folgende zeigen, dass der Anteil der Infizierten $P(I_+|T_+)$ unter
den positiv Getesteten auch vom Anteil der Infizierten $P(I_+)$ in der Gesamtbevölkerung
abhängt: Welchen Wert erhält man für $P(I_+|T_+)$ z.B. im Falle von $P(I_+) = 10\,\%$?*

Lösung:

Gegeben $P(I_+) = 10\%$, *also* $P(I_-) = 90\%$. *Die weiteren Werte folgen aus*

$$P(T_- \cap I_-) = P(T_-|I_-) \cdot P(I_-) = 0{,}98 \cdot 0{,}90 = 0{,}882 = 88{,}2\%,$$
$$P(T_+ \cap I_+) = P(T_+|I_+) \cdot P(I_+) = 0{,}80 \cdot 0{,}10 = 0{,}08 = 8{,}0\%.$$

(Skizzen sind oft nur grob schematisch möglich, also keineswegs maßstabsgerecht!)

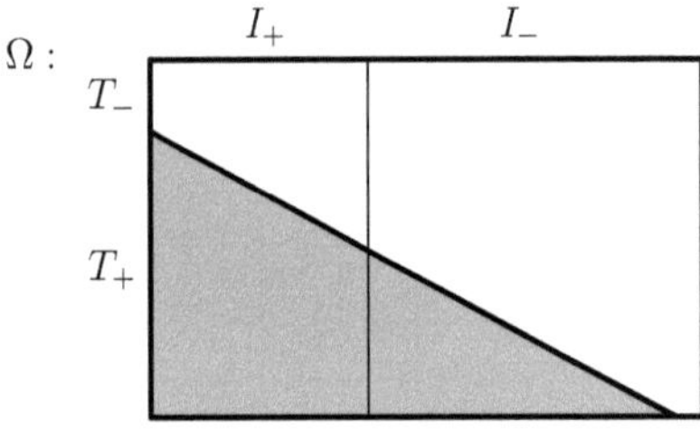

%	I_+	I_-	$\sum$
T_-	2,0	88,2	90,2
T_+	8,0	1,8	9,8
$\sum$	10	90	100

Hieraus folgt das

Ergebnis: $\displaystyle P(I_+|T_+) = \frac{P(I_+ \cap T_+)}{P(T_+)} = \frac{8{,}0\%}{9{,}8\%} = 0{,}8163\ldots \approx \mathbf{81{,}6\%}$,

vgl. aber folgende Aufg.!

4. *Gegeben* $P(I_+) = 0{,}1\%$, *also* $P(I_-) = 99{,}9\%$, *ansonsten wie vorige Aufgabe!*
Erklären Sie zusätzlich die Bedeutung von 'falsch negativ', 'falsch positiv', ...

Die weiteren Werte folgen wieder gemäß

$$P(T_- \cap I_-) = P(T_-|I_-) \cdot P(I_-) = 0{,}98 \cdot 0{,}999 = 0{,}97902 \approx 97{,}9\%,$$
$$P(T_+ \cap I_+) = P(T_+|I_+) \cdot P(I_+) = 0{,}80 \cdot 0{,}001 = 0{,}0008 = 0{,}08\%.$$

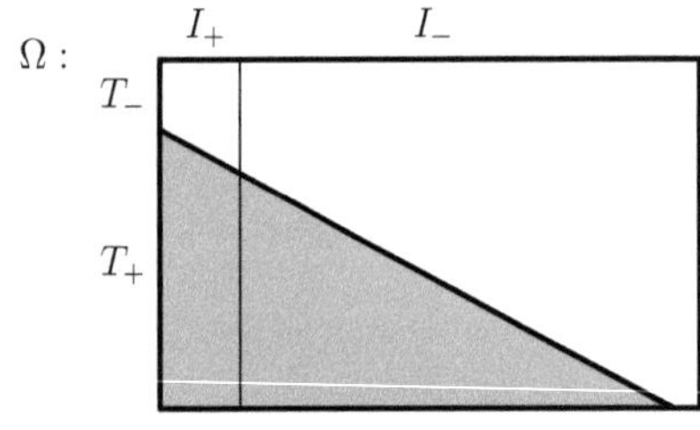

%	I_+	I_-	$\sum$
T_-	0,02	97,9	97,92
T_+	0,08	2,0	2,08
$\sum$	0,10	99,9	100

Hieraus folgt das

Ergebnis: $\displaystyle P(I_+|T_+) = \frac{P(I_+ \cap T_+)}{P(T_+)} = \frac{0{,}08\%}{2{,}08\%} = 0{,}0384\ldots \approx \mathbf{3{,}8\%}$!

Klären wir noch die Begriffe:

'falsch negativ' (f_-)
'falsch positiv' (f_+)
'richtig negativ' (r_-)
'richtig positiv' (r_+)

%	I_+	I_-	$\sum$
T_-	$\boldsymbol{f_-}$	$\boldsymbol{r_-}$	97,92
T_+	$\boldsymbol{r_+}$	$\boldsymbol{f_+}$	2,08
$\sum$	0,10	99,9	100

In diesem Beispiel werden also 2,0 % falsch positiv getestet (sind gar nicht infiziert), und nur 0,08 % richtig positiv (sind tatsächlich infiziert). 0,02 % der Testergebnisse waren falsch negativ (Infektion vom Test nicht erkannt), aber 97,9 % richtig negativ.

6.2 Kombinatorik und Binomialverteilung

5. *Zu Beispiel 7 auf Seite 127: Wir spielen wieder 'OMA gewinnt', aber <u>mit</u> Zurücklegen. Sie legen also den gezogenen Buchstaben jedes Mal zurück. Wie hoch ist in diesem Fall die Wahrscheinlichkeit, das Wort 'OMA' zu ziehen?*

<u>Lösung</u>: Für den ersten Buchstaben gibt es 3 Möglichkeiten, für den zweiten auch 3, und schließlich für den dritten Buchstaben auch 3 Möglichkeiten. Insgesamt sind also $3 \cdot 3 \cdot 3 = 27$ 'Wörter' bzw. Zeichenketten möglich. 'OMA' ist eines von insgesamt 27 Ergebnissen, die Wahrscheinlichkeit hierfür beträgt bei dieser Spielart also $1/27$.

Eine andere Argumentation: Es gilt hier bei jedem Zug $P(M) = P(A) = P(O) = 1/3$, unabhängig davon, welchen Buchstaben Sie möglicherweise vorher gezogen haben. Daraus folgt die einfache Produktregel: $P(\text{OMA}) = P(\text{O}) \cdot P(\text{M}) \cdot P(\text{A}) = \frac{1}{3} \cdot \frac{1}{3} \cdot \frac{1}{3} = \frac{1}{27}$. Ohne Zurücklegen sind diese Wahrscheinlichkeiten jedoch verschieden, dadurch bedingt, in welcher Reihenfolge diese Buchstaben gezogen wurden (siehe nächste Aufgabe).

6. *Aus der Definition von $P(A_2|A_1)$ folgt z. B. auch: $P(A_1 \cap A_2) = P(A_1) \cdot P(A_2|A_1)$. Und etwas allgemeiner auch: $P(A_1 \cap A_2 \cap A_3) = P(A_1) \cdot P(A_2|A_1) \cdot P(A_3|A_1 \cap A_2)$.*

Überprüfen Sie diese 'Pfadregel für Baumdiagramme' am Diagramm für Beispiel 7 von 'OMA gewinnt' auf Seite 127. Hinweis: Bezeichne O_1 'ein O beim 1. Zug', M_2 'ein M beim 2. Zug', A_3 'ein A beim 3. Zug'. Dann ist $P(\text{OMA}) = P(O_1 \cap M_2 \cap A_3)$.

$$\underline{L\ddot{o}sung}: \ P(\text{OMA}) = P(O_1 \cap M_2 \cap A_3) = \underbrace{P(O_1)}_{=1/3} \cdot \underbrace{P(M_2|O_1)}_{=1/2} \cdot \underbrace{P(A_3|O_1 \cap M_2)}_{=1} = \frac{1}{6}$$

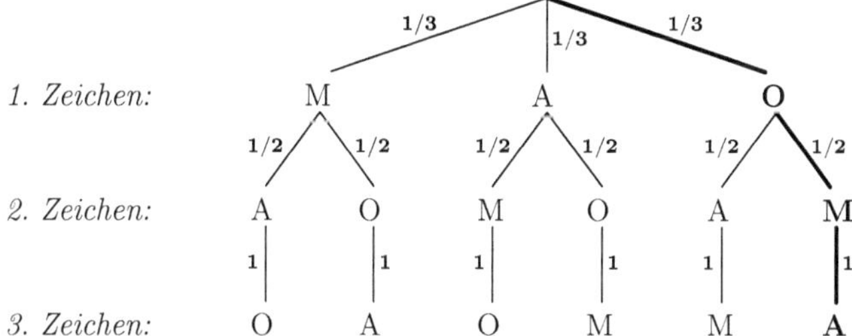

Ganz allgemein lautet die hier benutzte Pfadregel:

$$P(A_1 \cap A_2 \ldots \cap A_n) = P(A_1) \cdot P(A_2|A_1) \cdot P(A_3|A_1 \cap A_2) \ldots \cdot P(A_n|A_1 \cap A_2 \ldots \cap A_{n-1}).$$

7. *Beim Lottospiel '6 aus 49' wird bei der Ziehung der Lottozahlen aus der Menge $\{1, 2, 3, \ldots, 48, 49\}$ zufällig eine 6–elementige Teilmenge ausgewählt. Die Anzahl aller möglichen Ziehungen bzw. Lottotipps beträgt also*

$$|\Omega| = \binom{49}{6} = 13\,983\,816$$

Nur 1 Tipp unter diesen fast 14 Millionen möglichen hat 6 Richtige. Sie wissen also:

Die Wahrscheinlichkeit für 6 Richtige beträgt $\frac{1}{13\,983\,816} = 0{,}000\,007\,\% = 7 \cdot 10^{-6}\,\%$.

Die Aufgabe: Wie groß ist die Wahrscheinlichkeit für das (unerwünschte) Ereignis N, 'gar keine Zahl richtig' zu tippen (Null Richtige)?

Lösung: Denken wir uns die 6 Zahlen bereits gezogen. Für einen Lottotipp mit Null Richtigen müssten Sie aus den 43 nicht gezogenen Zahlen eine 6–elementige Teilmenge ausgewählt haben. Dafür gibt es insgesamt

$$\binom{43}{6} = 6\,096\,454 \ \text{Möglichkeiten.}$$

Geteilt durch die Anzahl aller möglichen Tipps folgt die gesuchte Wahrscheinlichkeit:

$$P(N) = \frac{6\,096\,454}{13\,983\,816} = 0{,}436 = 43{,}6\,\%$$

8. *In einer Herde von insgesamt $N = 49$ Tieren sind $M = 6$ erkrankt. Es werden zufällig $n = 6$ Tiere ausgewählt. Bestimmen Sie die Wahrscheinlichkeit $P(k)$, dass genau k kranke Tiere darunter sind, $k = 0, 1, 2, \ldots, 6$. (Sie erkennen die Analogie zum Lotto?)*

Lösung: Die Anzahl aller möglichen 6-elementigen Teilmengen beträgt insgesamt $\binom{49}{6}$. Für die Auswahl von k aus insgesamt 6 kranken Tiere gibt es nur $\binom{6}{k}$ Möglichkeiten, und jeweils für die Wahl von $6-k$ aus 43 gesunden Tieren noch $\binom{43}{6-k}$ Möglichkeiten.

Die Wahrscheinlichkeit für k kranke Tiere (und $6-k$ gesunde) beträgt also:

$$P(k) = \frac{\binom{6}{k} \cdot \binom{43}{6-k}}{\binom{49}{6}}$$

Das ergibt: $P(0) = 43{,}6\,\%$, $P(1) = 41{,}3\,\%$, $P(2) = 13{,}2\,\%$, $P(3) = 1{,}8\,\%$, $P(4) = 0{,}1\,\%$, $P(5) = 0{,}002\,\%$, $P(6) = 0{,}000\,007\,\%$.

Die Anzahl der kranken und der ausgewählten Tiere muss natürlich nicht gleich sein. Allgemein wird diese Aufgabe oft mit dem 'Urnenmodell' formuliert:

In einer Urne befinden sich N Kugeln, und zwar M rote und $N-M$ weiße. Sie ziehen daraus zufällig und ohne Zurücklegen n Kugeln. Die Wahrscheinlichkeit $P(k)$ für genau k rote Kugeln beträgt

$$P(k) = \frac{\binom{M}{k} \cdot \binom{N-M}{n-k}}{\binom{N}{n}} \qquad (k = 0, 1, 2, \ldots, M).$$

Man spricht in diesem allgemeinen Fall von einer 'hypergeometrischen Verteilung'.

9. *Wie groß ist die Wahrscheinlichkeit, beim Lotto 'mindestens eine Zahl richtig' zu tippen?*

Lösung: Man kann die Menge Ω aller Tipps aufteilen in die Menge N der Tipps mit Null Richtigen und die Restmenge $\overline{N}$ mit mindestens einer richtigen Zahl.

Entweder tippen Sie Null Richtige mit der Wahrscheinlichkeit $P(N) = 43{,}6\,\%$ (s.o.), oder Sie erzielen mindestens eine richtige Zahl mit der Wahrscheinlichkeit $P(\overline{N})$!

Wegen $P(N) + P(\overline{N}) = 1$ folgt sofort: $P(\overline{N}) = 1 - 0{,}436 = 0{,}564 = 56{,}4\%$.

Allgemein gilt:

$$\Omega = N \cup \overline{N} \quad und \quad N \cap \overline{N} = \emptyset \quad \Rightarrow \quad P(\overline{N}) = 1 - P(N)$$

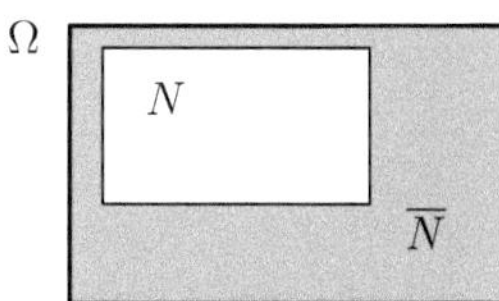

$P(\Omega) = P(N) + P(\overline{N}) = 1, \quad P(\overline{N}) = 1 - P(N).$

Der grau skizzierte Bereich veranschaulicht

die Komplementärmenge bzw. das Komplementärereignis $\overline{N}$

10. *Gelegentlich stellt sich die Aufgabe, eine natürliche Zahl $n \in \mathbb{N}$ in eine feste Anzahl k von Summanden $x_1, x_2, \ldots, x_k \in \{0, 1, 2, 3, \ldots\}$ zu zerlegen. Als Beispiel $n = 3$, $k = 4$:*

$$2+0+1+0 = 3, \quad 0+2+1+0 = 3, \quad 0+1+1+1 = 3, \quad 0+0+3+0 = 3, \quad usw.$$

Hierfür gibt es $\binom{3+4-1}{3} = \binom{6}{3} = 20$ verschiedene Möglichkeiten. Allgemein gilt:

$$\boxed{\begin{array}{l} \text{Eine natürliche Zahl } n \in \mathbb{N} \text{ besitzt genau } \dbinom{n+k-1}{n} \text{ verschiedene Zerlegungen} \\[2mm] x_1 + x_2 + \ldots + x_k = n, \qquad\qquad (x_1, x_2, \ldots, x_k \in \mathbb{N}_0). \end{array}}$$

Als Aufgabe hierzu: Sie kaufen zum Frühstück fünf Brötchen, wobei Sie zwischen acht verschiedenen Sorten wählen können. Wie viele Möglichkeiten beim Einkauf haben Sie?

Lösung: *Sei x_1 die Anzahl von Sorte 1, x_2 von Sorte 2, usw., dann erhalten Sie die Gleichung: $x_1 + x_2 + \ldots + x_8 = 5$. Somit folgt mit $n = 5$ und $k = 8$ das Ergebnis: Es gibt $\binom{5+8-1}{5} = \binom{12}{5} = 792$ verschiedene Möglichkeiten für die Auswahl beim Einkauf.*

Aufgaben zur Binomialverteilung:

11. *Wir betrachten $\Omega = $ alle Familien mit 4 Kindern. Wie groß ist die Wahrscheinlichkeit für genau $k = 0, 1, 2, 3, 4$ Mädchen? Veranschaulichen Sie die Werte durch eine Skizze. (Die Wahrscheinlichkeit für die Geburt eines Mädchens betrage $p = 0{,}50$.)*

Lösung: Die Aufgabenstellung entspricht einem 4-maligen Münzwurf. Die Wahrscheinlichkeit für genau k-mal Wappen beträgt also:

$$p_4(k) = \binom{4}{k} \cdot \left(\frac{1}{2}\right)^4$$

(Binomialverteilung $n = 4$, $p = 0{,}5$)

Das ergibt die Werte (in Prozent):

k	0	1	2	3	4
$p_4(k)$	$6{,}25$	25	$37{,}5$	25	$6{,}25$

(in %)

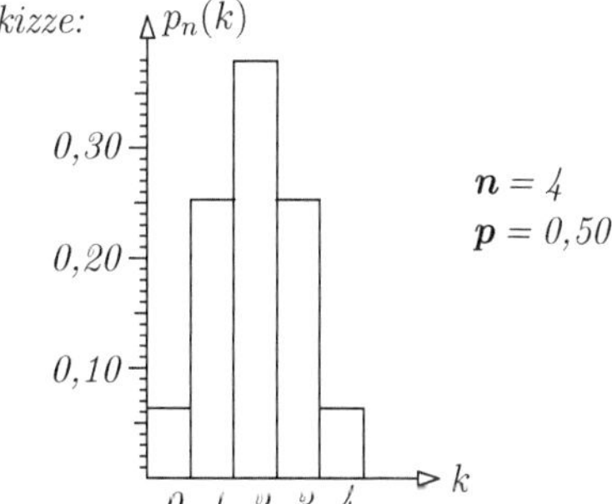

12. *Nur 95 % der Blumenzwiebeln eines Großlieferanten sind keimfähig. Sie werden in preiswerten 10-er Packungen verkauft. Wie hoch ist die Wahrscheinlichkeit, dass von einer Packung genau k Zwiebeln keimen, $k = 10, 9, 8, \ldots, 2, 1, 0$?*

Hinweise: Blumenzwiebel $\leftrightarrow$ Münze (Würfel), 10-er Packung $\leftrightarrow$ 10-mal Werfen.

Lösung: Sie werfen einen manipulierten (unsymmetrischen) Würfel mit der Wahrscheinlichkeit $p = 0{,}95$ für eine Sechs (= Blumenzwiebel keimt). Bei 10 Würfen beträgt dann die Wahrscheinlichkeit für genau k Sechsen:

$$p_{10}(k) = \binom{10}{k} \cdot 0{,}95^k \cdot 0{,}05^{10-k}$$

k	0	1	2	3	4	5	6	7	8	9	10
$p_{10}(k)$	0,00	0,00	0,00	0,00	0,00	0,00	0,00	0,01	0,07	0,32	0,60

13. *In einer Urne befinden sich N Kugeln. Genau M Kugeln sind rot (und $N - M$ weiß). Sie ziehen daraus zufällig n Kugeln, wobei Sie jedesmal die gezogene Kugel wieder zurücklegen (sog. 'Ziehen mit Zurücklegen'). Wie groß ist die Wahrscheinlichkeit, dass genau k rote Kugeln darunter sind?*

Lösung: Sie ziehen eine rote Kugel ('würfeln eine Sechs') mit einer Wahrscheinlichkeit

$$p = \frac{\textit{Anzahl der zutreffenden Fälle}}{\textit{Anzahl aller Fälle}}, \quad \textit{folglich:} \quad p = \frac{M}{N}.$$

Bei n-maligem Ziehen beträgt also die Wahrscheinlichkeit für genau k rote Kugeln

$$p_n(k) = \binom{n}{k} \cdot p^k \cdot (1 - p)^{n-k}$$

14. *(a) Sie dürfen $n = 3$ mal Würfeln. Wie hoch ist die Wahrscheinlichkeit, keine Sechs zu erzielen?*

(b) Es wird so lange gewürfelt, bis eine Sechs fällt. Wie groß ist die Wahrscheinlichkeit, genau beim k-ten Wurf eine Sechs zu würfeln?

(In Mafiakreisen wird anstelle eines Würfels gelegentlich ein Revolver benutzt, mit nur einer einzigen Patrone in der drehbaren Trommel! Nach jedem Schussversuch wird die Trommel durch Drehen wieder in eine zufällige Position gebracht. Dieses 'Spiel' wird auch 'Russisch-Roulette' genannt.)

Lösung: Mit $1 = $ 'Ergebnis eine Sechs' und $0 = $ 'Ergebnis keine Sechs' erhalten wir:

(a) $P(0\,0\,0) = P(0) \cdot P(0) \cdot P(0) = \left(\dfrac{5}{6}\right)^3$ *oder:* $\binom{3}{0} \cdot \left(\dfrac{1}{6}\right)^0 \cdot \left(\dfrac{5}{6}\right)^3 = 0{,}58 = 58\,\%.$

(b) $P(\underbrace{0\,0\ldots0}_{k-1\text{ Nullen}}1) = P(0) \cdot P(0) \cdot \ldots P(0) \cdot P(1) = \left(\dfrac{5}{6}\right)^{k-1} \cdot \dfrac{1}{6}$ *Anmerkung:*

Es gilt $\displaystyle\sum_{k=1}^{\infty} \left(\frac{5}{6}\right)^{k-1} \cdot \frac{1}{6} = \frac{1}{1 - \frac{5}{6}} \cdot \frac{1}{6} = 1 = 100\,\%.$ *In Worten ausgedrückt:*

Mit Sicherheit werden Sie 'irgendwann' eine 6 würfeln! Beim Aufsummieren wurde die 'geometrische' Summenformel benutzt. Man nennt die (unendlich vielen) Werte $P(k) = (1 - p)^{k-1} \cdot p$ daher auch 'geometrisch verteilt' (voriges Beispiel $p = \frac{1}{6}$).

6.3 Häufigkeitsverteilung und Histogramm

15. *Die relative Häufigkeit r der einzelnen Blutgruppen in der Bevölkerung beträgt:*

$$r(0) = 41\,\%, \quad r(A) = 43\,\%, \quad r(B) = 11\,\%, \quad r(AB) = 5\,\%.$$

Veranschaulichen Sie diese Verteilung mit einem Halbkreisdiagramm.

Lösung:

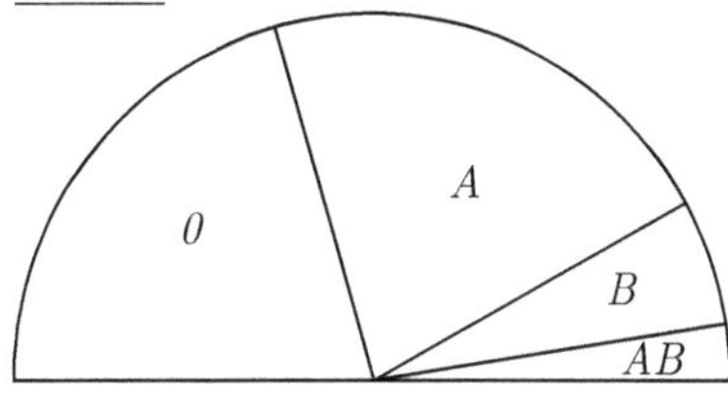

Die entsprechenden Winkel w betragen:

$$
\begin{aligned}
w(0) &= 0{,}41 \cdot 180° &&= 74° \\
w(A) &= 0{,}43 \cdot 180° &&= 77° \\
w(B) &= 0{,}11 \cdot 180° &&= 20° \\
w(AB) &= 0{,}05 \cdot 180° &&= 9°
\end{aligned}
$$

16. *Welches sind die fünf häufigsten der mehr als hundert chemischen Elemente der 'Erde', womit die Atmosphäre, alle Wasservorkommen und die zirka 16 km dicke Erdkruste gemeint sind. Veranschaulichen Sie die aus einem Chemiebuch zitierten Massenanteile folgender Elemente in reiner oder chemisch gebundener Form durch ein Stabdiagramm:*

Sauerstoff O_2 49,5 %, Silicium Si 25,8 %, Aluminium Al 7,6 %, Eisen Fe 4,7 %, Calcium Ca 3,4 %, Natrium Na 2,6 %, Kalium K 2,1 %, Magnesium Mg 2,0 %, Wasserstoff H_2 0,9 %. Alle übrigen Elemente wie der lebensnotwendige Kohlenstoff C (für Glucose), Stickstoff N (für Aminosäuren) etc. befinden sich unter den restlichen 1,4 %.

Lösung:

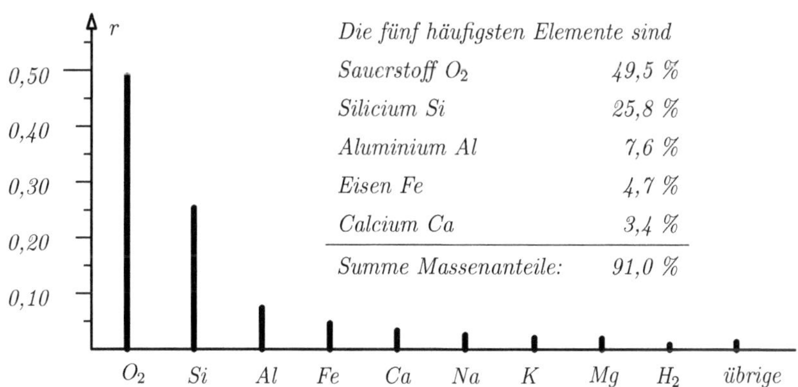

Die fünf häufigsten Elemente sind

Sauerstoff O_2	49,5 %
Silicium Si	25,8 %
Aluminium Al	7,6 %
Eisen Fe	4,7 %
Calcium Ca	3,4 %
Summe Massenanteile:	91,0 %

17. *Insgesamt 50 Personen wurden in 'Gewichtsklassen' eingeteilt. Die gewählten Klassengrenzen in Kilogramm waren 50, 55, 60, 65, 70, 75, 80, 85, 90, 95, 100, 105, 110, 115. Die absolute Häufigkeit ist wieder mit h bezeichnet:*

kg	50-55	55-60	60-65	65-70	70-75	75-80	80-85	85-90	90-95	95-100	100-105	105-110	110-115
h	2	0	2	4	8	13	9	6	3	0	2	0	1

Zeichnen und beurteilen Sie das zugehörige Histogramm.

*Lösung: Wir ergänzen die Tabelle mit den Werten für die relative Klassenhäufigkeit r,
sowie für die Klassenbreite l und Dichte $d = \frac{r}{l}$:*

kg	50-55	55-60	60-65	65-70	70-75	75-80	80-85	85-90	90-95	95-100	100-105	105-110	110-115
h	2	0	2	4	8	13	9	6	3	0	2	0	1
r	0,04	0,00	0,04	0,08	0,16	0,26	0,18	0,12	0,06	0,00	0,04	0,00	0,02
l	5	5	5	5	5	5	5	5	5	5	5	5	5
$d=\frac{r}{l}$	0,008	0,000	0,008	0,016	0,032	0,052	0,036	0,024	0,012	0,000	0,008	0,000	0,004

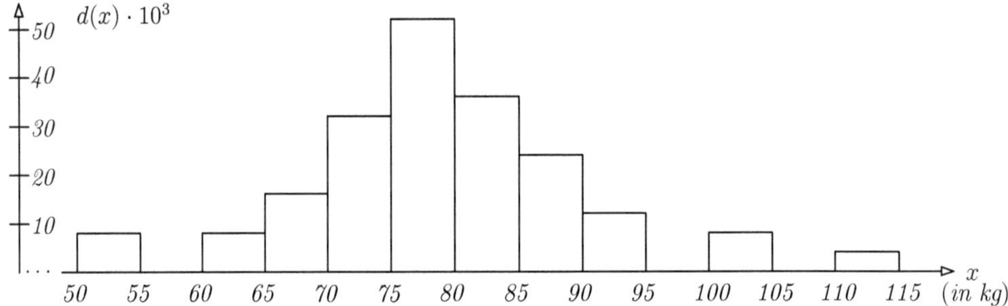

*Die Anzahl der Klassen für $n = 50$ beträgt hier $\kappa = 13$ und ist somit sehr viel größer
als auf Seite 136 empfohlen:*

$$\kappa = \sqrt{50} = 7{,}07 \,; \quad \kappa = 1 + 3{,}32 \cdot \lg 50 = 5{,}6 \,; \quad \kappa = 5 \cdot \lg 50 = 8{,}5 \,.$$

18. *Wie vorige Aufgabe, aber verwenden Sie folgende leicht veränderte Klassengrenzen:
50, 60, 65, 70, 75, 80, 85, 90, 95, 105, 115, (ohne 55, 100 und 110). Vergleichen Sie!*

*Lösung: Am Anfang und am Ende wurden die Klassenbreiten vergrößert, was auch
die Werte von d verändert:*

kg	50-60	60-65	65-70	70-75	75-80	80-85	85-90	90-95	95-105	105-115
h	2	2	4	8	13	9	6	3	2	1
r	0,04	0,04	0,08	0,16	0,26	0,18	0,12	0,06	0,04	0,02
l	10	5	5	5	5	5	5	5	10	10
$d=\frac{r}{l}$	0,004	0,008	0,016	0,032	0,052	0,036	0,024	0,012	0,004	0,002

Das Gesamtbild wird nun bereis lückenlos und realistischer:

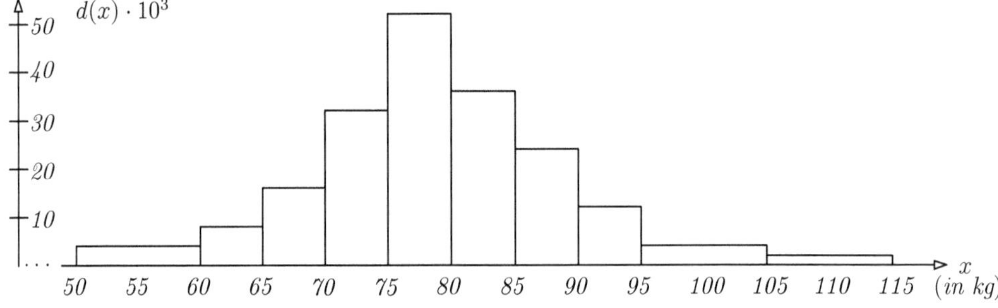

19. *Wie groß ist der Anteil der Bevölkerung mit einem IQ*
(a) zwischen 85 und 130   (b) kleiner als 130   (c) größer als 130 ?

Lösung: Der IQ ist normalverteilt mit $\mu = 100$ und $\sigma = 15$. Zur Integration der zugehörigen Dichte $d_{100,15}$ benutzt man eine der beiden Regeln von Seite 139:

$$\int_a^b d_{\mu,\sigma}(x)\, dx = \Phi_{0,1}\left(\frac{b-\mu}{\sigma}\right) - \Phi_{0,1}\left(\frac{a-\mu}{\sigma}\right) \qquad \int_{\mu+c_1\cdot\sigma}^{\mu+c_2\cdot\sigma} d_{\mu,\sigma}(x)\, dx = \Phi_{0,1}(c_2) - \Phi_{0,1}(c_1)$$

Kennt man $\Phi_{0,1}(x)$ nur für Werte $x \geq 0$, nutzt man für $x \leq 0$: $\Phi_{0,1}(-x) = 1 - \Phi_{0,1}(x)$. Einsetzen der gegebenen Werte liefert zusammen mit der Tabelle für $\Phi(x)$ auf Seite 139:

$$(a) \int_{85}^{130} d_{100,15}(x)\, dx = \Phi_{0,1}(2) - \Phi_{0,1}(-1) = 0{,}9987 - 0{,}1587 = 0{,}84 = 84\,\%$$

$$(b) \int_{-\infty}^{130} d_{100,15}(x)\, dx = \Phi_{0,1}(2) - \Phi_{0,1}(-\infty) = 0{,}9987 - 0 = 0{,}9987 = 99{,}87\,\%$$

$$(c) \int_{130}^{\infty} d_{100,15}(x)\, dx = \Phi_{0,1}(\infty) - \Phi_{0,1}(2) = 1 - 0{,}9987 = 0{,}0013 = 0{,}13\,\%$$

6.4 Mittelung und Streuung

20. *Bestimmen Sie die arithmetischen Mittelwerte $\overline{x}$ und $\overline{y}$, sowie die empirische Standardabweichung s_x und s_y der Zahlenwerte:*

$$x_1 = -1;\ x_2 = 0;\ x_3 = 1;\ x_4 = 2. \qquad y_1 = 0{,}5;\ y_2 = 2{,}4;\ y_3 = 3{,}3;\ y_4 = 3{,}8.$$

Lösung:

Index k	x_k	y_k	x_k^2	y_k^2	Index k	$x_k - \overline{x}$	$y_k - \overline{y}$	$(x_k - \overline{x})^2$	$(y_k - \overline{y})^2$
1	-1	$0{,}5$	1	$0{,}25$	1	-1,50	-2,00	2,25	4,00
2	0	$2{,}4$	0	$5{,}76$	2	-0,50	-0,10	0,25	0,01
3	1	$3{,}3$	1	$10{,}89$	3	0,50	0,80	0,25	0,64
$n=4$	2	$3{,}8$	4	$14{,}44$	$n=4$	1,50	1,30	2,25	1,69
$\sum$	2	$10{,}0$	6	$31{,}34$	$\sum$	0	0	5,00	6,34

Wir erhalten mit der ersten Tabelle gemäß Seite 142:

$$s_x = \sqrt{\frac{1}{n-1}\cdot\left(\sum_{k=1}^n x_k^2 - \frac{1}{n}\cdot\left(\sum_{k=1}^n x_k\right)^2\right)} = \sqrt{\frac{1}{3}\cdot\left(6 - \frac{1}{4}\cdot 2^2\right)} = \sqrt{\frac{1}{3}\cdot 5} = 1{,}29\,.$$

$$s_y = \sqrt{\frac{1}{n-1}\cdot\left(\sum_{k=1}^n y_k^2 - \frac{1}{n}\cdot\left(\sum_{k=1}^n y_k\right)^2\right)} = \sqrt{\frac{1}{3}\cdot\left(31{,}34 - \frac{1}{4}\cdot 10^2\right)} = \sqrt{\frac{1}{3}\cdot 6{,}34} = 1{,}45\,.$$

Und natürlich $\overline{x} = \frac{2}{4} = \frac{1}{2} = 0{,}50$ und $\overline{y} = \frac{10}{4} = \frac{5}{2} = 2{,}50$. Diese Werte benötigt man stets für die zweite Tabelle, um s_x und s_y gemäß Seite 140 auszurechnen:

$$s_x = \sqrt{\frac{1}{n-1}\cdot\sum_{k=1}^n (x_k - \overline{x})^2} = \sqrt{\frac{1}{3}\cdot 5{,}00} = 1{,}29\,.$$

$$s_y = \sqrt{\frac{1}{n-1}\cdot\sum_{k=1}^n (y_k - \overline{y})^2} = \sqrt{\frac{1}{3}\cdot 6{,}34} = 1{,}45\,.$$

21. *Falls Sie $n = 120$ mal Würfeln, wie hoch ist die durchschnittlich zu erwartende Anzahl μ der Sechsen, und wie groß ist die Standardabweichung σ von diesem Wert (vgl. S. 144).*

$\underline{L\ddot{o}sung:}\quad \mu = n \cdot p = 120 \cdot \dfrac{1}{6} = 20, \quad \sigma = \sqrt{n \cdot p \cdot (1 - p)} = \sqrt{120 \cdot \dfrac{1}{6} \cdot \dfrac{5}{6}} = \sqrt{\dfrac{100}{6}} = 4{,}08\,.$

22. *Die konstante Funktion $\mathrm{d}(x) = \frac{1}{10}$ mit $x \in [0; 10]$ ist die Dichte einer 'gleichverteilten' Zufallsvariablen X. Man beachte hierfür: $\mathrm{d}(x) \geq 0$ und $\int_0^{10} \mathrm{d}(x)\, dx = 1$.*

Beispiel: Wartezeit an der Haltestelle, wenn zuverlässig alle 10 Minuten ein Bus fährt.

Berechnen Sie: (i) $\mu = \int_0^{10} x \cdot \mathrm{d}(x)\, dx$ (ii) $\sigma = \sqrt{\int_0^{10} (x - \mu)^2 \cdot \mathrm{d}(x)\, dx}$

$\underline{L\ddot{o}sung:}\quad \mu = \int_0^{10} x \cdot \dfrac{1}{10}\, dx = \dfrac{1}{10} \cdot \left[\dfrac{1}{2} \cdot x^2\right]_0^{10} = \dfrac{1}{20} \cdot [\,100 - 0\,] = 5\,.$

$$\sigma^2 = \int_0^{10} (x - 5)^2 \cdot \dfrac{1}{10}\, dx = \dfrac{1}{10} \cdot \left[\dfrac{1}{3} \cdot (x - 5)^3\right]_0^{10} = \dfrac{1}{30} \cdot [\,5^3 - (-5)^3\,] = \dfrac{250}{30}\,,$$

$\sigma = 2{,}9\,.$

23. *Sie erhielten folgende Angaben von Körpergrößen (in cm). Den Box–Plot hierzu im Fall (a) kennen wir bereits von Beispiel 23 auf Seite 147. Bestimmen Sie noch einmal den Median, sowie das untere und obere Quartil für die Werte von (a), (b) und (c):*

    a)   *157, 167, 168, 168, 170, 172, 172, 172, 173, 176,*
           177, 178, 184, 186, 186, 187, 187, 189, 189, 192.

    b)   *157, 167, 168, 168, 170, 172, 172, 172, 173, 176,*
           177, 178, 184, 186, 186, 187, 187, 189, 189.

    c)   *157, 167, 168, 168, 170, 172, 172, 172, 173, 176,*
           177, 178, 184, 186, 186, 187, 187, 189.

$\underline{L\ddot{o}sung:}$ *a) $n = 20$ ergibt für die genannten Werte:*

$0{,}50 \cdot n = 10: \qquad \tilde{x}_{0,50} = \tfrac{1}{2}(x_{10} + x_{11}) = \tfrac{1}{2}(176 + 177) = 176{,}5 \quad \text{(Median)}$

$0{,}25 \cdot n = 5: \qquad \tilde{x}_{0,25} = \tfrac{1}{2}(x_5 + x_6) = \tfrac{1}{2}(170 + 172) = 171 \quad \text{(unteres Quartil)}$

$0{,}75 \cdot n = 15: \qquad \tilde{x}_{0,75} = \tfrac{1}{2}(x_{15} + x_{16}) = \tfrac{1}{2}(186 + 187) = 186{,}5 \quad \text{(oberes Quartil)}$

b) $n = 19$ ergibt für die genannten Werte:

$0{,}50 \cdot n = 9{,}50: \qquad \tilde{x}_{0,50} = x_{\lceil 9,50 \rceil} = x_{10} = 176 \qquad \text{(Median)}$

$0{,}25 \cdot n = 4{,}75: \qquad \tilde{x}_{0,25} = x_{\lceil 4,75 \rceil} = x_5 = 170 \qquad \text{(unteres Quartil)}$

$0{,}75 \cdot n = 14{,}25: \qquad \tilde{x}_{0,75} = x_{\lceil 14,25 \rceil} = x_{15} = 186 \qquad \text{(oberes Quartil)}$

c) $n = 18$ ergibt für die genannten Werte:

$0{,}50 \cdot n = 9: \qquad \tilde{x}_{0,50} = \tfrac{1}{2}(x_9 + x_{10}) = \tfrac{1}{2}(173 + 176) = 174{,}5 \quad \text{(Median)}$

$0{,}25 \cdot n = 4{,}5: \qquad \tilde{x}_{0,25} = \phantom{\tfrac{1}{2}} x_{\lceil 4,5 \rceil} = x_5 = 170 \quad \text{(unteres Quartil)}$

$0{,}75 \cdot n = 13{,}5: \qquad \tilde{x}_{0,75} = \phantom{\tfrac{1}{2}} x_{\lceil 13,5 \rceil} = x_{14} = 186 \quad \text{(oberes Quartil)}$

6.5 Intervallschätzung

24. *Das mittlere Gewicht von 1225 Samen des Carob (Johannisbrotbaum: Ceratonia siliqua) ergab 198,5 mg, die empirische Streuung 38 mg. Gesucht ist ein 99 %–Konfidenzintervall für das mittlere Samengewicht μ.*

Anmerkung: Vom Carob stammt die Gewichtseinheit 1 Karat = 200 mg für Edelsteine.

Lösung: $\gamma = 99\,\%$, $(\alpha = 1\,\%)$, $n = 1225$.

Die Tabelle auf S. 149 (oder S. 150 mit FG = ∞) liefert $c = 2{,}576$. Einsetzen ergibt:

$$\left[\overline{x} - c \cdot \frac{s}{\sqrt{n}} \; ; \; \overline{x} + c \cdot \frac{s}{\sqrt{n}}\right] = \left[198{,}5 \text{ mg} - 2{,}576 \cdot \frac{38 \text{ mg}}{\sqrt{1225}} \; ; \; 198{,}5 \text{ mg} + 2{,}576 \cdot \frac{38 \text{ mg}}{\sqrt{1225}}\right]$$

Ergebnis: $[195{,}7 \text{ mg} \; ; \; 201{,}3 \text{ mg}]$ *ist ein 99 %–Konfidenzintervall für μ.*

25. *Eine Stichprobe von 30 erwachsenen Tieren einer Art ergab ein durchschnittliches Körpergewicht $\overline{x} = 12{,}4$ kg. Die empirische Standardabweichung betrug $s = 4{,}1$ kg. Bestimmen Sie ein 90 %–Konfidenzintervall für das durchschnittliche Körpergewicht μ dieser Tierart.*

Lösung: $\gamma = 90\,\%$, $(\alpha = 10\,\%)$, $n = 30$.

Die Tabelle auf S. 150 mit $FG = n - 1 = 29$ liefert $c = 1{,}699$, und als Intervall für μ:

$$\left[\overline{x} \pm c \cdot \frac{s}{\sqrt{n}}\right] = \left[12{,}4 \text{ kg} \pm 1{,}699 \cdot \frac{4{,}1 \text{ kg}}{\sqrt{30}}\right] = [11{,}1 \text{ kg} \; ; \; 13{,}7 \text{ kg}], \quad \textit{(Ergebnis)}.$$

26. *Die Geschlechterverteilung von Fischen kann von Faktoren während der Entwicklung abhängen, zum Beispiel von der Wassertemperatur: Eine Stichprobe von 2916 Exemplaren einer Art ergab 1592 weibliche Tiere:*

Bestimmen Sie ein 95 %–Konfidenzintervall für den Anteil p der Weibchen.

Lösung: Wir nutzen den Satz auf S. 152 für $\gamma = 95\,\%$, $(\alpha = 5\,\%)$, $n = 2\,916$ und $c = 1{,}960$ gemäß der Tabelle auf S. 149, oder auf S. 150 mit $FG = \infty$:

$$\frac{x}{n} = \frac{1592}{2916} = 0{,}546 \quad und \quad s = \sqrt{\frac{x}{n} \cdot \left(1 - \frac{x}{n}\right)} = \sqrt{0{,}546 \cdot 0{,}454} = 0{,}498 \quad \textit{ergeben als}$$

$$\textit{Konfidenzintervall für } p: \left[0{,}546 \pm 1{,}96 \cdot \frac{0{,}498}{\sqrt{2916}}\right] = [0{,}527 \; ; \; 0{,}564] = [52{,}7\,\% \; ; 56{,}4\,\%].$$

27. *Bestimmen Sie ein 98 %–Konfidenzintervall für die Streuung σ einer Abfüllvorrichtung: Eine Stichprobe von 91 Flaschen einer Arznei ergab eine empirische Streuung von $s = 0{,}23$ mL. Nutzen Sie den Satz auf S. 154.*

Lösung: $\gamma = 98\,\%$, $(\alpha = 2\,\%)$, $n - 1 = 90$ *Freiheitsgrade: $c_u = 61{,}75$ und $c_o = 124{,}12$ ergeben als Intervallgrenzen für σ :*

$$\textit{Obere Grenze:} \quad \sqrt{\frac{n-1}{c_u}} \cdot s = \sqrt{\frac{90}{61{,}75}} \cdot 0{,}23 \text{ mL} = 0{,}28 \text{ mL};$$

$$\textit{Untere Grenze:} \quad \sqrt{\frac{n-1}{c_o}} \cdot s = \sqrt{\frac{90}{124{,}12}} \cdot 0{,}23 \text{ mL} = 0{,}19 \text{ mL}.$$

Anmerkung: Um bei Konfidenzintervallen das Konfidenzniveau nicht zu verringern, sollte die untere Intervallgrenze immer abgerundet und die obere aufgerundet werden.

6.6 Beschreibung zweier Merkmale

28. *Die Fellfarbe einer bestimmten Tierart kann entweder hell, dunkel oder gefleckt sein, die Fellstruktur entweder glatt oder rau. Eine Stichprobe ergab die folgenden beobachteten (absoluten) Häufigkeiten (b_{ik}):*

(b_{ik}) :

h:	hell	dunkel	gefleckt	$\sum$
glatt	31	21	10	62
rau	10	28	28	66
$\sum$	41	49	38	128

Bestimmen Sie die Stärke des Zusammenhangs zwischen Fellfarbe und Fellstruktur mit dem Pearsonschen Kontingenzkoeffizienten C_{norm}.

Lösung: Wir bestimmen die relativen Häufigkeiten r der Randwerte (Marginalwerte), und die bei Unabhängigkeit zu erwartenden Produkte im Inneren der Tabelle (links). Durch Multiplikation mit der Gesamtzahl $n = 128$ ergeben sich die zu erwartenden (absoluten) Häufigkeiten (e_{ik}) (rechts):

r:	hell	dunkel	gefleckt	$\sum$
glatt	0,1552	0,1854	0,1438	0,4844
rauh	0,1651	0,1974	0,1531	0,5156
$\sum$	0,3203	0,3828	0,2969	1

(e_{ik}) :

h:	hell	dunkel	gefleckt	$\sum$
glatt	19,87	23,73	18,41	62
rauh	21,13	25,27	19,60	66
$\sum$	41	49	38	128

Ein Vergleich der beobachteten mit den zu erwartenden Häufigkeiten zeigt bereits eine mehr als nur zufällige Abweichung, die nun noch numerisch bewertet wird:

$$\chi^2 = \frac{31^2}{19,87} + \frac{21^2}{23,73} + \frac{10^2}{18,41} + \frac{10^2}{21,13} + \frac{28^2}{25,27} + \frac{28^2}{19,60} - 128 = 148,14 - 128 = 20,14 \,.$$

Stärke des Zusammenhangs: $C_{norm} = \sqrt{\dfrac{20,14 \cdot 2}{148,14 \cdot 1}} = \sqrt{0,2719} = 0,521 \,.$

29. *Der spezifische stündliche Sauerstoffverbrauch S von Säugetieren, gemessen in Liter pro Stunde und Kilogramm Körpergewicht, ergab in Abhängigkeit von der Masse M :*

Säugetier	$M\,(kg)$	$S\left(\frac{L}{h \cdot kg}\right)$
1. Maus	0,022	1,64
2. Meerschwein	0,900	0,67
3. Zwergziege	7,000	0,39
4. Orang–Utan	54,000	0,22
5. Mensch	76,000	0,21
6. Löwe	155,000	0,17
7. Pferd	500,000	0,13
8. Elefant	3833,000	0,07

Skizzieren Sie die Wertepaare $x = \lg M$ und $y = \lg S$ als Punkte in einem kartesischen Koordinatensystem. Wie groß ist der Pearson-Koeffizient ρ ?

Bestimmen Sie auch die Regressionsgerade und hiermit eine formelmäßige Beziehung für S als Funktion von M.

Wie hoch ist hiernach der Sauerstoffbedarf einer 80 kg schweren Person?

Lösung: (a) *Für die Skizze benötigen wir nur die Werte* x_k *und* y_k. *Zur Bestimmung von* ρ *nutzen wir die Werte der folgenden drei Spalten oder die Werte der zweiten Tabelle:*

k	$x_k = \lg M_k$	$y_k = \lg S_k$	x_k^2	y_k^2	$x_k \cdot y_k$
1	$-1,66$	$0,21$	$2,76$	$0,044$	$-0,35$
2	$-0,05$	$-0,17$	$0,00$	$0,029$	$0,01$
3	$0,85$	$-0,41$	$0,72$	$0,168$	$-0,35$
4	$1,73$	$-0,66$	$2,99$	$0,436$	$-1,14$
5	$1,88$	$-0,68$	$3,53$	$0,462$	$-1,28$
6	$2,19$	$-0,77$	$4,80$	$0,593$	$-1,69$
7	$2,70$	$-0,89$	$7,29$	$0,792$	$-2,40$
$n=8$	$3,58$	$-1,15$	$12,82$	$1,323$	$-4,12$
$\sum$	$11,22$	$-4,52$	$34,91$	$3,847$	$-11,32$

$$\overline{x} = \tfrac{1}{8} \cdot 11{,}22 = 1{,}403\,, \qquad \overline{y} = \tfrac{1}{8} \cdot (-4{,}52) = -0{,}565\,.$$

k	$x_k - \overline{x}$	$y_k - \overline{y}$	$(x_k - \overline{x})^2$	$(y_k - \overline{y})^2$	$(x_k - \overline{x}) \cdot (y_k - \overline{y})$
1	$-3,06$	$0,775$	$9,36$	$0,601$	$-2,372$
2	$-1,45$	$0,395$	$2,10$	$0,156$	$-0,573$
3	$-0,55$	$0,155$	$0,30$	$0,024$	$-0,085$
4	$0,33$	$-0,095$	$0,11$	$0,009$	$-0,031$
5	$0,48$	$-0,115$	$0,23$	$0,013$	$-0,055$
6	$0,79$	$-0,205$	$0,62$	$0,042$	$-0,162$
7	$1,30$	$-0,325$	$1,69$	$0,106$	$-0,423$
$n=8$	$2,18$	$-0,585$	$4,75$	$0,342$	$-1,275$
$\sum$	0	0	$19,16$	$1,293$	$-4,976$

Wir erhalten, vgl. Seite 162:

$$s_{xy} = \tfrac{1}{7} \cdot (-11{,}32 - \tfrac{1}{8} \cdot 11{,}22 \cdot (-4{,}52)) = \tfrac{1}{7} \cdot (-4{,}981) = -0{,}712$$

$$s_x^2 = \tfrac{1}{7} \cdot (34{,}91 - \tfrac{1}{8} \cdot 11{,}22^2) = \tfrac{1}{7} \cdot 19{,}17 = 2{,}739 \quad s_x = 1{,}655$$

$$s_y^2 = \tfrac{1}{7} \cdot (3{,}847 - \tfrac{1}{8} \cdot 4{,}52^2) = \tfrac{1}{7} \cdot 1{,}293 = 0{,}185 \qquad s_y = 0{,}430$$

Für den Pearsonschen Korrelationskoeffizienten ergibt sich gemäß Seite 163:

$$\rho = \frac{s_{xy}}{s_x \cdot s_y} = \frac{-0{,}712}{1{,}655 \cdot 0{,}430} = \frac{-0{,}712}{0{,}712} = -1{,}00 \qquad \textit{(gerundet!)}$$

Als Geradengleichung erhalten wir, vgl. Seite 162:

$$y = \frac{-0{,}712}{1{,}655^2} \cdot (x - 1{,}403) - 0{,}565 = -0{,}26 \cdot x + 0{,}365 - 0{,}565 = -0{,}26 \cdot x - 0{,}20\,.$$

Die Skizze dieser Geraden sehen Sie auf der folgenden Seite.
Die Geradengleichung bedeutet nun wegen $y = \lg S$ *und* $x = \lg M$:

$$\lg S = -0{,}26 \cdot \lg M - 0{,}20\,, \ \textit{folglich:}$$

$$10^{\lg S} = 10^{-0{,}26 \cdot \lg M - 0{,}20} = 10^{\lg M \cdot (-0{,}26)} \cdot 10^{-0{,}20} = (10^{\lg M})^{-0{,}26} \cdot 0{,}63$$

$$S = M^{-0{,}26} \cdot 0{,}63 = 0{,}63 \cdot \frac{1}{M^{0{,}26}}$$

Ergebnis: $S = \dfrac{0{,}63}{M^{0{,}26}}$ *(M gemessen in* kg, *S gemessen in* $\frac{L}{h \cdot kg}$*).*

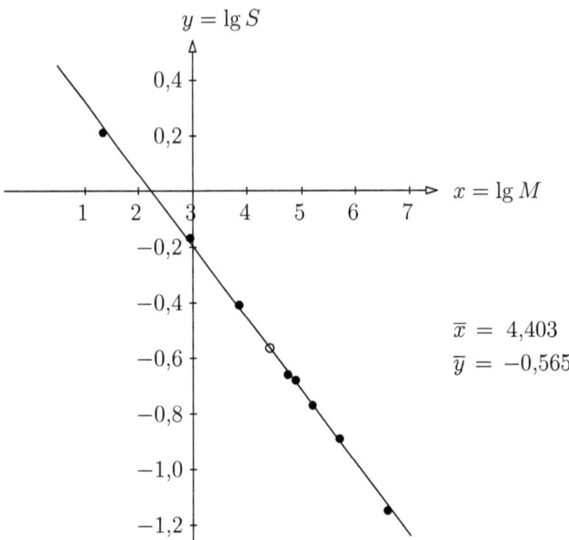

Eine formelmäßige Darstellung <u>mit</u> Einheiten erhält man durch folgende Umformung:

$$\frac{S}{\frac{L}{kg \cdot h}} = \frac{0{,}63}{\left(\frac{M}{kg}\right)^{0{,}26}} = 0{,}63 \cdot \left(\frac{M}{kg}\right)^{-0{,}26} \quad \textit{folglich:} \quad S = 0{,}63 \cdot \left(\frac{M}{kg}\right)^{-0{,}26} \cdot \frac{L}{kg \cdot h}$$

Entsprechend der Skizze liefert diese Formel auch entsprechend gute Näherungen für die Tabellenwerte. Überprüfen Sie das bitte selbst durch Einsetzen einiger Werte von M. Bei der Maus ist der Wert von S wesentlich höher, beim Elefanten erheblich niediger. Insofern hat eine Vergrößerung der Körpermasse M einen positiven Aspekt!

Sie können jetzt natürlich auch Werte von M einsetzen, die gar nicht in der Tabelle vorkommen. Zum Beispiel erhalten wir für eine 80 kg schwere Person:

$$S = 0{,}63 \cdot 80^{-0{,}26} \cdot \frac{L}{kg \cdot h} = 0{,}20 \, \frac{L}{kg \cdot h}$$

S ist der (stündliche) Verbrauch 'pro Kilo Körpergewicht'! Für den Verbrauch H pro Lebewesen müssen Sie noch mit der 'Anzahl der Kilos', genauer mit M, multiplizieren:

$$H = 0{,}63 \cdot \left(\frac{M}{kg}\right)^{-0{,}26} \cdot M \cdot \frac{L}{kg \cdot h} = 0{,}63 \cdot \left(\frac{M}{kg}\right)^{-0{,}26} \cdot \frac{M}{kg} \cdot \frac{L}{h} = 0{,}63 \cdot \left(\frac{M}{kg}\right)^{0{,}74} \cdot \frac{L}{h}$$

Für eine Person mit M = 80 kg ergibt das also $H = 0{,}63 \cdot 80^{0{,}74} \cdot \frac{L}{h} = 16 \, \frac{L}{h}$.

<u>Anmerkung:</u> Bei einem Verbrauch von 16 Liter Sauerstoff pro Stunde wird selbst in geschlossenen Räumen kein Sauerstoffmangel eintreten. Schließlich enthält 1 m³ Luft bereits mehr als 20 (Vol) % = 200 Liter Sauerstoff. Allerdings sinkt die Luftqualität:

Denn ein solcher Verbrauch bedeutet auch ein Ausatmen von 16 Litern CO_2 pro Stunde! Schon nach 3 Stunden ist der Volumenanteil an CO_2 von 50 m³ frischer Raumluft mit anfangs 400 ppm = 0,4 ‰ auf über 1 200 ppm = 1,2 ‰ gestiegen. Zimmermessgeräte fordern Sie dann oft schon zum Lüften auf!

Anhang:

Die reellen Zahlen $\mathbb{R}$

Für alle reellen (und alle komplexen) Zahlen $a, b, c, \ldots$ gelten die folgenden Rechenregeln:

Für die Addition:

(I)	$a + (b + c) = (a + b) + c$	(Assoziativgesetz)
(II)	$a + 0 = a$	(Nullelement)
(III)	$a + (-a) = 0$	(Inverse für $+$)
(IV)	$a + b = b + a$	(Kommutativgesetz)

Für die Multiplikation:

(V)	$a \cdot (b \cdot c) = (a \cdot b) \cdot c$	(Assoziativgesetz)
(VI)	$a \cdot 1 = a$	(Einselement)
(VII)	$a \cdot a^{-1} = 1$	($a \neq 0$, Inverse für $\cdot$)
(VIII)	$a \cdot b = b \cdot a$	(Kommutativgesetz)

Für Addition und Multiplikation:

(IX)	$(a + b) \cdot c = a \cdot c + b \cdot c$	(Distributivgesetz)

(zu VII: Eine andere Schreibweise für a^{-1} ist die Notation als Bruch $\frac{1}{a}$, siehe weiter unten.

Die Regeln I und V bedeuten: Das Ergebnis ist stets unabhängig von der Klammersetzung! Daher sind Klammern bei reiner Addition oder Multiplikation entbehrlich. Man schreibt also auch einfach nur $a + b + c$ und $a \cdot b \cdot c$. Da kann man wohl noch nicht viel falsch machen! Wichtige *Folgerungen* aus den zitierten Regeln sind nun beispielsweise:

$$a \cdot 0 = 0 \qquad a \cdot (-b) = -(a \cdot b) \qquad -(-a) = a \qquad (a^{-1})^{-1} = a$$

$$(a + b) \cdot (c + d) = a \cdot (c + d) + b \cdot (c + d) = a \cdot c + a \cdot d + b \cdot c + b \cdot d$$

Subtraktion und Brüche Die ersten Schwierigkeiten beginnen oft mit Schreibweisen wie

$$\boxed{\;a + (-b) = a - b \qquad a^{-1} = \frac{1}{a} \qquad a \cdot b^{-1} = \frac{a}{b}\;}$$

Durch diese klammernsparenden Schreibweisen werden Subtraktion und Brüche eingeführt: Zum Beispiel wird $a \cdot (b + c)^{-1}$ zu $\dfrac{a}{b + c}$ und $a + \big(-(b + (-c))\big)$ zu $a + \big(-(b - c)\big) = a - (b - c)$.

Zum Auflösen der noch verbleibenden Klammern gelten dann folgende Regeln:

$$\boxed{\;a - (b + c) = a - b - c \qquad a + (b - c) = a + b - c \qquad a - (b - c) = a - b + c\;}$$

Die durch den Bruchstrich ersparten Klammern sind bei Eingabe in den Taschenrechner oft wieder zu ergänzen! Hierzu nur das einfache Zahlenbeispiel:

Die Schreibweise $\dfrac{2 + 4}{4 + 2}$ ist gleichbedeutend mit $(2 + 4)/(4 + 2) = 1$. Bei Eingabe ohne eine Klammersetzung erhalten Sie das falsche Ergebnis $2 + 4/4 + 2 = 5$.

Für die soeben eingeführten Brüche gelten außerdem die folgenden Bruchrechenregeln:

$$\frac{a}{b} = \frac{a \cdot c}{b \cdot c} \qquad \frac{a}{b} \cdot c = \frac{a \cdot c}{b} \qquad \frac{a}{b} \cdot \frac{c}{d} = \frac{a \cdot c}{b \cdot d}$$

$$\frac{1}{\frac{1}{a}} = a \qquad \frac{1}{\frac{b}{a}} = \frac{a}{b} \qquad \frac{\frac{c}{d}}{\frac{b}{a}} = \frac{c \cdot a}{d \cdot b}$$

$$\frac{a}{b} + \frac{c}{b} = \frac{a + c}{b} \qquad \frac{a}{b} + \frac{c}{d} = \frac{a \cdot d + b \cdot c}{b \cdot d}$$

$$\frac{a}{b} - \frac{c}{b} = \frac{a - c}{b} \qquad \frac{a}{b} - \frac{c}{d} = \frac{a \cdot d - b \cdot c}{b \cdot d}$$

Bei mehreren Bruchstrichen untereinander ist stets sorgfältig zu schreiben:
$\dfrac{\frac{a}{b}}{c}$ könnte als $\dfrac{\frac{a}{b}}{c} = \dfrac{a}{b \cdot c}$ interpretiert werden, aber auch als $\dfrac{a}{\frac{b}{c}} = \dfrac{a \cdot c}{b}$!

Auch bei einfachen Umformungen müssen die ersparten Klammern oft wieder ergänzt werden. Achten Sie bei folgendem Beispiel auf den Zähler:

$$\frac{x + 3}{y} \cdot 5 = \frac{(x + 3) \cdot 5}{y} \qquad\qquad \left(\neq \frac{x + 3 \cdot 5}{y} \right)$$

Genug der Theorie: Ausdrücke zu vereinfachen, ist nicht immer einfach, aber oft lohnenswert:

Aufgabe 1 *Vereinfachen Sie* $\left(\dfrac{a}{b} - \dfrac{b}{a} \right) \cdot \left(\dfrac{a + b}{a - b} - \dfrac{a - b}{a + b} \right),$ *(alle Nenner $\neq 0$).*

Lösung: Wir notieren ganz ausführlich fast jeden einzelnen Rechenschritt. In der Praxis wird man einfache Schritte selbstverständlich zusammenfassen! Vielleicht kontrollieren Sie nebenbei auch, welche Regel Sie gerade benutzen:

Jeder der beiden Klammerausdrücke liefert einen Bruch. Der erste Klammerausdruck ergibt:

$$\frac{a}{b} - \frac{b}{a} = \frac{a \cdot a - b \cdot b}{b \cdot a} = \frac{a^2 - b^2}{a \cdot b}$$

Analog erhalten wir für den zweiten Klammerausdruck:

$$\frac{a + b}{a - b} - \frac{a - b}{a + b} = \frac{(a + b) \cdot (a + b) - (a - b) \cdot (a - b)}{(a - b) \cdot (a + b)} = \frac{(a + b)^2 - (a - b)^2}{a^2 - b^2}$$

$$= \frac{a^2 + 2ab + b^2 - (a^2 - 2ab + b^2)}{a^2 - b^2} = \frac{a^2 + 2ab + b^2 - a^2 + 2ab - b^2}{a^2 - b^2} = \frac{4ab}{a^2 - b^2}$$

Das hat sich gelohnt! Und beide Teilergebnisse zusammenfassend erhalten wir das einfache

Ergebnis: $\left(\dfrac{a}{b} - \dfrac{b}{a} \right) \cdot \left(\dfrac{a + b}{a - b} - \dfrac{a - b}{a + b} \right) = \dfrac{a^2 - b^2}{a \cdot b} \cdot \dfrac{4ab}{a^2 - b^2} = 4 \qquad\qquad \diamond$

Ungleichungen

Die Grundlage für den Umgang mit Ungleichungen bilden die sogenannten Monotonieregeln.

Monotonieregeln:	$a \leq b \quad \Leftrightarrow \quad a + c \leq b + c \quad (c \text{ beliebig})$
Für alle $a, b, c \in \mathbb{R}$ gilt	$a \leq b \quad \Leftrightarrow \quad a \cdot c \leq b \cdot c \quad (\text{für } c > 0)$

Für $a \leq b$ und $a \neq b$ schreibt man kurz $a < b$, anstelle $a \leq b$ auch $b \geq a$.

Überlegen Sie sich zu den wichtigsten Folgerungen einige Zahlenbeispiele:

$$a < b \quad \Rightarrow \quad -a > -b \qquad 0 < a < b \quad \Rightarrow \quad 0 < \tfrac{1}{b} < \tfrac{1}{a}$$
$$a \neq 0 \quad \Rightarrow \quad a^2 > 0 \qquad a < b \quad \Rightarrow \quad a < \tfrac{a+b}{2} < b$$
$$a > 0, b > 0 \quad \Rightarrow \quad a + b > 0 \qquad a > 0, b > 0 \quad \Rightarrow \quad a \cdot b > 0$$
$$(1 + a) \geq 0 \quad \Rightarrow \quad (1 + a)^n \geq 1 + n \cdot a, \ (n \in \mathbb{N}, \text{ Ungleichung von Bernoulli}).$$

Aufgabe 2 *Beweisen Sie für alle* $a, b > 0$: $\quad \dfrac{1}{a} + \dfrac{1}{b} \geq \dfrac{4}{a+b}$

<u>Lösung:</u> Wegen $\dfrac{1}{a} + \dfrac{1}{b} = \dfrac{b+a}{a \cdot b} = \dfrac{a+b}{a \cdot b}$ bleibt zu zeigen: $\dfrac{a+b}{a \cdot b} \geq \dfrac{4}{a+b}$

Wir folgern nach Multiplikation mit $a \cdot b > 0$ und anschließend mit $a + b > 0$:

$$\frac{a+b}{a \cdot b} \geq \frac{4}{a+b} \ \Leftrightarrow \ a + b \geq \frac{4ab}{a+b} \ \Leftrightarrow \ (a+b)^2 \geq 4ab \ \Leftrightarrow \ a^2 + 2ab + b^2 \geq 4ab$$

$$\Leftrightarrow \ a^2 + 2ab + b^2 - 4ab \geq 4ab - 4ab \ \Leftrightarrow \ a^2 - 2ab + b^2 \geq 0 \ \Leftrightarrow \ (a-b)^2 \geq 0.$$

Richtig, das Quadrat der Zahl $(a - b)$ ist bestimmt größer gleich Null! $\qquad \diamond$

Betrag

Erwähnen wir noch den *Betrag* $|x|$ einer reellen Zahl x, Beispiel:
Es gilt $|3| = 3$ und $|-3| = 3$. Für $y = |x|$ mit $x \in \mathbb{R}$ ergibt sich insgesamt das folgende Bild

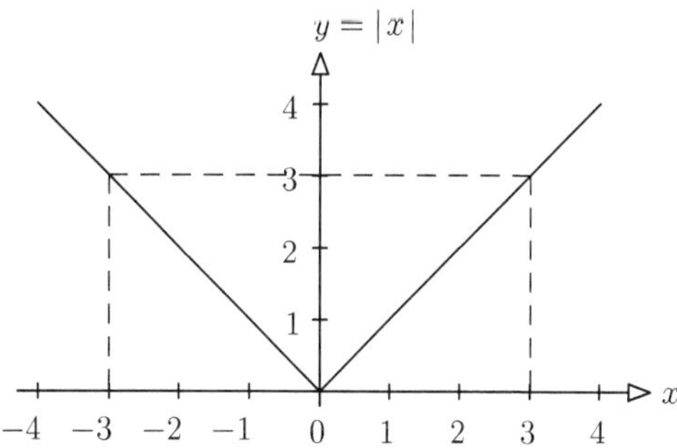

Bestimmen Sie hieran noch einmal rechnerisch $|3| = 3$ und $|-3| = -(-3) = 3$:
Im ersten Fall bildet man den Betrag für $x = 3$, im zweiten Fall für $x = -3$.

Sie erkennen, dass die Betragsfunktion aus zwei Teilen zusammengesetzt ist, nämlich aus
$$y = x \text{ für alle } x \geq 0 \quad \text{ und } \quad y = -x \text{ für alle } x \leq 0.$$

Zusammenfassend schreibt man das auch in der Kurzform: $\quad |x| = \begin{cases} x & \text{für } x \geq 0 \\ -x & \text{für } x \leq 0 \end{cases}$

Die komplexen Zahlen $\mathbb{C}$

Unter einer komplexen Zahl a verstehen wir einen Ausdruck der Form

$$a = x + y \cdot i\,.$$

$x \in \mathbb{R}$ bezeichnet man als Realteil, $y \in \mathbb{R}$ als Imaginärteil von a, i ist die 'imaginäre' Einheit.

Zur Veranschaulichung werden in einem üblichen Koordinatensystem der Realteil als Abszisse und der Imaginärteil als Ordinate aufgetragen. Die geometrische Länge des entsprechenden Pfeils bezeichnet man als den Betrag $|a|$ von a. Die Skizze links zeigt als Beispiel $a = 3 + 2i$. Hier ist also $x = 3$ der Realteil von a und $y = 2$ der Imaginärteil (*nicht* $2i$)!

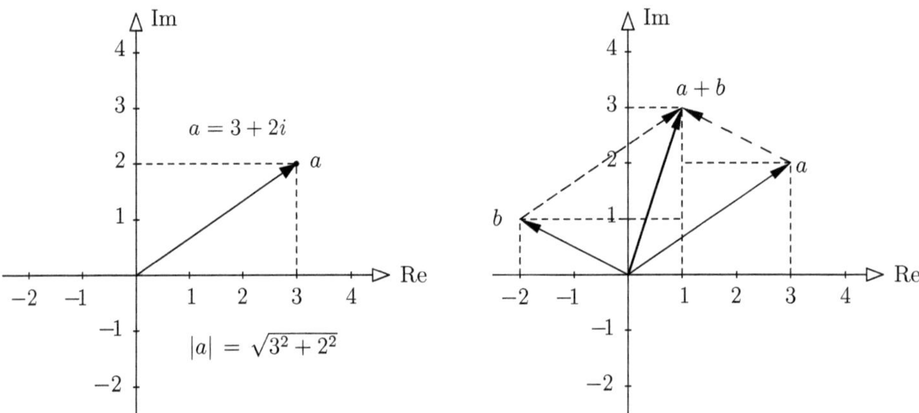

Die Addition zweier komplexer Zahlen ist einfach nur 'komponentenweise' erklärt, das heißt Real- und Imaginärteil werden getrennt addiert:

Beispiel 3 Gegeben seien $a = 3 + 2i$, $b = -2 + i$:

$$a + b = (3 + 2i) + (-2 + i) = (3 - 2) + (2 + 1)i = 1 + 3i$$

Das Ergebnis illustriert die Skizze rechts. Die Subtraktion ist analog definiert:

$$a - b = (3 + 2i) - (-2 + i) = (3 + 2) + (2 - 1)i = 5 + i \qquad \diamond$$

Die Multiplikation und Division von komplexen Zahlen ist nicht wesentlich komplizierter. Hierfür genügt es eigentlich, zu wissen: Die 'imaginäre Einheit' i ist charakterisiert durch die multiplikative Eigenschaft

$$\boxed{i^2 = -1}$$

Ansonsten erfolgt die Multiplikation analog wie bei reellen Zahlen (siehe Distributivgesetz):

$$a \cdot b = (3 + 2i) \cdot (-2 + i) = 3 \cdot (-2 + i) + 2i \cdot (-2 + i) = -6 + 3i - 4i + 2i^2 = -8 - i \diamond$$

Ist $a = x + yi$ gegeben, dann nennt man $\bar{a} = x - yi$ die zu a *konjugiert komplexe Zahl*. Beispielsweise für $a = 3 + 2i$ gilt $\bar{a} = 3 - 2i$. Es dürfte Ihnen auch sicher nicht schwerfallen, $\bar{a}$ in die obige Skizze links mit einzuzeichnen! Üben wir ein wenig den Umgang mit a und $\bar{a}$:

Beispiel 4 Sei $a = 3 + 2i$, $\bar{a} = 3 - 2i$. Was ergibt speziell $a + \bar{a}$, $a - \bar{a}$, $a \cdot \bar{a}$?

Lösung:
$$a + \bar{a} = (3 + 2i) + (3 - 2i) = 3 + 2i + 3 - 2i = 2 \cdot 3 = 2\,\mathrm{Re}\,a$$
$$a - \bar{a} = (3 + 2i) - (3 - 2i) = 3 + 2i - 3 + 2i = 2 \cdot 2i = 2\,\mathrm{Im}\,a \cdot i$$
$$a \cdot \bar{a} = (3 + 2i) \cdot (3 - 2i) = 3^2 - 6i + 6i - (2i)^2 = 3^2 + 2^2 = |a|^2 \qquad \diamond$$

Beispiel 5 Wir bestimmen $a^{-1} = \dfrac{1}{a}$ für $a = 3 + 2i$ durch Erweitern mit $\bar{a}$:

$$a^{-1} = (3 + 2i)^{-1} = \frac{1}{3 + 2i} = \frac{1 \cdot (3 - 2i)}{(3 + 2i) \cdot (3 - 2i)} = \frac{3 - 2i}{3^2 + 2^2} = \frac{3}{13} - \frac{2}{13}\,i \qquad \diamond$$

Entsprechend bestimmt man den Quotienten zweier komplexer Zahlen:

Aufgabe 6 *Berechnen Sie* $\dfrac{3 - 4i}{3 + 2i}$ *durch Erweitern mit* $3 - 2i$.

Lösung:
$$\frac{3 - 4i}{3 + 2i} = \frac{(3 - 4i) \cdot (3 - 2i)}{(3 + 2i) \cdot (3 - 2i)} = \frac{9 - 12i - 6i - 8}{13} = \frac{1 - 18i}{13} = \frac{1}{13} - \frac{18}{13}\,i \qquad \diamond$$

Manche Aufgaben sind so einfach, dass sie schon wieder kompliziert erscheinen:
Was ergibt $\dfrac{1}{i}$? Die konjugiert komplexe Zahl zu $a = i = 0 + i$ ist $\bar{a} = 0 - i = -i$!
Erweitern mit $\bar{a}$ liefert also:
$$\frac{1}{i} = \frac{1 \cdot (-i)}{i \cdot (-i)} = \frac{-i}{1} = -i.$$

Viele reelle Gleichungen wie zum Beispiel $z^2 + 4 = 0$ besitzen auch komplexe Lösungen:
$$\Leftrightarrow \quad z^2 + 4 = 0 \quad \Leftrightarrow \quad z^2 = -4 \quad \Leftrightarrow \quad z = \pm 2i \quad \Leftrightarrow \quad z_1 = 2i,\ z_2 = -2i.$$

Aufgabe 7 *Bestimmen Sie die Nullstellen von* $f(z) = z^2 - 6z + 13$ *wie gewohnt durch 'quadratische Ergänzung' oder mit der Lösungsformel für quadratische Gleichungen.*

Lösung: $z^2 - 6z + 13 = 0 \quad \Leftrightarrow \quad z^2 - 6z + 9 - 9 + 13 = 0 \quad \Leftrightarrow \quad (z - 3)^2 + 4 = 0 \quad \Leftrightarrow$

$(z - 3)^2 = -4 \quad \Leftrightarrow \quad z - 3 = \pm 2i \quad \Leftrightarrow \quad z = 3 \pm 2i \quad \Leftrightarrow \quad z_1 = 3 + 2i,\ z_2 = 3 - 2i.$

$$z = -\frac{p}{2} \pm \sqrt{\left(\frac{p}{2}\right)^2 - q} = 3 \pm \sqrt{9 - 13} = 3 \pm \sqrt{-4} \quad \Leftrightarrow \quad z_1 = 3 + 2i,\ z_2 = 3 - 2i. \quad \diamond$$

Aufgabe 8 *Bestätigen Sie ergänzend zu voriger Aufgabe: Die Faktorisierung eines Polynoms wie* $f(z)$ *erhält man mit Hilfe seiner Nullstellen, die wie in diesem Falle auch komplex sein können. Genauer gesagt gilt mit dem Hauptsatz der Algebra:*
$$f(z) = (z - z_1) \cdot (z - z_2)$$

Lösung: $(z - z_1) \cdot (z - z_2) =$

$$\left(z - (3 + 2i)\right) \cdot \left(z - (3 - 2i)\right) = z^2 - z \cdot (3 - 2i) - (3 + 2i) \cdot z + (3 + 2i) \cdot (3 - 2i)$$
$$= z^2 - 3z + 2zi - 3z - 2zi + 13$$
$$= z^2 - 6z + 13 = f(z) \qquad \diamond$$

Polarkoordinatendarstellung Die Multiplikation von komplexen Zahlen wird natürlich mit wachsender Anzahl von Faktoren immer mühsamer. Was ergibt zum Beispiel a^9 im Falle

$$a = \sqrt{3} + i \ ?$$

Eine komplexe Zahl $a = x + y \cdot i$ liegt auf dem Kreis mit Radius $r = |a|$, vergleiche Skizze:

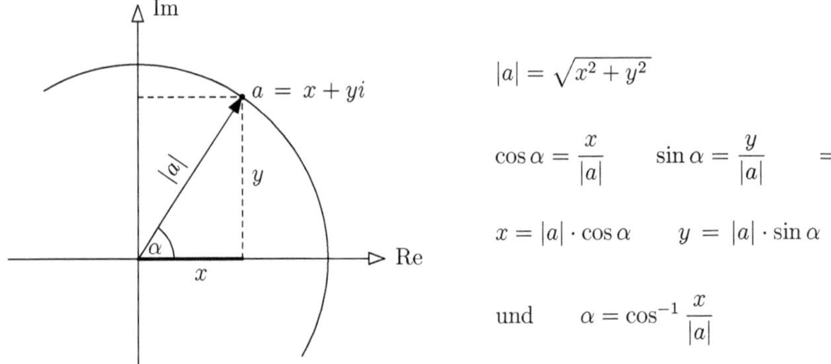

$$|a| = \sqrt{x^2 + y^2}$$

$$\cos\alpha = \frac{x}{|a|} \qquad \sin\alpha = \frac{y}{|a|} \qquad \Rightarrow$$

$$x = |a| \cdot \cos\alpha \qquad y = |a| \cdot \sin\alpha$$

$$\text{und} \qquad \alpha = \cos^{-1}\frac{x}{|a|}$$

Wegen $a = x + y \cdot i = |a| \cdot \cos\alpha + |a| \cdot \sin\alpha \cdot i$ folgt nach Ausklammern von $|a|$:

$$\boxed{a = |a| \cdot (\cos\alpha + i \cdot \sin\alpha)} \qquad \text{(Polarkoordinatendarstellung)}.$$

In obigem Beispiel gilt $x = \sqrt{3}$ und $y = 1$: $|a| = \sqrt{3+1} = 2$, $\alpha = \cos^{-1}\frac{\sqrt{3}}{2} = 30° = \frac{\pi}{6}$. Das ergibt: $a = \sqrt{3} + i = 2 \cdot (\cos 30° + i \cdot \sin 30°)$.

Die Multiplikation von a mit der komplexen Zahl

$$b = |b| \cdot (\cos\beta + i \cdot \sin\beta)$$

ergibt mit Hilfe des Additionstheorems das Ergebnis

$$a \cdot b = |a| \cdot |b| \cdot \big(\cos(\alpha + \beta) + i \cdot \sin(\alpha + \beta)\big). \quad \text{Das bedeutet einfach:}$$

Bei Multiplikation komplexer Zahlen werden die Beträge multipliziert, die Winkel addiert! Womit wir nun auch die anfangs gestellte Frage vergleichswcise schnell beantworten können:

$$a^9 = (\sqrt{3} + i)^9 = \big(2 \cdot (\cos 30° + i \cdot \sin 30°)\big)^9 = \underbrace{2^9}_{=512} \cdot \big(\underbrace{\cos(9\cdot 30°)}_{=0} + i \cdot \underbrace{\sin(9\cdot 30°)}_{=-1}\big) = -512\,i.$$

Für die Division von a durch b erhält man übrigens: $\dfrac{a}{b} = \dfrac{|a|}{|b|} \cdot \big(\cos(\alpha - \beta) + i \cdot \sin(\alpha - \beta)\big).$

Die Eulersche Formel Mit Hilfe der Taylorentwicklung lassen sich die Exponential- und Kreisfunktionen auch für komplexe Argumente definieren. Insbesondere kann man zeigen:

$$e^{i \cdot \alpha} = \cos\alpha + i \cdot \sin\alpha \qquad \text{(Eulersche Formel)}.$$

Hiermit wird $a = |a| \cdot (\cos\alpha + i \cdot \sin\alpha)$ zu $a = |a| \cdot e^{i \cdot \alpha}$. Und Multiplikation und Division zu

$$a \cdot b = |a| \cdot e^{i \cdot \alpha} \cdot |b| \cdot e^{i \cdot \beta} = |a| \cdot |b| \cdot e^{i \cdot (\alpha + \beta)}, \qquad \frac{a}{b} = \frac{|a| \cdot e^{i \cdot \alpha}}{|b| \cdot e^{i \cdot \beta}} = \frac{|a|}{|b|} \cdot e^{i \cdot (\alpha - \beta)}.$$

Summen und Summenzeichen $\sum$

Eine Summe wie $(-2)^2 + (-1)^2 + 0^2 + 1^2 + 2^2 + 3^2$ notiert man auch abkürzend als $\sum_{k=-2}^{3} k^2$. Der griechichische Großbuchstabe 'Sigma' $\sum$ steht für 'Summiere'! Ausführlich:

Setze in den Ausdruck $A(k) = k^2$ der Reihe nach die ganzen Zahlen $k = -2$ bis $k = 3$ ein, und summiere die enstandenen einzelnen Werte.

Diese Notation ist dann besonders nützlich, wenn die Anzahl der Summanden sehr groß ist.

Beispiel 9 $\sum_{k=1}^{1000} k = 1 + 2 + 3 + \ldots + 999 + 1000.$ Oft lässt sich das Ergebnis formelmäßig darstellen, doch hängt der Beweis natürlich von der speziellen Bauart der Summanden ab:

$$
\begin{array}{ccccccccccccc}
1 & + & 2 & + & 3 & + & \ldots & + & 998 & + & 999 & + & 1000 & = & S \\
1000 & + & 999 & + & 998 & + & \ldots & + & 3 & + & 2 & + & 1 & = & S \\
\hline
1001 & + & 1001 & + & 1001 & + & \ldots & + & 1001 & + & 1001 & + & 1001 & = & 2\,S
\end{array}
$$

$$\text{Das lässt sich vereinfachen zu:} \quad 1000 \cdot 1001 = 2\,S \;\Rightarrow$$

$$\tfrac{1}{2} \cdot 1000 \cdot 1001 = S \quad \text{Ergebnis!} \qquad \Diamond$$

Diese Beweismethode funktioniert nicht nur für den Endwert 1000, sondern für jede natürliche Zahl n und liefert das Ergebnis:

$$\sum_{k=1}^{n} k = \frac{1}{2} \cdot n \cdot (n+1).$$

Beispiel 10 Die 'geometrische Summe' $\sum_{k=0}^{n} x^k = 1 + x + x^2 + x^3 + \ldots + x^{n-1} + x^n,$ mit $x \in \mathbb{R}$ (oder $\mathbb{C}$). Für $x = 1$ sind alle Summanden gleich 1 und der Summenwert $n+1$. Für $x \neq 1$ multiplizieren wir in diesem Falle die Ausgangszeile mit $-x$:

$$
\begin{array}{rcccccccccccc}
S & = & 1 & + & x & + & x^2 & + & x^3 & + & \ldots & + & x^{n-1} & + & x^n \\
-x \cdot S & = & & & -x & - & x^2 & - & x^3 & - & \ldots & - & x^{n-1} & - & x^n & - & x^{n+1} \\
\hline
S - x \cdot S & = & 1 & + & 0 & + & 0 & + & 0 & + & \ldots & + & 0 & + & 0 & - & x^{n+1}
\end{array}
$$

$$S \cdot (1-x) = 1 - x^{n+1} \quad \text{Ergebnis:} \quad \sum_{k=0}^{n} x^k = \frac{1 - x^{n+1}}{1-x} \qquad \Diamond$$

Das ist die 'geometrische Summenformel'. Noch einige ergänzende Bemerkungen:

Sie dürfen für den Laufindex k auch andere Symbole verwenden, etwa i, j oder η, sofern Sie dieses Symbol dann auch im Ausdruck nach dem Summenzeichen benutzen, zum Beispiel: $\sum_{i=0}^{n} x^i = 1 + x + x^2 + x^3 + \ldots + x^{n-1} + x^n.$ In der Regel ist der Startwert wie hier $i = 0$ kleiner als der Endwert, hier $i = n$. Andernfalls bezeichnet man die Summe als leer mit dem Summenwert Null. Der Ausdruck $A(k)$ bzw. $A(i)$ darf auch konstant sein, z.B. bedeutet $\sum_{i=-2}^{2} 1 = 1 + 1 + 1 + 1 + 1 = 5.$

Für **P**rodukte mit vielen Faktoren benutzt man analog den griechischen Großbuchstaben '**Pi**': Beispielsweise bedeutet $\prod_{k=1}^{n} k = 1 \cdot 2 \cdot 3 \cdot \ldots \cdot (n-1) \cdot n$, also dasselbe wie $n!$ (n–Fakultät).

Grenzwert von Folgen und Reihen

Eine unendliche Folge $a_1, a_2, a_3, \ldots$ von reellen Zahlen, kurz: $(a_n)_{n \in \mathbb{N}}$, ist mathematisch gesehen eine Funktion $a : \mathbb{N} \to \mathbb{R}$. Für $a(n)$ schreibt man auch kürzer a_n. Anstelle von a_n sind natürlich auch andere Bezeichnungen wie b_n, s_n, x_n, y_n und ähnliches üblich.

Beispiel 11 $a_n = \dfrac{n+1}{n}$. Das bedeutet also: $a_1 = 2$, $a_2 = \dfrac{3}{2}$, $a_3 = \dfrac{4}{3}$, $a_4 = \dfrac{5}{4}$ usw. $\diamond$

Def.: Eine Folge $(a_n)_{n \in \mathbb{N}}$ heißt *konvergent*, wenn ein Wert $g \in \mathbb{R}$ existiert, mit der Eigenschaft: Zu jeder (noch so kleinen Fehler-) Schranke $\varepsilon > 0$ gibt es eine natürliche Zahl $N \in \mathbb{N}$, so dass $|a_n - g| < \varepsilon$ für alle $n > N$,   (kurz: $|a_n - g|$ wird beliebig klein, wenn n genügend groß). Man schreibt in diesem Falle $\lim\limits_{n \to \infty} a_n = g$ und nennt g den Grenzwert der Folge (a_n).

Man kann leicht zeigen, dass eine Folge (a_n) höchstens einen Grenzwert besitzt. Eine *nicht* konvergente Folge heißt auch *divergent*. Als Grenzwert von $a_n = \frac{n+1}{n}$ vermuten wir $g = 1$:

$$|a_n - 1| = \left|\tfrac{n+1}{n} - \tfrac{n}{n}\right| = \tfrac{1}{n} < \varepsilon \quad \Leftrightarrow \quad n > \tfrac{1}{\varepsilon}$$

Wählen wir nun irgendeine natürliche Zahl $N > \frac{1}{\varepsilon}$, dann folgt für alle $n > N$ offensichtlich: $|a_n - 1| < \varepsilon$. Die Folge (a_n) ist konvergent, ihr Grenzwert ist $g = 1$, kurz: $\lim\limits_{n \to \infty} a_n = 1$.

Sind die Folgen (a_n) und (b_n) konvergent, dann auch $(a_n + b_n)$, $(a_n - b_n)$, $(a_n \cdot b_n)$, $\left(\frac{a_n}{b_n}\right)$, wobei im letzteren Fall noch $b_n \neq 0$ für jedes $n \in \mathbb{N}$ und $\lim\limits_{n \to \infty} b_n \neq 0$ vorausgesetzt sei. Für die Grenzwerte gilt die einfache Beziehung:

$$(1) \quad \lim_{n \to \infty} (a_n + b_n) = \lim_{n \to \infty} a_n + \lim_{n \to \infty} b_n, \quad (2) \quad \lim_{n \to \infty} (a_n - b_n) = \lim_{n \to \infty} a_n - \lim_{n \to \infty} b_n,$$

$$(3) \quad \lim_{n \to \infty} (a_n \cdot b_n) = \lim_{n \to \infty} a_n \cdot \lim_{n \to \infty} b_n, \quad (4) \quad \lim_{n \to \infty} \frac{a_n}{b_n} = \frac{\lim\limits_{n \to \infty} a_n}{\lim\limits_{n \to \infty} b_n},$$

Def.: Eine unendliche Reihe (Summe) $s_1 + s_2 + s_3 + s_4 + \ldots$ von Summanden heißt konvergent (gegen g), wenn die unendliche Folge der (Teil-) Summen

$$a_n = s_1 + s_2 + s_3 + \ldots + s_n$$

konvergent ist (gegen g).

Beispiel 12 $1 + \left(\frac{1}{2}\right) + \left(\frac{1}{2}\right)^2 + \left(\frac{1}{2}\right)^3 + \left(\frac{1}{2}\right)^4 \ldots$. Wir betrachten die Folge der Teilsummen, also:

$$a_n = 1 + \left(\frac{1}{2}\right) + \left(\frac{1}{2}\right)^2 + \ldots + \left(\frac{1}{2}\right)^n.$$

Mit der geometrischen Summenformel von Beispiel 10 erhalten wir für $x = \frac{1}{2}$:

$$a_n = \frac{1 - \left(\frac{1}{2}\right)^{n+1}}{1 - \frac{1}{2}} = \frac{1}{1 - \frac{1}{2}} - \frac{\left(\frac{1}{2}\right)^{n+1}}{1 - \frac{1}{2}} = 2 - \left(\tfrac{1}{2}\right)^n$$

Offensichtlich wird $|a_n - 2| = \left(\frac{1}{2}\right)^n$ beliebig klein, woraus letztendlich folgt: $\lim\limits_{n \to \infty} a_n = 2$. Man schreibt hierfür auch

$$1 + \left(\frac{1}{2}\right) + \left(\frac{1}{2}\right)^2 + \left(\frac{1}{2}\right)^3 + \left(\frac{1}{2}\right)^4 + \ldots = 2.$$

oder wesentlich kürzer:

$$\sum_{k=0}^{\infty} \left(\frac{1}{2}\right)^k = 2. \qquad \diamond$$

Weitere Beispiele und Erläuterungen finden Sie im Anhang des Lehrbuches.

Grenzwert und Stetigkeit von Funktionen

Funktionen wie $f(x) = \dfrac{\sin x}{x}$ oder $g(x) = \dfrac{x}{|x|}$ sind für alle $x \in \mathbb{R}$ definiert mit Ausnahme eines einzigen Punktes, hier der Nullpunkt. Im Falle von f nähert sich der Funktionswert $f(x)$ beliebig genau dem 'Grenzwert' 1, wenn x genügend nahe beim kritischen Wert 0 liegt. Im Falle von g gibt es keinen Zahlenwert dieser Art (vgl. die untere Skizze):

Definition *Die Funktion f sei auf dem gesamten Intervall D definiert, mit Ausnahme vielleicht eines einzigen Punktes $a \in D$. Dann heißt $G \in \mathbb{R}$ der Grenzwert (oder Limes) von f an der Stelle a genau dann, wenn es zu jeder (noch so kleinen Fehler-) Schranke $s > 0$ eine Schranke $r > 0$ gibt, so dass gilt:*

$$\text{Aus } |x - a| < r \text{ folgt stets } |f(x) - G| < s, \quad (x \in D, x \neq a).$$

Wir schreiben in diesem Fall: $\lim\limits_{x \to a} f(x) = G.$

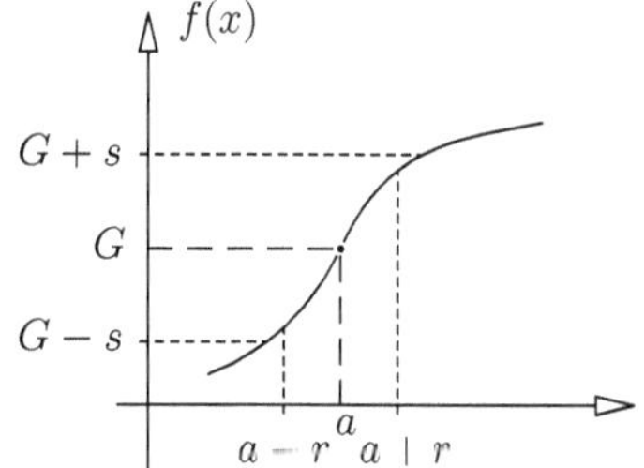

Man beachte: $|x - a| < r$ bedeutet ausführlich notiert:

$$-r < x - a < r$$

also nach Addition von a

$$a - r < x < a + r$$

$\lim\limits_{x \to a} f(x) = G$ in Worten ausgedrückt: Die Abweichung zwischen $f(x)$ und G wird beliebig klein, wenn nur die Abweichung zwischen x und a genügend klein gewählt wird.

Zur weiteren Illustration diene auch eine Skizze der bereits oben erwähnten Beispiele f und g:

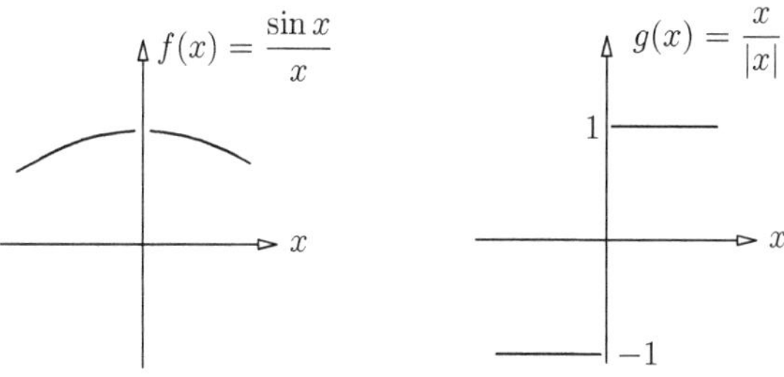

In der Nähe der Stelle $a = 0$ nähern sich die Werte $f(x)$ beliebig genau dem Wert $G = 1$, während es beim zweiten Beispiel so einen Grenzwert nicht gibt: Schon bei der geringsten Abweichung vom Nullpunkt lässt sich im Falle g die Schwankung der Funktionswerte nicht beliebig begrenzen.

Stetigkeit Nehmen wir nun an, dass die Funktion auch an der Stelle $a \in D$ definiert ist und der Grenzwert an dieser Stelle existiert. Falls Grenzwert G und $f(a)$ übereinstimmen, so heißt die Funktion an der Stelle a *stetig*. Sind jedoch die beiden Werte verschieden (oder existiert gar kein Grenzwert), so heißt die Funktion an dieser Stelle *unstetig*! Ausführlich:

Definition *Die Funktion f heißt stetig an der Stelle $a \in D$ genau dann, wenn es zu jeder (noch so kleinen Fehler-) Schranke $s > 0$ eine Schranke $r > 0$ gibt, so dass gilt:*

$$\text{Aus } |x - a| < r \text{ folgt stets } |f(x) - f(a)| < s, \quad (x \in D).$$

Ist f an jeder Stelle $a \in D$ stetig, so nennt man f stetig auf D.

Beispiel 13 Die Sinusfunktion $\sin : \mathbb{R} \to \mathbb{R}$ ist auf dem gesamten Definitionsbereich $\mathbb{R}$ stetig: Zum Nachweis vereinfachen und schätzen wir zunächst $|f(x) - f(a)|$ ab, also hier:

$$|\sin x - \sin a| = |2 \cdot \cos \tfrac{x+a}{2} \cdot \sin \tfrac{x-a}{2}| = 2 \cdot |\cos \tfrac{x+a}{2}| \cdot |\sin \tfrac{x-a}{2}| \leq 2 \cdot |\sin \tfrac{x-a}{2}| \leq |x - a|$$

Diese etwas langwierige aber elementare Abschätzung nutzte das Additionstheorem für Sinus und Cosinus, sowie die einfachen Abschätzungen $|\cos z| \leq 1$ und $|\sin z| \leq z$. Daraus folgt nun aber sofort die Stetigkeit. Ist irgendeine Schranke $s > 0$ vorgegeben, so wähle man z.B. $r = \frac{s}{2}$. Mit dem vorigen Ergebnis folgt aus $|x - a| < r$: $|\sin x - \sin a| \leq |x - a| < r = \dfrac{s}{2} < s$. $\diamond$

Mit mehr oder weniger Aufwand lässt sich auch die Stetigkeit von x, $\cos x$, e^x und konstanten Funktionen wie z.B. $f(x) = 3$ zeigen. Mit dem folgenden Satz folgt letzlich die Stetigkeit aller elementaren Funktionen:

Satz *Sind f_1 und f_2 stetig, dann sind auch $f_1 + f_2$, $f_1 \cdot f_2$, f_1/f_2 und $f_1 \circ f_2$ auf ihrem jeweiligen Definitionsbereich stetig, ebenso die Umkehrfunktionen (sofern diese existieren).*

Da x stetig ist, ist auch das Produkt $x \cdot x = x^2$ stetig. Auch die Summe $x^2 + 3$ und jedes Polynom ist stetig. Ebenso sind $\sin x / \cos x = \tan x$, $-5 \cdot e^{x^2+3}$, $3 \cdot \ln(2 - \cos x)$ stetig usw.

Viele Eigenschaften von Funktionen finden wir selbstverständlich, weil wir deren Stetigkeit als selbstverständlich voraussetzen.

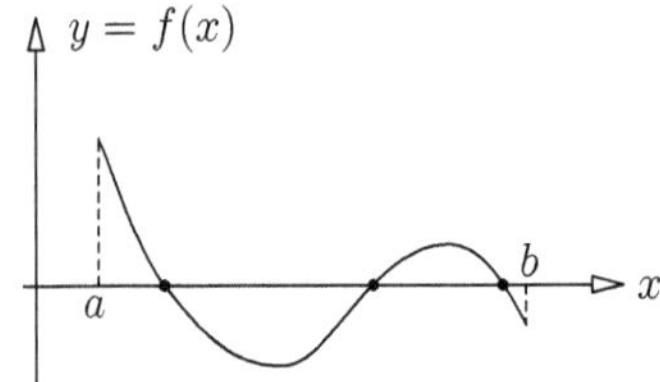

In der Skizze ist $f(a) > 0$ und $f(b) < 0$.

'Selbstverständlich' existiert (mindestens) eine Nullstelle, das heißt der Zwischenwert $w = 0$ wird angenommen (also zum Beispiel nicht einfach übersprungen):

Satz *(i) Sei f stetig auf dem Intervall D, $x_1 \in D$ und $x_2 \in D$. Dann tritt jeder Wert w zwischen $f(x_1)$ und $f(x_2)$ auch als Funktionswert auf, das heißt:*

Es gibt (mindestens) einen Wert $x_0 \in D$ mit der Eigenschaft $f(x_0) = w$.

(ii) Gilt $x_n \in D$ und ist f stetig an der Stelle $\lim\limits_{n\to\infty} x_n = a \in D$, so folgt: $\lim\limits_{n\to\infty} f(x_n) = f\big(\lim\limits_{n\to\infty} x_n\big)$.

(iii) Sei $f : D \to \mathbb{R}$ stetig auf dem beschränkten und abgeschlossenen Intervall $D = [a; b]$. Dann existieren Maximum und Minimum von f, das heißt:

Es gibt mindestens eine Stelle $x_{min} \in D$ und mindestens eine Stelle $x_{max} \in D$, so dass

für alle $x \in D$: $\qquad f(x_{min}) \leq f(x) \qquad$ und $\qquad f(x) \leq f(x_{max})$.

(i) bezeichnet man auch als 'Zwischenwertsatz'.
(ii) bedeutet, dass man die Bildung von Grenzwert und Funktionswert vertauschen darf.
(iii) sichert die Existenz von (globalem) Minimum und Maximum auf einem Intervall $D = [a; b]$.

Unbestimmte Ausdrücke – Regeln von de l'Hôpital

Wählen wir als Beispiel den Funktionsausdruck

$$\frac{\sin x - \cos x}{x - \frac{\pi}{4}} \qquad\qquad (x \neq \tfrac{\pi}{4}).$$

Es macht hier keinen Sinn, nach dem Funktionswert dieses Quotienten an der Stelle $x_0 = \frac{\pi}{4}$ zu fragen, denn das liefert den 'unbestimmten Ausdruck' $\frac{0}{0}$. Sinnvoll ist aber die Frage nach dem Verhalten bei Annäherung an die Stelle x_0, also nach dem Grenzwert für $x \to x_0$.

Bezeichnen wir die Funktion im Zähler als $f(x)$, im Nenner als $g(x)$, so haben wir folgenden

Fall I Es gelte allgemein $f(x) \to 0$ und $g(x) \to 0$ für $x \to x_0$, vgl. Skizze

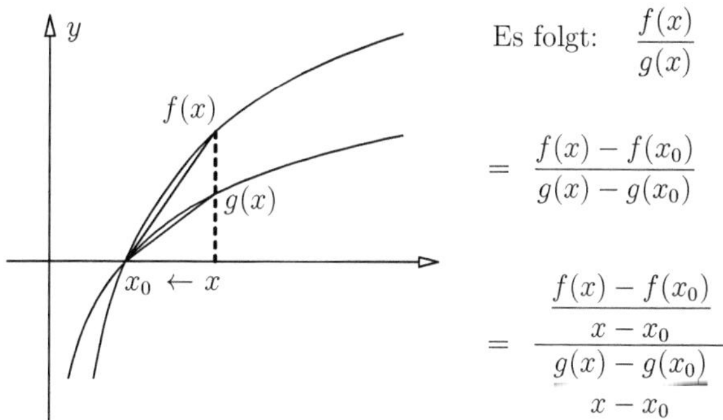

Es folgt:
$$\frac{f(x)}{g(x)}$$

$$= \frac{f(x) - f(x_0)}{g(x) - g(x_0)}$$

$$= \frac{\dfrac{f(x) - f(x_0)}{x - x_0}}{\dfrac{g(x) - g(x_0)}{x - x_0}}$$

Vereinfachte Regel

Sei $x_0 \in [a;b]$ und die Funktionen $f(x)$ und $g(x)$ seien differenzierbar für alle $x \in \,]a;b[$. Für $x \in \,]a;b[$ und $x \neq x_0$ gelte $g(x) \neq 0$ und $g'(x) \neq 0$. Falls nun auch $g'(x_0) \neq 0$, aber

$$\lim_{x \to x_0} f(x) = 0 \quad und \quad \lim_{x \to x_0} g(x) = 0, \quad so\ folgt: \quad \lim_{x \to x_0} \frac{f(x)}{g(x)} = \frac{f'(x_0)}{g'(x_0)}$$

Beweis: Sollte nicht bereits $f(x_0) = g(x_0) = 0$ gelten, so denken wir uns $f(x)$ und $g(x)$ mit diesen beiden Werten (stetig) ergänzt. Die obige Umformung zeigt, 'wohin der Hase läuft' (da wir $g'(x) \neq 0$ voraussetzen, ist auch der Nenner, insbesondere der Differenzenquotient von $g(x)$, ungleich Null. Das folgt sofort aus dem 'einfachen' Mittelwertsatz):

Die Werte $f(x)$ und $g(x)$ lassen sich durch die Sekantensteigungen ersetzen, und diese nach Grenzübergang $x \to x_0$ durch die Tangentensteigungen, vgl. auch die vorige Skizze. ✓

Die allgemeinere Regel folgt mit dem 'erweiterten Mittelwertsatz' (siehe Lehrbuch S. 248-50):

Regel I von de l'Hôpital

Sei $x_0 \in [a;b]$ und die Funktionen $f(x)$ und $g(x)$ seien differenzierbar für alle $x \in \,]a;b[$. Für $x \in \,]a;b[$ und $x \neq x_0$ gelte $g(x) \neq 0$ und $g'(x) \neq 0$. Falls nun

$$\lim_{x \to x_0} f(x) = 0 \quad und \quad \lim_{x \to x_0} g(x) = 0, \quad so\ folgt: \quad \lim_{x \to x_0} \frac{f(x)}{g(x)} = \lim_{x \to x_0} \frac{f'(x)}{g'(x)}$$

(natürlich unter der Voraussetzung, dass der letzte Grenzwert existiert).

Beispiel 14 Im Falle unseres Eingangsbeispiels ergibt die einfache Regel für $x_0 = \frac{\pi}{4}$ sofort:

$$\lim_{x \to \frac{\pi}{4}} \frac{\sin x - \cos x}{x - \frac{\pi}{4}} = \frac{\cos \frac{\pi}{4} + \sin \frac{\pi}{4}}{1} = \frac{1}{2}\sqrt{2} + \frac{1}{2}\sqrt{2} = 1,414\ldots, \qquad]a;b[=]-\infty;\infty[.$$

Dieses Ergebnis liefert natürlich auch die allgemeine Regel von de l'Hôpital:

$$\lim_{x \to \frac{\pi}{4}} \frac{\sin x - \cos x}{x - \frac{\pi}{4}} = \lim_{x \to \frac{\pi}{4}} \frac{\cos x + \sin x}{1} = \cos \frac{\pi}{4} + \sin \frac{\pi}{4} = \frac{1}{2}\sqrt{2} + \frac{1}{2}\sqrt{2} = 1,414\ldots$$

wobei wir hier und im Folgenden stets nutzen: Der Grenzwert einer stetigen Funktion an einer Stelle x_0 ist gleich dem Funktionswert an dieser Stelle. $\diamond$

Beispiel 15 Die einfache Regel versagt, wenn der Quotient der Ableitungen wieder zu einem unbestimmten Ausdruck führt! Die Regel von de l'Hôpital lässt sich aber wiederholt anwenden:

$$\lim_{x \to 0} \frac{x^2}{1 - \cos x} = \lim_{x \to 0} \frac{2x}{\sin x} = \lim_{x \to 0} \frac{2}{\cos x} = \frac{2}{\cos 0} = \frac{2}{1} = 2, \qquad]a;b[=]-\frac{\pi}{2};\frac{\pi}{2}[. \ \diamond$$

Bei manchen Grenzwerten eines Quotienten $\frac{f(x)}{g(x)}$ wächst der Nenner für $x \to x_0$ betragsmäßig über alle Grenzen. Dann kann die Grenzwertbestimmung schwierig werden, falls sich auch der Zähler $f(x)$ so verhält. Einen solchen Fall wie etwa

$$\frac{\ln x}{\frac{1}{x}} \quad \text{für} \quad x \to 0 \quad \text{bezeichnet man symbolisch mit} \quad \frac{\infty}{\infty}:$$

Regel II von de l'Hôpital

Sei $x_0 \in [a;b]$ und die Funktionen $f(x)$ und $g(x)$ seien differenzierbar für alle $x \in]a;b[$. Für $x \in]a;b[$ und $x \neq x_0$ gelte $g(x) \neq 0$ und $g'(x) \neq 0$. Falls nun

$$|g(x)| \to \infty \ \text{ für } \ x \to x_0 \,, \ \text{ so folgt: } \qquad \lim_{x \to x_0} \frac{f(x)}{g(x)} = \lim_{x \to x_0} \frac{f'(x)}{g'(x)}$$

(natürlich unter der Voraussetzung, dass der letztere Grenzwert existiert).

Die vereinfachte Regel folgt wieder, falls $\lim\limits_{x \to x_0} f'(x) = f'(x_0)$ und $\lim\limits_{x \to x_0} g'(x) = g'(x_0) \neq 0$.

Zurück zum Ausgangsbeispiel: Es handelt sich eigentlich um die Grenzwertbestimmung von $x \cdot \ln x$ für $x \to 0$. Ein solcher Fall wird symbolisch auch als '$0 \cdot \infty$' bezeichnet. Wir müssen ihn auf einen der beiden Fälle I oder II zurückführen, was nicht weiter schwierig ist,

Beispiel 16 $\displaystyle \lim_{x \to 0} x \cdot \ln x = \lim_{x \to 0} \frac{\ln x}{\frac{1}{x}} = \lim_{x \to 0} \frac{\frac{1}{x}}{-\frac{1}{x^2}} = \lim_{x \to 0} (-x) = 0\,, \qquad]a;b[=]0;1[. \ \diamond$

Uneigentliche Grenzwerte Die Regeln von de l'Hôpital gelten auch, wenn x_0 symbolisch durch '∞' oder '$-\infty$' ersetzt wird, die Werte von x also betragsmäßig über alle Grenzen wachsen (uneigentliche Grenzwerte)!

Beispiel 17 $\displaystyle \lim_{x \to \infty} \frac{x^3 + 7x + 5}{e^x} = \lim_{x \to \infty} \frac{3\,x^2 + 7}{e^x} = \lim_{x \to \infty} \frac{6x}{e^x} = \lim_{x \to \infty} \frac{6}{e^x} = 0\,, \ ]a;b[=]0;\infty[. \ \diamond$

Dieser Grenzwert ergibt sich natürlich für jede (feste) Potenz x^n, $n = 1, 2, 3, 4, \ldots$ (allgemein für jedes Polynom). Entscheidend ist nur die Basis $a > 1$ der Exponentialfunktion a^x:

Merke *a^x mit $a > 1$ wächst für $x \to \infty$ stärker als jede feste Potenz von x.*

Nullstellenverfahren

Eine Nullstelle lässt sich lokalisieren durch einen
Vorzeichenwechsel auf $[a;b]$: $\qquad f(a) \cdot f(b) < 0$
wenn also entweder $f(a) > 0$ und $f(b) < 0$ gilt, oder umgekehrt $f(a) < 0$ und $f(b) > 0$.

Halbierungsmethode Hier wählt man den Mittelpunkt $m = \frac{a+b}{2}$ des Intervalls als erste Näherung x_1 für eine gesuchte Nullstelle x_{N}. Im ungünstigsten Fall liegt dann x_{N} am rechten oder linken Rand des Intervalls, so dass der erste Fehler $\delta_1 = |x_{\mathrm{N}} - x_1|$ auf keinen Fall größer ist als die halbe Länge des Intervalls, kurz:

$$\delta_1 = |x_{\mathrm{N}} - x_1| \leq \frac{b-a}{2}$$

Anhand des Vorzeichens von $f(x_1)$ lässt sich nun wieder lokalisieren, ob eine Nullstelle x_{N} in der linken oder rechten Hälfte des Intervalls zu finden ist! Mit dem neuen Mittelpunkt des halb so großen Intervalls, als 2. Näherung x_2, gilt dann natürlich die Abschätzung

$$\delta_2 = |x_{\mathrm{N}} - x_2| \leq \frac{1}{2} \cdot \frac{b-a}{2} = \left(\frac{1}{2}\right)^2 \cdot (b-a)$$

Und allgemein für die k. Näherung x_k $(k = 1, 2, 3, \dots)$

$$\delta_k = |x_{\mathrm{N}} - x_k| \leq \left(\frac{1}{2}\right)^k \cdot (b-a)$$

Charakteristisch für dieses Verfahren ist die schrittweise Halbierung der Fehlerschranken. Offensichtlich gilt für den Fehler δ_k im Vergleich zu δ_{k-1} davor:

$$\delta_k = \frac{1}{2}\,\delta_{k-1}$$

Definition Gilt für die Fehler δ_k eines Näherungsverfahrens

$$\delta_k \leq c \cdot \delta_{k-1}$$

mit einer Konstanten $c < 1$, so heißt das Verfahren *linear konvergent*, oder auch *konvergent mit der Ordnung 1*.

Für die Halbierungsmethode gilt offensichtlich $c = \frac{1}{2}$. Nach 10 Schritten hat sich der Ausgangsfehler 10-mal halbiert, beträgt also weniger als $\frac{1}{1\,000}$ des Anfangswertes, nach 20 Schritten nur noch $\frac{1}{1\,000\,000}$. Das ist keineswegs sensationell, denn diesbezüglich gibt es wesentlich bessere Verfahren, bei denen nämlich c in der Abschätzung durch eine Nullfolge $c_k \to 0$ ersetzt werden kann. Solche Verfahren nennt man *superlinear* (auch *überlinear*) konvergent.

Mit Tangente geht es schneller – Newton-Verfahren Setzen wir die Differenzierbarkeit der Funktion voraus, so lässt sich die Tangente gezielt zur 'Nullstellensuche' einsetzen, vgl. folgende Skizze! Bezeichnet x_{k-1} einen Wert in der Nähe der gesuchten Nullstelle x_{N} , so gilt für den neuen Schnittpunkt x_k der Tangente mit der x–Achse:

$$\frac{f(x_{k-1})}{x_{k-1} - x_k} = f'(x_{k-1}) \qquad \frac{f(x_{k-1})}{f'(x_{k-1})} = x_{k-1} - x_k \qquad x_k = x_{k-1} - \frac{f(x_{k-1})}{f'(x_{k-1})}$$

Wir ersetzen also den Funktionsverlauf näherungsweise durch die Tangente und bestimmen die Nullstelle x_k der Tangente! Das funktioniert natürlich nur, falls $f'(x_{k-1}) \neq 0$, denn sonst würde die Tangente parallel zur x–Achse verlaufen. Mit der Hoffnung, dass x_k eine bessere Näherung ist als x_{k-1}, kann man dieses Verfahren wiederholen. Mit x_k als Startwert erhält man wieder eine neue Näherung x_{k+1} und so fort:

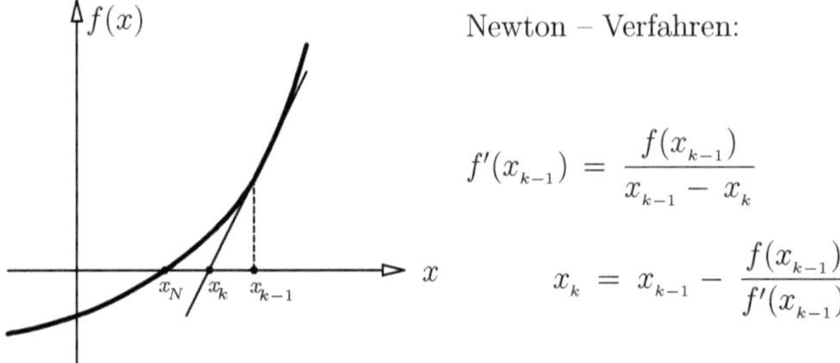

Newton – Verfahren:

$$f'(x_{k-1}) = \frac{f(x_{k-1})}{x_{k-1} - x_k}$$

$$x_k = x_{k-1} - \frac{f(x_{k-1})}{f'(x_{k-1})}$$

Genaueres zu dieser Methode besagt folgender Satz (zum Beweis siehe Lehrbuch S. 312):

Satz *Hat $f(x)$ einen Vorzeichenwechsel auf $[a;b]$ und ist dort zweimal stetig differenzierbar mit $f'(x) \neq 0$, so besitzt $f(x)$ genau eine Nullstelle $x_{\text{N}} \in [a;b]$. Ist nun $x_{k-1} \in [a;b]$ irgendeine Näherung für x_{N}, so gilt für die folgende Näherung x_k des Newton–Verfahrens:*

$$\delta_k \leq C \cdot (\delta_{k-1})^2,$$

(für jeden Wert C, der $\frac{1}{2} \cdot \dfrac{M_2}{m_1} \leq C$ erfüllt, mit $M_2 = \max\limits_{x \in [a;b]} |f''(x)|$, $m_1 = \min\limits_{x \in [a;b]} |f'(x)|$).

Vereinfacht gesagt: Liegt die erste Näherung x_1 nahe genug an der gesuchten Nullstelle x_{N}, so konvergiert die Folge der Näherungen x_1, x_2, x_3, … superlinear gegen x_{N}.

Man kann natürlich auch auf sämtliche Überlegungen verzichten und einfach losrechnen! Erhält man nach einigen Schritten einen festen Wert, lässt sich ja durch Einsetzen überprüfen, ob es die gesuchte Nullstelle ist (andernfalls geht man gezielter vor):

Beispiel 18 $f(x) = x + \ln x$, $x > 0$. Man beachte $f(1) = 1$ und $f(0{,}2) = -1{,}4$:

Der Startwert $x_1 = 1$ ergibt $x_2 = 1 - \frac{1}{2} = 0{,}5$ und weiter erhält man $x_3 = 0{,}564\,382\,393\,5$, $x_4 = 0{,}567\,138\,987\,7$, $x_5 = 0{,}567\,143\,290\,4$, $x_6 = x_5 = x_{\text{N}}$ (im Rahmen der Rechengenauigkeit).

$$\diamond$$

Mit Sekanten geht es auch, das illustriert die nächste Skizze. Man beginnt mit *zwei* Startwerten und bestimmt die Nullstelle der Sekante. Im Vergleich zum Newton–Verfahren erspart man sich das Differenzieren und die Berechnung der Ableitungswerte.

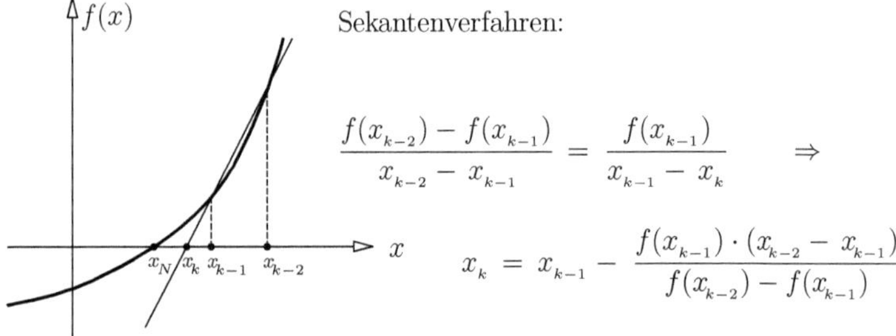

Sekantenverfahren:

$$\frac{f(x_{k-2}) - f(x_{k-1})}{x_{k-2} - x_{k-1}} = \frac{f(x_{k-1})}{x_{k-1} - x_k} \quad \Rightarrow$$

$$x_k = x_{k-1} - \frac{f(x_{k-1}) \cdot (x_{k-2} - x_{k-1})}{f(x_{k-2}) - f(x_{k-1})}$$

Aus x_1 und x_2 errechnet man also x_3, mit x_2 und x_3 bestimmt man dann x_4, und so weiter. Man kann zeigen, dass auch dieses Sekantenverfahren superlinear konvergiert, sofern die beiden ersten Näherungswerte wieder nahe genug an der gesuchten Nullstelle x_N liegen.

Die Fibonacci-Zahlen

Die Zahlenfolge $(a_n)_{n\in\mathbb{N}}$ werde definiert durch die

Anfangswerte $a_1 = 1$ und $a_2 = 1$,

aber nun weiter durch: $a_3 = a_2 + a_1$, $a_4 = a_3 + a_2$, $a_5 = a_4 + a_3$, $\ldots$, allgemein also durch die

Rekursionsformel: $a_{n+2} = a_{n+1} + a_n$, $\quad n = 1, 2, 3, \ldots$

Diese unendliche *Fibonacci-Folge* beginnt demnach mit den *Fibonacci-Zahlen*

$$1,\, 1,\, 2,\, 3,\, 5,\, 8,\, 13,\, 21,\, 34,\, 55,\, 89,\, 144,\, \ldots$$

Leonardo von Pisa, auch Fibonacci genannt (Sohn des Bonacci, ca. 1170-1230), kleidete diese Folge von natürlichen Zahlen in seinem Rechenbuch *Liber abaci* in eine Aufgabe über die anwachsende Population eines Kaninchenpaares. Wir wollen seine Modellierung nicht weiter diskutieren, da sie nur wenig der Realität entspricht.

Fibonacci-Zahlen lassen sich aber bei der Spiralenbildung von Blättern, Fruchtblättern und Samen entdecken (Phyllotaxis). Zum Beispiel erkennt man Spiralmuster bei der Samenanlage einer Sonnenblume. Hierbei ergibt die Anzahl der links- bzw. der rechtsläufigen Spiralen zwei aufeianderfolgende Fibonacci-Zahlen wie zum Beispiel 34 und 55, oder 21 und 34, bei größeren Exemplaren auch 55 und 89 oder sogar 89 und 144.

Nach den bisherigen Kenntnissen lässt sich eine Fibonacci-Zahl wie etwa a_{14} oder a_{100} erst berechnen, wenn man auch ihre Vorgänger kennt. Die Bestimmung einer expliziten Formel gelang erst Jahrhunderte später und gehört heute zur Theorie der Differenzengleichungen:

Lassen wir die Anfangswerte zunächst unberücksichtigt und suchen allgemein nach Zahlenfolgen $(a_n)_{n\in\mathbb{N}}$ mit der Eigenschaft

$$a_{n+2} = a_{n+1} + a_n \qquad\qquad (\text{bzw. } a_{n+2} - a_{n+1} - a_n = 0).$$

Das exponentielle Wachstum der Fibonacci-Zahlen legt den Ansatz nahe

$$a_n = a^n,\ a \neq 0 \text{ eine Konstante.}$$

Einsetzen in die Rekursionsgleichung liefert:

$$a^{n+2} = a^{n+1} + a^n \ \Leftrightarrow\ a^2 = a + 1 \ \Leftrightarrow\ a^2 - a - 1 = 0 \ \Leftrightarrow\ a = \tfrac{1}{2} \pm \sqrt{\tfrac{1}{4} + 1} \ \Leftrightarrow\ a = \frac{1 \pm \sqrt{5}}{2}$$

Tatsächlich erfüllen die Zahlenfolgen $\left(\dfrac{1 + \sqrt{5}}{2}\right)^n$ und $\left(\dfrac{1 - \sqrt{5}}{2}\right)^n$ die Rekursionsgleichung.

Nun ist es nicht schwierig zu zeigen, dass auch jede Linearkombination von Lösungen wieder eine Lösung der Rekursionsformel ergibt. Die entsprechenden Koeffizienten lassen sich dann so bestimmen, dass die zugehörige Linearkombination auch die beiden Anfangswerte erfüllt! Das führt schließlich zu dem erstaunlichen Ergebnis:

Für die Fibonacci-Zahlen gilt: $\quad a_n = \dfrac{1}{\sqrt{5}} \cdot \left[\left(\dfrac{1 + \sqrt{5}}{2}\right)^n - \left(\dfrac{1 - \sqrt{5}}{2}\right)^n\right]$, $\quad n = 1, 2, 3, \ldots$

Und wegen $\displaystyle\lim_{n\to\infty} \dfrac{a_{n+1}}{a_n} = \dfrac{1 + \sqrt{5}}{2}$ nähert sich $\dfrac{a_{n+1}}{a_n}$ dem Zahlenverhältnis des Goldenen Schnitts.

Aussagenlogik

Unter einer Aussage versteht man ein sprachliches Gebilde, dem man auf sinnvolle Weise genau einen der beiden Wahrheitswerte richtig (kurz: 1) oder falsch (kurz: 0) zuordnen kann.

Als Aussage*form* bezeichnet man ein sprachliches Gebilde mit (mindestens) einer Variablen, das durch Einsetzen eines zulässigen Elements zu einer Aussage wird. Zum Beispiel ist $x < 4$ eine Aussageform, wenn die Variable x eine reelle Zahl bedeutet. Und $\pi < 4$, oder ausführlich 'die Zahl pi ist echt kleiner als die Zahl Vier', ist eine (richtige) Aussage.

Durch logische Operatoren lassen sich aus Aussagen A, B, ... wieder neue Aussagen bilden. Deren Wahrheitswerte hängen natürlich ab von den jeweiligen Wahrheitswerten von A, B, ...

| | | | Negation: | Konjunktion: | Disjunktion: | Äquivalenz: | Implikation: |
| | | | nicht | und | oder | äquivalent | folgt |
	A	B	$\neg A$	$A \wedge B$	$A \vee B$	$A \Leftrightarrow B$	$A \Rightarrow B$
1.	1	1	0	1	1	1	1
2.	1	0	0	0	1	0	0
3.	0	1	1	0	1	0	1
4.	0	0	1	0	0	1	1

Wir erkennen:

Eine Verbindung mit 'und' (Konjunktion) ist nur richtig, wenn alle Aussagen richtig sind, eine Verbindung mit 'oder' (Disjunktion), wenn mindestens eine der Aussagen richtig ist.

Eine Äquivalenz ist nur richtig, wenn beide Aussagen im Wahrheitswert übereinstimmen. Man sagt dazu auch gerne: A genau dann (richtig bzw. falsch), wenn B (richtig bzw. falsch).

Einfach ist auch $A \Rightarrow B$. Das ist nur *falsch,* wenn ersteres richtig, aber letzteres falsch ist.

Somit weiß man bei einer *richtigen* Implikation: Wenn A richtig ist, muss auch B richtig sein! Man sagt daher zu $A \Rightarrow B$ auch kurz: Wenn A gilt, dann auch B. Sollte jedoch A falsch sein, dann weiß man nichts über B. Das ist aber auch nicht der Sinn und Zweck einer Implikation!

Um die Richtigkeit einer Implikation zu beweisen, unterscheide man einfach die beiden Fälle 1./2. (A richtig) und 3./4. (A falsch):

Falls 'A richtig' ist, muss auch B richtig sein, mehr ist nicht zu zeigen! Denn falls 'A falsch', dann ist unabhängig von B eine Implikation sowieso immer richtig.

Beispiel 19 Nun können Sie auch die Wahrheitswerte folgender Verknüpfungen bestimmen:

A	B	$\neg A$	$\neg B$	$B \wedge A$	$A \Rightarrow B$	$B \Rightarrow A$	$\neg B \Rightarrow \neg A$	$(A \Rightarrow B) \wedge (B \Rightarrow A)$
1	1	0	0	1	1	1	1	1
1	0	0	1	0	0	1	0	0
0	1	1	0	0	1	0	1	0
0	0	1	1	0	1	1	1	1

$\diamond$

Diskutieren wir im Folgenden einige dieser Ergebnisse! Offensichtlich gilt:

$B \wedge A$ ist gleichwertig zu $A \wedge B$, und $(A \Rightarrow B) \wedge (B \Rightarrow A)$ ist gleichwertig zu $A \Leftrightarrow B$, kurz:

$$A \wedge B = B \wedge A$$
$$A \Leftrightarrow B = (A \Rightarrow B) \wedge (B \Rightarrow A)$$

Ein Beweis von $A \Leftrightarrow B$ lässt sich also auch in zwei Beweise $A \Rightarrow B$ und $B \Rightarrow A$ aufteilen!

Umkehrung und Kontraposition $B \Rightarrow A$ nennt man die 'Umkehrung' von $A \Rightarrow B$. Hierfür gilt jedoch, siehe vorige Tabelle: $A \Rightarrow B \neq B \Rightarrow A$.

$\neg B \Rightarrow \neg A$ nennt man hingegen die 'Kontraposition' von $A \Rightarrow B$. Und hierfür gilt offenbar:

$$A \Rightarrow B \;=\; \neg B \Rightarrow \neg A$$

Manchmal ist es einfacher, anstelle von $A \Rightarrow B$ die Kontraposition $\neg B \Rightarrow \neg A$ zu beweisen!

Beispiel 20 Sei $f(x)$ differenzierbar auf $]a;b[$. Wählen wir nun als Beispiel für $A \Rightarrow B$:

$$f(x) \text{ hat an der Stelle } x_0 \text{ ein Extremum } \Rightarrow f'(x_0) = 0.$$

(Die Umkehrung gilt nicht). Formulieren wir die entsprechende Kontraposition $\neg B \Rightarrow \neg A$:

$$f'(x_0) \neq 0 \;\Rightarrow\; f(x) \text{ hat an der Stelle } x_0 \text{ kein Extremum.}$$

Sie können sich immer aussuchen, ob Sie die ursprüngliche Implikation beweisen möchten, oder lieber deren Kontraposition. $\diamond$

Weitere Regeln Die einfachste solcher Regeln ist die sog. doppelte Verneinung: $\neg\neg A = A$.

Beispiel 21

A	B	$\neg A$	$\neg B$	$A \vee B$	$\neg(A \vee B)$	$\neg A \wedge \neg B$
1	1	0	0	1	0	0
1	0	0	1	1	0	0
0	1	1	0	1	0	0
0	0	1	1	0	1	1

Wir erkennen: $\neg(A \vee B) = \neg A \wedge \neg B$. Analog erhält man $\neg(A \wedge B) = \neg A \vee \neg B$. $\diamond$

Sind 3 Aussagen verknüpft, erhöht sich die Anzahl der zu diskutierenden Fälle auf $2^3 = 8$.

Beispiel 22

A	B	C	$B \vee C$	$A \wedge (B \vee C)$	$A \wedge B$	$A \wedge C$	$(A \wedge B) \vee (A \wedge C)$
1	1	1	1	1	1	1	1
1	1	0	1	1	1	0	1
1	0	1	1	1	0	1	1
1	0	0	0	0	0	0	0
0	1	1	1	0	0	0	0
0	1	0	1	0	0	0	0
0	0	1	1	0	0	0	0
0	0	0	0	0	0	0	0

Wir erhalten offensichtlich eine Art 'Distributivgesetz': $A \wedge (B \vee C) = (A \wedge B) \vee (A \wedge C)$. Analog gilt: $A \vee (B \wedge C) = (A \vee B) \wedge (A \vee C)$. $\diamond$

Tautologie Eine Aussage, die immer wahr ist, bezeichnet man als 'Tautologie', Beispiel: „Das Wetter ändert sich oder bleibt, wie es ist". Allgemeiner: $A \vee \neg A$. Verknüpft man zwei gleichwertige Aussagen mit '$\Leftrightarrow$', ergibt sich gleichfalls eine Tautologie: So ergibt $A \wedge B = B \wedge A$ die Tautologie $A \wedge B \Leftrightarrow B \wedge A$. Analog ist $(A \Rightarrow B) \Leftrightarrow (\neg B \Rightarrow \neg A)$ eine Tautologie.

Beispiel 23

A	B	$A \wedge B$	$B \wedge A$	$A \wedge B \Leftrightarrow B \wedge A$
1	1	1	1	1
1	0	0	0	1
0	1	0	0	1
0	0	0	0	1

$\diamond$

Symbole und Abkürzungen

$[a; b]$ bezeichnet alle reellen Zahlen x zwischen a und b, einschließlich a und b, kurz das 'abgeschlossene Intervall', also *mit* den Randpunkten: $a \leq x \leq b$.

$]a; b[$ bezeichnet alle reellen Zahlen x zwischen a und b, ohne die Werte a und b, kurz das 'offene Intervall', also *ohne* die Randpunkte: $a < x < b$.

$\mathbb{R}$ die Menge aller reellen Zahlen, die 'Zahlengerade' (ist ein offenes Intervall).

$\mathbb{R}^+$ die Menge der positiven reellen Zahlen $x > 0$ (auch ein offenes Intervall).

$\mathbb{R}_0^+$ die Menge aller reellen Zahlen $x \geq 0$, (links abgeschlossen, rechts offen).

$\mathbb{N} = \{1, 2, 3, \ldots\}$ und $\mathbb{N}_0 = \{0, 1, 2, 3, \ldots\}$ Menge der natürlichen Zahlen.

$\mathbb{Z} = \{\ldots, -4, -3, -2, -1, 0, 1, 2, 3, 4, \ldots\}$ Menge der ganzen Zahlen.

$\in$ 'Element von', 'gehört zu', Beispiele: $2 \in [1; 2]$, $2 \notin \,]1; 2[$.

$\approx$ 'näherungsweise gleich', Beispiel: $\pi \approx 3{,}14$.

$\Diamond$ markiert das Ende eines Beispiels.

Das griechische Alphabet

A	α	Alpha	B	β	Beta	Γ	γ	Gamma	Δ	δ	Delta
E	ε	Epsilon	Z	ζ	Zeta	H	η	Eta	Θ	ϑ	Theta
I	ι	Iota	K	κ	Kappa	Λ	λ	Lambda	M	μ	My
N	ν	Ny	Ξ	ξ	Xi	O	o	Omikron	Π	π	Pi
P	ρ	Rho	Σ	σ	Sigma	T	τ	Tau	Υ	υ	Ypsilon
Φ	φ	Phi	X	χ	Chi	Ψ	ψ	Psi	Ω	ω	Omega

Ergänzende und weiterführende Literatur

Rüdiger Günttner: Mathematik für Biologen und Anwender.
ISBN: 978-3-7460-2694-X, Verlag BoD. (Im Text abkürzend als 'Lehrbuch' zitiert.)

Rüdiger Günttner: Übungsbuch Mathematik für Biologen und Anwender, Teil I.
ISBN: 978-3-7526-1289-9, Verlag BoD.

Rüdiger Günttner: Übungsbuch Mathematik für Biologen und Anwender, Teil II.
ISBN: 978-3-7526-1288-2, Verlag BoD.

Dirk Horstmann: Mathematik für Biologen.
ISBN: 978-3-662-48500-2, Springer Verlag.

zu Kapitel 6:   **Götz Gelbrich:** Statistik für Anwender.
           ISBN: 978-3-8265-4326-5, Shaker Verlag.

           Köhler/Schachtel/Voleske: Biostatistik.
           ISBN: 978-3-642-29270-5, Springer Verlag.

Index